U0337116

国际信息工程先进技术译丛

移动无线传感器网
——原理、应用和发展方向

（印度）**Rajeev Shorey**
（日本）**A. Ananda**
（新加坡）**Mun Choon Chan**
Wei Tsang Ooi
著
王玲芳　费　岚　严正香　等译

机 械 工 业 出 版 社

本书重点讨论当前无线、移动和传感器网络中人们关注的主要专题，包括如下方面：网络架构、协议、建模和分析，以及应用、解决方案和正在出现的新体制。本书分为逻辑上不同的三个部分：第Ⅰ部分描述无线局域网（WLAN）和多跳无线网络技术的最新进展；第Ⅱ部分专述无线传感器网络技术的最新进展和研究成果；第Ⅲ部分讲述的专题是RFID中间件、智能家庭环境、移动网络中的安全和应需商务。

本书可以作为希望跟踪无线通信技术的最新研究和进展，但没有时间或耐心阅读大量文章和规范的学生、研究人员和实践人员的重要参考书。本书对于正在寻找这个领域中开放问题的研究生而言，将会非常有用。另外，本书也可作为无线/移动通信领域的专业人员、设计人员和网络管理人员的参考书。

本书版权登记号：图字01-2007-3554号

图书在版编目（CIP）数据

移动无线传感器网——原理、应用和发展方向/（印度）肖瑞（Shorey，R.）等著；王玲芳等译．—北京：机械工业出版社，2009.10

（国际信息工程先进技术译丛）

书名原文：Mobile，Wireless，and Sensor Networks：Technology，Applications，and Future Directions

ISBN 978-7-111-28183-2

Ⅰ．移…　Ⅱ．①肖…②王…　Ⅲ．无线电通信：移动通信—传感器
Ⅳ．TN92　TP212

中国版本图书馆CIP数据核字（2009）第153349号

机械工业出版社（北京市百万庄大街22号　邮政编码100037）
策划编辑：张俊红　责任编辑：顾　谦
版式设计：霍永明　责任校对：李　婷
封面设计：马精明　责任印制：洪汉军
北京瑞德印刷有限公司印刷（三河市胜利装订厂装订）
2010年1月第1版第1次印刷
169mm×239mm·24印张·463千字
0001—3000册
标准书号：ISBN 978-7-111-28183-2
定价：98.00元

凡购本书，如有缺页、倒页、脱页，由本社发行部调换

电话服务
社服务中心：(010)88361066
销售一部：(010)68326294
销售二部：(010)88379649
读者服务部：(010)68993821

网络服务
门户网：http://www.cmpbook.com
教材网：http://www.cmpedu.com

封面无防伪标均为盗版

译者序

随着多种无线技术的快速发展，产生了从个人到企业的大范围、多种类的无线应用和服务，在这些领域的技术研究和进展经历了自20世纪90年代以来非常健康的快速增长，到目前为止还没有呈现出放慢速度的迹象。本书以一种高明的、严谨的，但仍可被读者理解的方式进行论述，这将肯定使初学者及想了解无线、移动和传感器网络这个领域的研究人员和实践人员等受益匪浅。

本书是由来自工业界和学术界的专家们集体编写的，阐述了无线、移动和传感器网络领域最新的研究成果和进展，以及未来的发展趋势。本书以逻辑为主线，有条理地组织无线、自组织和传感器网络三方面材料，以增值中间件将这三个材料联系在一起，其中中间件将这些网络的本质输出给应用集，以便应用加以智能地使用。本书将讨论重点放在无线、移动和传感器网络技术中当前热门的主要专题上，包括：架构、协议、建模和相关分析还涉及应用、解决方案以及正在出现的新技术体制。

本书分为三部分：第Ⅰ部分描述无线局域网（WLAN）和多跳无线网络技术的最新进展；第Ⅱ部分专述无线传感器网络技术的最新进展和研究成果；第Ⅲ部分讲述的专题是RFID中间件、智能家庭环境、移动网络中的安全和应需商务。

本书由王玲芳统稿并翻译第1~5章，河南省信阳职业技术学院严正香翻译第6~11章，河南财经学院费岚翻译第12~15章，张辉、齐卫宁、武广柱、尤佳莉、单明辉、游庆珍、王弟英、吴璟、李山坡、潘东升、李冬梅、王铮、刘磊、稽智辉、杨群、吴秋义、段世惠、宋磊、匡振国等人参与本书部分内容的翻译和校对工作。本书是译者们牺牲节假日的时间翻译的，在翻译过程中，得到了家人们的大力支持，在此表示由衷的感谢。

另外，选择翻译本书的一个重要原因是，本书受到了多位著名专家的推荐，代表了本领域领先的研究成果和发展趋势。各位专家的推荐参见后续的“专家推荐”内容。不过，需要指出的是，本书的内容仅代表作者个人的观点和见解，并不代表译者及其所在单位的观点。同时，由于翻译时间比较仓促，疏漏错误之处在所难免，敬请读者原谅和指正。

译　者

2009年秋　北京

专家推荐

对于具有良好知识背景的读者（如学生及实践人员），该书全面讲述了移动网络技术的最近研究工作，该书是及时的、值得一读的。该书突出了将伴随着当前 WLAN 及下一代网状网和多跳网络这两种网络的部署而来的一些机遇和挑战。

Henning Schulzrinne
计算机科学系教授、系主任，
哥伦比亚大学，纽约，美国

该书是无线相关技术领域的其他出版物内容的补充，它所补充的内容正是这些年来人们在研究和部署中具有重要热点的内容，并因此是受欢迎的和及时的。通过涵盖技术和应用这两方面内容，该书对于关注这个领域这两方面进展的人们而言是有用的参考手册。该书的许多专题体现为精心连接的章节，每个章节论述的都是以前没有发表过的研究工作成果。这些章节的作者们都是相关技术领域的权威人士。

Imrich Chlamtac
CreateNet 研究协会主席
布鲁诺·凯斯勒荣誉教授
特兰托大学，意大利

该书将带领读者首先了解 WLAN、多跳自组织和传感器网络领域中研究前沿正在发生的状况。可以肯定的是，一旦读者读过其中一些章节，则将希望探索书中所讲述主题和提出问题的更深层次内容。这些内容包括性能分析、设计方法论和中间件、能量管理、安全及应用。

Bijendra Jain
计算机科学与工程系教授
印度理工学院，德里，印度

在这个领域多位专家的精心撰稿基础上，该书给出了容易阅读的、深入的和最新的技术内容，涵盖了无线连网中几个重要领域的范围极其广泛的、数量仍在增长的文献资料，特别是 WLAN、多跳无线网络和无线自组织传感器网络方面的内容更是如此。教育人士、应用人员和研究人员都将发现这本书是非常有用的。

Anurag Kumar
电气通信工程系教授、系主任
印度科学工学院，班加罗尔，印度

该书深入地阐述了正处于成形阶段的移动、无线和传感器网络领域的基本问题。该书精心选择的章节、流畅的撰写风格及技术上合理的组织方式，对于希望在这激动人心的领域耕耘的研究人员而言，都使该书极具阅读价值。

Nisheeth Vishnol
IBM 印度研究中心
乔治亚理工学院，亚特兰大，美国

随着多种无线技术的快速发展，在相关领域的研究工作和进展产生了从个人到企业的广泛应用和服务，这些应用和服务经历了自20世纪90年代以来非常健康的快速增长，到目前为止还没有呈现出放慢速度的迹象。以此作为事实背景，该书汇编了来自于工业界和学术界专家精心撰写的文章，给出了这个领域最新的研究工作和进展以及未来发展趋势。该书以逻辑为主线组织无线、自组织和传感器网络活动，之后以增值中间件将它们连接起来，该中间件将这些网络的本质输出给应用集合以便智能地加以使用。该书共15章，以一种高明的、严谨的但仍可理解的方式进行论述，这将肯定使初学者及想换换口味的研究人员和实践人员等受益匪浅。我赞赏编辑人员，赞赏他们将深思熟虑的和精心准备的内容组成稿，该书丰富了这个日益成熟的但仍然还年轻且具有挑战性的研究领域。

Chatschik Bisdiklan 博士
IEEE 学会特别会员
IBM T. J. Watson 研究中心，纽约，美国

由领域专家们撰写的这本书，在讲述无线和传感器网络的最新研究发展方面做了出色的工作。对于在这个正在成形的领域工作的研究人员和业界专业人员而言，这是必读的一本书。

Kumar Sivarajan
特贾斯网络公司 CTO
班加罗尔，印度

移动、无线和传感器网络的出现将对社会产生巨大影响。来自此领域著名专家的集体工作结晶确实非常及时，可作为本领域学生、研究人员和应用人员的一

本优秀的参考书。

Sanjay Shakkottal
电气和计算机工程系助理教授
德克萨斯大学奥斯丁分校，美国

移动、无线和传感器网络的编辑们做了一件令人难以置信的工作，他们将无线连网研究工作中最新的进展编辑成书，这将对学生、职员和研究人员等具有极大的用途。该书各章都给出了相关主题领域的良好综述，并有算法、结果和支撑理论的精巧结合，与简单解释紧密编织在一起，另外还有大量参考文献。对于考虑在此领域研究发展的人们而言，这是一本必读教科书。

Thyaga Nandagopal
通信协议和网际互连研究所
朗讯技术公司贝尔实验室，新泽西，美国

前　言

目标

无线通信市场出现了大规模的增长。现在地球表面的几乎每个地点都在使用无线技术。每天都有数亿人在使用笔记本电脑、个人数字助理（PDA）、呼机、蜂窝电话和其他无线通信设备交换信息。室外和室内无线通信网络的成功产生了许多应用，其涵盖范围包括工业企业、公司到家庭和学校。人们不再受制于硬连线网络的羁绊，在全球范围内几乎能到达的任何地方都能访问和共享信息。

最了不起的增长发生在无线局域网（WLAN）的部署之中，其中使用基于IEEE 802.11的无线网络提供连接（不仅作为热点连接，而且延伸到城市的大部分区域）。同时，也见证了小型和低成本计算设备及通信设备正在出现的重要趋势。虽然这些微小的设备（称为传感器节点）就能量、存储容量和数据处理能力方面而言是严格受限的，但在人们如何与环境通信及交互的重大改变中，它们有作为催化剂的作用，能够激发这样的改变。

本书的目的在于解决无线网络中的挑战性问题，特别是WLAN、多跳无线网络、传感器网络及其应用中的问题。另外，本书讨论正在出现的应用和新的体制，例如，普适计算环境中的RFID中间件、智能家庭设计和“应需（on-demand）商务”。

本书的目标有两个：在实践和理论间的鸿沟上搭起桥梁与在不同类型的相关无线网络间搭起桥梁。

可以相信，本书的主题和焦点是及时的。本书将关注焦点放在无线、移动和传感器网络中当前热门的主要专题上，包括网络架构、协议、建模和分析以及应用、解决方案和正在出现的技术体制。

就人们所知，还不存在在单卷书中将紧密相关的无线技术方面的专题成稿，且讨论主要的技术挑战以及重要应用的书。本书各章由来自学术界和工业界的研究人员及应用人员撰写，他们都是本领域内的专家。在本书多数章节中，作者们都以专题的宽广综述开始，之后转向讨论技术挑战和解决方案。

预期读者

本书可以作为希望跟踪无线通信技术的最新研究和进展，但没有时间或耐心阅读大量文章和规范的学生、研究人员和实践人员的有益信息源。本书对于正在寻找这个领域中开放问题的研究生而言，将会非常有用。另外，本书也可作为无线/移动通信领域的专业人员、设计人员和网络管理人员的参考书。

创作思路

创作本书的思路是在2004年3月形成的，当时在新加坡举办了一个名为“MOBWISER”（移动、无线和传感器网络：技术和未来方向）的极为成功的国际研讨会。读者希望了解更多细节可参见网址 http://mobwiser.comp.nus.edu.sg/。

研讨会有来自世界各地的13位专家应邀出席，研讨了从多跳无线网络到传感器网络及其应用领域中的研究工作。从每个方面而言，这次研讨会都是一个巨大的成功。这次大会的参会代表多达125人。受到研讨会的成功及参会人员热情的鼓舞，本书编写人员决定将这些内容合成一本书，以解决无线网络的核心问题，重点放在WLAN、多跳无线网络和传感器网络以及这些网络的应用。

当请MOBWISER研讨会各位演讲人为本书贡献文章时，他们中的多数都慨然同意。极其由衷地感谢Sunghyun Choi、Sajal Das、Robert Deng、Anthony Ephremides、Craig Fellenstein、Marwan Krunz、Mingyan Liu、Archan Misra和Prasant Mohapatra，感谢他们在这项任务非常早期的阶段就表现出的热情和兴趣。

随着本书逐渐变为现实，我们意识到，为了使本书更全面，需要在内容中包括其他专题。新增加的专题是WLAN测量、无线网络中的安全、传感器网络中的安全和存储管理以及传感器网络相关的中间件和应用。我们由衷地感谢Farooq Anjum、Rick Bunt、Rajit Gadh、Wendi Heinzelman和David Kotz，感谢他们对本书的贡献。

致谢

一本好书总是许多人的智慧结晶。除了感谢15章的作者们之外，这里将特别感谢Sajal Das教授和Anthony Ephremides教授，他们在发起写作本书的思路中起着指导作用。由衷感谢他们在这项任务中的不断鼓励和支持。

因为本书的思路源于MOBWISER研讨会期间，所以这里要感谢新加坡国立大学的Yap Siang Yong先生和Sarah Ng女士，感谢他们在2004年3月在新加坡组织MOBWISER研讨会中的巨大支持和帮助。感谢新加坡国立大学和印度新德里IBM研究中心，感谢他们对这项任务的慷慨资助以及允许本书使用他们的资源。

特别地感谢美国新泽西州Hoboken John Wiley出版社的工作人员，他们非常出色。还要由衷地感谢Val Moliere和Emily Simmons，感谢他们在整个任务过程中给予的鼓励、耐心和卓越的支持。没有他们的帮助，这本书将不可能成书。与Val和Emily一起工作是一种非常快乐和值得回忆的经历，感谢他们的非凡工作。

本书的结构

本书分为逻辑上不同的三部分：第Ⅰ部分描述WLAN和多跳无线网络中的最新进展；第Ⅱ部分专述无线传感器网络技术的最新进展和研究成果；第Ⅲ部分讲述的专题是RFID中间件、智能家庭环境、移动网络安全和应需商务。

期望读者在每一部分都遵循章节顺序进行阅读，以便获得对主题的更好理解。但本书的三部分之间可以以任意顺序阅读。

希望在得到对“移动、无线和传感器”网络这个主题的深入领悟方面，读者将发现这本书的独到、有趣与实用价值。

Rajeev Shorey
IBM，新德里

Akkihebbal L. Ananda
Mun Choon Chan
Wei Tsang Ooi
NUS，新加坡

原 书 序

目前无线连网可能正处在腾飞伊始的阶段，极可能一天还没有过去就有一封电子邮件宣布另一次无线连网会议的日程。这当然是这个领域活跃的研究活动的展现形式。在这样一个瞬息万变的环境中，将研究成果以一种条理清晰的方式而加以精心编排的专集是存在必然的、客观的需求。这样做不仅对于初学者而且对本领域中活跃的研究人员都是有益的，使他们可以对不在直接研究范围内的技术发展持有最新知识。这本书就是这样的一项努力的结晶，其中包括了无线连网领域中数位著名研究人员的专题供稿。本书的特点是，精心撰写的章节涵盖了如下领域非常热点的当前专题：无线局域网（WLAN）、多跳网络、传感器网络和中间件。通过这些专家的手笔，在降低盲目阅读文献方面，并在吸收以前研究成果的基础上，本书将起到有用的和及时的作用，因此将进一步推进无线连网领域的技术演进。

P. R KUMAR
伊利诺斯大学
Urbana-Champaign

目　录

第Ⅲ部分　中间件、应用和新范例

第Ⅰ部分　WLAN和多跳无线网络技术的最新进展

在学术机构、企业园区和驻地网中，无线局域网（WLAN）正日益受到欢迎，并开始广泛部署。在世界各地的机场、饭店（旅馆）和购物商场，WLAN热点接入已司空见惯。不管这个增长趋势如何令人激动，WLAN市场仍然还处于初级阶段。例如用户行为、安全性、商务模型等问题，以及WLAN能够支持的应用类型仍然是不清晰的。这导致了对WLAN的应用及性能的持续增长的客观需求。

WLAN的测量研究工作对于理解WLAN的特征是至关重要的。关于用户会话行为、移动模式、网络流量的信息以及在接入点的工作负载状况可帮助工程师们识别网络瓶颈，并提高WLAN的性能。第1章Henderson和Kotz描述了测量WLAN的工具、参数和相关技术。该章给出了现有测量研究的结果和方法的详细综述，并列出未来无线跟踪数据收集方面所面临的挑战。第2章Schwab和Bunt研究了部署于萨斯喀彻温大学校园网WLAN的当前使用模式，测定他们所在的网络在何地、何时、如何及用于何种用途，以及用途如何随时间而变化的规律。该章也描述了研究使用模式的方法论以及迄今为止从这些研究中得到的一些结论。

WLAN流量的测量研究结果揭示出：虽然Web流量仍然是占主导地位的流量，但流媒体流量已经在使用中发生显著的增长。不像块数据传递应用，流媒体应用（例如基于因特网协议的语音传输（VoIP））要求低时延、低延迟抖动和低的报文丢失率，以便确保合理的回放质量。但是，当前的IEEE802.11 WLAN没有提供任何服务质量（QoS）保障，这是因为它的分布式协调功能（DCF）授权使用的是基于竞争的信道访问方法。第3章Choi和Yu将给出在WLAN中提供QoS的解决方案，其中使用的是短期方案和长期方案相结合的方案。短期方案采用一种称为双队列（MDQ）的新颖机制，可作为网络接口卡（NIC）驱动的组成部分而以软件方式实现，因此是与现有硬件兼容的。正在出现的IEEE 802.11e标准在报文优先级［增强的分布式信道访问（EDCA）］的基础上通过区分信道访问而提供QoS，这个标准提供了一种长期方案。该章也给出了在WLAN中各种QoS机制的比较评估结果。

在前三章论述单跳IEEE802.11部署之后，接下来的两章将论述功率-敏感的多跳无线网络技术的最新进展，这两章将重点放在能量高效可靠报文传递的传输功率控制和路由算法上。

无线自组织（adhoc）网络（或多跳无线网络）由一个共享无线信道上通信的多个移动节点组成。这与蜂窝网络是不同的，蜂窝网络的节点是与一组特别布置的基站通信的，在无线自组织网络中是没有基站的；如果任意两个节点在相互可通信的范围内，则允许这两个节点直接通信，而且节点必须使用多跳路由将它们的报文传输到远程目的地。从个域网络，到搜索和营救行动所用网络，到数百万传感器的大规模网络，这些没有基础设施的网络是无线自组织网络的潜在应用网络环境。

在第4章，Muqattash等人深入研究了移动自组织网络（MANET）中的传输功率控制（TPC），并仔细考察了文献中建议的各种TPC方法。作者们认为，为了解决移动节点之间同时提供高的网络吞吐量和低能量通信的这个挑战，TPC具有巨大的潜力。

作者们讨论了影响传输功率选择的因素，包括路由（网络）和媒体访问控制（MAC）层之间的重要信息交互，给出了用于这种信息交互的协议。作者们认为，使用最低的传输功率不能在MANET中传递最大的吞吐量，也讲到移动性对功率可控MAC协议设计的影响。重点讨论了各种互补的方法和优化方法，包括使用如下方法：速率控制、定向天线、扩频技术和功率节省模式。该章列出了此领域中未来研究的几个方向。该章的一个重要结论是，在MANET中设计高效TPC方案应该将路由、MAC层和物理层之间的交互作用考虑在内。

支持无线的设备基本上都是能量受限的，其结果就是，为了降低多跳无线网络中的通信能量的额外负担，人们提出了各种能量感知的路由协议。

在第5章中，Banerjee和Misra将论述无线多跳网络中的能量高效通信，作者们将说明，为什么有效的总传输能量（包括潜在重发中的能量消耗）是可靠的、能量高效通信的合适度量参数。

一条候选路由的能量效率主要取决于低层链路的报文错误率（因为它们直接影响浪费在重传中的能量），对错误率、跳数和传输功率水平之间相互作用的分析得出了几项主要结果。作者们表明，为了进行可靠的能量高效通信，对路由算法必须考虑每条链路的距离和质量（例如，以链路错误率来表示）。因此，选择一条特定链路的开销应该是为了确保最终无错误传递而需要的总传输能量（包括可能的重传），而不仅仅是基本的传输功率。这在实际的多跳无线环境中是特别重要的，这样的环境中报文丢失率可能较高。

第 1 章　无线局域网的测量

TRISTAN HENDERSON 和 DAVID KOTZ
美国新罕布什尔州 Hanover 达特茅斯学院计算机科学系

1.1　简介

无线局域网（WLAN）分布于许多人群密集的地点，这些地点包括学术园区和企业园区、驻地网和无线“热点”区域。因为在越来越多的变化环境之中不断地出现这种网络，所以理解这种网络是如何使用的就变得日益重要。在应用型研究中测量和收集来自于 WLAN 的数据，这种研究方法是充分理解这项需求的一种方式。

对于无线网络研究的许多方法而言，无线应用型研究和应用型数据是有价值的。理解用户如何及在何处使用这个网络、什么样的应用用户正在使用它以及应用如何使用网络，要理解这些内容，对于在现有 WLAN 中的网络提供以及确定在哪里扩展或增强网络覆盖是有帮助的。在 WLAN 中测量用户移动性，可有助于位置感知应用的设计，或有助于研发和改善移动切换算法。

但是，在 WLAN 上收集数据可能是困难的。在研究收集高质量无线测量数据可采用方法的过程中，涉及许多技术的和非技术的问题。在实施迄今为止两个最大的无线测量研究过程中，这里持续地对一个校园 WLAN 监测超过了 3 年时间[9,13]，其中遇到了许多类似的障碍。本章将描述研究团体用于测量 WLAN 的一些工具，并提供从实践经验中得到的这些工具有效使用的点滴启示。也讨论应用型研究的一些范例，这些研究是使用这些工具在校园和其他地方实施过实际测量的。特别地，将重点集中在 WLAN 的最常见类型，即 IEEE 802.11 基础设施网络，原因是这种网络是目前所见到的最大量部署的网络，因此多数应用型研究都考虑基础设施网络。

本章具体内容安排如下：1.2 节将仔细讨论可用于测量 WLAN 的一些工具；1.3 节将综述各种无线测量研究工作，涉及所用工具以及从中可学习到的对无线网络的深入见解；1.4 节将以一名可能的无线应用型研究人员应该考虑的检查清单而结束本章。

1.2 测量工具

无线网络应用分析的目的是收集 WLAN 运行的有关数据。对于这个目的，研究人员可用的有几种工具，最普遍使用的工具包括 syslog、SNMP（简单网络管理协议)、网络侦测、认证日志和开发客户端应用程序。图 1-1 给出了这样的一些工具如何部署于一个 WLAN 范例中的情形。本节将总结使用每种工具的优点

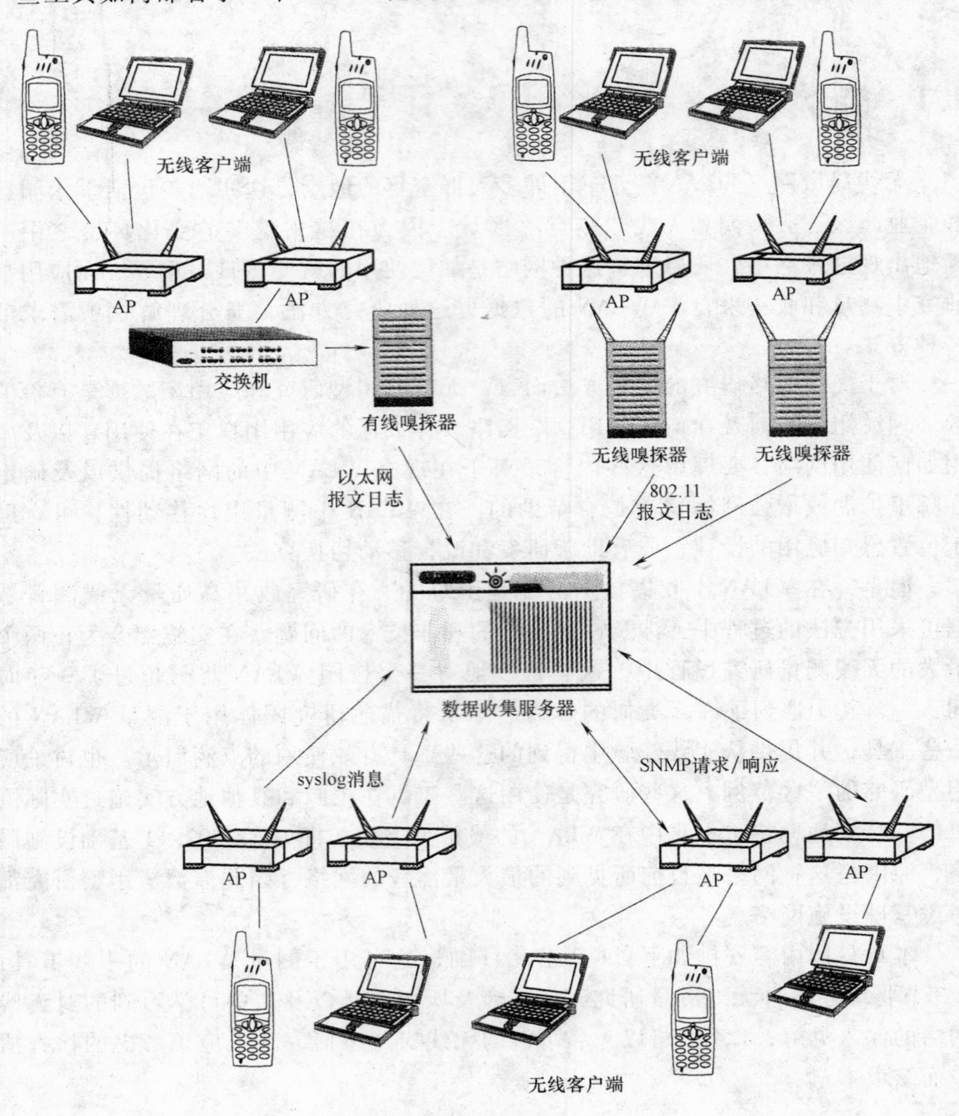

图 1-1 测量 WLAN 的工具

和缺点，并给出来自于亲身经验的一些建议。

1.2.1 syslog

syslog是发送和接收日志消息的某种程度上松散定义的标准[14]，消息可本地存储或跨越一个网络传输到另一台主机。

许多IEEE 802.11访问点（AP）可配置成发送syslog消息。通过选择记录的合适事件，可利用syslog消息来理解网络上客户的状态。例如，当一名客户认证、去认证、关联、解关联或漫游到一个AP时，此AP可发送携带时戳的syslog消息。通过从一个网络中所有AP处收集这些syslog消息，则可确定网络上客户们的状态。

一旦将一个AP配置成向特定主机（接收主机）发送syslog消息，则不再需要来自该接收主机的进一步消息，这使syslog成为可配置的一个简单工具。但是，因为网络问题、固件升级或发生故障的AP都可能导致AP不能发送syslog消息，所以必须确保接收主机可正确地接收消息。

syslog消息没有标准格式，同样802.11 syslog消息也没有标准格式。API（应用编程接口）发送的消息在格式上是可变的，其包含的消息量也是可变的。图1-2和图1-3显示了两组syslog消息，这些消息都是从相同的Cisco Aironet 350 802.11b AP中得到的。图1-2显示的消息，是当AP正在运行VxWorks操作系统时得到的，而图1-3所示的一组消息，是AP升级到Cisco网络互连操作系统（IOS）之后得到的。两组消息都包含相同的基本信息，即客户端802.11事件。但是，它们在如何给出这个信息的方式上存在不同：在图1-3中存在多个时戳（来自于syslog daemon和AP自身），而且客户端MAC地址在格式上也不同。因此解析syslog消息会是一个繁琐的过程，原因是可能在不同AP固件版本之间发生格式改变。一项长期测量研究工作应该监视syslog消息的格式改变，也要监视固件的改变，要做到这点就与网络管理员保持密切通信，或使用SNMP（见1.2.2节）。

```
Jan  1 04:54:27 example1-ap example1-ap (Info): Station 1234567890ab Reassociated
Jan  1 04:54:27 example2-ap example2-ap (Info): Station 1234567890ab roamed
Jan  1 04:55:22 example3-ap example3-ap (Info): Station 0987654321ef Reassociated
Jan  1 04:55:26 example4-ap example4-ap (Info): Station 0987654321ef Reassociated
Jan  1 04:57:23 example5-ap example5-ap (Info): Deauthenticating abcdef123456, reason "Inactivity"
```

图1-2 Cisco VxWorks AP syslog示例

当解析AP syslog消息时，需进一步考虑的因素是要记住不是所有的消息都恰好对应802.11事件。图1-4显示了一组来自一台“无线交换机”的syslog消息。这台交换机是802.11基础设施网络最新类型的代表，其中“dumb” AP部

```
Jan  1 04:57:58 example1-ap 382: example1-ap:Jan  1 08:57:57: %DOT11-6-DISASSOC: Interface \
    Dot11Radio0, Deauthenticating Station 1234.5678.90ab Reason: Disassociated because \
    sending station is leaving (or has left) BSS
Jan  1 04:58:01 example2-ap 36723: example2-ap:Jan  1 08:58:00: %DOT11-6-DISASSOC: Interface \
    Dot11Radio0, Deauthenticating Station abcd.ef12.3456 Reason: Previous authentication \
    no longer valid
Jan  1 04:58:01 example3-ap 13031: example3-ap:Jan  1 08:58:00: %DOT11-6-DISASSOC: Interface \
    Dot11Radio0, Deauthenticating Station 0987.6543.12fe Reason: Disassociated because \
    sending station is leaving (or has left) BSS
Jan  1 04:58:08 example2-ap 36724: example2-ap:Jan  1 08:58:07: %DOT11-6-ASSOC: Interface \
    Dot11Radio0, Station   abcd.ef12.3456 Associated KEY_MGMT[NONE]
Jan  1 04:58:10 example4-ap 6882: example4-ap:Jan  1 08:58:09: %DOT11-6-DISASSOC: Interface \
    Dot11Radio0, Deauthenticating Station 0004.2356.5b74 Reason: Previous authentication \
    no longer valid
```

图 1-3 Cisco IOS AP syslog 示例

```
Jan  1 03:11:48 wireless-switch.example.com 2004 [1874327] auth[30927]: <INFO> \
    station up <01:23:45:67:89:0a> bssid 00:11:22:33:44:55, essid Example_ESSID, vlan 12, \
    ingress 4226, u_encr 1, m_encr 1, loc 156.1.1 slotport 4035
Jan  1 03:14:04 wireless-switch.example.com 2004 [1874341] auth[30927]: <INFO> \
    station up <09:87:65:43:21:fe> bssid 00:11:22:44:55:66, essid Example_ESSID, vlan 12, \
    ingress 4258, u_encr 1, m_encr 1, loc 2.2.1 slotport 4035
Jan  1 03:14:07 wireless-switch.example.com 2004 [1874345] auth[30927]: <INFO> \
    station up <09:87:65:43:21:fe> bssid 00:11:22:44:55:66, essid Example_ESSID, vlan 12, \
    ingress 4258, u_encr 1, m_encr 1, loc 2.2.1 slotport 4035
Jan  1 03:14:40 wireless-switch.example.com 2004 [1874359] auth[30927]: <INFO> \
    station up <12:34:56:78:90:ab> bssid 00:11:22:55:66:77, essid Example_ESSID, vlan 12,
    ingress 4262, u_encr 1, m_encr 1, loc 156.4.1 slotport 4035
Jan  1 03:14:47 wireless-switch.example.com 2004 [1874369] auth[30927]: <INFO> \
    station up <12:34:56:78:90:ab> bssid 00:11:22:66:77:88, essid Example_ESSID, vlan 12, \
    ingress 4296, u_encr 1, m_encr 1, loc 156.4.1 slotport 4035
```

图 1-4 无线交换机 syslog 示例

署于被覆盖的区域，一台中心交换机处理认证、关联和接入控制。在这种配置中，是由交换机发送 syslog 消息，而不是由 AP 发送消息的。交换机不为每个认证、关联、漫游、去关联和去认证事件发送单独的消息，而仅发送两种类型的消息，即"station up"和"station down"。来自于被测量 WLAN 中 AP 的可用消息类型可能影响 syslog 作为一个测量工具的适用性，而这取决于研究所需数据的类型。

在混合 AP 环境中，例如这里的环境，其中有多个 AP 类型，因此就有多个 syslog 消息类型。可以发现，在数据分析之前，将 syslog 消息转换为一种中间格式是有用的。图 1-5 给出了这种中间格式。时间、客户端 MAC 地址、事件和 AP 主机名是从 syslog 消息中提取出来的。因为 syslog 消息不包含年份，所以通过程序将年份添加到时间之中，并以 Unix 时戳替换这里的时间。一些 syslog 消息仅包含 AP 的 MAC 地址，而不包含主机名，如图 1-4 所示（例如，bssid 00:11:22:33:44:55）。对于这些 AP，保存一份 AP 名到 AP MAC 地址的单独映射表，并在转换 syslog 消息时引用该表。

一旦收集 syslog 消息并将其转换为一种可解析的格式，则可创建一个状态

```
1072933205 0123456789ab roamed example1-ap
1072933214 0123456789ab disassociated example1-ap
1072933215 0123456789ab reassociated example1-ap
1072933241 09876543e1ef deauthenticated example2-ap
1072933244 09876543e1ef authenticated example2-ap
1072933244 09876543e1ef reassociated example2-ap
1072933265 0123456789ab roamed example1-ap
1072933269 0123456789ab disassociated example1-ap
1072933270 0123456789ab reassociated example1-ap
1072933307 abcdef123456 reassociated example3-ap
```

图 1-5　解析过的 syslog 消息

机，该状态机能够为 syslog 跟踪消息中观察到的每个 MAC 地址计算得到一个会话。图 1-6 给出了在校园无线跟踪消息中所用的会话状态机[9,13]。一个会话以一个关联开始，接着是零个或多个漫游事件，并以去关联或去认证事件结束会话。

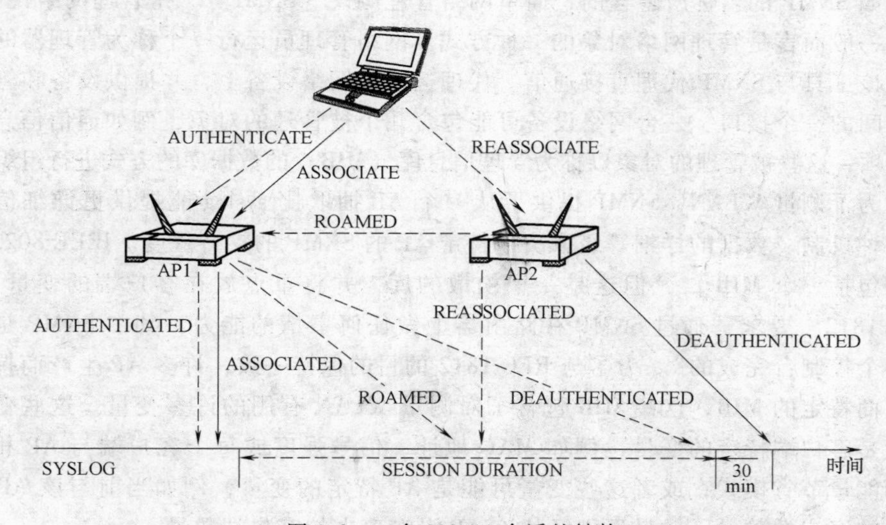

图 1-6　一个 802.11 会话的结构

这个会话结构假定一个 MAC 地址对应于单独的一名用户。在一些网络环境中，可能不是这种情况，例如，几名用户共享 802.11 网络接口卡（NIC）的情形，或用户们可能改变他们的 MAC 地址的情形。如果可能的情形是这样，且研究的目的是要跟踪个体用户的使用情况，则将 syslog 数据与其他数据〔例如认证日志（见 1.2.3 节）〕相结合才是有用的。

对于处理 syslog 消息，最后一点提示是要意识到数据中可能存在空洞。因为多数 syslog daemon 都使用 UDP（用户数据报协议）传输，所以在网络中一些消息可能出现丢失或乱序。作为网络配置改变或故障的结果，也可能丢失其他的消息。这些数据空洞可能导致会话长度估计中的错误。例如，如果丢失一条去关联消息，简单解析器就可能认为客户端从来没有从它们最后被观察到的 AP 去关联，并因此过高估计会话时间长度。在研究中，通过查找在跟踪消息末尾仍然活跃的会话，试图解决这个问题（过高估计会话时间长度）。假定这些会话丢失了一条去关联消息，则当针对这个 MAC 地址记录的最近 syslog 消息超过 30min 之后，就可手动地终止这样的会话。选择 30min 的窗口是因为这是一个 AP 用来使不活跃客户端超时的常用时长。syslog 的优势和劣势如下：

1）优势：多少有点被动（但没有发送到 AP 的额外流量）：时间粒度为 1s。

2）劣势：没有公用的数据格式；UDP 传输意味着消息可能丢失；可能需要手工配置每个 AP，使之发送 syslog 消息。

1.2.2 SNMP

如 SNMP 的名称所隐含的，简单网络管理协议（SNMP）[15]是管理网络设备，或更一般而言是管理网络对象的一种方式。网络管理员运行一个称为管理器的工具，该工具与 SNMP 代理直接通信。代理运行于网络设备上，并提供设备和管理器之间的一个接口。一台网络设备可能包含几个被管理的对象，例如通信信息或配置项，这些被管理的对象以称为管理信息库（MIB）的数据库的方式进行组织。

为了测量 WLAN，SNMP 提供了从一个 AP 抽取比 syslog 能提供更详细信息的一种机制。数据的详细等级取决于特定 AP 的 SNMP 的支持程度。IEEE 802.11 标准包括一个 MIB[11]，但这是一个松散的库，并将重点放在客户端的变量上。RFC 1812[2]要求“通过 SNMP 在路由器上做任何事情的能力，其中 SNMP 是通过一个控制台完成的”。为了与 RFC 1812 的目的保持一致，许多 AP 生产商撰写了厂商特定的 MIB，这些 MIB 包含了对测量 WLAN 有用的许多变量。这些变量可能是客户端特定的变量，例如 MAC 地址、信号强度或每个客户端与 AP 相关联的能量节省模式；或者这些变量可能是 AP 特定的变量，例如当前与该 AP 相关联的客户端数量，或最近已经从该 AP 漫游离去的客户端数量。

即使一个 AP 缺乏厂商特定的无线 MIB，仍然可能存在许多有用的数据，这些数据可从通用 MIB 中得到。多数 AP 支持标准的网络接口 MIB[8]，通过查询这些 MIB，确定一些接口特定的变量是可能的，例如确定通过该 AP 有线接口的进出字节数和报文数。显然这个统计量不可能包括在相同 AP 上的两个无线主机之间的流量，原因是这些流量不可能穿越有线接口。

和 syslog 的情形一样，SNMP 数据收集可能受到不同 WLAN 配置的影响。如果部署了一台中心无线交换机，则除了查询个体 AP 之外（或者根本不查询），也有必要查询这台交换机。出于安全原因，一些网络可能禁止 SNMP 查询，或仅允许来自特定子网的 SNMP 查询。

一旦确定要被查询的变量，就需要在周期性地查询这些变量的一个脚本程序。如果要查询大量AP，则强烈建议采用工具，使得能在不必等待前面查询完成的情况下，执行并发的异步查询。在研究中，已经成功地使用了开源的SNMP工具net-snmp套件[18]和相关的Perl模块。

通过在每台AP上收集随时间变化的关联客户端的MAC地址，SNMP也可用来识别客户端会话。但是，这些会话的准确度将取决于所选轮询的间隔，即查询之间的周期。如果轮询间隔太长，则SNMP查询就不能观察到如下情形的客户端：这些客户端在两次轮询之间与一个AP完成关联和去关联活动。另一方面，如果轮询执行得太过频繁，则产生的进出AP的额外流量就可能影响网络性能（使AP过载或链路过载）。以前的研究（见1.3节）所使用的轮询间隔，范围为1～15min。在研究中要使用SNMP查询超过500个AP，可以发现为了防止SNMP流量过载网络，所需要的轮询间隔为5min。SNMP的优势和劣势如下：

1）优势：容易从许多AP检索到详细的信息：这些数据可包括链路、网络和传输层信息。

2）劣势：粗糙的时间粒度（低于5min的轮询间隔就会使一个LAN出现网络流量饱和）。厂商特定的MIB意味着为了测量不同类型的AP，需要额外的开发工作。

1.2.3　认证日志

由于客户端能够方便地进行连接，所以WLAN受到了人们的欢迎。但是，它却带来了新的安全弱点，所以在客户端被允许访问网络之前，许多已部署的WLAN要求有某种形式的认证。对来自认证服务器日志的分析是确定用户行为的另一种机制，通过记录登录和登出次数，可计算用户会话。因为个体用户总是使用相同的登录名，则在关注个体使用模式的研究中，不管用来访问网络的主机为何，这些会话都可能是比较准确的。另一方面，这些会话可能未必对应于实际的WLAN行为，这些会话缺少用户访问AP的细节，或时戳不同于实际的802.11认证和去认证时间。尽管如此，在一个使用认证的网络中，认证日志是容易收集的一个数据源（原因是它们典型地存储在单台中心认证服务器中）。认证日志的优势和劣势如下：

1）优势：对于每个个体用户准确的会话级信息，容易从单个源收集。

2）劣势：不是所有网络都使用认证日志；认证会话也可能未必对应于无线会话。

1.2.4　网络侦听

网络或报文“侦听”指俘获网络流量的行为。将一个网络接口置于混杂模式，该接口就会忽略被分配的地址（不管本身的 IP 为什么），而接收所有数据帧，于是就能观察到经过这个接口的任意报文。例如名为 Tcpdump[25] 的程序能够将这些报文俘获到磁盘，而如 ethereal[6] 的协议分析器能够分析这些报文，以确定有用数据，例如源和目的地、协议，并在许多情形中可确定所使用的应用程序类型。

通过将网络侦听器放置于一台路由器或交换机（这些设备将 WLAN 的 AP 连接到有线网络）附近，就有可能记录穿越无线网络部分的流量。如果 MAC 地址用来代表个体用户（且想得到这个信息的话），那么必须注意要将侦听器放置于第一台路由器之前，以使俘获的报文保留原始的无线客户端 MAC 地址。一些交换机提供一种“端口镜像”模式，这种模式可将在一些端口上观察到的流量弹射到另一个端口。这对于侦听是有用的，因为侦听器可连接到一个镜像端口，并因此监视那台交换机上任意数量的端口。这就要求侦听器具有两个以太网接口：一个接口连接到镜像端口；另一个接口连接到有线 LAN 用于远程访问。之后 Tcpdump 可运行于连接到镜像端口的接口上。如果没有使用端口镜像的侦听器可用，而使用仅有一个接口的侦听器，那么从报文跟踪中去掉进出侦听器（例如，远程登录）的流量就是必要的。而且，可以发现，拟监视一个无线子网的侦听器有时会看到那个子网上来自有线主机的流量，这是由于交换机被错误地配置或出现故障所导致的。将侦听器数据与来自其他源的数据相关是有用的，所以就使用通过 syslog 观察到的一个 MAC 地址列表来去除非无线数据。

由于为了得到客户端 MAC 地址，侦听器需要放置在第一台路由器之前，所以侦听器需要物理上放置在被侦听的 AP 附近。对于我们的研究，在我们的校园周围 11 座建筑间部署了 18 个侦听器。这些侦听器放置于被锁住的交换机房间中，且进入这个房间需要联系一名网络系统管理员。因此这些侦听器的管理比起管理 syslog 收集器或 SNMP 轮询器来，要更具挑战性，后两种方法（syslog 收集器和 SNMP 轮询器）都没有对物理位置的约束。为了最小化物理访问的需要，将侦听器连接到一台不间断电源（UPS），并配置为电源故障后自动重启。中心数据收集服务器周期性地运行一个脚本，检查所有的侦听器是否通过网络可达，以及它们是否正在正确地收集报文跟踪数据。一旦确认侦听器是存在的并正在运行，那么就需要保证它们是安全的。虽然保持一台机器上的软件最新并被打上补丁存在完全自动化的机制（例如“Windows Update”或“RedHat Up2Date”），但可以发现，自动地实施更新可能干扰侦听进程。这里采取一种不同的方法，脚本发出信号表明被更新软件的存在，在人工将更新应用到部署的侦听器之前，该软件更新要在实验室中的一台侦听器上经过测试。

对于网络侦听，一项需着重考虑的因素是其涉及的数据量要远远大于使用 syslog 和 SNMP 的数据量。监视一个 11Mbit/s 802.11b WLAN 就会很快产生数吉字节的报文跟踪数据，而为了侦听一个较高吞吐量的802.11a或802.11g WLAN，甚至需要更多的存储空间。重要的是对于一项跟踪设置，要确保有充足的磁盘空间可用，同样实用的方法是，在测量研究实际开始之前，执行测试侦听以估计空间要求。即使这样，一些研究也发现用光了机器磁盘空间，原因是不可预期的大流量[27]导致的。侦听器一天收集24h的报文跟踪数据，之后在午夜（当网络活动处于低水平时）将其压缩，并传递到一台中心数据收集服务器。使用Tcpdump中的一项功能来确保当一个跟踪文件达到特定尺寸时，关闭该文件，并创建一个新文件，这样做为的是避免产生的大型文件超过文件系统的限制。另外，应周期性地在侦听器和中心收集服务器上运行脚本来监视空闲磁盘空间。

更进一步的考虑因素是隐私问题。通过侦听俘获的报文可能包含敏感的数据，特别当被监视的LAN没有使用加密措施的情况下更是如此。考虑到人类专题研究（human-subjects research）因素，在进行一项研究之前，多数学术机构将要求该项研究得到伦理审查委员会（Institutional Review Board）的同意。一些隐私诱发的担忧可通过仅俘获报文头部得以缓解，这对于仅关注头部层次数据（报文尺寸、到达间隔时间等）的研究已足够。网络侦听的优势和劣势如下：

1）优势：详细的报文俘获信息，包括以太网头部和数据；微秒级的时间粒度。

2）劣势：仅在AP的有线侧俘获数据是最容易的，但这样便会丢失一些无线流量；侦听的方便与否取决于网络拓扑；要求大量磁盘空间；存在潜在的隐私问题；如果一个侦听器正在监视几个AP，则在一个跟踪文件中确定哪个AP分发了一个特定报文可能是困难的。

1.2.5　无线侦听

对于WLAN的有线侧测量，SNMP、syslog和网络侦听都是有用的工具，即这些工具对于无线流量由AP桥接到有线网络的情形是有用的。在多数WLAN中，这也许是首选的方法，因为网络的无线侧可能是带宽比较受限的，所以任何主动测量都应该在利用率较低的有线侧进行。仅察看WLAN有线侧的劣势是，不是所有的无线数据都在有线网络上可观察到的。相互通信的无线主机，当都与相同的AP关联时，它们将不会通过有线网络发送它们的流量。因为IEEE 802.11的管理帧和信标、重发以及冲突是特定于无线侧的，所以它们都不在有线网络上发送。不能关联到一台AP的用户，例如无赖的无线客户端试图通过MAC地址侦听而获得附近WLAN的接入，或错误配置的客户端，在有线网络上是不能看到这两类用户的。

为了测量这些额外流量，并观察到802.11 PHY/MAC层，有必要“侦听”网络的无线侧，即扫描RF（射频）频谱。幸运的是，这可通过使用相对简单的硬件得以完成。某些 802.11 NIC 可被配置成“监视”模式，将网卡配置成这种模式后，报文侦听器将俘获 802.11 头部和管理帧以及数据报文。可以类似于无线侦听进行分析的方式分析被存储的这些帧，然而不是所有的 NIC 都支持这种模式；具有监视支持能力的流行芯片组包括 Intersil Prism、Orinoco 和 Atheros。

另一种测量方法是使用专用的无线监视硬件，例如“无线入侵保护系统”[19]。典型情况下，这些硬件可包括小型的低功率设备，可置于监视模式，并为了观察特定行为（例如无赖客户端）而监视 RF 频谱。这些设备类似于 AP，且如果有运行 Linux 的许多 AP 中一个 AP（例如 Linksys WRT54G）可以加以利用，则将新的固件烧写到该 AP 的闪存中，就可将之转换为一台无线侦听器[22]。使用这些系统比使用 PC 作为侦听器可能要廉价些，但是这些系统缺乏专用的存储设备，所以要存储 802.11 帧的测量研究工作将需要将 802.11 帧从这些设备传输到一台中心服务器。为了用这些设备传输帧，需要将 802.11 帧封装到一个以太网报文中，以便在有线网络间传输。取决于所用工具[1,12,24]，该封装可有几种不同的格式，为了方便数据分析，确保所有测量设备使用相同格式就是一项有用的措施。

无线侦听面临有线侦听所没有的几项挑战。Yeo 等人[26]定义了无线侦听器不能俘获网络上所有流量的三种情形。一般丢失（Generic loss）是由于信号强度弱，而导致帧丢失的情形，例如侦听器远离于 AP 或被侦听的客户端的情形。类型丢失（Type loss）是作为设备驱动故障，或能力不足的特定网卡被置于监视模式之中，而结果没有俘获到帧的情形。第三种类型的丢失，即 AP 丢失，是当固件不兼容导致特定 802.11 NIC 不能从一种特定类型 AP 俘获所有报文时发生的。通过使用多个侦听器，或具有不同 802.11 芯片组的侦听器，可使这些丢失中的一些丢失达到最少。在被测量的区域中使用多种天线或把侦听器放在合适位置而进行试验，也是有帮助的。

除了来自于类型丢失、一般丢失和 AP 丢失而产生的无意丢失帧之外，如果无线侦听器在不正确的信道上，则也会丢失帧。多数无线 NIC 在一个时刻仅能监视一个信道，在 2.4GHz 频带使用 3 个不重叠的信道，和在 5GHz 频带使用 12 个不重叠的信道，如果仅监视一个信道就可能潜在地损失大量流量。Mishra 等人[17]发现同时侦听 3 个相邻信道是可能的，虽然这要丢失 12% 的帧。为了解决这个问题，人们可选择：①仅监视 WLAN 的 AP 运行于其上的信道，这样做会损失任何错误配置的客户流量；②使侦听器的多个 NIC 循环经过所有可用的信道，而这会漏掉目前不被监视信道上的流量；③以较高的开销为每个 802.11 信道安装一个侦听器。

虽然通过将有线侦听器放置于合适位置的一台路由器附近，有线侦听方法可使用相对少量的侦听器来测量几个 AP，但这需要一台无线侦听器物理上与正被监视的AP放置在一起，原因是无线侦听器也需要"听到"AP所接收的相同帧。这意味着侦听器的数量正比于AP的数量，因此大型WLAN的无线测量研究可能证明是代价高昂的。无线侦听的优势和劣势如下：

1）优势：能够俘获所有的无线流量（包括管理帧），这与仅能俘获穿越一个AP有线侧的流量方法是完全不同的。

2）劣势：俘获每个报文会是困难的，俘获报文的数量极度依赖于天线、802.11卡固件和侦听器的合适定位；不是所有卡都支持监视模式；没有通用的数据格式；存在隐私问题。

1.2.6 客户端工具

前面讨论的工具都是为从网络角度进行监视而设计的。另一种测量方法是通过在客户端安装软件，直接测量无线客户端正在做什么。这种方法提供了许多优势，客户端工具能够准确地确定客户端所看到的真实情形。虽然syslog可提供客户端所关联的AP，而客户端工具能够列出客户端看到的所有其他AP，这对于移动性跟踪会是有用的。客户端工具能够列出一台无线设备正在使用的所有应用，而不仅仅列出正在产生网络流量的那些应用。

但是，如果该工具要运行于多种客户端设备上（这些设备具有不同操作系统和不同设备驱动），则要编写客户端工具就会是具有挑战性的任务。另外，这种工具将需要安装于端设备上。一些用户会认为这种做法具有侵犯性，会选择禁止这个工具，而且这种方法存在要考虑的隐私问题。客户端工具的优势和劣势如下：

1）优势：准确地俘获客户端真正看到什么的最好方法。

2）劣势：编写支持多种平台、设备类型和设备驱动的工具可能是困难的；在大量设备上部署和维护这样的工具是困难的；存在隐私问题。

1.2.7 其他需考虑的因素

如同WLAN测量需要软件和硬件一样，WLAN测量也存在一些需要人工非自动收集数据的情形。要求在一项研究实施之前收集这其中的许多数据。

第一项需要人工得到的是被测量AP的一个列表。为了使syslog数据有意义，将需要AP的MAC地址。如果已经为AP分配了IP地址或主机名，那么也应该收集这些信息。如果AP是以动态方式被分配IP地址的，则为了收集SNMP数据，因为需要知道的AP的IP地址是通过SNMP向DHCP（动态主机配置协议）服务器查询的，就可能需要访问一台DHCP服务器。如果使用syslog或SNMP，那么被测量的所有AP都将需要配置成可进行syslog和/或SNMP操作，且需要确认SNMP团体字符串。

收集移动性跟踪数据要求知道 AP 的物理位置。可在 GPS（全球定位系统）单元的帮助下得到这种信息，但在多数 WLAN 安装环境中，AP 是室内的，这样 GPS 就几乎没有用武之地了。一般而言，采用建筑图画出 AP 位置是最好的标注方式。

长期测量研究工作也必须跟踪网络中发生的缓慢变化。在监控校园 WLAN 三年多的过程中，可以发现为了提高覆盖，有时会移动 AP，而随时间推移也会部署其他新的 AP，或引入新的安全措施，从另一方面而言，这会干扰数据收集过程。在一些场景中，自动地确定这些变化也许是可能的，例如通过一台无线侦听器检测来自新 AP 的帧就可做到这点。但在多数情形中，为了跟踪这些变化，将需要与网络管理员密切交流信息。而且，如果正在使用 syslog 和 SNMP，当将新的 AP 添加到网络中时，还需要对新 AP 进行合适的配置。

1.3 测量研究

在前面已经描述了用来测量 WLAN 的一些技术，接下来就要讨论实际实施过的一些测量研究工作，以及这些研究所采用的方法。

1.3.1 校园 WLAN

校园 WLAN 的多数测量研究是在大学校园环境中进行的。这毫不令人惊奇，因为对于一名科研人员而言，测量自己的网络在一般情况下是较容易得到允许的。

首批被测量的 WLAN 之一是斯坦福大学的 WLAN。Tang 和 Baker 在 2000 年对斯坦福大学计算机科学系 WLAN 上的 74 名用户进行了为期 12 周的测量。他们使用到了网络侦听器、认证日志和以 2min 轮询周期进行查询的 SNMP。对于在仅有 12 个 AP 的无线子网而言，2min 的轮询周期是可行的，因为每条轮询仅产生大约 50KB 的流量，在这样小范围的无线子网内不会产生较大的流量负担。而且，因为 SNMP 仅查询一个特定的变量，所以轮询报文较小，SNMP 轮询要查询的是像与一台特定 AP 相关联的 MAC 地址列表这样的变量。

Tang 和 Baker 的研究考察了用户行为、移动性和流量。他们发现网络使用高峰发生在中午时分，用户不是高度移动的，平均仅有 3.2 名用户在一天中访问一个以上的 AP。侦听器的分析表明，多数流行应用是 WWW 浏览和 ssh 或 telnet 远程登录会话。考虑到计算机科学家人群的特征，后者（telnet）的流行就不太令人惊奇了。半数用户使用交互式的聊天应用，例如 ICQ（网络寻呼）和 IRC（网上聊天）。

Hutchins 和 Zegura[10] 在 2001 年对乔治亚理工大学校园 WLAN 的一个子网进

行了为期2个月的跟踪记录，该网络由18座建筑中的109个AP组成。测试所用方法包括网络侦听器、SNMP和Kerberos认证日志。它们的SNMP轮询具有相对较大的时间间隔——15min。认证日志提供了计算用户会话时长的基础信息，日志包括从一名用户登录的时间直到网络防火墙导致一名空闲用户超时等信息。

这项研究同样关注用户行为、移动性和流量模式。Hutchins等发现了非常明显的以天为周期的使用模式——在工作日每天下午4点钟左右出现使用高峰，他们认为这是由于工作日结束时间导致的。在每一天中，用户数量几乎随时间而成线性增长，仅在大学假期中发生回落。从侦听跟踪数据中，他们检查了流计数和流长度，而不再是流量的绝对量。短流（<5min）占主导地位，虽然也观察到了一些几乎达9h的长流。最长的流是ssh或telnet，但最大数量的流是HTTP（超文本传输协议）。在研究的过程中，在一座以上的建筑中观察到444名用户中的228位。他们是在聚合的基础上计算移动性的，而不是基于每个用户行为进行计算的，因为在邻近AP“来回乒乓”的用户可能使这些数据发生扭曲。

Chinchilla等人[5]进行了一项WLAN测量研究，该研究的重点放在北卡罗来纳大学的WWW用户上。在11个星期的时间段上，他们使用syslog和网络侦听器跟踪222个AP。这项研究选择搜集的不是所有的单个无线报文，而选择仅收集HTTP请求。作者们使用Tcpdump检查任意端口上的TCP（传输控制协议）流量，并在净荷以ASCII（美国信息交换标准码）GET字符串开始的情况下记录该报文。

这项研究关注于WWW行为和用户移动的局限性；被请求的不同URL数量的13%要占HTTP请求数的70%，WWW对象请求的8%是在过去1h内某个附近客户端已经请求过的。这表明在AP处进行缓存也许具有某些益处，且作者们估计在每个AP处的缓存，在整个跟踪记录中对于55%的请求将是有用的。他们发现学生用户中多数人具有无线连接，且其中多数的客户端是不移动的，这种情形可能源于学生们在宿舍中将笔记本电脑在WLAN的状态下进行网络连接。他们使用马尔科夫链（Markov chain）开发了一个算法，用之预测一名用户将访问的下一个AP。这种算法在跟踪记录上，87%的时间能够预测到正确的AP。

Schwab和Bunt在2003年测量了加拿大萨斯喀彻温（Saskatchewan）大学的WLAN[20]。在一个星期的时间段内，他们使用网络侦听器和Cisco LEAP认证日志跟踪了18个AP。这项研究不像多数其他测量研究的是，这项研究没有使用Tcpdump侦听器，而使用了称为EtherPeek的另一个程序[7]。

在萨斯喀彻温大学进行的研究中，作者们详细检查了用户行为、移动性和流量。萨斯喀彻温大学的WLAN是一个非居住地WLAN，且因此同样镜像出了工作日的每日模式。Web流量占了约30%的流量，但几乎没有ssh或telnet使用，出现这种情况可能由于多数WLAN用户是法学院学生，而不是计算机科学相关学生。用户们是不移动的，且在法学院的 AP 上观察到比其他 AP 显著得多的使用流量。这引导作者们得出如下结论，AP 应该以在特定位置提供网络访问的观点进行部署，而不是以提供无所不在的移动访问覆盖的方式进行部署。

McNett 和 Voelker[16] 使用客户端工具在圣地亚哥加利福尼亚大学的 WLAN 上测量移动性。他们在 272 台 PDA（个人数字助理）上安装了相同的工具，即这些 PDA 都装备了 802.11b CompactFlash 适配器。安装的工具周期性地记录了每个可见 AP 的客户端信号强度、客户端所关联的 AP、设备类型以及 PDA 正在使用交流电源还是直流电源。因为 PDA 缺乏大型存储能力，所以 PDA 将联系一台中心服务器上载收集到的数据。

这项 PDA 研究考察用户会话行为和移动性特征。作者们发现了存在定期的每日模式，且在周末较少使用的规律。使用是突发性的，这可能由于长时间使用 PDA 的困难所导致。有趣的是，在跟踪时间周期上出现用户数量的稳定降低，推测这可能由于用户群（学生们）厌烦了使用这种不太容易使用的设备。他们定义了两种会话：①AP 会话，一台给定 PDA 与一个 AP 相关联所花去的时间；②用户会话，一台 PDA 打开并连接到 WLAN 的连续时间。AP 会话明显短于用户会话，表明在 PDA 使用过程中发生了漫游。不管使用一台 PDA 有多么困难，还是存在一些长会话，20% 的用户会话超过 41min。在跟踪的过程中，50% 的用户访问 21 个以上的 AP。正如萨斯喀彻温大学的研究中所表明的，AP 负载是不均匀的，50% 的 AP 仅观察到 5 名用户或更少的用户，10% 的 AP 观察到 84 名以上的用户。在这项研究中，采用移动性跟踪数据开发校园航路点移动性模型，该模型结合了校园上特定地理位置的知识。将基于跟踪的移动性模型与传统的综合（Synthetic）移动模型相比较，发现了三个显著区别，即在基于跟踪的模型中：①在任何给定时间实际上仅有少量用户（11%）是移动的，而综合模型中多数节点是移动的；②用户以比综合模型（0～20m/s）中较低的速度（1m/s）走动；③用户从网络中出现并消失的行为，在多数综合模型中是不做考虑的。

在美国达特茅斯（Dartmouth）学院，实施了一个学术 WLAN 的最大规模研究。自从 2001 年在校园安装多数 AP 以来，已经从这些 AP 那里收集了 syslog 消息。对于另外两项扩展性研究，也使用了 SNMP 和 Tcpdump 有线侦听器，这两项研究分别是 2001～2002 年 11 个星期中覆盖 476 个 AP 的研究和 2003～2004 年 17 个星期中覆盖 566 个 AP 的研究[9]。

在 2001～2002 年的研究中，仔细研究了用户行为和流量模式。达特茅斯学院的校园不同于其他研究中的校园之处在于它覆盖了广大的范围：学术区域（包括拥有一个滑冰坡道的运动场、供学生住宿的宿舍和房屋以及公共食堂）和社交区域（学院位于其中的城镇部分，包括一些购物区、一座宾馆和其他饭店）。就总流量而言，住宿区在所有其他区域中占主导地位。在其他地方观察到的每日使用模式在达特茅斯学院也同样存在，虽然校园的住宿特征意味着使用在工作日结束后不会停止，原因是许多学生们在夜晚仍然使用WLAN。用户会话是短暂的，均值为16.6min，71%的会话少于1h。虽然一些客户端也在WLAN上使用备份程序，这为总体流量贡献了相当大量的份额，但如在其他研究中一样，WWW流量仍然是最流行的应用。

在2003~2004年的研究中，选择了研究WLAN上用户行为的变化。在部署3年之后，WLAN已被人们认为是一种成熟的网络，并成为学院生活不可分割的部分。学院也已经开始使用VoIP电话系统替换模拟电话系统，且给一些学生配发了可在WLAN上使用的VoIP客户端。可以发现，在2001~2002年和2003~2004年间WLAN上使用的应用类型发生了显著变化：就总流量而言，虽然HTTP仍然是最受欢迎的应用，但对等文件共享和流媒体在使用方面出现了显著增长。因为多数VoIP呼叫是在有线网络上进行的，所以无线VoIP没有成为一项受欢迎的应用。作为文件共享增长的结果，局部（校园）网络内的流量超过了连接外网的流量，这与2001~2002年的情形正好相反。在这两项研究中，固定住户仍然持续产生多数流量，且用户使用保持每日模式的规律。

在2003~2004年的研究中，也仔细研究了移动性特征。syslog数据表明，许多用户在可达范围内的AP间做“来回乒乓”运动，所以当研究一个会话的移动性时，考虑了会话直径，即在一个会话中用户访问的任意两个AP之间的最大距离。因为假定直径小于50m的会话由“乒乓”的客户端组成，所以认为这样的会话不具备移动性。使用一个工具分析Tcpdump日志中的TCP流，目的是估计一台设备所使用的操作系统（通过检查窗口尺寸的差异、ACK（确认）值等）。使用这个信息将设备按类型分类：MAC或Windows笔记本电脑、VoIP电话、PDA等。这个信息可用来对不同设备类型间的移动性做出表征。例如发现VoIP电话的设备（总是打开着）会访问较大量的AP，并比笔记本电脑具有较长的会话时长，典型情况下，用户在移动之前是要关掉笔记本电脑的。总之，半数用户是不移动的，即50%的用户在家庭位置（Home location）花费掉他们的98%时间，其中用户与$50m^2$面积内的一个AP或多个AP组成的AP组经常地关联起来。在另外一项单独的研究工作中，在3年时间的syslog跟踪数据中，也使用了关联和去关联时间来为每一名用户创建移动性历史，之后使用这个历史数据开发并评估移动性预测模型[21]。因为用户历史包含的移动次数少于1000次，所以多数预测器的预测效果并不好。但是，对于比这时间长的历史数据，最好的预测器对于其间的用户具有65%~72%的准确度，即预测器能够正确地预测用户将与之在65%~72%时间相关联的下一个AP。有趣的是，简单的基于马尔科夫（Mar kov）预测器与更加复杂的基于压缩的预测器执行得一样好。特别地，当遇到在用户历史中没有观察到的一个新的上下文时，2阶马尔科夫预测器通过到较短的 1 阶预测器的一个“反馈”，其预测效果总体来说执行得要好得多。

1.3.2　企业 WLAN

2002 年由 Balazinska 和 Castro 在一家企业研究设施中进行的 WLAN 测量研究[4]，是在学术校园环境之外进行的少数 WLAN 测量研究之一。他们采用 5min 轮询间隔的 SNMP 方法，在 4 个星期内查询 117 个 AP。

这项企业 WLAN 研究工作将重点放在 AP 负载和用户移动性上。如在其他研究中观察到的情形一样，其中一些 AP 几乎没有被使用，观察到 10% 的 AP 有少于 10 个同时在线的用户。就同时在线用户而言，最高利用率的 AP 处于公共地点，例如咖啡馆和体育场馆。但是，就流量等级而言，最高利用率的 AP 处于实验室和会议室之中。

在正常情况下，用户是不移动的，50% 的用户在给定的一天时间内不会访问 3 个以上的 AP。作者们引入了两个度量指标来表征移动性：发生率（Prevalence）是指在针对一名用户的跟踪数据上该用户花费在某一给定 AP 上的时间；持久性（Persistence）是指测量一名用户在移动到下一个 AP 之前，与某一给定 AP 关联的时间。使用发生率数据，可将用户按移动性的变化程度进行分类，从“静态的”到“高度移动的”。因为静态用户将他们的多数时间花费在与单个 AP 关联上，所以具有较高的最大发生率，而高度移动的用户则具有较低的最大发生率和中等发生率，该类用户将他们的时间花费在不同 AP 上。持久性度量指标弥补了发生率指标，度量方法是将在每个 AP 上所花费的时间累加，而且并不令人惊奇的是，在外地网络时，持久性是较低的。

同样在非校园型网络中，Balachandran 等人[3]使用 SNMP 和侦听器分析在 2001 年 ACM SIGCOMM 会议的 195 个无线用户。他们选择了 1min 的轮询间隔，这样短的论询间隔是可能的，原因是在研究中仅涉及少量 AP——在这次会议上仅使用了 4 个 AP。

在这项 WLAN 测量研究中，作者们仔细研究了用户行为、流量模式和 AP 负载。考虑到会议环境，WLAN 使用密切遵循着会议日程时间规律，且当开会时，用户数量增加，在吃饭和休息期间则降低。到达时间使用一个马尔科夫参数调节的泊松过程建模，其中在一个开（ON）时间周期中（会议期间）到达时间是随机变化的。会期时长是 Pareto 分布的，多数会话时长在 5min 以内，且许多最长的会期是空闲的，并传递少量数据。最流行的应用同样是 WWW 浏览，另外因为 SIGCOMM 参会人员主要是计算机科研人员，所以 ssh 是第二项最流行的应用。不像多数研究的是，绝大多数用户（超过 80%）在一天中出现在一个以上的 AP 上，考虑到这是会议特定的场景，其中参会者没有一个指定的座位，所以他们将与一个不同的 AP 关联，而这取决于在某一给定会议期间中他们坐在哪里。他们发现，AP负载不随用户数量而变化，而随个体用户正在使用的应用发生变化。

1.3.3　无线侧测量研究

如1.2节所描述的，无线侦听是复杂的，因此WLAN无线侧的大型测量研究只有几项。

在两项WLAN研究中，Yeo等人[26,27]考察了实施无线侧测量的困难性。为了估计发生于无线侧测量中的丢失量，他们采用了3台无线侦听器，将测量结果与一台有线侦听器得到的结果进行比较，其中SNMP以1min间隔轮询无线侦听器。报文发生器用来在主机之间发送UDP（用户数据报协议）报文（以顺序号标记），所有主机都处在相同信道上。他们发现3台侦听器对无线媒介具有不同观察点。在俘获来自AP流量方面，所有侦听器都是成功的，而在俘获来自客户端流量方面，则不尽如人意，原因是AP可能具有较大型和较强功率的天线，客户端则可能到处移动，并最终移出一台侦听器的无线范围。平均而言，侦听器可观察到来自AP的99.4%报文，而仅观察到来自客户端的80.1%报文。通过合并来自3台无线侦听器的跟踪数据，俘获率得以提高，提高到有线侦听器所观察到流量的99.34%。来自这项研究的一项建议是，应该将1台侦听器放置于被监视AP的附近，其他的侦听器尽可能地放置于客户端被预测位置的附近。

在一项后续的试验中，Yeo等人考察测量了马里兰（Maryland）大学计算机科学系的7个AP。其中他们使用了3台无线侦听器，这些侦听器配置有被置于监视模式的Orinoco 802.11b NIC，网卡锁定在信道6上，并配置为使用Prism2文件格式俘获802.11帧。这使3个AP可监视信道6的使用情况。这项研究持续了2个星期，因为侦听器用光了磁盘空间而存在一段测量数据空白。

这项研究将重点放在PHY/MAC层，原因是研究仅在使用无线侦听器时才可实现。在单个AP观察到的最大吞吐量仅有1.5Mbit/s，这是由于在3个AP间共享的信道上的冲突导致的。传输错误的等级，即重传帧数除以帧总数是天天变化的，但在无线主机发送到1个AP的数据中存在更多的传输错误，而从1个AP发送的数据中不是这种情形（传输错误较少）。通过检查帧的类型，他们发现数据帧占侦听帧的50.7%，信标帧占46.5%。关联和去关联响应帧倾向于以最高数据速率，即11Mbit/s发送，而对应的请求帧则以1Mbit/s发送。802.11标准没有规定响应帧的行为，由于无线主机以较高速率发送响应，所以许多响应帧没有到达客户端，从而需要重发。其他管理帧，包括探查响应和功率节省轮询，也经常需要重发。对于数据帧，可采用常见的几种数据速率，平均数据速率是5.1Mbit/s。

Mishra等人[17]使用无线侦听方法仅研究考察802.11 MAC层切换过程。他们使用8台机器作为无线侦听器，在机器上他们总共安装了14张802.11b NIC。每张 NIC 都配置为监视模式，并锁定到一个不同的信道，这允许他们监视所有的11 个 2.4GHz 信道。之后配备一台笔记本电脑的一名用户在马里兰大学计算机科学系到处走动，该系有 3 个 WLAN，这些 WLAN 由使用 Cisco、Lucent 和 Prism2 芯片组的约 60 个 AP 组成。因为这项研究重点在切换，所以侦听器记录的一些帧是探查请求和探查响应、再关联帧和认证帧。为了仔细研究设备驱动之间切换的变化，在客户端笔记本电脑上使用了 3 种不同的 802.11b NIC，即 Lucent Orinoco、Cisco 340 和 ZoomAir Prism2.5。

在所有设备间，他们发现探查时延（探查请求和探查响应帧）占总体切换的时延超过 90%。设备间切换时延存在较大的变化，1 个 Lucent 客户端和 Cisco AP 需要平均时延为 53.3ms，1 个 Cisco 客户端和 Cisco AP 需要的时延为 420.8ms。采用相同设备和 AP 配置，在切换时延中存在较大的变化，且如果时延越长，则标准方差就越高。设备间时延中的一些差异可由设备间的不同行为做出解释。在与 1 个新的 AP 认证之前，Lucent 和 Prism NIC 将发送 1 条再关联请求，在认证之后发送第 2 条再关联请求。在每台设备的探查等待时间（在切换到扫描下一个信道之前，一个扫描客户端等待的时间量）之间也存在巨大差异。Cisco 客户端在每个信道上发送 11 个探查帧，并在具有流量的信道上用去 17ms，在没有流量的信道上用去 38ms；Lucent 在信道 1、6 和 11 上发送 3 个探查帧，不管信道有无流量都在信道上用去几乎等量的时间；ZoomAir 在信道 1、6 和 11 上仅发送 3 个探查帧，就选择与之关联的 AP 上而言，ZoomAir 在发送 3 个探查帧之后再用去额外的 10ms。他们建议，使用来自侦听日志的经验性数据时，设备制造商们可选择降低这些探查等待时间。

1.3.4 讨论

表 1-1 列出了上面已经讨论的 WLAN 测量研究中所使用的方法。

表 1-1 无线研究及其使用的方法

研究人员	地点类型	时长	AP 数量	使用的方法					
				syslog	SNMP(轮询间隔)/min	侦听器	认证日志	客户端工具	无线侦听
Balachandran 等人[3]	会议	52h	4		1	√			
Balazinska 和 Castro[4]	企业	4 个星期	117		5				
Chinchilla 等人[5]	校园	11 个星期	222	√		√			

（续）

研究人员	地点类型	时长	AP数量	使用的方法					
				syslog	SNMP（轮询间隔）/min	侦听器	认证日志	客户端工具	无线侦听
Henderson 等人[9]	校园	17 个星期	566	√	5	√			
Hutchins 和 Zegura[10]	校园	2 个月	109		15	√	√		
Kotz 和 Essien[13]	校园	11 个星期	476	√	5	√			
McNett 和 Voelker[16]	校园	11 个星期	>400					√	
Mishra 等人[17]	实验室	30min	60						√
Schwab 和 Bunt[20]	校园	1 个星期	18			√	√		
Tang 和 Baker[23]	校园	12 个星期	12		2	√	√		
Yeo 等人[26,27]	实验室	2 个星期	3		1	√			√

总之，表1-1表明，存在几项校园WLAN研究，和较少的非校园WLAN研究。其常见方法包括syslog、SNMP和侦听。这些研究的结果表明，在WLAN上的最常见应用未必是移动应用，实际WLAN中HTTP占多数流量，在计算机科学环境中则经常使用telnet和ssh。其常见的是短流和会话，且当为一项测量研究选择轮询间隔时，应该将这点牢记在心。用户们倾向于不移动，虽然总是开着的新设备的引入将产生增加的移动性的可能（例如装配有WLAN的PDA）。在一个WLAN上，AP倾向于被用户不均衡地使用，某些位置的AP占有较高等级的流量。研究人员已经开发出基于跟踪的移动性模型和预测器，观察这些模型和预测器在更新的、更具移动性客户端的跟踪数据上如何执行，将是令人感兴趣的。

无线侦听仍然是一个新的领域，也是一个提供许多挑战的领域。使用无线侦听方法的测量研究比起那些使用有线侦听、syslog和SNMP的研究要少得多，即使有这样的研究它们也将研究焦点集中在特定位置的特定信道上。虽然数量较少，但这些研究也已经得到802.11 MAC行为方面的深邃洞察结果，这些研究突出表明了芯片组和设备间的差异。例如，在一项研究中观察到46.5%的帧是802.11信标，这显示出在有线侦听研究中可能丢失大量数据。包括各种芯片组和设备类型的较大型规模无线侦听的测量，对未来无线协议的开发可能证明是有用的。

1.4 小结

WLAN 正日渐受到人们的欢迎，而且测量这些 WLAN 的各种特征对研究人员会是有用处的。本章讨论了用于测量的工具，以及使用这些工具进行的研究工作。作为结尾，下面给出一个检测清单，希望对那些拟开展无线测量研究的人们是有用的。

1.4.1 无线测量检查清单

1）确定哪种工具对于研究的目的是最适合的。syslog 对于移动性是有用的，而 SNMP 对于提取流量统计数据是一种容易的方法。客户端工具和无线侦听可提供最详细的内容，但也会诱发设置时间和设备方面的最大开销。使用多种工具并将数据相关也是有用的，例如使用 syslog 消息中观察到的 MAC 地址来验证侦听日志正在准确地俘获无线客户流量。

2）考虑到人体试验研究方面的因素，需要从伦理审查委员会获得同意授权。无线数据收集可能涉及潜在的敏感数据，例如无线用户的位置或他们正在传递的数据。

3）确定将被监视的 WLAN 会有多大。不同的工具可用来监视不同部分，如使用 SNMP 监视每个 AP 会是容易的，而侦听器仅能监视 WLAN 的一个子网。

4）列出被测量的所有 AP 的一个位置列表。如果需要，使用一张建筑图和/或 GPS 确定这些 AP 的物理位置。

5）确保所有将被测量的 AP 都是正确配置的，如将它们配置为发送 syslog 消息，或允许 SNMP 查询，且网络安全策略（如果存在的话）允许这些 syslog 和 SNMP 数据传输到将存储这些数据的主机。不要依赖于一名系统管理员（Sysadmin）来做这些工作，而要自己来确认这些配置是正确的。

6）在实际测量研究开始之前，在“排演（dry run）”中测试数据收集和分析软件。检查分析软件确实将有助于判断是否收集了足够的数据，并要确定正在使用的是否是合适的工具。

7）密切监视数据收集状态。跟踪输出中的变化，例如作为 AP 固件改变而导致 syslog 消息的变化。测量设备可能出现故障或用完磁盘空间，这些也要求实施仔细的监视工作。

8）与 WLAN 管理员保持联系。重要的是要知道，何时安装新的 AP，或何时现有的 AP 要移位或拆除。

9）要最小化被测量网络的中断时间。本章描述的多数工具是主动测量工具，即它们产生额外的网络流量，重要的是要注意这些流量不要影响被监视的网络。如在一种特定类型的AP上已经发现频繁的SNMP查询，可能导致该AP停止转发报文。

10）预料到意外！实际网络的测量（其中有大量真实的无线网络用户）可能遇到许多令人惊奇的事件。所进行的测量研究曾经被病毒、蠕虫、错误配置的无线客户端、防火墙、网络子网和VLAN（虚拟局域网）中的改变以及更多事件所影响。但是，由于具有上面所讨论的一个完备的监视系统，所以能够检测这些问题中的多数问题，并且只要有需要，就可重新配置测量基础设施。

对实施无线测量研究感兴趣的读者，或希望访问本章中讨论的一些研究数据的读者，请访问站点 http://www.cs.dartmouth.edu/~campus 和 http://crawdad.cs.dartmouth.edu/，以得到更多的信息。

参考文献

1. Apware project, http://nms.csail.mit.edu/projects/apware/software/.
2. F. Baker, *Requirements for IP Version 4 Routers*, IETF RFC 1812, June 1995.
3. A. Balachandran, G. M. Voelker, P. Bahl, and P. Venkat Rangan, Characterizing user behavior and network performance in a public wireless LAN, *Proc. Int. Conf. Measurements and Modeling of Computer Systems* (*SIGMETRICS*), Marina Del Rey, CA, June 2002, ACM Press, pp. 195–205.
4. M. Balazinska and P. Castro, Characterizing mobility and network usage in a corporate wireless local-area network, *Proc 2003 Int Conf Mobile Systems, Applications, and Services* (*MobiSys*), San Francisco, May 2003, USENIX Assoc., pp. 303–316.
5. F. Chinchilla, M. Lindsey, and M. Papadopouli, Analysis of wireless information locality and association patterns in a campus, *Proc. 23rd Annual Joint Conf. IEEE Computer and Communications Societies* (*InfoCom*), Hong Kong, March 2004, IEEE.
6. Ethereal protocol analyzer, http://www.ethereal.com.
7. EtherPeek protocol analyzer, http://www.wildpackets.com.
8. J. Flick and J. Johnson, *Definitions of Managed Objects for the Ethernet-like Interface Types*, IETF RFC 2665, Aug. 1999.
9. T. Henderson, D. Kotz, and I. Abyzov, The changing usage of a mature campus-wide wireless network, *Proc. 10th Annual ACM Int. Conf. Mobile Computing and Networking* (*MobiCom*), Philadelphia, Sept. 2004, ACM Press.
10. R. Hutchins and E. W. Zegura, Measurements from a campus wireless network, *Proc. IEEE Int. Conf. Communications* (*ICC*), New York, April 2002, IEEE Computer Society Press, Vol. 5, pp. 3161–3167.
11. IEEE 802.11 MIB, http://standards.ieee.org/getieee802/download/MIB-D6.2.txt.
12. Kismet wireless sniffing software, http://www.kismetwireless.net.

13. D. Kotz and K. Essien, Analysis of a campus-wide wireless network, *Wireless Networks* **11**: 115–133 (2005).
14. C. Lonvick, *The BSD Syslog Protocol*, IETF RFC 3164, Aug. 2001.
15. K. McCloghrie, D. Perkins, and J. Schoenwaelder, *Structure of Management Information Version 2 (SMIv2)*, IETF RFC 2578, April 1999.
16. M. McNett and G. M. Voelker, *Access and Mobility of Wireless PDA Users*, Technical Report CS2004-0780, Dept. Computer Science and Engineering, Univ. California, San Diego, Feb. 2004.
17. A. Mishra, M. Shin, and W. A. Arbaugh, An empirical analysis of the IEEE 802.11 MAC layer handoff process, *ACM SigComm Comput. Commun. Rev.* **33**(2):93–102 (April 2003).
18. Net-snmp SNMP tools, `http://net-snmp.sourceforge.net`.
19. Network Chemistry RFProtect wireless intrusion protection system, `http://www.networkchemistry.com`.
20. D. Schwab and R. Bunt, Characterising the use of a campus wireless network, *Proc. 23rd Annual Joint Conf. IEEE Computer and Communications Societies (InfoCom)*, Hong Kong, March 2004, IEEE.
21. L. Song, D. Kotz, R. Jain, and X. He, Evaluating location predictors with extensive Wi-Fi mobility data, *Proc. 23rd Annual Joint Conf. IEEE Computer and Communications Societies (InfoCom)*, Hong Kong, March 2004, IEEE.
22. Sveasoft alternative Linksys WRT54G firmware, `http://docs.sveasoft.com/`.
23. D. Tang and M. Baker, Analysis of a local-area wireless network, *Proc. 6th Annual ACM Int. Conf. Mobile Computing and Networking (MobiCom)*, Boston, Aug. 2000, ACM Press, pp. 1–10.
24. Tazmen Sniffer Protocol, `http://www.networkchemistry.com/support/appnotes/an001_tzsp.html`.
25. Tcpdump packet capture software, `http://www.tcpdump.org`.
26. J. Yeo, S. Banerjee, and A. Agrawala, *Measuring Traffic on the Wireless Medium: Experience and Pitfalls*, Technical Report CS-TR 4421, Dept. Computer Science, Univ. Maryland, Dec. 2002.
27. J. Yeo, M. Youssef, and A. Agrawala, *Characterizing the IEEE 802.11 Traffic: The Wireless Side*, Technical Report CS-TR 4570, Dept. Computer Science, Univ. Maryland, March 2004.

第2章　了解校园无线网络的使用情形

DAVID SCHWAB 和 RICH BUNT
加拿大萨斯卡通市萨斯喀彻温大学

2.1 简介

萨斯喀彻温大学校园覆盖很大面积，它在南萨斯喀彻温河堤上的147hm^2 土地上拥有40座以上的建筑物。校园的地理拓扑布局对于所采用信息技术分发数据的方法具有重要影响。校园无线网络是自2001年以来为了给18000学生改善计算环境而引入的几个新项目之一，具体采用的方法是通过位于恰当公共区域的高速无线AP，为移动用户提供到校园有线网络的访问。

最初的部署是以2001~2002学年的一个先导性项目开始的，这个项目由根据策略在一些位置放置的少量AP（18）组成。这项试验性的部署表明，无线技术将会是为学生们提供到网络资源和因特网极大访问能力的一种有效方式。对无线连网的需求从那之后开始稳定地增长。在示范性展示完成之后，无线AP完全融入到校园网络，现在日益增长的无线用户经常使用无线AP。为了满足前面提到的需求，正在继续扩展网络，现在已经接近80个AP。目前正在为新的建筑和不断扩张中的范围而规划进一步的无线AP安装。

为了能够为无线覆盖进行规划，重要的是要了解当前的使用模式——即知道在哪里、何时、使用量以及无线网络正用于什么用途。同样重要的是了解使用模式正在发生的变化以及从当前趋势中能够推断出什么样的未来使用状态。本章描述了收集使用数据的方法论，以及从中学到的知识和总结的教训。在2003~2004学年与信息技术服务分部（ITS）合作，收集了认证日志。在分析中，以在特定校园地点收集的短期无线报文跟踪数据对这些使用日志作了补充。

本章结构如下：2.2节回顾了无线网络测量相关研究工作；2.3节描述了萨斯喀彻温大学的无线网络，其中包括该网络的初始部署、在其上实施的早期用户测量研究结果以及目前研究正在使用的生产网络配置；2.4节将描述收集和分析数据时遵循的方法论，并将之与较早期研究所使用的方法论进行比较；2.5节包含分析结果，并将给出当前结果和过去结果的比较；2.6节中将以汇总主要发现结尾。

2.2 相关研究工作

本项研究的设计是受到 Balachandran 等人[1]所完成工作的启发完成的。他们的分析以及由 2001 年夏天在一个很受欢迎的 ACM 会议上的参会人员所产生流量的特征，这些提供了许多有用的结果。在会议期间，他们利用两种机制来收集无线流量的跟踪数据。一种跟踪数据的收集方法是，由 SNMP 请求定期地轮询放置于会议大厅中的四个 AP 中的每个 AP。这项跟踪在 AP 层次揭示了使用情况的统计数据，包括当前连接的用户数量和传输错误数量。第二项跟踪数据是在一台路由器处收集的（该路由器将无线 AP 连接到校园网络），这项跟踪是使用 Tcpdump[2]收集匿名化的 TCP 报头来完成的。对那些报头的分析揭示出与 AP 无关的统计数据，例如无线网络上的总流量和这些流量的混合应用（application mix）。

虽然成功地收集了会议跟踪数据，并进行了透彻地分析，但来自该跟踪数据分析的发现在校园化的环境中仅具有有限的应用价值。会议具有确定的日程，这导致明显的流量模式，原因为所有参会者从一项活动移动到另一项活动（从而导致流量的地点发生明显变化）。而且，AP 都放置在相同的会议大厅区域，这导致在每个 AP 观察到几乎等同的使用模式。

由 Kotz 和 Essien[3]进行的达特茅斯学院无线网络分析是与校园范围网络比较相关的一项研究。达特茅斯学院无线网络由 476 个无线 AP 组成，为近 2000 名用户在 161 座建筑物中提供无线覆盖。达特茅斯学院无线网络研究组合使用了三种形式的跟踪数据收集方法：事件触发的日志消息、SNMP 轮询和报头记录。但是，因为达特茅斯学院网络的无中心化结构，这导致仅能从少量位置收集到报头，且因为 SNMP 和日志消息是由每个 AP 单独通过 UDP 报文发送的，这导致一些数据丢失或乱序。同样，一些 AP 经历了电源故障或错误配置问题，这些导致了跟踪数据中的空洞。

这两项研究都基于在斯坦福大学计算机科学系进行的较早期研究。在这项早期的研究中，Tang 和 Baker[4]使用 Tcpdump 和 SNMP 轮询在 12 个星期的时间周期中收集了 74 名无线用户的统计数据。虽然他们的研究确实建立了为后来无线网络跟踪所使用的方法，但他们工作的范围受限于单个建筑中的单个院系，这就不能完全地反映出广泛校园内无线用户的活动情况。

最近，Papadoupouli 等人[5]研究了 Chapel 山上北卡罗来纳大学校园的无线使用情形。他们深入调查研究的焦点是用户移动性模式，特别是漫游行为的可预测性以及关联模式和 Web 访问之间的关系。Papadoupouli 等人认为无线用户将受益于局部化的、对等的和可预测的缓存系统，特别考虑到位置特定的信息和服务时尤其如此。虽然Web不是基于位置的服务，但他们的研究表明所有Web请求的相当百分比份额（来自于高度移动用户请求的较大百分比份额）可以看作是位置相关的。

2.3 网络环境

就2004年秋季的情况而言，当时的校园无线网络由近80个无线AP组成，为超过700名客户提供服务，这其中包括学生、全体教员和员工。新的建筑，例如新的运动学大楼（Kinesiology building），从第一天开始启用就建设配有无线AP。随着每月新的AP上线，将较旧建筑迅速地连接到无线网络中。

开始时，混合使用Cisco AP350和AP1200两种AP。这两种型号都支持802.11b［或无线保真（WiFi）］连接，且AP1200可升级支持802.11g和/或802.11a连接。AP使用专有的Cisco轻量可扩展认证协议（LEAP），通过与指定的一台Cisco安全访问控制服务器（ACS）验证用户名和口令，而认证每条连接。这样做可允许用户们使用与他们登录到实验室机器和因特网服务的相同用户名和口令，得以连接到无线网络。ACS记录发生于无线网络上的每条认证和去认证的时间[6]。

使用配置有支持LEAP驱动的任何无线网络适配器——例如Cisco Aironet 350或Apple Airport，客户能够连接到无线网络。为了鼓励无线技术的早期采用，在第一年通过校园计算机商店，学生、教员和雇员可以一种补助性的价格购买Aironet 350无线适配器。

最初的无线网络是在2001年夏天，在扩展有线网络的一个虚拟子网上作为先导项目部署的。使用子网的配置可使得将无线流量从非无线流量中区分出来，并帮助确保未授权无线用户不能访问校园服务。

2003年早期，实施了新的无线网络的最初研究尝试，后来报告了这项研究的结果[7]。2003年1月22~29日，无线先导项目上的流量都在中心校园路由器处做了镜像。使用网络分析包软件EtherPeek[8]记录镜像的流量。这个时间段中匿名的ACS日志数据，对于这项初步（preliminary）研究，也是可以得到的。虽然一个星期长的数据跟踪不能看作平均无线用户行为的代表性数据，但工作建立起了有用的方法，且分析提供了早期校园无线网络状态的统计性快照。这些基本观察结果是相比较于2.5节的当前结果而言的。2003年夏天，校园网从交换式网络转换为路由网络，且无线AP被集成到通用的校园子网。这使得对方法论做出一些调整成为必要。

目前正在为校园上的802.11无线连网技术寻找几项新的应用。在2004年春天，ITS开始在校园和城外一定距离的远程研究设施之间安装点到点无线链路。

实验进行过程中，允许不支持 LEAP 认证的低端设备［例如使用 Palm OS 的手持计算机和无线单据跟踪（inventory tracking）设备］连接到校园无线网络。通过将这些设备的机器（MAC）地址与被允许设备的一个列表相比较，将认证这些设备。同时也正在一些新建的大楼中部署 VoIP 电话服务，这也许很快就成为蜂窝服务的替代服务，在校园无线网络上得以使用。

2.4 方法

2.4.1 记录认证日志

Cisco 安全 ACS 跟踪当前连接到网络的每个无线用户，并且出于安全监视的目的，将这个信息做日志记录。ACS 日志包括发生于网络上的每条认证和去认证的记录。记录的信息包括日期和时间、用户名、网卡地址、会话标识以及与每个时间关联的 AP 地址。另外，每条去认证记录包括传输和接收的报文数量，以及那些报文包含的数据量。自从 2003 年 8 月下旬以来，ITS 已经保存了这些日志文件的匿名拷贝，用于这里的研究之中。

2.4.2 收集跟踪数据

虽然 ACS 日志揭示了整个校园网总的使用模式，但它们没有给出描述应用特征和与无线用户相关流量模式所需要的特定信息。要获得这种更详细的信息，就需要无线流量的跟踪数据。

在较早期对无线网络的研究中[7]，当时的网络拓扑可以做到镜像并跟踪整个校园网上的无线流量。但是，一旦转换到路由网络，这样的镜像就不再可能了。现在为了俘获无线流量，就有必要在每个 AP 镜像流量。

ITS 同意使用为这个项目开发的跟踪数据收集系统，这个系统可从校园网上一些无线 AP 俘获报头。跟踪数据收集系统是使用一个定制的 NetBSD 内核[9]和标准的跟踪数据收集工具（下面将具体叙述）进行开发的。将这个系统进行如下配置，在每次启动时自动地开始新的跟踪数据收集会话，在没有直接监控下连续地长时间运行，并当关闭时安全地终止跟踪数据收集进程，这使 ITS 在跟踪数据收集期间需要为这个项目分配的时间和资源最小化。因为定制的跟踪数据收集系统是特别为无线用户测量研究而设计的，所以记录的结果就远比较早期研究中使用商用网络分析工具所收集的那些结果信息详细。

在 2004 年 3 月 5 日 ~2004 年 5 月 3 日之间，ITS 员工在 3 个高数据流量的校园网位置部署了跟踪数据收集系统。这里收集的数据构成了 2.5 节将讲述内容的基础。

2.4.3 匿名化处理

ITS使用一种定制的匿名化工具净化ACS日志。这些匿名化日志文件包含与实际ACS日志相同的信息，但有两点例外：①包含于匿名化日志中的用户名是以由SHA1单向散列算法产生的惟一标识符替换得来的；②清除日志中与无线AP处活动不相关的事件。在较早期研究中，ACS日志是通过简单地清除所有私有数据字段而进行匿名化处理的，这样的一个过程在研究中极大地降低了匿名化日志的有用性。通过散列私有标识符的方法，就在对研究不牺牲日志任何价值的情况下，保护了用户的隐私。

跟踪数据收集系统在设计时也同样将用户匿名化处理考虑在内。Tcpdpriv[10]匿名化Tcpdump格式的跟踪数据，方法是剔除跟踪数据中所有报文净荷信息，仅留下头部字段用于以后的分析。使用Tcpdump收集报文，之后再将其匿名化，这样做很麻烦，我们倾向于直接使用Tcpdpriv收集跟踪数据。虽然这限制了在跟踪数据上执行分析的深度，但它确保了没有将包含于无线报文中的私有信息被记录下来。

2.4.4 分析

使用已经存在的和定制编写的数据分析工具，分析了ACS日志和报头数据。

将ACS日志表项存储于一个关系型数据库中，这就允许比较早期研究的分析脚本可能的分析进行更加灵活和高效的分析。使用定制编写的数据输入工具将近400000个日志表项分解成个体字段，之后将这些字段插入到数据库表中，设计这些库表是用来高效地存储和分析日志信息的。之后可使用数据库快速地选择匹配特定标准的那些表项，并将它们返回给分析工具。数据库也能够执行比较高级的查询，它们依据特定字段的值而连接、分组并汇总数据。日志表中的表项也能连接到其他表，例如大楼—AP关系，也可依据其他标准分析日志数据。

报头跟踪数据的分析是使用CoralReef分析包软件[11]进行的。这个软件曾用于以前的研究[1]中，它是分析Tcpdump格式的跟踪数据用的。

2.5 结果

2.5.1 ACS日志结果

这项研究的ACS日志数据由2003~2004学年（见表2-1）的9个月期间收集的约400000条事件组成。这些事件来自于710名用户，这些用户连接到安装在超过20座大楼的78台不同AP。从这个数据看，表明了自较早期研究时间以来的显著用户数增长，当时仅有 134 名用户登记连接在 18 个 AP。在整个日志中认证和去认证事件是等频率地发生的。

表 2-1　ACS 日志汇总

属性	值
总事件数量	399103
认证数量	199327
去认证数量	199776
不同的用户名数量	710
不同的机器地址数量	651
AP 数量	78

图 2-1 给出了 AP 的使用情况，具体为观察到的用户数和机器地址数。用户数和机器地址数之间的差异（见表 2-1）主要来源于一些无线卡，这些卡租借给在图书馆工作的学生（在学年期间 5 个或更多的不同用户名使用 13 张卡）。3 个图书馆 AP 具有用户名/机器地址的最高比率。在 710 名登记的用户中，155 名通过一台以上的计算机连接到无线网络。具有每用户最高平均机器地址数的 AP 位于网络支持服务部门，其中 ITS 员工对学生的笔记本电脑进行配置测试，他们经常使用单个用户名测试许多台机器。

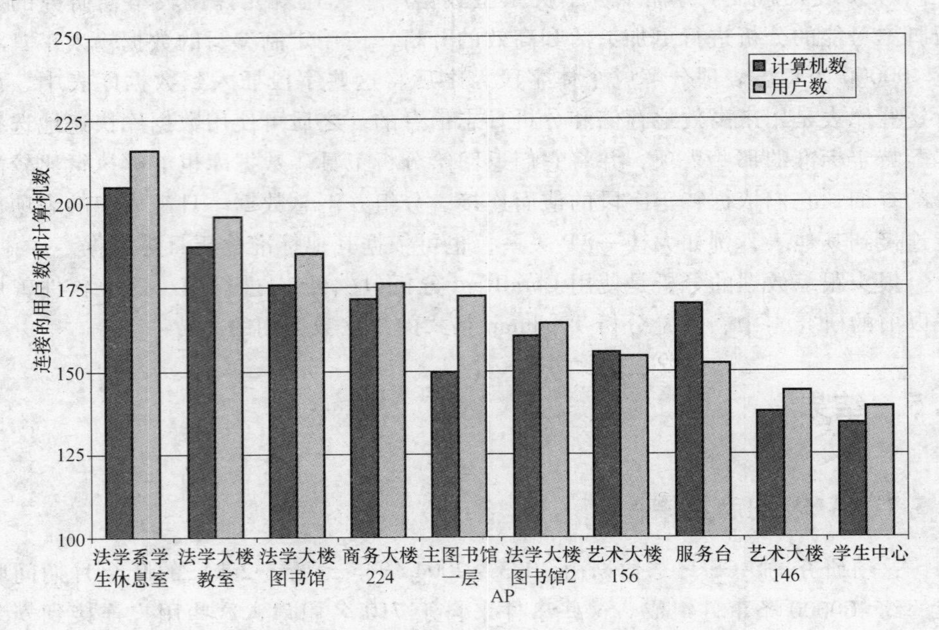

图 2-1　10 个热点（hot spot）AP 的连接数

图 2-2 给出了在研究中每 AP 的用户数和每月的用户总数[㊀]。在夏季，使用水平是较低的，而在 11 月爬升到每 AP 用户数的峰值（这个月也是认证事件总数最高的月份）。因为考试和假期休息，在 12 月使用情况明显下降（以约 2 的倍数下降）。

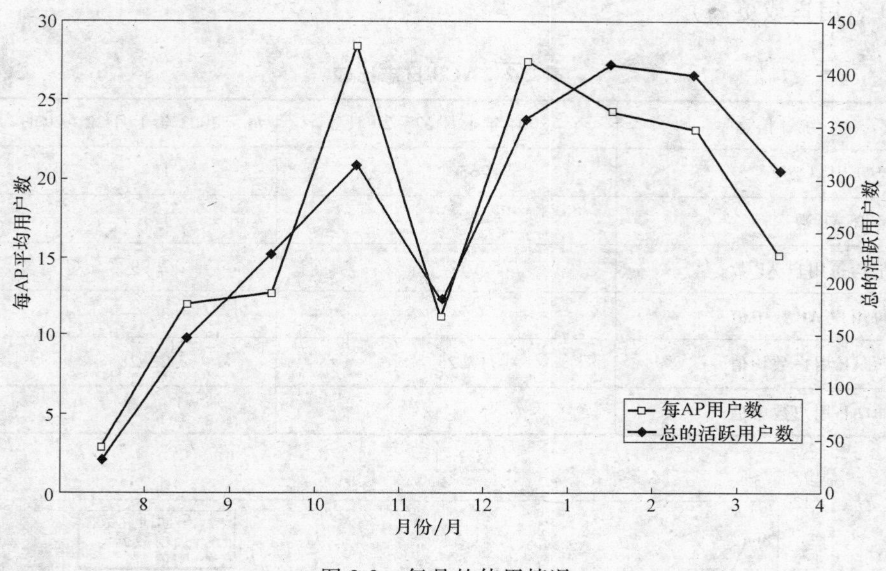

图 2-2　每月的使用情况

在第二学期用户总数持续攀升，但每 AP 用户平均数下降，可将这种情形归因于漫游使用的减少和随着无线网络的扩展可用 AP 数量的增加。随着考试和夏季的临近，两种使用测量统计都在 4 月下旬有所下降。比较这两个学期，明显的情况是，活跃无线用户数明显增加。在所研究的 710 名无线用户中，447 名在 2003 年 8～12 月是活跃的，在 2004 年年初 609 名是活跃的。

通过仅选择发生在 2004 年 1 月 22～29 日期间的那些认证事件，可以得到这样一个总印象，即在 2003 年 1 月的较早期研究之后，无线网络使用是如何在一年期间发生变化的。表 2-2 给出了来自这周在 1 月份的一些基本统计信息，活跃用户数翻了一倍，每用户访问的 AP 平均数有些微增长，而使用的 AP 数中值仍然保持常数。

每个 AP 连接的用户数发生了显著的变化，用户数均值已经下降，但因为 AP 数增加了 1 倍多，每 AP 用户数 22.5% 的下降实际表明总体网络使用量的增

㊀ ACS 数据涵盖的日期在 2003 年 8 月 20 日～2004 年 4 月 17 日之间。8 月和 4 月的平均值是基于可用的数据计算得到的。

加。用户数中值的显著降低是由于在活跃 AP 间用户分布的变化造成的，如图2-3所示。虽然在较早期的研究中，几乎 40% 的 AP 经历了平均使用率以上的使用历程，但当前使用水平是远远不同的，仅有 23% 的 AP 被多于平均数的无线用户访问。特别地，在 2004 年 1 月最热点的 AP 中每个点都经历了极高的使用次数（100 名用户或更高）。

表 2-2　ACS 日志比较

统计信息	2004 年 1 月 22 ~ 29 日	2003 年 1 月 22 ~ 29 日
活跃用户数	265	134
活跃 AP 数	48	18
平均每用户 AP 数	3. 12	2. 99
每用户 AP 数中值	3	3
每 AP 用户数均值	17. 25	22. 28
每 AP 用户数中值	5	14

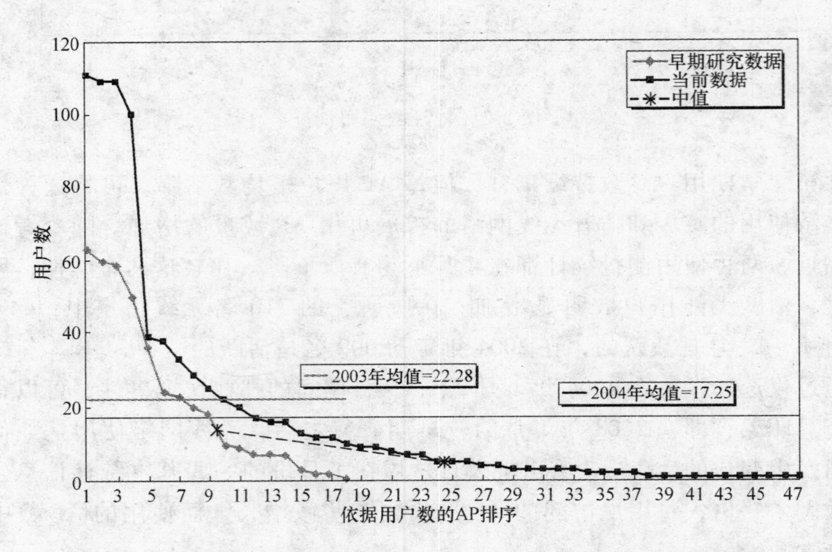

图 2-3　2003 ~ 2004 年（1 月 22 ~ 29 日）间每 AP 用户数量的变化

2. 5. 2　漫游模式

令人特别感兴趣的是用户的漫游模式——拟确定在多大程度上，用户会利用无线访问提供给他们的漫游机会。图 2-4 给出了 AP 和被访问大楼的分布状况，这两者来自于当前数据和较早期研究的数据。当前数据中两种分布的最高点发生在一座大楼或一个 AP 上，这表明许多用户连接到无线网络，是作为有线连接的替代品或作为局域网的替代品使用的，原因为他们不能从校园的其他位置（除宿舍之外）以有线方式连接到网络。

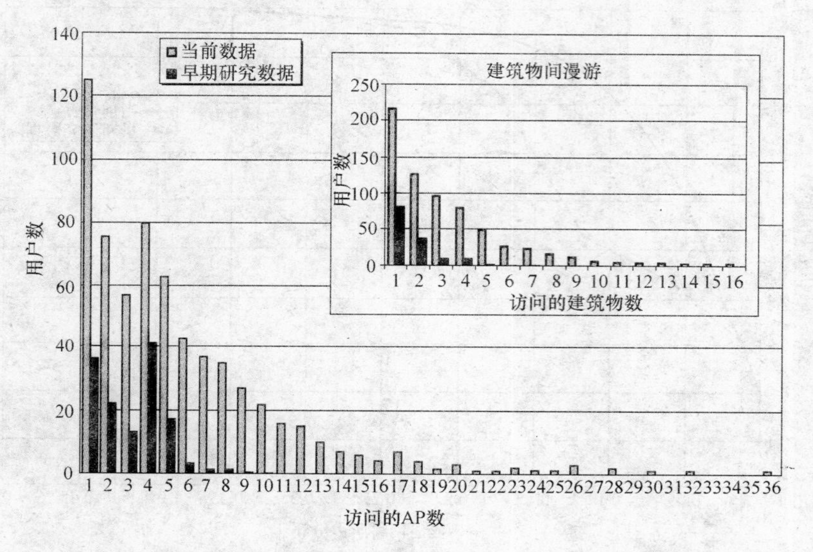

图 2-4　每用户访问的 AP 分布（inset——每用户访问的大楼数）

分布中第二高的点发生于访问的 4 个 AP，这表明那些确实漫游到多个 AP 的用户倾向于仅连接到相同的少量位置，即使在长时间内也是如此。在较早期研究中，法学院（无线技术的早期采用单位）中不成比例的较多使用导致所访问 4 个 AP 模式的形成。虽然目前法学院中的使用频率仍然较高，但校园网上其他地方的使用已经显著上升。超过 13% 的用户在 2003～2004 学期期间访问了 10 个以上的 AP（或 5 个以上的大楼）。在校园网上最活跃的漫游用户（极可能是 ITS 服务员工）连接到过目前安装的 78 个 AP 中几乎半数的无线 AP。

图 2-4 中难于说明当前数据和较早数据的差异是否仅仅由于网络规模和用户群的增长导致。当比较这两项研究时，通过在访问的活跃 AP 和每个数据集中用户总数上得到的数据累积分布归一化，就能够分析出网络规模和流行性中的变化。

在图 2-5 中，可以看出总的漫游行为已经发生了显著的变化。在这两项研究之间，根本不漫游（在横轴上为 0）的用户比例已经减少了 5% 还多。活跃用户的分布达到了 30% 以上，原因是网络规模的增长倾向于将轻度漫游的用户移到左侧。在两个分布顶部最活跃的漫游用户表明活跃无线网络的覆盖范围（明显类似于活跃用户所访问的模式）。在两项研究中，漫游用户的前 3% 用户访问

22%的无线网络，最远的漫游用户达到访问40%以上的AP。随着无线网络继续扩展，期望看到不漫游的用户份额的进一步减少，但在平均漫游用户和高度漫游用户中的漫游行为方面几乎不要发生多少变化。

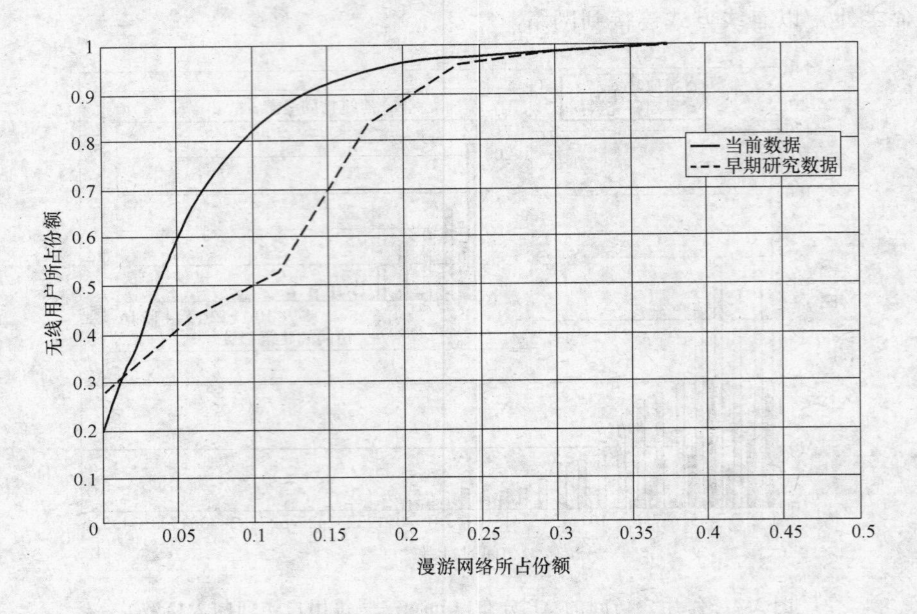

图2-5　漫游行为（每用户访问的AP数）的比较

将ACS日志数据可视化显示在校园的一张地图（见图2-6）上，可以给出用户漫游到哪里的一张比较清晰的地图。每座配备无线设备的大楼都以一个圆圈标记，其半径正比于在那个位置观察到的不同用户数量。连接两座大楼的一条粗线表示访问两个地点的用户数量。大楼名称标记在它们的圆圈临近，大楼中AP的数量标记在括号中。

5个最密集的地点（艺术大楼、商务大楼、法学大楼、主图书馆和学生中心）中的每个地点都被超过150名以上的不同用户访问。这5个最密集地点由最繁忙的漫游模式连接，形成以艺术大楼为中心相接的两个三角形。这与校园的布局是一致的——艺术大楼作为连接其他几座大楼的中心。从较早期研究中的一个较小规模漫游地图上可看到类似的访问模式[7]。如在ACS日志结果比较中所描述的（见图2-3），自从较早期的研究以来，每AP用户数量的分布已经发生了不同变化，高度用户密集的少量AP（例如法学大楼、商务大楼和艺术大楼中的那些点）现在不成比例的被大量用户访问。漫游地图表明这项不均衡的分布对应于校园的物理布局，这5个用户最密集的AP位于5个相邻的、相互连接的大楼之中。

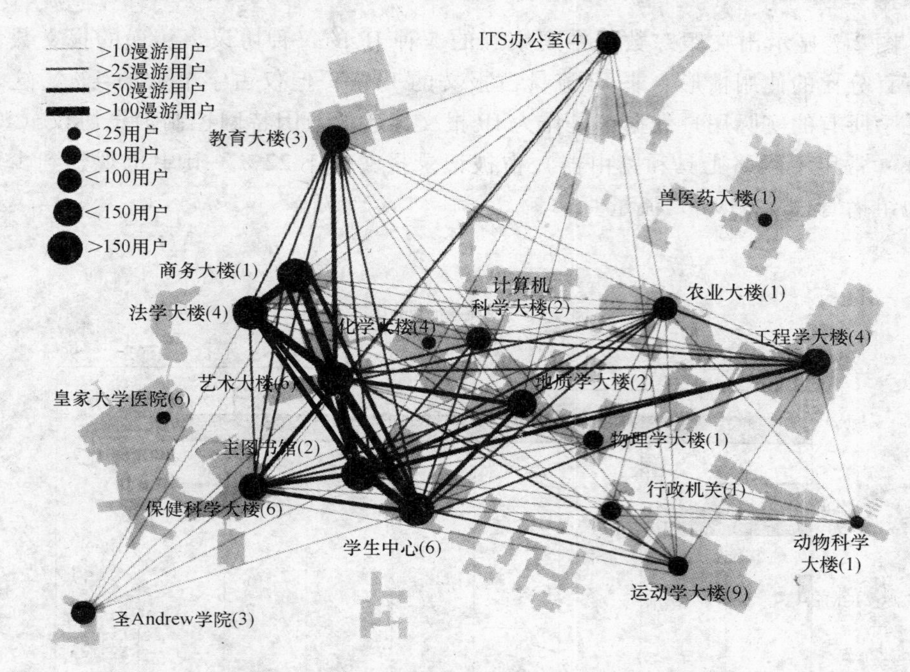

图 2-6　萨斯喀彻温大学校园的无线漫游地图

第二等级漫游连接更密集地将 5 个用户最密集的位置互连起来，并向具有 100 ~ 150 名用户的大楼（地质学大楼、工程学大楼、健康科学大楼和教育大楼）加入新的连接。在如计算机科学大楼、运动学大楼和农业大楼等大楼的位置上新安装的 AP 为 25 ~ 50 名漫游用户访问。较远的大楼，例如 ITS 办公室、圣安德鲁学院和动物科学大楼等，观察到甚至更少的漫游用户。在皇家大学医院、化学大楼和兽医药大楼等大楼中新安装的 AP 仅被少量用户使用，少于 10 名用户漫游到其他大楼。最新 AP 的相对废弃不用是与在 ACS 日志比较中观察到的每 AP 用户的不均衡分布相一致的。

漫游地图表明一座大楼无线用户的密集度取决于用户熟悉度和 AP 位置（在较新的和较低可被访问的 AP，观察到较少的使用情形），而不是取决于在一座大楼中可用的无线网络覆盖面积。例如，在商务楼的单个 AP 被几倍于运动学大楼 9 个 AP 所覆盖的用户（相对于在运动学大楼注册的用户数而言）使用。

2.5.3　跟踪数据

如在方法论小节所描述的那样，为了得到无线使用的比较详细的信息，需要在许多个校园位置收集报头跟踪数据。这里使用 CoralReef 工具集[11]确定哪些协议和应用是最常用的。

图 2-7 显示出在跟踪数据中观察到的 5 种 IP 的每种协议、传递的报文数和字节百分比的使用情形。非 IP 流量占报文的 14%，但仅占字节数的 4%，这表明几乎所有的实际用户数据都是作为 IP 报文传递的。因特网控制消息协议（ICMP）（常用于网络工具和路由器）占被记录报文的 1.22%。其中也观察到少量本地组播管理（IGMP）流量。

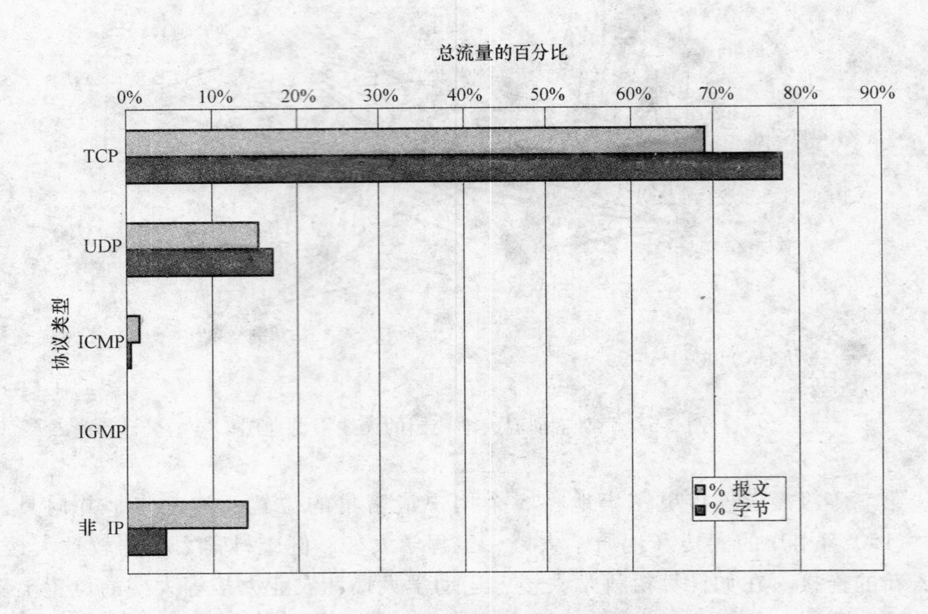

图 2-7　由 IP 产生的跟踪流量

主要的 IP（UDP 和 TCP）用于 85% 的报文中，在无线网络上携带 95% 的字节数。UDP 的显著使用可归因于在线娱乐的多种形式，例如网络游戏、对等网络和流媒体。

通过更详细地检查 UDP 和 TCP 流量（见图 2-8），可以发现 Web 访问（HTTP 和 HTTPS）仍然是最常用的无线连网应用——占 71% 的字节数。使用未分配端口（1024 以上）的应用产生超过 17% 的字节数和 27% 的报文数。通过实时流协议（RTSP）发送的音频和视频是第二个常见的应用，接下来是网络管理（SNMP）信息。校园网上的所有 IP 地址都是使用 DHCP 动态分配的。单独的（非 Web）电子邮件应用发送和接收的报文数和字节数刚刚超过被跟踪报文数和字节数的 1%，其中的大多数是通过学校的基于 IMAP 的学生电子邮件服务器发送的。在无线网络上观察到的约 7% 的报文数来自于各种形式的网络文件访问（如 NetBIOS、AppleShare、SMB 和 NFS）和文件传递（如 FTP）。

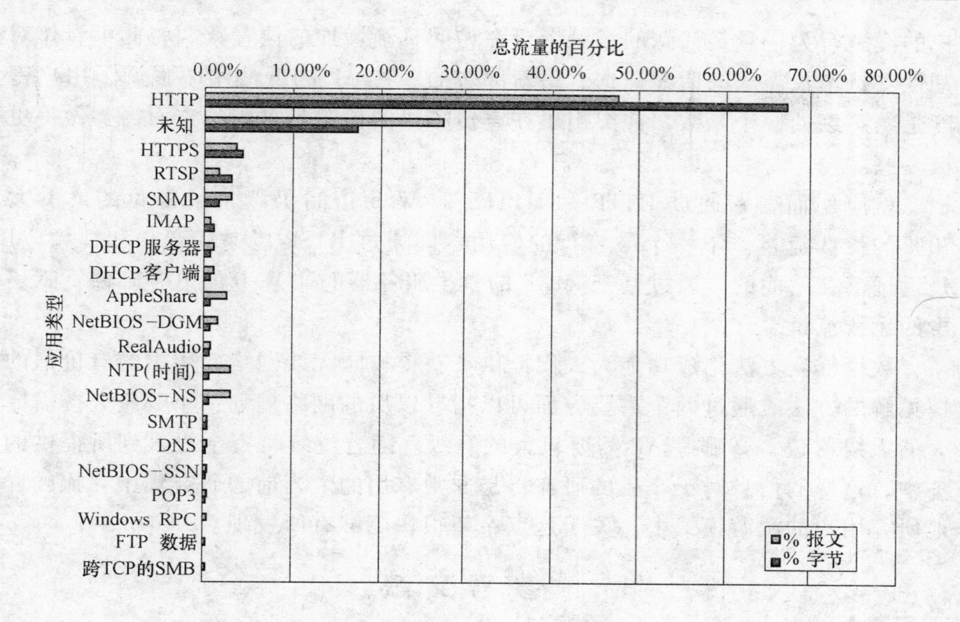

图 2-8　前 20 名的 UDP 和 TCP 应用

2.6　小结

因为决策者们是以增量方式部署校园范围无线网络的，所以重要的是要了解用户们的需要。通过正在进行的分析，可以寻找确定校园网络在哪里、何时、如何以及用作什么用途，并确定那项使用是如何随时间变化的。本章描述了研究使用模式的方法论，以及迄今为止从研究中得到的一些结果。不像无线网络的其他研究的是，这里的数据收集是以一种中心方式进行的，这是由 LEAP 认证系统和在大学已经部署的网络环境确定的。为了做到用户行为比较完善的分析，利用局部化的报头跟踪数据改善补充了匿名化的 ACS 日志数据。

无线网络和无线使用都在继续增长。在第一次研究和当前之间逝去的时间中（大约一年时间），AP 的数量和用户数量都增加了一倍多。现在，在大约一半的校园大楼中都提供了覆盖区域。所观察到的用户需求增长当然确保了这项服务的继续扩展。

当研究使用模式时，令人特别感兴趣的是用户现在和未来的漫游行为。迄今为止，研究结果表明过去一年间无线网络的扩展（本书撰写之时）已经改变了许多用户的漫游模式，并使每 AP 用户数的分布发生了变化。虽然多数用户仍然访问有限数量大楼中有限数量的 AP，但正观察到在大楼之间较大份额的漫游用户的漫游行为，且最活跃的漫游者正在访问日渐增加的位置数。将此可看作对移动性支持增长需求的明显证据。最新部署的一些 AP 的低使用率强调了用户密集度是熟悉度的一个函数，并突出了在宣传哪里的覆盖是可用的方面需要做得更积极一些。

就应用而言，通过 HTTP 和 HTTPS 的 Web 访问仍然是最常见的，占大于 70% 的无线流量。下一个最流行的应用，即通过 RTSP 传递的音频和视频应用，是远远落在后面的。通过基于 IMAP 的学生服务器的非 Web 的电子邮件贡献了极少的无线流量。

数据俘获方法论成功地为人们提供了获得校园无线网络使用中的有价值的深邃见解的方法。通过两个重要方面可以指导以后的网络规划：①哪座大楼需要较大的无线覆盖；②哪些 AP 需要较大的升级。随着继续将资金投入到所提供的服务中，这样的信息对于今后的研究将是非常有用的。当前的研究集中在比较详细地研究用户的漫游模式上，关于这点希望很快能够有所发现。

参考文献

1. A. Balachandran, G. Voelker, P. Bahl, and V. Rangan, Characterizing user behaviour and network performance in a public wireless LAN, *Proc. ACM SIGMETRICS'02*, Los Angeles, June 2002, pp. 195–205.
2. TCPDUMP, http://www.tcpdump.org.
3. D. Kotz and K. Essien, Characterizing usage of a campus-wide wireless network, *Proc. ACM MobiCom'02*, Atlanta, GA, Sept. 2002, pp. 107–118.
4. D. Tang and M. Baker, Analysis of a local-area wireless network, *Proc. ACM MobiCom'00*, Boston, Aug. 2000, pp. 1–10.
5. F. Chinchilla, M. Lindsey, and M. Papadoupouli, Analysis of wireless information locality and association patterns in a campus, *Proc. IEEE Infocom 2004*, Hong Kong, March 2004.
6. S. Convery and D. Miller, *SAFE: Wireless LAN Security in Depth — Version 2*, White Paper, Cisco Systems Inc., San Jose, CA, March 4, 2003.
7. D. Schwab and R. Bunt, Characterising the use of a campus wireless network, *Proc. IEEE Infocom 2004*, Hong Kong, March 2004.
8. EtherPeek, http://www.wildpackets.com/.
9. NetBSD, http://www.netbsd.org.
10. Tcpdpriv, http://ita.ee.lbl.gov/html/contrib/tcpdpriv.html.
11. D. Moore et al., The CoralReef software suite as a tool for system and network administrators, *Proc. 15th Systems Administration Conference* (LISA 2001), San Diego, Dec. 2–7, 2001, pp. 133–144.

第3章　IEEE 802.11 WLAN的QoS保障

SUNGHYUN CHOI 和 JEONGGYUN YU
韩国首尔大学电子工程系

3.1　简介

自20世纪90年代早期以来，IEEE 802.11 WLAN在（室内）宽带无线接入连网的市场中就取得了优势地位。IEEE 802.11标准定义了媒体访问控制（MAC）层和物理（PHY）层规范[1]。802.11 MAC的主要部分称为分布式协调功能（DCF），它是基于载波侦听多路访问/冲突避免（CSMA/CA）算法的。如今，多数802.11设备仅实现了DCF。因为DCF基于冲突的信道访问特性，所以它仅支持在不保证任何服务质量（QoS）的前提下的尽力而为服务。最近，对WLAN上实时（RT）服务［例如VoIP和音频/视频（AV）］的需要已经显著增加，这些服务是时延敏感的，同时能够容忍一些丢失，但是当前802.11设备不能很好地支持RT服务。

正在出现的IEEE 802.11e MAC，它是现有802.11 MAC的修订，将提供QoS[3,5,6,9,16,24~27]。802.11e的新MAC协议称为混合协调功能（HCF），HCF包含了一种基于冲突的信道访问机制，称为增强的分布式信道访问（EDCA），它是遗留DCF的增强版本，提供带优先级的QoS支持。采用EDCA，单个MAC可包含具有不同优先级的多个队列，这些队列独立地并行访问信道。在每个队列中的帧是使用不同信道访问参数而进行传输的，本章将重点讨论基于冲突信道访问的方案。

在以前的工作[8,12]中，提出了采用遗留802.11 MAC的“双队列”方案，这是一种基于软件升级的方法，为如VoIP的实时应用提供QoS。因为它不要求任何WLAN设备硬件（HW）升级，所以它是作为802.11 WLAN提供QoS的短期和中期解决方案而提出的。注意对于如今802.11 MAC的许多实现，802.11e要求硬件升级。但是，为提供QoS而替换现有802.11 HW设备应该说是非常昂贵的，因此对许多WLAN拥有者而言这不是他们期望看到的，特别对于具有大量已部署AP的热点服务提供商[12]来说，则尤其如此。

本章在简短地综述802.11 WLAN支持QoS的研究趋势之后，将介绍遗留

DCF、双队列方案作为中间方案，以正在出现的 IEEE 802.11e 作为最终方案。最后，通过仿真比较这三种方案（即遗留 DCF、双队列和 802.11e EDCA 方案）。

3.2 相关研究工作

关于 802.11 WLAN 提供 QoS，已经存在相当大量的研究工作。本节将简短地综述这些相关的研究工作。

通过修改 DCF，人们提出了几种服务区分机制。为了区分流量类型，通过指派不同的 MAC 信道访问参数或回退算法，多数这样的机制都达到了它们的目标[19~21]。这些参数包括用于冲突窗口尺寸（即 CWmin 和 CWmax）和帧间空隙（IFS）的那些参数。除了这些参数外，Aad 和 Castelluccia[19] 在上面提到的参数上又考虑了最大帧长度。但是，这些方法是不遵循 802.11 标准的。

通过利用 EDCA 模式[3] 中的 CWmin、CWmax 和 AIFS，正在出现的 IEEE 802.11e 为不同类型的流量类别提供区分的信道访问。在数篇文章[5,6,9,24~27]中，评估了 EDCA 的服务区分能力。在各种仿真的基础上，这些文章说明了 EDCA 能够为不同优先级的数据流量提供良好的区分信道访问能力。而且，为了更好地提供 QoS 并优化网络性能，人们期望基于底层网络条件执行 EDCA 参数的微调[5,6,25]。对于 EDCA 参数调整，需要知道当参数改变时，这些参数如何影响性能。

信道访问参数对服务区分以及吞吐量和时延性能的影响已经被分析性地得以研究[15,28~34]。Ge 和 Hou[28] 扩展了 Cali 模型[22,23]，他们基于 802.11 DCF p 连续近似法，就不同流量类型的信道访问概率来推导吞吐量。Ge 和 Hou 论文[28] 中的概率 p 可粗略地转换为标准中的 CWmin。据此，作者们研究了 CWmin 的影响。另一方面，Chou 等人[29] 以及 Bianchi 和 Tinnirello[33] 仅就吞吐量和时延性能考虑 AIFS 对服务区分的影响。Xiao[30] 研究了 CWmin、CWmax 和回退窗口增加因子对服务区分的影响。其他作者[15,31,32] 深入考察了为了做到吞吐量最大化和服务区分，系统性能对 CWmin 和 AIFS 的依赖关系。Xiao[15] 和 Zhao 等人[32] 指出，虽然 CWmin 和 AIFS 能够用来提供服务区分，但它们对服务区分具有不同的影响。最后，Xiao[34] 深入研究了 CWmin、回退窗口增加因子以及重试限制对服务区分的影响。

但是，服务区分并不意味着 QoS 保障。而且，当每种类型中的流量负载动态改变时，固定信道访问参数的指派在 QoS 保障和最优信道利用（如前面所提到的）的上下文中就不再是有效率的。因此，为了达到上述两个目标，就应该依据网络状况动态地调整信道访问参数。信道访问参数的动态调整算法是在参考文献［16，35~38］中提出的。

端站依据一帧或多个帧的行为，动态地调整 EDCA 参数[16]。特别地，有文章提出一种快速回退方案（当回退段增加时，它使用较大的窗口增加因子）和动态调整方案（基于连续的不成功或成功传输，该方案将CWmin和AIFS以某个因子增加或减少）。在Romdhani等人[35]的文章中，基于EDCA框架，在每次成功传输之后，不同类型的CW值不像EDCA中那样重置到CWmin。相反，CW值基于估计的信道冲突率而进行更新，这考虑到了时间变化的流量条件。Malli等人[36]提出了基于信道负载调整回退定时器，即它们扩展EDCA的方法是，在一个阈值时间期间，当信道忙时，将冲突窗口尺寸加性增加，而当信道空闲时，将回退计数器值指数性地减少。一种自适应的冲突窗口调整算法，称为乘性增加、乘性/线性减少（MIMLD）算法，类似于TCP冲突窗口调整过程，由Pang等人[37]提出。依据CW的当前值和阈值，采用不同机制（即MIMLD），该算法增加或减少回退计数器的值。

上面引用的4篇文章主要考虑信道访问参数调整的分布式机制。另一方面，Zhang和Zeadally[38]引入了参数调整的一种中心化方法。在这种方法下，所有的访问参数都由AP调整，并通过信标帧向端站宣告。为了利用下面提到的两种算法动态地调整信道访问参数，AP采用了链路层质量指示器（LQI）参数，即实时流量的延迟和丢弃。其中一种算法为了保障QoS，调整不同类型信道访问参数间的相对差值，而另一种算法为了取得高的信道利用率，同步地调整所有类型的信道访问参数。

为了限制网络拥塞，而采用接纳控制法，这是限制进入网络的新的流量数据流数量的一种QoS提供策略。在没有良好接纳控制机制和良好保护机制的情况下，现有实时流量是不能得到保护的，且不能满足QoS要求。EDCA基于冲突的接纳控制方案在其他文献中进行了讨论[16,21,38]。

Xiao和Choi[16]介绍了一种分布式接纳控制，这是基于IEEE 802.11e草案4.3的改进版本，其中在每个信标间隔实施信道利用率测量，并计算可用余量。当一种类型的余量变为零时，属于这种类型的任何新的流量数据流就不再允许进入网络，且现有节点将不被允许增加流量数据流的速率（它们已经被使用）。Veres等人[21]为IEEE 802.11 WLAN提出了一种分布式接纳控制方法，其方法是为局部地估计可获得的服务质量，利用了虚拟MAC（VMAC）和虚拟源（VS）算法。接纳控制算法将VS和VMAC的结果与服务要求相比较，之后据此接纳或拒绝新的会话。但是，它实际上仅考虑现有流对进入流的影响，而不是进入流对现有流的影响，这在做出接纳决策时会引入不确定因素。

人们提出了一种中心化的基于冲突的接纳控制[38,39]。根据Zhang和Zeadally的思路[38]，为了保障每个实时流的QoS以及非实时流的最小带宽，基于LQI数据和流的请求吞吐量，当一个新的实时流请求被接纳时，要在AP的接纳控制器处确定是接纳还是拒绝。如果实际表明一个实时流可能被不正确地接纳，则AP

可选择放弃最近接纳的流，方法是通过一条接纳响应消息，显式地通知相应的端站。Kuo 等人[39]基于一个分析模型，提出了一种接纳控制算法。为了给接纳决策提供一个标准，这个模型为每个流量类型评估期望的带宽和期望的报文延时。端站通过 802.11e 草案中制定的一些 MAC 管理帧，将负载状况传输到它们所关联的 AP。在这个信息的基础上，AP 估计资源使用的性能，并确定新的流量是否可被接纳进入 BSS。

3.3 遗留的 DCF

IEEE 802.11 遗留 MAC[1]定义了两种协调功能，即基于 CSMA/CA 的基本分布式协调功能（DCF）和基于轮询及响应机制的可选点协调功能（PCF）。如今多数 802.11 设备都仅运行在 DCF 模式下。因为由 Yu 等人[8]提出的双队列方案运行在基于 DCF 的 MAC 之上，且 802.11e EDCA 也基于这种 DCF，所以下面将简短地叙述 DCF 是如何工作的。

802.11 DCF 是采用先入/先出（FIFO）单传输队列进行工作的。DCF CSMA/CA 的工作过程如下：当一条报文到达传输队列的头部时，如果信道忙，则 MAC 会等待，一直等到媒介变得空闲时才停止等待，之后延迟一个额外的时间间隔，称为 DCF 帧间空隙（DIFS）。如果在 DIFS 延迟中信道保持空闲，则 MAC 通过选择一个随机的回退计数器而开始回退过程。在每个空闲槽时间间隔，将回退计数器减 1。当计数器到达零时，传输报文。DCF 信道访问的时序如图 3-1 所示。

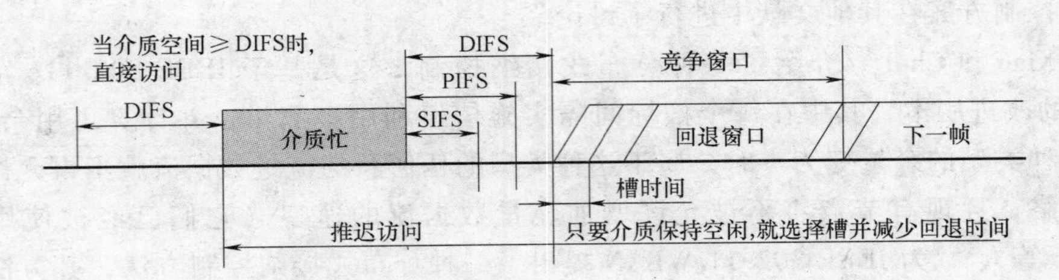

图 3-1 IEEE 802.11 DCF 信道访问方案

每个端站都维护一个冲突窗口（CW），用冲突窗口选择随机回退计数器。回退计数器是从区间［0，CW］上的均匀分布抽取的一个随机整数确定得到的。如果在回退过程中，信道变忙，则暂停回退。当信道再次变空闲时，且在一个额外 DIFS 时间间隔内仍然保持空闲，则从暂停的回退计数器值恢复回退过程。对于每个成功接收的报文，接收站可以发送一个确认（ACK）报文进行确认。在一个短 IFS（SIFS）之后传输 ACK 报文，SIFS 要比 DIFS 短。在数据传输之后，如果没有接收到一条 ACK 报文，则在另一个随机回退过程之后，重发报文。CW 尺寸最初赋值为 CWmin，当一条报文传输失败之后，增加到 2（CW+1）-1。

所有的 MAC 参数，包括 SIFS、DIFS、槽时间、CWmin 和 CWmax，都依赖于物理层（PHY）。表 3-1 显示了 802.11b PHY[2] 的这些数值，该 PHY 是如今最流行的 PHY。802.11b PHY 支持 4 种传输速率，即 1Mbit/s、2Mbit/s、5.5Mbit/s 和 11Mbit/s。即使双队列方案和 802.11e EDCA 可用于任何 PHY，在本章还是假定采用 802.11b PHY，这主要是考虑这种 PHY 的广泛部署基础而做出的抉择。

表 3-1　802.11b PHY 的 MAC 参数

参数	SIFS/μs	DIFS/μs	槽/μs	CWmin	CWmax
802.11b PHY	10	50	20	31	1023

3.4　QoS 保障的双队列方案

为了在 802.11 WLAN 上提供 QoS，提出了一种简单的双队列方案[8,12] 作为短期和中期的解决方案。这种方案的主要优势是它能够在现有 802.11 硬件上实现。双队列方法是在 AP 内部实现两个队列（称为实时（RT）和非实时（NRT）队列）的情况，如图 3-2 所示[㊀]。特别地，这些队列实现在 802.11 MAC 控制器之上，具体而言，是在 802.11 网络接口卡（NIC）的设备驱动之中进行实现的，以使报文调度能够在驱动层次进行。来自于较高层或来自于有线端口（在 AP 的情形中）的报文分类为 RT 或 NRT 类型。端口号以及 UDP 报文类型用来区分一个 RT 报文。注意对于特定应用，例如 VoIP，典型地是使用一组预先配置的端口号进行区别的。在队列中的报文被一种简单的严格优先级排队所服务，以致只要 RT 队列不空，NRT 队列就永不会被服务。事实表明，这种简单的调度策略导致令人惊奇的良好性能。在 Intersil Prism2.5 芯片组[12] 的 HostAP 驱动

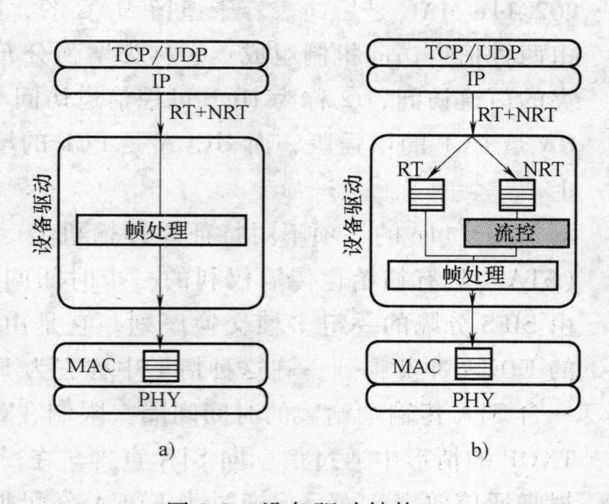

图 3-2　设备驱动结构

a）单队列　b）改进的双队列

㊀ 能够容易地实现多个队列而扩展这种方法，但这取决于要支持流量类型的期望数量。

器[13]中也实现了双队列方案。

MAC 控制器本身有一个 FIFO 队列（称作“MAC HW 队列”）。当 FIFO 队列变得很大[8]时，双队列方案的性能受到 FIFO 队列内部队列时延的严重影响。不幸的是，在许多芯片组中，MAC HW 队列的尺寸是不能配置的。为了处理这个问题，使用 NRT 报文数量控制器（在图 3-2 中标记为“流控制”），用之在 MAC HW 队列中限制外出的 NRT 报文，称这个改进的方案为改进的双队列（MDQ）。对于本章中改进的双队列（MDQ）的仿真，假定 MAC HW 队列中的 NRT 报文数限制为 2，这个限制取决于流控单元，这个数字是能够实际实现的最小数字。

3.5 用于提供 QoS 的逐渐成熟的 IEEE 802.11e

逐渐成熟的 IEEE 802.11e 定义了单个协调功能，称为混合协调功能（HCF）。为了允许统一的一组帧交换序列用于 QoS 数据传递，HCF 将来自 DCF 和 PCF 的功能与一些增强的特定 QoS 机制及 QoS 数据帧组合在一起。注意 802.11e MAC 是后向兼容于遗留 MAC 的，因此它是遗留 MAC 的一个超集。HCF 由两种信道访问机制组成：①称为增强分布式信道访问（EDCA）的一种基于冲突的信道访问，②称为 HCF 可控信道访问（HCCA）的一种可控信道访问。EDCA 是 DCF 的增强版，而 HCCA 是 PCF 的增强版。下面将讨论范围限制在 EDCA 上。

802.11e 的一项不同特征是传输机会（TXOP）的概念，这是一台特定端站（STA）具有初始化传输权利的一个时间间隔。在一个 TXOP 过程中，可能存在由 SIFS 分隔的一组多帧交换序列，它是由单台 STA 发起的。TXOP 可通过成功的 EDCA 冲突得到，在这种情形中称它为 EDCA TXOP[⊖]。TXOP 的新思路是限制一台 STA 传输端站帧的时间间隔。限制 TXOP 时长是由 AP 确定的，并在 EDCA TXOP 的情形中通过信标向 STA 宣告。在一个 TXOP 过程中的多个连续帧传输可提高通信效率。而且，通过为 EDCA 分配非零的 TXOP，可降低 WLAN 的性能异常情形[9]，这种异常使所有 STA 的性能降级，其中一些 STA 由于恶劣的链路会使用比其他 STA 低的速率[17]。

对 802.11e WLAN 的性能感兴趣的读者请参考 Mangold、Choi 和其他作者[5~7]的文章。即使多数现有 802.11e 文章基于草案的一些陈旧版本（因此结果的准确数字可能不再正确），但其论证的一般趋势仍然有效。遗留 802.11 MAC 的问题以及逐渐成熟的 802.11e 如何修正那些问题，已经由 Choi 讨论过了[6,7]。下面将简短地解释 802.11e EDCA 是如何工作的。

⊖ TXOP 也可通过从 AP 接收一个轮询帧（称为 QoS CF-Poll）得到，但在本章不考虑这种情形。

3.5.1 EDCA

802.11遗留MAC不支持使用不同优先级而区分报文的概念。基本上来说，DCF假定在一种分布式方式中，以相等的概率向所有访问竞争信道的端站提供信道访问。但是，在具有不同优先级报文的端站间人们不期望使用均等访问概率。QoS感知MAC应该能够以不同优先级或QoS要求而不同地处理帧。

增强的分布式信道访问（EDCA）设计是这样的，即通过增强DCF，以8个不同优先级（0~7）为报文提供区分的、分布式的信道访问[3]。在本书写作时，我们期望802.11e标准会得到批准，且第一代802.11e产品在2004年年底或2005年年初会出现在市场中。

来自较高层的每个报文到达MAC时，都带有特定的优先级值。之后，每个QoS数据报文在MAC报头携带它的优先级值。一个802.11e QoS STA（QSTA）必须实现4种信道访问功能，每种信道访问功能都是DCF的一个增强变种。到达MAC的每个帧，具有一个用户优先级［这个优先级映射到一个访问类(AC)］，见表3-2，其中一个信道访问函数用于每种AC。注意相对优先级0位于2~3之间。这个相对优先级分级源自IEEE 802.1d网桥规范[4]。

表3-2 用户优先级到AC的映射

用户优先级	AC	指派（供参考）
1	AC_BK	后台
2	AC_BK	后台
0	AC_BE	尽力而为
3	AC_BE	尽力而为
4	AC_VI	视频
5	AC_VI	视频
6	AC_VO	语音
7	AC_VO	语音

基本上来说，为传输属于AC的一个报文，对于竞争过程，信道访问函数分别使用AIFS［AC］、CWmin［AC］和CWmax［AC］，而不使用DCF的DIFS、CWmin和CWmax。AIFS［AC］确定如下：

$$AIFS[AC] = SIFS + AIFSN[AC] \text{槽时间}$$

式中，AIFSN［AC］对于非AP QSTA是大于1的一个整数，对于QAP是大于0的一个整数。回退计数器是从［0，CW［AC］］中选取的。图3-3显示了EDCA信道访问的时序图。就回退下降计数规则而言，DCF和EDCA之间的一个主要区别是前者的下降计数发生在 AIFS［AC］间隔的末尾。而且，在每个空闲槽间隔的末尾，发生一次回退下降计数或者一次帧发送，但不是两者都发生。注意依据遗留 DCF，第一次下降计数发生在 DIFS 间隔之后第一个槽的末尾，如果在回退过程中计数器变为零，则端站在那个时刻发送一个帧。

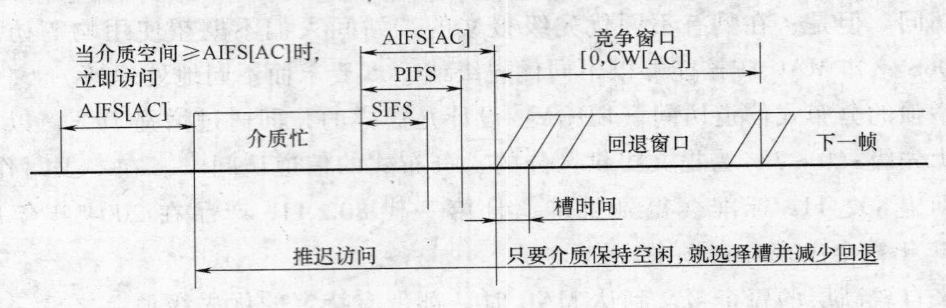

图 3-3 IEEE 802.11e EDCA 信道访问方案

AIFSN［AC］、CWmin［AC］和 CWmax［AC］的数值（称它们为 EDCA 参数集）是由 AP 通过信标帧和探测响应帧通告的。AP 能够依据网络状况动态地调整这些参数。基本上而言，AIFSN［AC］和 CWmin［AC］越小，则对应优先级的信道访问时延就越小，因此对于给定的网络状况，共享的容量就越多。但是，当以较小的 CWmin［AC］运行时，冲突的概率增加。为了在不同优先级流量间区分信道访问，可以使用这些参数。

同样应该指出的是，对于相同的 AC，QAP 可以使用不同于宣告数值的 EDCA 参数值。802.11 DCF 原始的设计是为包括 AP 在内的每台端站提供公平的信道访问，但是因为典型情况下存在更多的下行链路（即 AP 到端站）流量，AP 的下行链路访问成为整个网络性能的瓶颈。因此，EDCA（它允许在上行链路访问和下行链路访问之间做出区分）对于控制网络性能就会非常有用。

图 3-4 给出了具有 4 种独立增强分布式信道访问功能（EDCAF）的 802.11e MAC，其中每个访问功能作为单个增强 DCF 竞争实体发生作用。每个访问功能利用其自身的 AIFS［AC］维护其自身的回退计数器（BC）。当在相同时间存在一个以上的访问功能完成回退时，则在竞争帧中选中最高

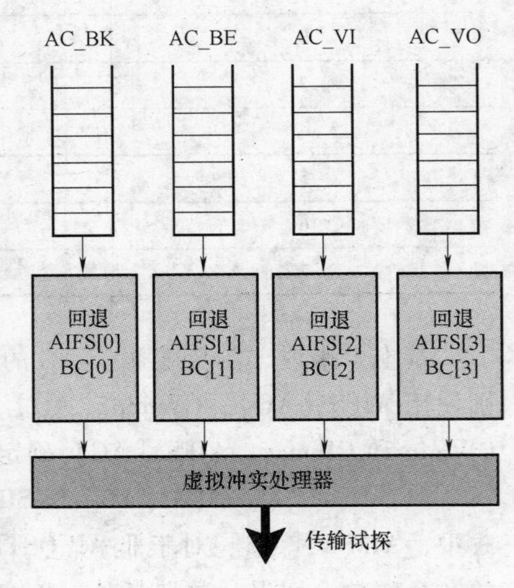

图 3-4 EDCA 的 4 种信道访问功能

优先级帧并发送，而其他的帧增加 CW 值并执行回退过程。

如上所述，在一个 EDCA TXOP 过程中，存在由 SIFS 分隔的多个帧交换时序，它们由单台端站发起（或准确地说，由一台端站的一个 EDCAF 发起），通过相应 EDCAF 的成功 EDCA 竞争，可得到一个 TXOP。一个 TXOP 的时长是由另一个称为 TXOP 限制的 EDCA 参数确定的。为每个 AC 确定这个值，表示为 TXOPLimit［AC］。图 3-5 给出在一个 EDCA 过程中，用户优先级 UP 的两个 QoS 数据帧的发送，其中两个数据帧和 ACK 帧的总传输时间小于 EDCA TXOP 限制。通过减少不必要的回退过程，在一个 TXOP 过程中传输多个连续帧可提高通信效率。实际上，在完成第二次帧交换之后，源端站也可以传输帧的一个片断而部分地传输下一个帧。在范例中，由源端站确定不会部分地传输这个帧。注意在 802.11e 的情形中，分段不受限于分段阈值。从技术角度来说，是否通过背靠背地传输多个帧而利用一个 TXOP 完全取决于传输端站。

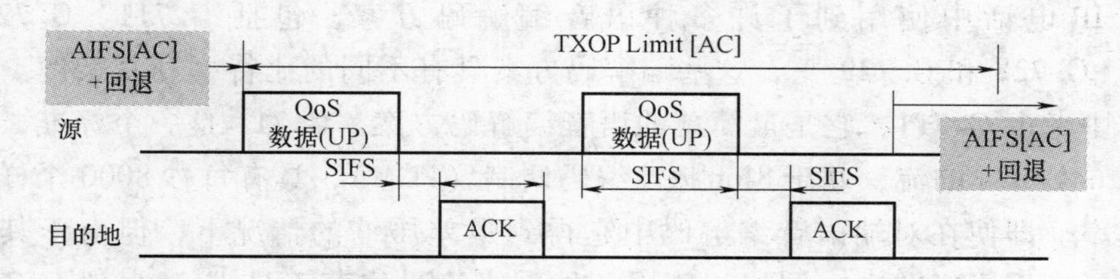

图 3-5　EDCA TXOP 运行时序结构

3.5.2　基于竞争的接纳控制

在 IEEE 802.11 网络提供期望的 QoS 中，接纳控制扮演主要角色。接纳控制是规范竞争媒介访问数据量的一种方案，即为了保护现有流量数据流（TS）而限制进入 BSS 的数据量。当网络过载时，因为 EDCA 的基于竞争的信道访问特性，EDCA 容易经受严重的性能降级。在这种条件下，竞争窗口变得很大，且越来越多的时间用于回退和冲突解决，而不是发送数据。结果，在没有合适接纳控制的情况下，EDCA 不能保障 QoS，它基于不同的信道访问参数而提供一种区分的信道访问机制下也是这种情况。

为了表明对于每个 AC 是否要求接纳控制，QAP 使用在信标帧的 EDCA 参数集元素中通告的接纳控制必备（ACM）子字段。通过使用流量规范（TSPEC），协商接纳控制。QSTA 指定它的 TS 要求（标称 MSDU 尺寸、均值数据速率、最小 PHY 速率、不活动间隔和额外带宽允许量），并通过发送一个 ADDTS（添加流量数据流）管理活动帧，请求 QAP 建立一个 TS。QAP 对现有负载的计算是基于已建立 TSPEC 的当前集合的。依据当前状态，QAP 可能接受或拒绝新的 ADDTS 请求。如果 ADDTS 请求被拒绝，QSTA 内部的特定优先级 EDCAF 就不允许使用相应的优先级访问参数，但相反必须使用一个低优先级 AC 的参数，这个 AC 不要求接纳控制。不建议对访问类 AC_BE 和 AC_BK 使用接纳控制。

一般而言，接纳控制算法是依赖于实现的，并因特定厂商而不同的，而且它依赖于可用的信道容量、链路状态和给定 TS 的重传限制。所有这些标准都会影响给定数据流的接纳状况。

3.6 VoIP 和 IEEE 802.11b 的接纳控制容量

VoIP 可被看作一种有代表性的实时应用。本节将简短地讨论 VoIP 编解码（编码/解码）以及用于 VoIP 接纳控制的 IEEE 802.11b 容量。

3.6.1 VoIP

在 IP 电话中使用到了许多种语音编解码方案，包括 G.711、G.723.1、G.726、G.728 和 G.729[14]，这些编解码方案具有不同的比特率和复杂度。在研究工作中考虑 G.711，它是最简单的语音编解码方案。G.711 是一个标准，它产生一个 64kbit/s 的流，基于 8bit 脉冲编码调制（PCM），具有每秒 8000 个样本的采样速率。即使在对端语音编解码中它得到最差压缩的情况下，但由于其简单性，也经常用于实践中。例如，使用一种网络流量俘获工具[10]观察到 G.711 在微软 MSN 信使中就用于 VoIP 应用。每条 VoIP 报文的采样数是另一个重要因素。编解码确定了一个样本的尺寸，但在一个报文中携带的样本总数影响每秒产生多少个报文。基本上而言存在一个折中，因为报文尺寸越大（或每个报文携带越多的样本），则形成报文的时延就越长，但形成报文的额外负担就越低，分析如下。

在研究工作中，假定每 20ms 产生一个 VoIP 报文，即产生 160B［=8KB/s×20ms］语音数据。同样假定 UDP 之上的 RTP 用于 VoIP 传递，当一个 IP 数据报在 802.11 WLAN 之上传递时，数据报典型地由一个 IEEE 802.2 子网访问协议（SNAP）头部封装。注意，所有这些假定在实际世界中是非常典型的。据此，在 802.11 MAC 服务访问点（SAP）[㊀]的 VoIP 报文尺寸变为

160B 数据 +12B RTP 头部 +8B UDP 头部 +20B IP 头部 +8B SNAP 头部 =208B/VoIP 报文

3.6.2 802.11b VoIP 接纳控制容量

明显地，为了维持可接受的 QoS，应该限制 WLAN 之上可允许的 VoIP 会话数。WLAN 之上 VoIP 会话的最大数量可进行如下近似的计算。在没有任何传输

㊀ MAP SAP 是 MAC 与较高层（即 IEEE 802.2 逻辑链路控制）之间的接口。

错误的情况下，首先计算以11Mbit/s的速率在802.11b PHY上传输一个VoIP报文的时间，其中假定：①ACK报文以2Mbit/s的速率传输；②使用长的PHY前导码。在真实的WLAN中，这两个假定非常有效。注意，对于一个成功的MAC报文传递，下面的5种事件是按顺序发生的[1]：①DIFS延时；②回退；③报文传输；④SIFS延时；⑤ACK传输。之后，在添加下面3个数值以及一个SIFS（=10μs）和一个DIFS（=50μs）后，确定VoIP报文传递时间大约为981μs：

1. VoIP MAC报文传递时间

192μs PLCP前导码/头部+（24B MAC头部+4B CRC-32+208B净荷）/11Mbit/s=363μs

2. 在2Mbit/s速率下ACK传输时间

192μs PLCP前导码/头部+14B ACK报文/2 Mbits/s=248μs

3. 平均回退时长

31（CWmin）×20μs（一个槽时间）/2=310μs

因为VoIP会话是交互的，所以它由两个发送者组成，每20ms传输一个报文。之后，在一个20-ms间隔中，可传输大约20个语音报文（=20ms/981μs㊀）。据此，可以估计大约有10个VoIP会话可被接纳进入IEEE 802.11b WLAN。可参见后面将会介绍的仿真结果，以后还会进一步讨论这个问题。

3.7 比较性的性能评估

本节将使用ns-2仿真器[10]，以在一个基础设施WLAN环境中，比较性地评估原始DCF、改进的双队列（MDQ）方案和802.11e EDCA的性能。仿真使用如下流量模型——这里的仿真考虑两种不同类型的流量，即语音和数据。依据G.711编解码[14]采用双向恒定比特率的一个会话，对语音流量进行建模。采用具有1460B报文尺寸和12个报文（或17520B）的接收窗口尺寸㊁的一个单向FTP/TCP流，对数据流量应用进行建模，这个应用对应于通过FTP的一个大型文件的下载。对于这个仿真，使用802.11b PHY。注意，在以太网间普遍采用TCP的最大分段尺寸（MSS）是1460B。在仿真中使用11Mbit/s的传输速率（来自于802.11b PHY的1Mbit/s、2Mbit/s、5.5Mbit/s和11Mbit/s）。

表3-3给出每个流量类型的EDCA参数集以及对应的优先级和AC。这是IEEE 802.11e/D9.0补充草案[3]中的默认EDCA参数集。除非特别指明，在此仿真中使用表3-3中的默认值。

㊀ 此处原书为981ms，似有误，应改为981μs。——译者注

㊁ 这个窗口尺寸对应于MS Windows XP的TCP实现。

表 3-3 默认 EDCA 参数集

AC	CWmin	CWmax	AIFSN
AC_BK	aCWmin	aCWmax	7
AC_BE	aCWmin	aCWmax	3
AC_VI	(aCWmin+1)/2-1	aCWmin	2
AC_VO	(aCWmin+1)/4-1	(aCWmin+1)/2-1	2

在 AP 处使用 500 个报文的队列尺寸，这对于确保在仿真环境中不发生缓冲上溢是足够大的[8]。用于仿真的网络拓扑如图 3-6 所示，包括 VoIP 会话的每台端站仅产生并接收语音流量。其他端站仅接收 TCP 报文，且每台这样的端站仅处理一条 TCP 流。因此，TCP 流的数量对应于 TCP 端站数量。经常可发现在具有混合 VoIP 和因特网流量的真实 WLAN 中会使用这样的拓扑。

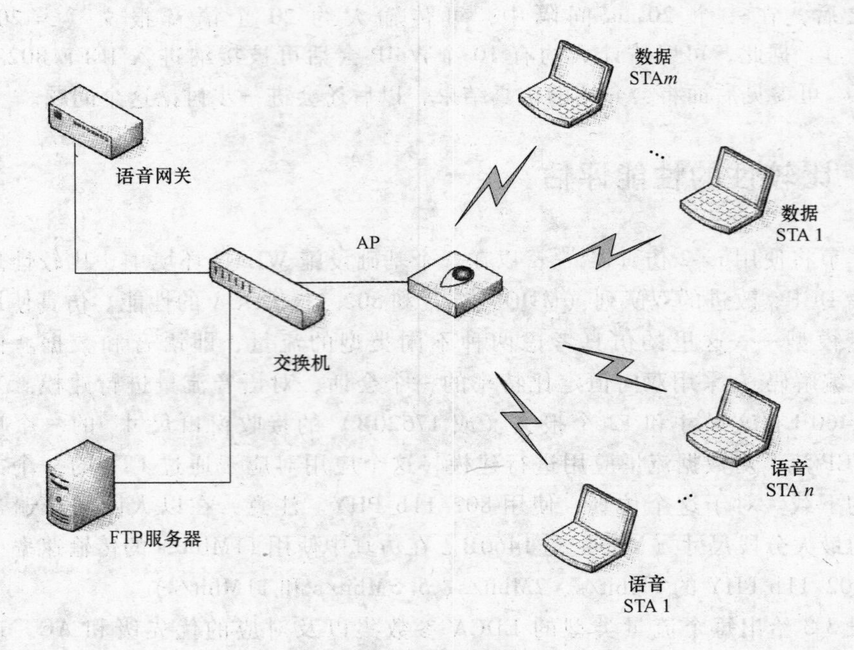

图 3-6 仿真的网络拓扑

3.7.1 VoIP 接纳控制容量

首先，为了评估接纳控制策略，还仿真了遗留 DCF（单 FIFO 队列）的纯粹

VoIP 状况。图 3-7 给出当 VoIP 会话数增加时，时延㊀和报文丢失率㊁的关系。因为使用了有限尺寸的队列（50 和 100 个报文），所以在传输端站可能发生报文丢

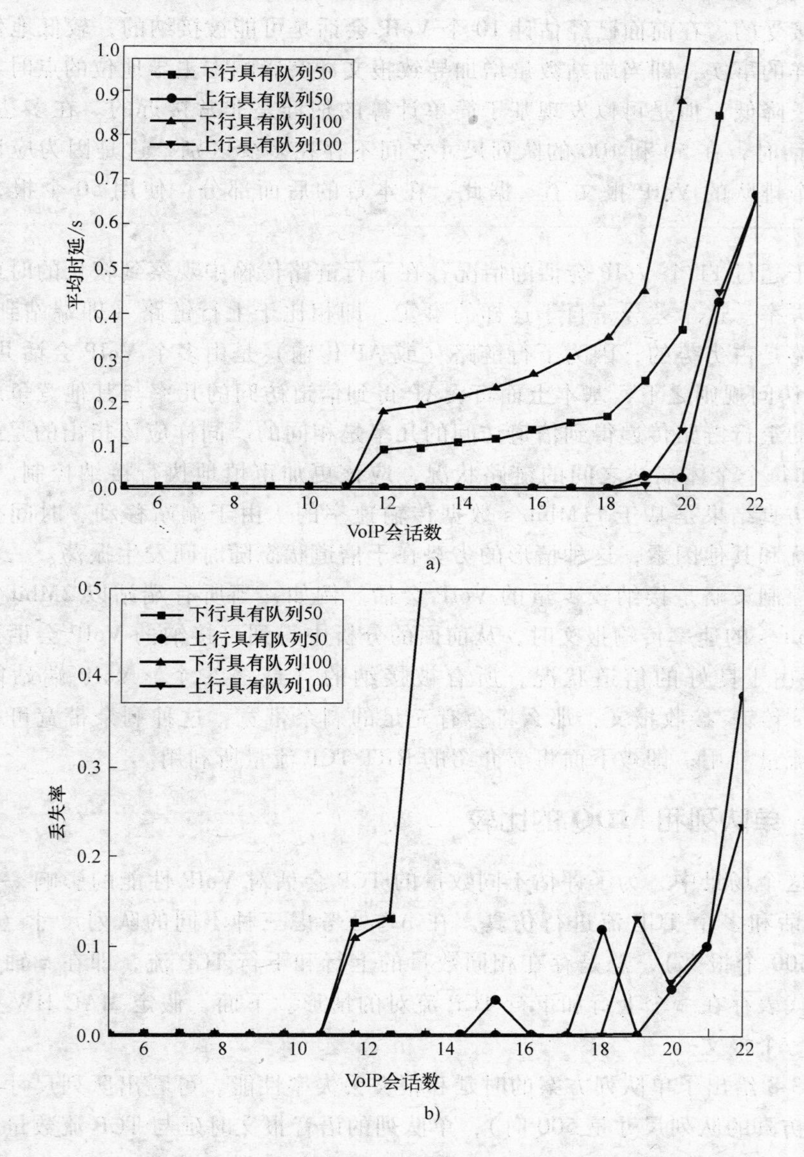

图 3-7　VoIP 的 IEEE 802.11b 容量显示出语音的时延和丢失率
a）时延　b）丢失率

㊀ 时延是平均端到端时延。

㊁ 丢失率是在整个仿真过程中，丢失的语音报文数与全部语音报文总数的比率。

失。从仿真结果中可以观察到多达 11 个 VoIP 会话可被系统接纳，因为对于 12 个 VoIP 会话，下行链路丢失率会超过 0.1，这样高的报文丢失率在实际环境中是不可接受的。在前面已经估计 10 个 VoIP 会话是可能被接纳的，较低地估计是由于这样的事实，即当端站数量增加导致报文冲突影响占主导地位的点时，平均回退时长降低，但是可以发现基于简单计算的估计是非常接近的。在多达 11 个 VoIP 会话时，在 50 和 100 的队列尺寸之间不存在多少区别，这是因为应该不再存在多个排队的 VoIP 报文了。据此，在本章的后面部分，使用 50 个报文作为 RT 队列尺寸。

对于超过 11 个 VoIP 会话的情况，在下行链路传输中观察到较长的时延和较高的丢失率。这个差异来自于这样的事实，即相比于上行链路（即端站到 AP），下行链路是占劣势的，因为下行链路（或 AP 传输）是由多个 VoIP 会话共享的。在 DCF 访问规则之下，基本上而言，AP 得到信道访问的几率与其他竞争端站为了它们的上行链路传递得到信道访问的几率是相同的。同样应该指出的是，考虑到 AP 和每个个体端站之间的链路状况，应该更加审慎地执行接纳控制。注意，这里的仿真结果是基于 11Mbit/s 数据传输速率的。由于端站移动、时间变化的相互干扰和其他因素，这种情形的劣势在于信道状态随时间发生振荡。一种可能的接纳控制策略是接纳较少量的 VoIP 会话。例如，当所有端站以 2Mbit/s 而不是 11Mbit/s 的速率传输报文时，从前面的分析中得到可接纳的 VoIP 会话数变为 5。如果由于良好的信道状况，所有被接纳的（最多 5 个）VoIP 端站能够以 11Mbit/s 传输/接收报文，那么将会有充足的剩余带宽，这种剩余带宽可被其他类型的流量利用，即被下面将要介绍的 NRT TCP 流量所利用。

3.7.2 单队列和 MDQ 的比较

在这个场景中，为了评估不同数量的 TCP 会话对 VoIP 性能的影响，以单个 VoIP 会话和多个 TCP 流进行仿真。在 AP 处考虑三种不同的队列尺寸（即 50、100 和 500 个报文），总是存在相同数量的上行和下行 TCP 流，即在 x 轴上的一个数值代表存在一个上行和下行 TCP 流对的情形。下面，假定 MAC HW 队列尺寸等于一个报文。

图 3-8 给出了单队列方案的时延和报文丢失率性能。可看出队列尺寸足够大时（在仿真的队列尺寸是 500 时），单队列的语音报文时延与 TCP 流数量成线性正比增长关系，如图 3-8a 所示。这是由于当 TCP 流数量增长时，在 AP 处排队报文的平均数线性增长造成的。注意对于 TCP，在如图 3-6 所示仿真环境的网络中，特别是在一台端站和 FTP 服务器之间可能存在大量外发的 TCP 报文（包括数据和 ACK 报文）。外发 TCP 报文的数量取决于接收窗口尺寸和拥塞窗口尺寸中最小的一个。从仿真中可以观察到瓶颈链路是 WLAN 的下行链路，即 AP 的下

行链路传输，所以几乎所有的外发报文都在AP队列中排队。这就是为什么当TCP流数量以500的队列尺寸增加时，VoIP报文时延线性增加的原因。但是，在50和100的队列尺寸的情形中，情况略微有些不同，即当开始仿真特定数量的TCP流时，时延增加非常缓慢或几乎饱和。这个缓慢的时延增加是由于缓冲溢出而导致报文丢失，这从图3-8b中得到了证实。

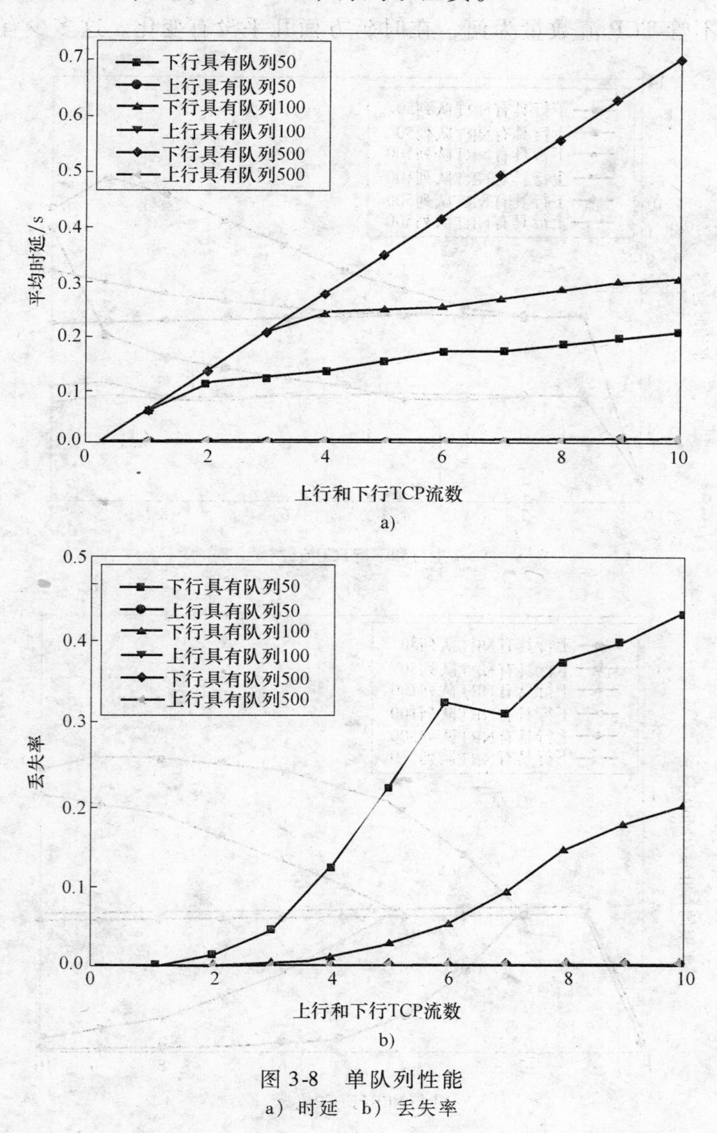

图3-8　单队列性能

a）时延　b）丢失率

图3-9给出了对于三种不同的NRT队列尺寸，当TCP流数量随建议的MDQ方案而增加时，VoIP的时延性能图形。应该指出，因为在这种情形中没有观察

到报文丢失，所以没有给出报文丢失率性能。首先观察到 MDQ 时延的显著减少：现在最坏情形时延大约为 11ms。可以想象，下行链路语音流量的时延在单队列中主要是排队时延，而在 MDQ 中，则主要是 MAC HW 队列中的无线信道访问时延。图 3-9 显示，对于 50 和 100 个报文的 NRT 队列，上行链路和下行链路语音报文的时延随 TCP 流数量的增加而增加。但是，在队列尺寸为 500 个报文的情形中，不管 TCP 流数量为何，在时延方面几乎没有变化。这多少有点违反直

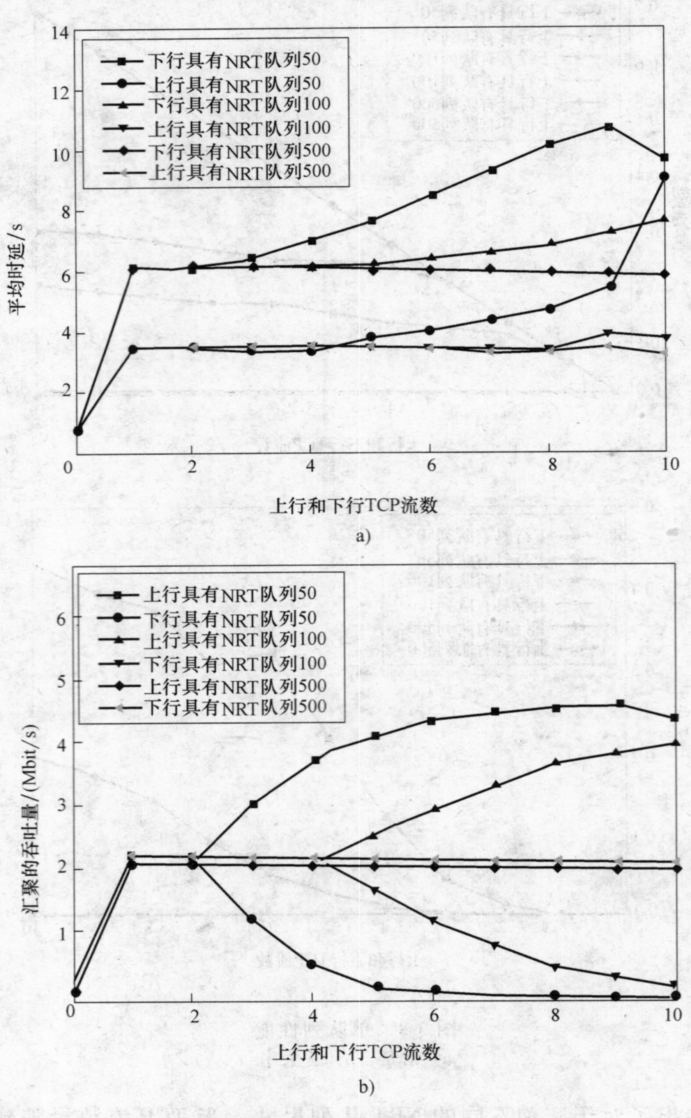

图 3-9 MDQ 性能
a）语音报文的时延 b）汇聚的 TCP 吞吐量

觉，因为已知TCP是带有侵略性的，那么随着TCP流数量的增加，应该存在更多的上行链路冲突，并因此会降低语音时延性能。

但是，如果更仔细地深入研究TCP行为，则可以观察到的时延性能看起来就是非常合理的。如上所讨论的，当队列尺寸足够大时，多数TCP报文（无论是ACK还是数据）都在AP处聚集，这是由于WLAN下行链路瓶颈造成的。因此，比如假定不发生超时，仅当上行TCP流的源端站从AP接收到一个TCP ACK报文，它才能够传输一个TCP数据报文。这基本上导致仅有一个或两个具有TCP流的端站积极地竞争信道，而不管总的TCP流数量是多少。这就是当NRT队列尺寸为500时，为什么时延性能在所有TCP流数量间都更加稳定的原因。注意，对于10个上行和下行TCP流，因为接收窗口尺寸为12，将会有高达240（=10×2×12）个TCP报文在NRT队列中排队，在这种情形中队列尺寸为500就足够了。另一方面，当队列尺寸较小以致一些TCP报文因为NRT队列的缓冲溢出而被丢弃时，对于一些TCP流将会出现重发超时，而且这将导致更多具有上行TCP流的端站为了重传TCP报文而积极地竞争信道。这就是为什么随着TCP流数量增加，对于50和100的NRT队列尺寸，时延性能劣化的原因。这种类型的TCP行为仍然存在于单队列情形中，但因为时延性能由上面讨论的排队时延所决定，所以没有观察到这种类型的TCP行为。

图3-9b给出了采用MDQ方案时，在AP处测量的上行和下行TCP流的汇聚吞吐量。采用50和100的队列尺寸时，可以观察到上行和下行TCP流之间的不公平性，而对于采用500的队列尺寸没有观察到不公平性。这同样是因为在50和100的队列尺寸时丢弃一些TCP报文造成的。例如，采用排队尺寸100时所观察到的不公平性（开始的TCP流数量等于5，其中最大外发TCP报文变为120（=5×2×12））远大于队列尺寸。因为TCP ACK是累积的，它由以前丢弃TCP ACK报文的丢失造成，上行TCP流不太受到AP处报文丢弃的影响，因此取得比下行TCP流较高的吞吐量。这项观察与Pilosof等人[18]得到的结果一致，并隐含着AP的队列尺寸应该足够大，才能避免上行链路和下行链路之间的不公平性。这对于这里的研究而言是有利的，因为就采用较大NRT队列的形成时延方面，这里的MDQ方案执行得更好。对于单队列，没有给出TCP吞吐量性能，但基本上可观察到相同的行为，其中吞吐量值比MDQ情形中的稍大，这是因为采用单队列时，VoIP和TCP报文是以相同方式处理的。

3.7.3　MDQ和EDCA的比较

为了比较单队列（即原始DCF）、MDQ和EDCA的VoIP性能，以单个VoIP会话和多个下行TCP流进行仿真。而且，假定MDQ方案的MAC HW队列尺寸如3.4节讨论的那样等于2个报文。图3-10给出了这三种方案的时延性能。如

Yu 等人[8]所观察到的，单队列的下行链路时延随 TCP 流数量的增加而线性增加，因此并不适合混合流量环境中的 VoIP。另一方面，MDQ 和 EDCA 几乎独立于 TCP 流数量而提供合理的时延性能。这是因为这两种方案都为 VoIP 提供比 TCP 报文更高的优先级。为了理解 MDQ 方案的详细行为，请读者参见 Yu 等人[8]的相关文章。

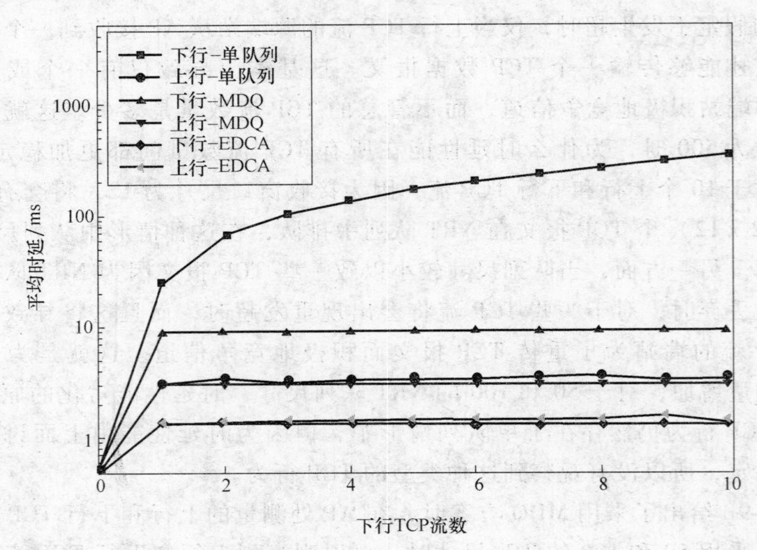

图 3-10　单队列、MDQ 和 EDCA 的 VoIP 报文时延

图 3-10 中虽然 EDCA 和 MDQ 都显示出了良好的时延性能，但 EDCA 的语音时延优于 MDQ 的语音时延，原因可如下理解：

1）基于遗留 DCF，EDCA 使用比 MDQ 小的信道访问参数值，即在 802.11b PHY 的情形中，对于 EDCA AC_VO[3]，CWmin [AC_VO] = 7 和 CWmax [AC_VO] = 15，而对于遗留 DCF，CWmin = 31 和 CWmax = 1023。较小的信道访问参数意味着较快的信道访问。

2）在 MDQ 的情形中，两个报文的 MAC HW 队列为下行链路的 VoIP 报文引入额外的时延，因为直到在 MAC HW 队列中的所有前面报文被传输之前，在 MDQ 方案中位于 RT 队列头部的 VoIP 报文应该等待。这导致 MDQ 的 VoIP 下行链路时延超过上行链路时延。

同样应该指出的是，单队列和 MDQ 的上行链路时延性能是相同的，因为在仿真场景的上行链路情形中，两种方案之间没有差别。特别地，在这里的仿真中，一台端站仅传输单一类型的流量，或者为 VoIP 或者为 TCP ACK。

图 3-11 给出了当 VoIP 会话数量增加时，MDQ 和 EDCA 时延性能的比较。以 10 个下行 TCP 流和多种数量的 VoIP 会话进行仿真，对于多个 VoIP 会话，EDCA

提供比 MDQ 方案较好的 VoIP 时延性能，同时两者仍然提供可接受的时延性能。如上面所讨论的，主要原因应该是较小的 EDCA 访问参数值和 MDQ 方案的 MAC HW 队列。但是，EDCA 的时延，特别是下行链路时延，随 VoIP 会话数量的增加而增加，这一定是较小 EDCA 访问参数的负面影响，即这些较小的数值导致来自不同 STA 的 VoIP 报文间的一些冲突。

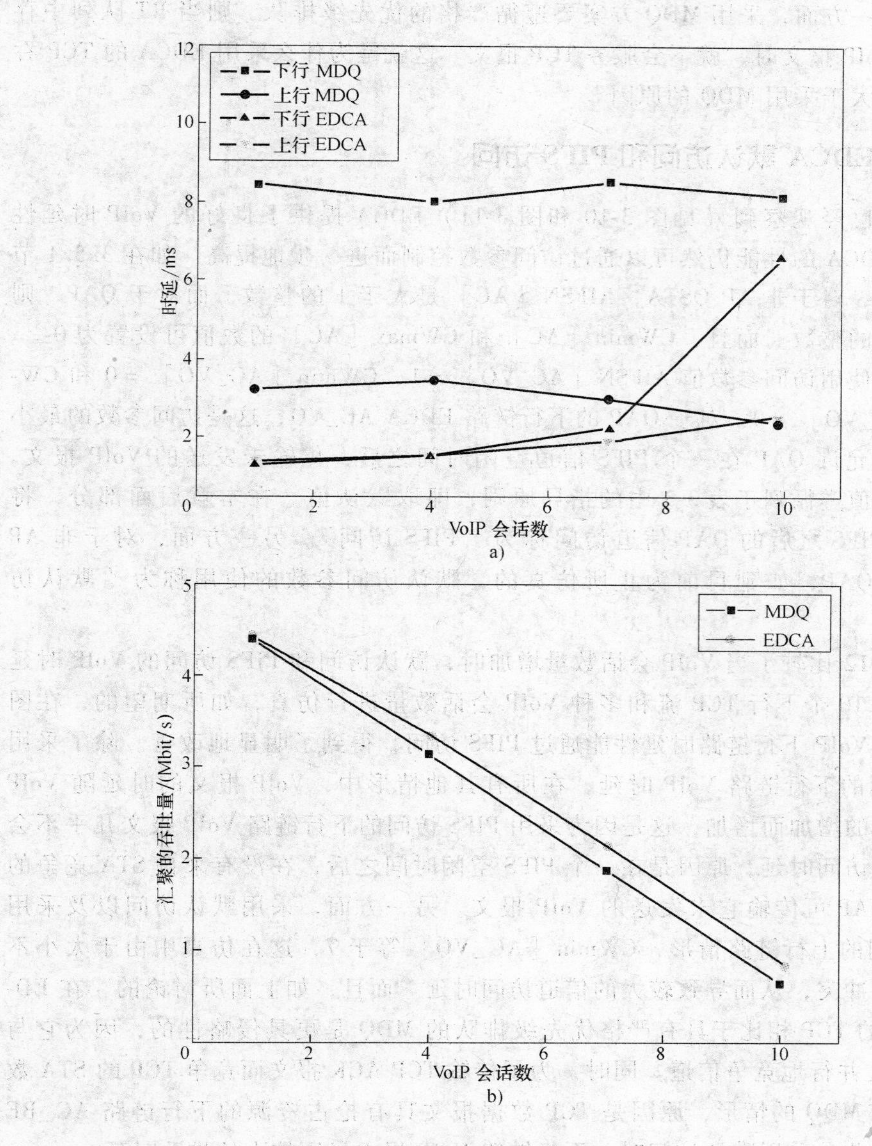

图 3-11 MDQ 和 EDCA 的默认访问
a）VoIP 时延性能 b）汇聚的 TCP 吞吐量

图 3-11b 给出了采用 MDQ 和 EDCA 方案后，在 AP 处测量的下行 TCP 流的汇聚吞吐量性能。可以观察到 EDCA 提供比 MDQ 更好的吞吐量性能。注意，由于较短的信道访问时延，EDCA 传输一个 VoIP 报文花费较短的时间。结果，EDCA 允许为 TCP 报文传输分配更多的时间资源。而且，在 EDCA 之下的 TCP 比 MDQ 之下的 TCP 可获得较多的传输机会，因为它与 VoIP 在 EDCA 之下是并行竞争的。另一方面，采用 MDQ 方案要遵循严格的优先级排队，则当 RT 队列中存在一个 VoIP 报文时，就不会服务 TCP 报文。这就是为什么采用 EDCA 的 TCP 吞吐量稍稍大于采用 MDQ 的原因。

3.7.4 EDCA 默认访问和 PIFS 访问

虽然已经观察到（见图 3-10 和图 3-11）EDCA 提供了良好的 VoIP 时延性能，但 EDCA 的性能仍然可以通过访问参数控制而进一步地提高。如在 3.5.1 节所描述的，对于非 AP QSTA，AIFSN［AC］是大于 1 的整数，而对于 QAP，则是大于 0 的整数。而且，CWmin［AC］和 CWmax［AC］的数值可设置为 0[3]。因此，可使用访问参数值 AIFSN［AC_VO］=1、CWmin［AC_VO］=0 和 CWmax［AC_VO］=0，对于 QAP 的下行链路 EDCA AC_VO，这是访问参数的最小数值。这允许 QAP 在一个 PIFS 信道空闲时间之后，传输未发送的 VoIP 报文。其他参数值遵循列于表 3-3 中的指导原则，即取默认值。在本章后面部分，将 VoIP 在 PIFS 之后的 QAP 信道访问称为“PIFS 访问”。另一方面，对于非 AP QSTA 和 QAP，如到目前为止所仿真的，默认访问参数的使用称为“默认访问”。

图 3-12 比较了当 VoIP 会话数量增加时，默认访问和 PIFS 访问的 VoIP 时延性能。以 10 个下行 TCP 流和多种 VoIP 会话数量进行仿真，如所期望的，在图 3-12 中，VoIP 下行链路时延性能通过 PIFS 访问，得到了明显地改善。除了采用 PIFS 访问的下行链路 VoIP 时延，在所有其他情形中，VoIP 报文的时延随 VoIP 会话数量的增加而增加，这是因为采用 PIFS 访问的下行链路 VoIP 报文几乎不会经历信道访问时延，原因是在一个 PIFS 空闲时间之后，在没有来自 STA 竞争的情况下，AP 可传输它未发送的 VoIP 报文。另一方面，采用默认访问以及采用 PIFS 访问的上行链路情形，CWmin［AC_VO］等于 7，这在仿真中由于太小不足以避免冲突，从而导致较大的信道访问时延。而且，如上面所讨论的，在 EDCA 之下的 TCP 相比于具有严格优先级排队的 MDQ 是更具侵略性的，因为它与 VoIP 报文并行地竞争信道。同时，为了传输 TCP ACK 报文而竞争 TCP 的 STA 数量要大于 MDQ 的情形，原因是 TCP 数据报文具有抢占资源的下行链路 AC_BE 参数。据此，采用默认访问时，下行链路 VoIP 报文经历较大的排队时延。

图 3-13 给出在 EDCA 下 TCP 的抢占资源行为对于 VoIP 时延性能的影响。为

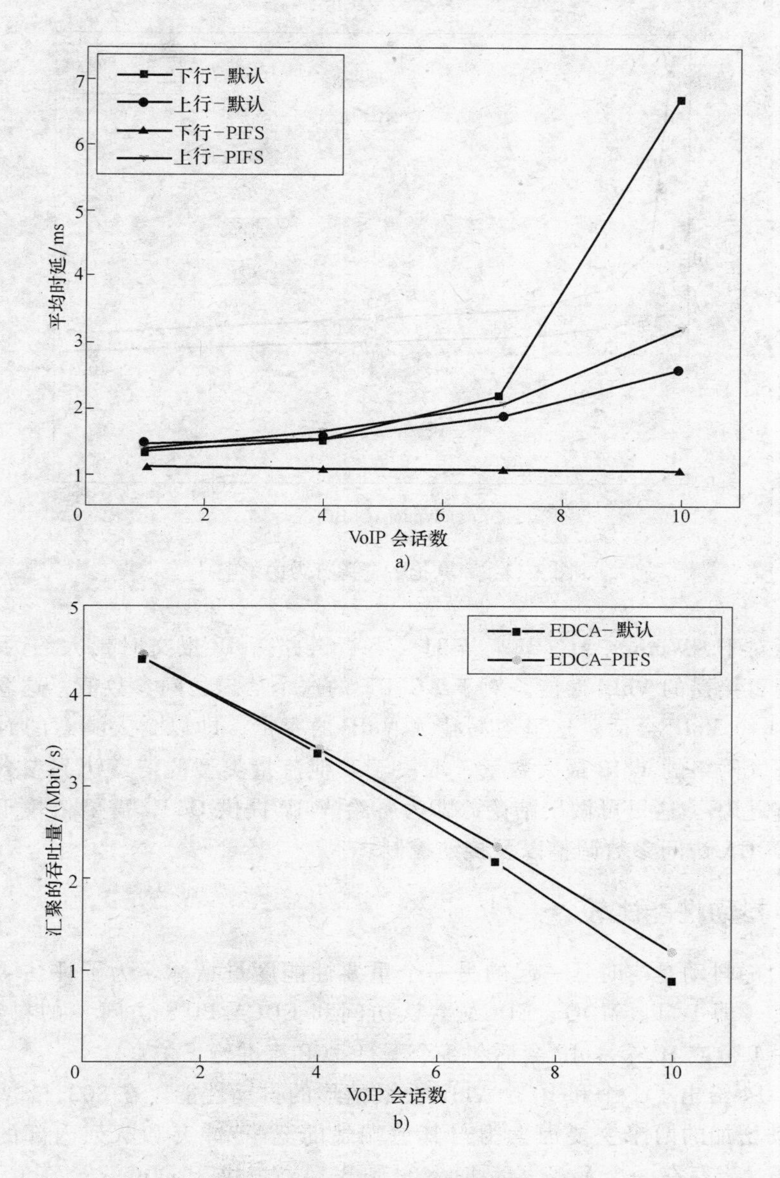

图 3-12 EDCA 默认访问和 PIFS 访问

a) VoIP 时延性能 b) 汇聚的 TCP 吞吐量

了评估 CWmin [AC_BE] 对 VoIP 时延性能的影响，采用 10 个下行 TCP 流、11 个 VoIP 会话和各种 CWmin [AC_BE] 值进行了仿真。对 QAP 和非 AP QSTA，访问参数 AC_VO 使用默认值。可以观察到，CWmin [AC_BE] 的值越大，TCP (即 AC_BE) 越保守。因此，在图 3-13 中平均 VoIP 报文时延急剧减少。

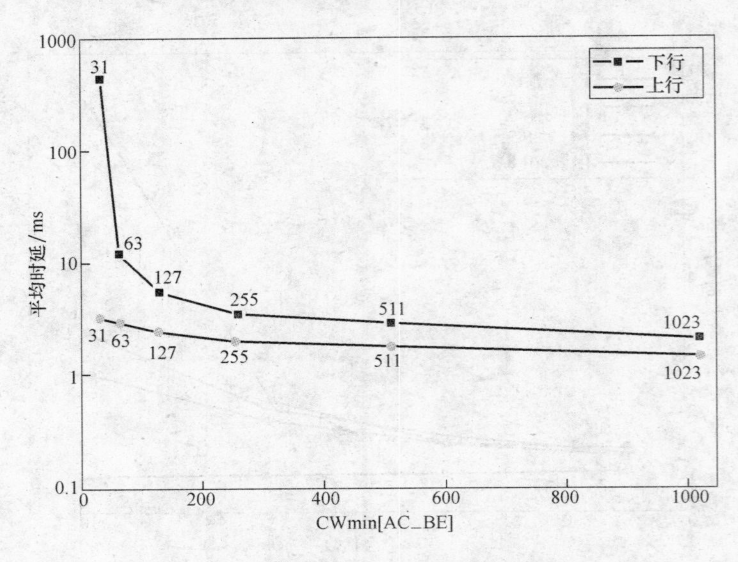

图 3-13 TCP 抢占资源行为的影响

注意对于 CWmin［AC_BE］=31，下行链路 VoIP 报文时延大约为 500ms，这意味着可接受的 VoIP 性能。对于 AC_BE 的这个信道访问参数值，这意味着不应接纳 11 个 VoIP 会话。这里容易猜测 VoIP 的容量，即以令人满意的时延性能被接纳进入网络的 VoIP 最大数量，取决于其他流量类型的信道访问参数，例如这里的 AC_BE。这里可做出结论，即为了给 VoIP 提供 QoS，需要依赖于网络状况进行 EDCA 访问参数调整以及接纳控制。

3.7.5 抖动性能比较

VoIP 的抖动是与时延一起的另一个重要性能度量指标。为了评估 4 种不同访问方案（即 DCF、MDQ、EDCA 默认访问和 EDCA PIFS 访问）的抖动性能，这里采用 1 个或 10 个 VoIP 会话和 5 个下行 TCP 流进行了仿真。

图 3-14 给出了 1 个和 10 个 VoIP 会话情形的抖动性能。在 802.11 WLAN 中 VoIP 抖动增加的两个主要因素为与其他端站的竞争/冲突和队列内部的随机时延。首先，当存在一个 VoIP 会话时（见图 3-14a），由于 EDCA 方案（即 EDCA 默认和 PIFS 访问）较小的信道访问参数值，它们展示出比 DCF 方案（即 DCF 和 MDQ）更好的抖动性能，原因解释如下：采用 1 个 VoIP 会话时，TCP 流可使用大部分的总带宽，因此较多的 TCP 端站可参与竞争信道，在这种情形中，EDCA 方案的 AC_VO（它使用小的信道访问参数值）可降低 QAP 中与 TCP 端站的竞争和 AC_BE，据此抖动变得较小；另一方面，对于如图 3-14b 所示的 10 个 VoIP 会话，结果与来自 1 个 VoIP 会话情形的结果非常不同。在这种情形中，

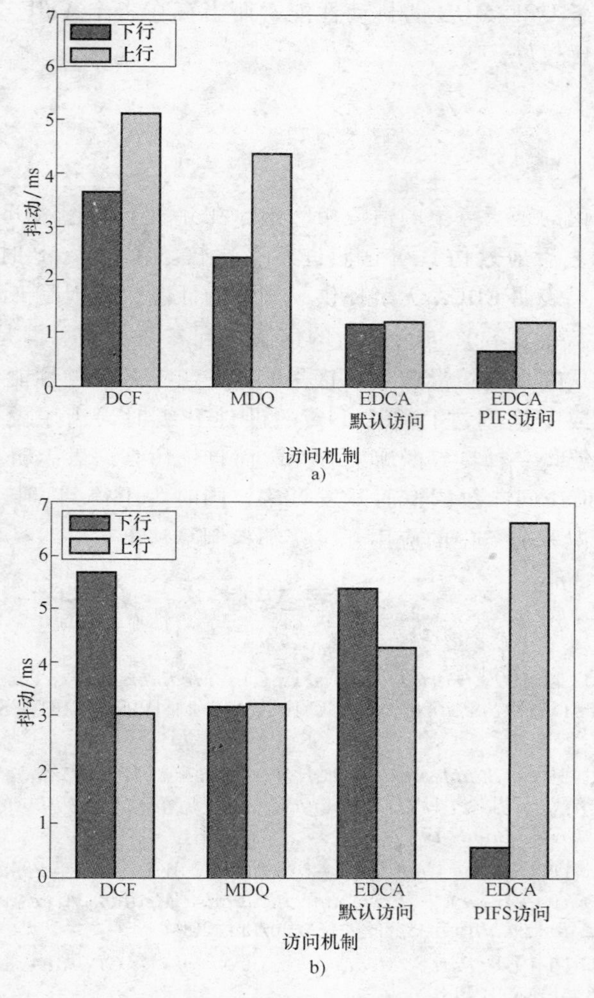

图 3-14　4种访问方案的抖动性能
a）1个 VoIP 会话　b）10个 VoIP 会话

EDCA 方案的 CWmin［AC_VO］值对于冲突避免是不够大的。因此，可能发生多次碰撞，由此显著地增加了抖动。但是，因为下行链路 AC_VO 能够很好地在 AP 中避免与 TCP 端站的竞争，以及 AC_BE 的行为，所以 EDCA PIFS 访问中的下行链路 VoIP 报文的抖动仍然保持较小。除了 EDCA PIFS 访问之外，在所有其他方案中下行 VoIP 报文的抖动都是增加的，原因是在仿真中，每个 VoIP 端站的 VoIP 报文产生时间是随机的，因此到达 AP 队列的一个 VoIP 报文就经历随机的排队时延。

从以上的抖动性能评估中可得出结论，当存在较少的 VoIP 会话时，EDCA

的抖动性能要好于 DCF/MDQ 的抖动性能，而当存在多个 VoIP 会话时，它们的性能总体而言都比较好。

3.8 小结

在本章所讨论的基于竞争的信道访问中，在介绍了 IEEE 802.11 WLAN 的多种 QoS 提供方案之后通过仿真对它们进行了比较。考虑 VoIP 时延/抖动和 TCP 吞吐量，仿真结果表明 EDCA 无疑提供了最好的性能，原因是 EDCA 依据底层网络状况（例如，流量负载）进行灵活的信道访问参数控制。但是，MDQ 也提供了良好的性能，这在多数情形中是可接受的，它与 EDCA 的性能相当。据此，当不存在 802.11e 或不期望进行 802.11e 的硬件升级时，为了给 VoIP 服务提供 QoS，MDQ 方案就是一种良好的解决方案。而且，仿真结果表明，需要为了得到 EDCA 的最优信道访问参数调整而开发算法，同时为了得到可接受的 QoS 服务，需要依据网络状况和服务中的应用开发接纳控制算法。

参考文献

1. IEEE Std. 802.11-1999, *Part 11: Wireless LAN Medium Access Control (MAC) and Physical Layer (PHY) Specifications*, ISO/IEC 8802-11:1999(E), IEEE Std. 802.11, 1999 ed., 1999.
2. IEEE 802.11b-1999, *Supplement to Part 11: Wireless LAN Medium Access Control (MAC) and Physical Layer (PHY) Specifications: Higher-Speed Physical Layer Extension in the 2.4 GHz Band*, 1999.
3. IEEE 802.11e/D9.0, *Draft Supplement to Part 11: Wireless Medium Access Control (MAC) and Physical Layer (PHY) Specifications: Medium Access Control (MAC) Enhancements for Quality of Service (QoS)*, Jan. 2004.
4. IEEE Std. 802.1d-1998, *Part 3: Media Access Control (MAC) Bridges*, ANSI/IEEE Std. 802.1D, 1998 edition, 1998.
5. S. Mangold, S. Choi, G. R. Hiertz, O. Klein, and B. Walke, Analysis of IEEE 802.11e for QoS support in wireless LANs, *IEEE Wireless Commun.* **10**(6) (Dec. 2003).
6. S. Choi, J. del Prado, S. Shankar, and S. Mangold, IEEE 802.11e contention-based channel access (EDCF) performance evaluation, *Proc. IEEE ICC'03*, Anchorage, AK, May 2003.
7. S. Choi, Emerging IEEE 802.11e WLAN for quality-of-service (QoS) provisioning, *SK Telecom Telecommun. Rev.* **12**(6):894–906 (Dec. 2002).
8. J. Yu, S. Choi, and J. Lee, Enhancement of VoIP over IEEE 802.11 WLAN via dual queue strategy, *Proc. IEEE ICC'04*, Paris, June 2004.
9. J. del Prado and S. Shankar, Impact of frame size, number of stations and mobility on the throughput performance of IEEE 802.11e, *Proc. IEEE WCNC'04*, Atlanta, GA, March 2004.

10. Airopeek, http://www.airopeek.com, online link.
11. The network simulator — ns-2, http://www.isi.edu/nsnam/ns/, online link.
12. Y. Choi, J. Paek, S. Choi, G. Lee, J. Lee, and H. Jung, Enhancement of a WLAN-based Internet service in Korea, *Proc. ACM Int. Workshop on Wireless Mobile Applications and Services on WLAN Hotspots* (*WMASH'03*), San Diego, USA, Sept. 19, 2003.
13. J. Malinen, Host AP driver for Intersil Prism2/2.5/3, http://hostap.epitest.fi/, online link.
14. D. Collins, *Carrier Grade Voice over IP*, 2nd ed., McGraw-Hill, Sept. 2002.
15. Y. Xiao, Enhanced DCF of IEEE 802.11e to support QoS, *Proc. IEEE WCNC'03*, March 2003.
16. Y. Xiao, H. Li, and S. Choi, Protection and guarantee for voice and video traffic in IEEE 802.11e wireless LANs, *Proc. IEEE InfoCom'04*, Hong Kong, March 2004.
17. M. Heusse, F. Rousseau, G. Berger-Sabbatel, and A. Duda, Performance anomaly of 802.11b, *Proc. IEEE InfoCom'03*, San Francisco, March 2003.
18. S. Pilosof et al., Understanding TCP fairness over wireless LAN, *Proc. IEEE InfoCom'03,* March 2003, Vol. 2, pp. 863–872.
19. I. Aad and C. Castelluccia, Differentiation mechanisms for IEEE 802.11, *Proc. IEEE InfoCom'01*, Anchorage, AK, April 2001.
20. D.-J. Deng and R.-S. Chang, A priority scheme for IEEE 802.11 DCF access method, *IEICE Trans. Commun.* **E82-B**(1):96–102 (Jan. 1999).
21. A. Veres, A. T. Campbell, M. Barry, and L. Sun, Supporting service differentiation in wireless packet networks using distributed control, *IEEE J. Select. Areas Commun.* **19**(10) (Oct. 2001).
22. F. Cali, M. Conti, and E. Gregori, IEEE 802.11 wireless LAN: Capacity analysis and protocol enhancement, *Proc. IEEE InfoCom'98*, March 1998.
23. F. Cali, M. Conti, and E. Gregori, Dynamic tuning of the IEEE 802.11 protocol to achieve a theoretical throughput limit, *IEEE/ACM Trans. Networking* **8**(6): 785–799 (Dec. 2000).
24. S. Mangold, S. Choi, P. May, O. Klein, G. Hiertz, and L. Stibor, IEEE 802.11e wireless LAN for quality of service, *Proc. European Wireless'02*, Florence, Italy, Feb. 2002.
25. P. Garg, R. Doshi, R. Greene, M. Baker, M. Malek, and X. Cheng, Using IEEE 802.11e MAC for QoS over wireless, *Proc. IPCCC'03*, Phoenix, AZ, April 2003.
26. D. Gu and J. Zhang, QoS enhancement in IEEE 802.11 wireless area networks, *IEEE Commun.* **41**(6):120–124 (June 2003).
27. H. L. Truong and G. Vannuccini, Performance evaluation of the QoS enhanced IEEE 802.11e MAC layer, *Proc. IEEE VTC'03 — Spring*, Jeju, Korea, April 2003.
28. Y. Ge and J. Hou, An analytical model for service differentiation in IEEE 802.11, *Proc. IEEE ICC'03*, Anchorage, AK, May 2003.
29. C. T. Chou, K. G. Shin, and S. Shankar, Inter-frame space (IFS) based service differentiation for IEEE 802.11 wireless LANs, *Proc. IEEE VTC'03 — Fall*, Orlando, FL, Oct. 2003.
30. Y. Xiao, Backoff-based priority schemes for IEEE 802.11, *Proc. IEEE ICC'03*, Anchorage, AK, May 2003.
31. J. Zhao, Z. Guo, Q. Zhang, and W. Zhu, Throughput and QoS optimization in IEEE

802.11 WLAN, *Proc. 3G Wireless'02 + WAS'02*, San Francisco, CA, May 2002.

32. J. Zhao, Z. Guo, Q. Zhang, and W. Zhu, Performance study of MAC for service differentiation in IEEE 802.11, *Proc. IEEE GlobeCom'02*, Taiwan, Taipei, Nov. 2002.
33. G. Bianchi and I. Tinnirello, Analysis of priority mechanisms based on differentiated inter frame spacing in CSMA-CA, *Proc. IEEE VTC'03 — Fall*, Orlando, FL, Oct. 2003.
34. Y. Xiao, Performance analysis of IEEE 802.11e EDCF under saturation condition, *Proc. IEEE ICC'04*, Paris, June 2004.
35. L. Romdhani, Q. Ni, and T. Turletti, Adaptive EDCF: Enhanced service differentiation for IEEE 802.11 wireless ad hoc networks, *Proc. WCNC'03*, Louisiana, March 2003.
36. M. Malli, Q. Ni, T. Turletti, and C. Barakat, Adaptive fair channel allocation for QoS enhancement in IEEE 802.11 wireless LANs, *Proc. IEEE ICC'04*, Paris, June 2004.
37. Q. Pang, S. C. Liew, J. Y. B. Lee, and S.-H. G. Chan, A TCP-like adaptive contention window scheme for WLAN, *Proc. IEEE ICC'04*, Paris, June 2004.
38. L. Zhang and S. Zeadally, HARMONICA: Enhanced QoS support with admission control for IEEE 802.11 contention-based access, *Proc. Real-Time and Embedded Technology and Applications Symp.*, May 2004.
39. Y. Kuo, C. H. Lu, E. H. Wu, and G. Chen, An admission control strategy for differentiated services in IEEE 802.11, *Proc. IEEE GlobeCom'03*, San Francisco, Dec. 2003.

第4章 移动自组织网络功率控制

ALAA MUQATTASH 和 MARWAN KRUNZ
美国亚利桑那州土桑市亚历桑那大学电子和计算机工程系
SUNG-JU LEE
美国加利福尼亚州帕洛阿尔托市惠普实验室移动和媒体系统研究室

4.1 简介

移动自组织网络（MANET）的设计吸引了人们的众多关注。对 MANET 的关注主要源于在蜂窝基础设施不存在且部署昂贵或不可行（灾难救援活动、战场等）的情况下，MANET 提供直接无线连网方案的能力。进而，因为 MANET 的分布式特性，比起蜂窝网络而言，MANET 具有防止单点故障的更加鲁棒的能力，并具有绕过拥塞节点而重新路由报文的灵活性。虽然 MANET 大规模的部署还没有到来，但为增强这种网络的运营和管理，目前人们正在进行大范围的研究活动[14,21,55]。

在设计 MANET 时，最重要的两个挑战是要提供到移动节点的高吞吐量和低能耗的无线访问。解决这两个挑战中的一个或两个的功率管理方案一般可分为三类：

1）传输功率控制（TPC）。TPC 将传输功率（TP）调整为适应链路所经历的传播和干扰特征。理论研究[24]和仿真结果[46]展示，在容量和能量节省方面，TPC 具有明显的优势。TPC 也能够被用作接纳控制和提供服务质量（QoS）的一种方法[5]。

2）功率感知路由（PAR）。通过将报文在高效的路径上进行路由，可节省额外的能量。虽然 TPC 协议的目标在于使每条链路都尽可能是高效的，但 PAR 协议要确定将这些链路中的哪条用作端到端的路径。PAR 方案的设计可基于各种功率相关的链路度量，例如每个报文消耗的传输能量[16]、移动节点的电池水平[22]或这些度量的组合[63]。

3）功率节省模式（PSM）。通过将接口置于睡眠状态而极大地降低节点无线接口的功率消耗㊀。一旦节点在睡眠状态中，它就不能传输、接收或甚至感知

㊀ 例如，Cisco Aironet 350 系列客户端适配器[2]在传输和接收模式分别消耗 2.25W 和 1.35W 能量，但在睡眠模式中仅消耗 0.075W 能量。

信道。因此，重要的是节点确定何时进入睡眠模式以及在这种模式中停留多久，这已经是广泛研究的专题[11,12,32,62,69,76,78,79]。

虽然这些解决方案在最初看来似乎是无关的，但它们实际上是相互依赖的，这使得将它们集成在一个框架中的任务极具挑战性。例如，当没有采用 TPC 时，对于采用一条路径还是另一条路径，PAR 协议就没有判定依据。因为报文在节点的睡眠模式下是不能路由的，PAR 决策受到节点状态的影响，而状态是依据 PSM 协议确定的。进而，刚刚醒来的一个节点由于具有关于信道状态的过时信息，因此不能就需要的 TP 做出决策。

本章的主要目的是回顾并分析在文献中已经提出的用于 TPC 的主要方法，另外还将简短地回顾几个 PAR 和 PSM 方案，并解释它们的相互依赖关系。如后面将要说明的，可顺理成章地得出“交叉跨层”是 MANET 高效运行的主要设计原则。

这里指出 IEEE802.11 方案中的几项缺陷而开始下面的讨论。选择传输范围的折中措施将在 4.1.2 节讨论。在 4.2 节将介绍一类能量定向的功率控制方案，其中解释了这类网络对网络吞吐量的不利影响。在 4.3 节将介绍 TPC 方案，这些方案是以增加网络吞吐量（通过增加空间复用）为目标的。这些方案包括一些算法，这些算法主要使用 TPC 来控制网络的拓扑性质（连接性、节点度等）；另一类干扰感知的 TPC 方法广播干扰信息，为的是限制后续传输的功率等级，后一类方法可达到能量保留和吞吐量提高的双重目标（与 IEEE 802.11 方案相比）。基于群集或结合调度与 TPC 的其他协议将在 4.3.5 节介绍。在 4.5 节将综述 PSM 协议，将在 4.7 节以列出几个开放的研究问题收尾。

4.1.1 IEEE 802.11 方法中的缺陷

迄今为止，802.11 标准的自组织（ad hoc）模式是自组织网络的最主要 MAC 协议。这个协议一般来说遵循 CSMA/CA（具有冲突避免功能的载波侦听多路访问）机制，扩展允许发送器和接收器之间 RTS/CTS（请求发送/清除发送）握手报文的交换。对于为后续数据报文预留传输底线（transmission floor），需要采用这些控制报文。节点在一个固定（最大）功率等级传输它们的控制和数据报文，从而防止所有其他潜在的干扰节点发送它们自身的传输报文。听到 RTS 或 CTS 消息的任何节点推迟它们的传输，直到正在进行的传输结束为止。

这种方法的问题在于在许多场景中这种方法可能是“过于保守的”。例如，就图 4-1 所示的情形而言，其中节点 A 使用其最大 TP 将其报文发送到节点 B（出于简单性考虑，假定采用全向天线，因此一个节点的预留底线由二维空间的一个圆圈代表）。节点 C 和节点 D 听到节点 B 的 CTS 报文，因此在 A→B 传输过程期间不会发送报文。但是，容易观察到，原则上而言，如果节点能够合理选择它们的传输功率，传输 A→B 和 C→D 就能够同时发生。因此，就增加了网络吞吐量并降低了每报文的能量消耗。

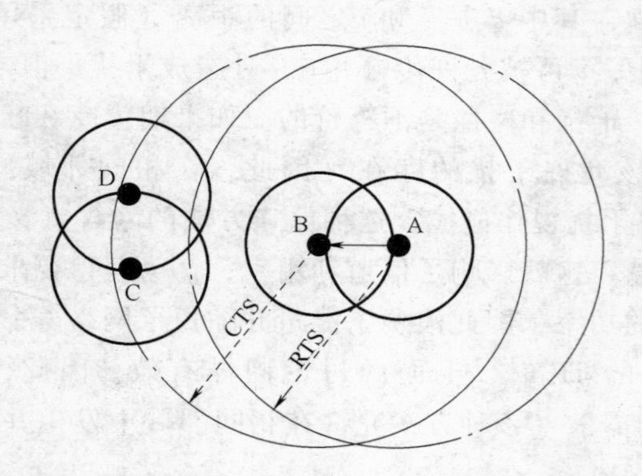

图 4-1　标准 RTS-CTS 方法的低效率（允许节点 A 和节点 B 通信，但不允许节点 C 和节点 D 通信。点划线的圆圈表示节点 A 和节点 B 的最大传输范围，而实线圆圈表示为了在相应接收者处的一致接收所需要的最小传输范围）

产生这个问题的根源在于如下事实：IEEE 802.11 方案基于两项非优化（就吞吐量和能耗而言）设计决策，即①过高夸大的碰撞定义——依据 IEEE 802.11 方案，如果节点 i 正在从节点 j 接收一个报文，那么在节点 i 的传输范围[㊀]的所有其他节点必须推迟它们自身的报文传输，为的是避免与节点 i 正在进行的接收发生碰撞；②IEEE 802.11 方案使用一种固定的常用 TP 方法，这就导致信道利用率的降低和能耗的增加。

为了解释第一种设计原则的低效率，考虑采用一种固定 TP 的网络。令 P_j 为节点 j 使用的 TP，令 G_{ji} 为从节点 j 到节点 i 的信道增益，那么在节点 i 处来自节点 j 的期望信号的信号干扰噪声比（SINR）给定如下：

$$\mathrm{SINR}(j,i)=\frac{P_j G_{ji}}{\sum_{k\neq j} P_k G_{ki}+P_{\mathrm{thermal}}} \tag{4-1}$$

式中，P_{thermal} 是热噪声。

在所有节点间，当 TP 是固定的并为常用值时，这个方程仅是信道增益的一个函数。如果 SINR（j, i）在某个阈值（如 $\mathrm{SINR}_{\mathrm{th}}$）之上在节点 i 处可正确地接收到节点 j 的报文，那么 $\mathrm{SINR}_{\mathrm{th}}$ 就反映了链路的 QoS[㊁]。即使存在一个干扰的传送器，比如在 i 传输范围之内的 v，i 仍然可能正确地接收到 j 的报文。一个简单

㊀　节点 i 的传输范围定义为，当不存在来自其他节点的干扰时，能够成功接收一个报文的最大范围。

㊁　注意 $\mathrm{SINR}_{\mathrm{th}}$ 已经包括任何采用前向错误纠正方案的效果。

的分析由 Xu 等人[75]给出，他们假定干扰仅由节点 v 产生。他们证明，在路径丢失因子为 4 的条件下，只要 v 在距离 $1.78d$ 或更远于 i 处的情况下，i 就能够正确地接收到期望的报文，其中 d 是 i 和 j 之间的距离（假定采用一个常用的 TP）。因此，在许多情形中，v 可被允许传输并在 i 处造成干扰，但未必与 i 接收 j 的报文发生碰撞。所以，干扰和碰撞是不等价的。如果期望高吞吐量，那么只要能防止碰撞发生，就应该允许干扰的存在（因此，在相同邻域内存在并发会话）。IEEE 802.11 方法将干扰视作碰撞，这种保守方法的隐含意义是：①在预留底线之上不允许并发传输，这就影响了信道利用率；②为获得要求的 $SINR_{th}$，接收功率可能远高于必要的功率，因此浪费了能量并缩短了网络寿命。当节点依据某个网络协议改变它们的 TP 时，上面的讨论同样有效。因此，可能存在对多层（multilayer）方案的需求（该种方案允许在相同邻域中发生并发的传输，同时保留网络能量）。

4.1.2　传输范围选择做出的折中

在相关参考文献中人们已经深入并广泛地研究了“最优”传输范围的选择问题。已经表明[24,25]，在前向转发的前进方向将报文传输到最近的邻居，可得到较高的网络容量。这项结果背后的直觉是将传输范围减半会将跳数增加两倍，但将保留底线的区域减少到其原始数值的 1/4，因此在邻域范围中允许发生更多的并发传输。除了提高网络吞吐量之外，控制传输范围在降低能耗方面扮演了一个重要角色，在短的每跳距离上的多条路径之上传递一条报文要求消耗这么多的能量。另一方面，TP 确定谁能听到信号，因此降低 TP 就相当于通过减少活跃链路的数量而影响网络的连接性，并可能形成分割网络。因此，为了维护连接性，应该实施功率控制，同时要考虑到对网络拓扑的影响。进而，因为 MANET 中的路由发现经常是反应性的（即路径是应需构造的），所以通过控制路由请求（RREQ）报文的传输功率，而将功率控制用来影响路由层做出的决策（将在 4.3.2 节进行更详细地讨论）。

前面的讨论为动态地调整数据报文的 TP 提供了充分的动机，但是在这点上存在许多开放问题，也许最令人感兴趣的一个问题就是 TPC 是网络层问题还是 MAC 层问题。网络层和 MAC 层的信息交互对于 MANET 中的功率控制是必要的：一方面，功率水平确定了谁能听到传输，并因此直接影响下一跳的选择，这明显是网络层问题；另一方面，功率水平同样确定了终端为其采用一种访问方案而进行的传输要排他地预留功率底线，明显地这是 MAC 层问题。因此，必须从两个层的角度介绍功率控制。其他重要问题是：

1）一台终端如何找到一条到目的地能量有效的路由？

2）调整数据和控制报文传输功率的内在意义是什么？

3）在相同邻域中多个传输如何同时发生？

在后续内容中将处理这些问题。

4.2　能量定向的功率控制方法

本节将介绍基本的功率控制方法，其目标是降低节点的能耗，并延长网络的寿命。处理吞吐量和时延是这些方法的次要目标。

4.2.1　仅用于数据报文的 TPC

降低能耗的一种可能方式是，通信节点以最大功率（P_{max}）交换它们的 RTS/CTS 报文，但以可靠通信所需要的最低功率（P_{min}）发送它们的 DATA/ACK 报文[23,34,52]。P_{min}值的确定基于需要的 QoS（即 $SINR_{th}$）、在接收器处的干扰水平、天线配置（全向的还是定向的）以及发送器和接收器之间的信道增益。称这样的基本协议为 SIMPLE，注意 SIMPLE 和 IEEE 802.11 方案具有每跳相同的前向进度率（forward progress rate），即在目的地方向上一个报文穿越的距离对于两种协议是相同的，因此这两种协议取得近似相同的吞吐量㊀。但是，在 SIMPLE 中的能耗期望是较少的，SIMPLE 的问题是当最小跳数路由协议（MHRP）（它仍然是 MANET 中事实上的路由方法）用在网络层时出现的。在选择下一跳时（NH），MHRP 倾向于选择目的地（离源节点最远）方向的节点，但这个节点仍然在其最大传输范围之内。当网络的节点密度较高时，源节点和 NH 之间的距离非常接近于最大传输范围，因此 SIMPLE 将保留非常小的能耗。其问题在于 NH 的劣化选择（即长链路）之中，因此就要求寻找到目的地的高效（能耗小）的一个更加“智能的”路由协议。换句话说，为 SIMPLE 提供良好的能量节省，需要 SIMPLE 之上功率感知的协议，这是后面将要讨论的专题。

4.2.2　功率感知的路由协议

MANET 的第一代路由协议[30,49,50,59]本质上而言是不将功率效率作为主要目标的 MHRP。Singh 等人[63]首先提出自组织路由中的功率感知问题，并为路径选择引入了新的度量指标，包括每报文消耗的能量、网络连通时长（即网络分割之前的时间）、节点功率变化、每报文开销和最大节点开销。本节后面部分将讨论的功率感知的路由协议（PARP）在路径选择中使用这些度量指标中的一个或多个度量指标[31]。

㊀ 事实上，因为在源节点处接收 ACK 的干扰，SIMPLE 得到的吞吐量比 IEEE 802.11 要低[33]。

第一代 PARP[10,42] 基于先验的最短路径算法，例如分布式 Bellman-Ford。它们不使用时延或跳数作为链路权重，这些协议使用能量相关的度量指标作为权重，例如信号强度、每个节点的电池水平和每次传输的功率消耗。如在先验的路由协议中执行的一样，每节点的链路条件和功率状态是通过定期的路由表交换获得的。Chang 和 Tassiulas[10] 论证，仅是每次端到端报文分发最小的总消耗能量就耗光了网络中某些节点的功率。另一方面，为了增加网络的寿命，应该在节点间均衡能量消耗。为了分离流量，在它们的路由方案中要结合使用流增强方法和重定向方法。Krishnamachariy 等人[38] 在能量高效网络的上下文中，研究了节点失效的鲁棒性问题。他们表明从多路径路由中获得的鲁棒性，导致的能量开销可能较高。多路径路由的一种替代方案是使用具有较少路径的较高 TP。

先验的最短路径算法主要适合于微（或没有）移动性的网络，例如传感器网络。这些算法对高度移动网络的适用性是值得怀疑的，原因是先验知识意味着每个节点必须周期性地与邻域节点交换本地路由和功率信息，这诱发产生了显著的额外控制负担。先验的路由方案被证明比应需路由协议消耗更多的功率[76]，因为传输更多的控制报文导致更多的能量消耗。功率感知路由优化（PARO）[23] 是应需功率感知路由协议的一个范例。在 PARO 中，选取一个或多个中间节点（代表源—目的地对）转发报文，因此降低了聚合的 TP 消耗。但是，因为 PARO 的惟一关注点是最小化网络中消耗的 TP，所以它没有考虑在节点之间均衡能耗。

但是，为了结合利用功率感知方法，在标准的应需协议（例如，动态源路由（DSR）[30]）中必须引入经过仔细考虑的修改措施。特别地，反应式协议路由发现过程中的洪泛计数必须得以调整。为了了解其中的原因，考虑图 4-2，其中节点 A 想找到到节点 D 的一条路由。能耗最小的路由是 A→B→C→D。在 DSR 路由发现过程中，节点 A 向邻居们广播一条路由请求（RREQ）报文（见图 4-2a）。假定节点 B 和节点 C 都听到这个报文，两个节点都重新广播 RREQ 报文（见图 4-2b）。节点 B 的广播报文和节点 C 的广播报文被所有节点接听到。但是，因为节点 C 早期已经广播了相同的请求，所以它不再广播从节点 B 接收到的 RREQ 报文，反之亦然。节点 D 现在以一条路由应答（RREP）报文回答（见图 4-2c），该报文由节点 B 和节点 C 反向传播到节点 A（见图 4-2d）。因此，应需发现的路由是 A→B→D 或 A→C→D，而不是能耗最小的路由 A→B→C→D。

最近，为解决这个问题人们进行了一些研究工作[16,41]。Doshi 等人[16] 提出了一种基于 DSR 的方案，其中每条 RREQ 消息包括消息在节点上传输所用的功率。使用这个信息和接收到的信号强度，RREQ 的接收者计算 RREQ 发送者为了成功地将一条报文传输到那个接收者所需要的最小功率。这个信息插入到 RREQ 消息中，并由接收者重新广播。目的地节点将路径中每一跳的功率信息插入到

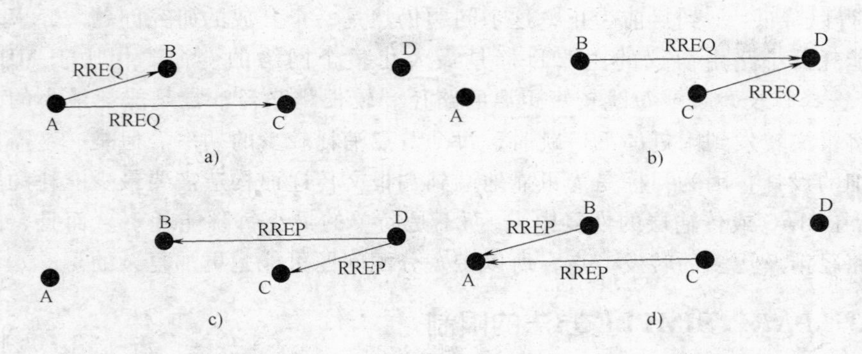

图 4-2 DSR 中的路由发现过程

RREP 报文。现在，沿路径的每个节点使用包含于 RREQ 和 RREP 消息中的信息来确定它是否位于比 RREP 中通告的一条路径更低能耗的路径上，如果是，该节点就向源节点发送一条包含较低能耗路径的“无偿的”应答。这个修改的 DSR 协议发现的路由最小化了总的每报文 TP，并与 PARO 的机制保持一致[23]。

Maleki 等人[41]提出了最大化网络寿命的一个协议。在这个协议中，除了目的地之外的每个节点计算它的链路开销（使用电池寿命作为开销度量指标），并将之添加到一个路径开销变量中，该变量在 RREQ 报文头部中发送。中间节点接收到这条 RREQ 报文之后，启动定时器，并将这个路径开销作为变量 min-cost 存储。如果到达具有相同目的地和序列号的另一条 RREQ 报文，该中间节点将报文的最小开销数值与存储的数值相比较。如果新报文具有较低的路径开销，就将其转发，且将 min-cost 修改为这个较低的开销。目的地接收到 RREQ 报文后启动定时器，并收集具有相同源和目的地字段的所有 RREQ 报文。一旦定时器到时，目的地节点就选择最小开销的路由，并向源发回一条 RREP。

在相关参考文献中还没有受到多少关注的一个开放问题是在发现一条最小能耗路由中消耗的能量，即用于 RREQ 和 RREP 报文上的能量。因为这些报文较小，所以花费在它们上面的能量可能初看之下是不显著的。不幸的是，事实并非如此：仿真结果[29]表明，对于 DSR，路由发现过程的额外负担可能高达总接收字节的 38%。这项高的额外负担主要由于路由发现过程的洪泛特性，它产生冗余的广播、竞争和碰撞。这些缺陷合在一起称作广播风暴问题[47]。几个功率感知协议的另一个问题是与 RREP 消息数量相关的。如前面所解释的，由 Doshi 等人[16]提出的方案试图产生能耗最小的路径，方法是让节点侦听 RREP，并且一旦表明它位于比 RREP 中通告的路径更低能耗的一条路径上时，它就发送无偿的应答。在密集网络的媒介中，这种方法导致发送大量无偿应答到源节点（即 RREQ 爆炸）。如前面指出的[46]，上面所提问题的严重性可以通过限制 RREQ 自身的

TP而得以降低㊀。到目前为止，这个问题仍然是一个开放的研究问题。

能耗最小路由协议的主要目标是最大化整个网络的寿命。相比于MHRP，PARP选择较长跳数或每跳较短距离的路径。较长跳路径常常是能耗最小的，因为当将报文转发到附近的下一跳时，每个节点消耗较少的功率。但是，这需要进行仔细的设计，因为目标是为可靠地端到端报文传递而构造需要最少能耗的路由（包括在MAC或传输层的恢复中），而不是简单的最小每跳能耗[7]。而且，因为较长路径涉及更多的转发节点，所以带宽分配问题可能是更加复杂的。

4.2.3　PARP/SIMPLE方法的限制

前面已经说明组合使用PARP/SIMPLE可显著地降低MANET的能耗，但是得到的这个能量保留是以网络吞吐量的减少和报文时延的增加为代价的。为了说明此问题，考虑图4-3中的范例。节点A、节点B和节点C在相互之间的最大传输范围之内，节点A拟向节点B发送报文。依据MHRP/802.11方案，节点A直接将报文发送到节点B。因此，节点E和节点D（它们不知道A→B的传输）能够并发地通信。另一方面，依据PARP/SIMPLE方法，从节点A到节点B的数据报文必须通过节点C进行路由，因此节点E和节点D必须将它们的传输推迟两个数据报文传输周期。更一般地说，在节点C范围之内但在节点A或节点B范围之外的所有节点是不允许传输的，因为它们首先被节点C发向节点A的CTS强制保持静默，或被节点C发向节点B的CTS强制保持静默。这个范例表明PARP/SIMPLE方法强制更多的节点推迟它们的传输，导致与MHRP/802.11方法相比而言具有较低的网络吞吐量。

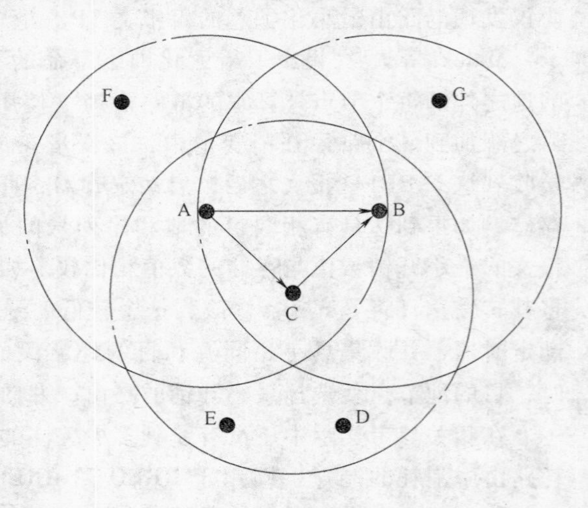

图4-3　PARP/SIMPLE方法的缺陷（当节点A到节点B的数据报文路由通过节点C时，节点E和节点D必须推迟它们的传输）

在PARP/SIMPLE的情形中总的报文时延也是较高的。总时延包括传输周期和竞争周期，使用MHRP/802.11方案，从节点A到节点B传递一条报文的时间包括一个传输周期加上节点A获得信道的时长。相反，在PARP/SIMPLE的情形

㊀　以前研究的操作细节[46]将在4.3.2节详细讨论。

中，总时延由两个报文传输周期和获得信道的两个竞争周期（一个用于节点A，一个用于节点C）组成。因为每个RTS/CTS交换保留一个固定（最大）时间底线，在这种情形中总的保留时间底线就较大，因此竞争（和总的）时延也较大。这里试图传达的消息是，能耗最小协议栈（网络层和MAC层）不应该以网络吞吐量和时延性能为代价进行设计。

4.3 TPC：MAC视点

PARP/SIMPLE中的吞吐量降低一定是以在MAC层进行固定功率而排它的预留机制一起存在的，所以考虑允许依据数据TP而进行预留底线的调整的媒介访问解决方法就是一件自然的事情。功率可控的MAC协议为不同报文目的地预留不同功率底线，在这样的一个协议中，信道带宽和预留底线就构成节点竞争的网络资源。对于具有一个共享数据信道的系统（即节点使用所有的带宽用于传输），功率底线就成为单个临界资源。这是与蜂窝系统和IEEE 802.11方案不同的，这两种方案中的预留功率底线总是固定的：在前者中，预留功率底线是整个蜂窝；而在后者中，它是最大的传输范围。注意在自组织网络中，预留较大底线的节点要使用较多的资源。

4.3.1 拓扑控制算法

现在讨论一类协议，它们使用TPC作为控制网络拓扑的方法（例如，降低节点度同时维持连通的网络）。在这些协议中预留底线的尺寸依据网络拓扑而随时间和节点间的情形变化。Rodoplu和Meng[58]提出由两个阶段组成的基于位置的一种分布式拓扑控制算法。阶段1用于链路建立和配置，并进行如下：每个节点向邻居们广播它的位置，并使用邻居的配置信息构造一个称为封闭图（enclosure graph）的稀疏图。在阶段2中，通过以功率消耗为开销度量指标而实施分布式Bellman-Ford最短路径算法，节点们在封闭图上寻找“最优”链路。每个节点i将其开销广播到其邻居，其中节点i的开销定义为节点i为了建立一条到目的地的路径的最小、必要的功率。协议要求节点配备GPS接收器。Ramanathan和Rosales-Hain[56]提出了这样一种协议，该协议利用先验路由协议提供的全局拓扑信息来降低节点的传输功率，使每个节点的度具有上界和下界。但是，该协议不确保网络的全连通。在另一项研究[70]中，提出了一种基于锥体的解决方案，该方案保障网络连通性。每个节点逐渐地增加其TP，直到在以节点i为中心的角度为$\alpha=2\pi/3$的每个锥体中至少找到一个邻居（后来证明$5\pi/6$角度能够保障网络连通性）。每个节点通过以低的TP广播一条“Hello”消息并收集应答而启动这个算法。为了发现更多的邻居，它逐渐地增加TP，并不断地缓存应答接收到的方向，之后它检查是否角度为 α 的每个锥体都包含一个节点。协议假定方向性信息的可用性（到达的角度），这要求具有附加的硬件才能做到，例如使用一个以上的天线。ElBatt 等人[18]提出使用一个同步的全局信令信道构造一个全局的网络拓扑数据库，其中每个节点仅与其最近的 N 个邻居通信（N 是一个设计参数）。但是，协议要求采用一条信令信道，其中每个节点被指派一个专用时间槽。广播递增功率（BIP）算法是由 Wieselthier 等人[71]开发的，它是一个中心化的能耗最小广播—组播算法，其目标是产生一棵根为源节点的最小功率树。后来人们提出了 BIP 的一个分布式版本[72]。

这些协议的一个共同缺陷是，如果节点正在移动，就总是需要定期的或应需的将网络拓扑重新配置。这会影响网络资源的可用性并增加报文时延，特别在峰值负载时间上尤其如此。另一个致命缺陷是，它们仅依赖于 CSMA 获取访问或预留共享的无线信道。已经证明[68]，由于众所周知的隐藏终端问题，仅使用 CSMA 获得访问信道会显著地降低网络性能（吞吐量、时延和功率消耗）。不幸的是，如图 4-4 中的范例所解释的，这个问题不能通过简单地使用类似标准 RTS/CTS 的信道预留方法而得以克服。这里，节点 A 以恰好保证在节点 B 处的一致接收的功率水平，开始一次向节点 B 的传输。假定节点 B 使用相同的功率水平与节点 A 通信，节点 C 和节点 D 位于节点 A 和节点 B 的功率底线外面，所以它们听不到在节点 A 和节点 B 之间交换的 RTS/CTS。为了节点 C 和节点 D 能够通信，它们必须使用图 4-4 中所示的传输底线（中心在节点 C 和节点 D 的两个圆圈）所反映的功率水平。但是，该传输与 A→B 传输同时进行，导致在节点 B 处有碰撞。本质上而言，这个问题是由传输底线中的不对称性造成的（即节点 B 能够听到节点 C 到节点 D 的传输，但节点 C 不能听到节点 B 到节点 A 的传输）。

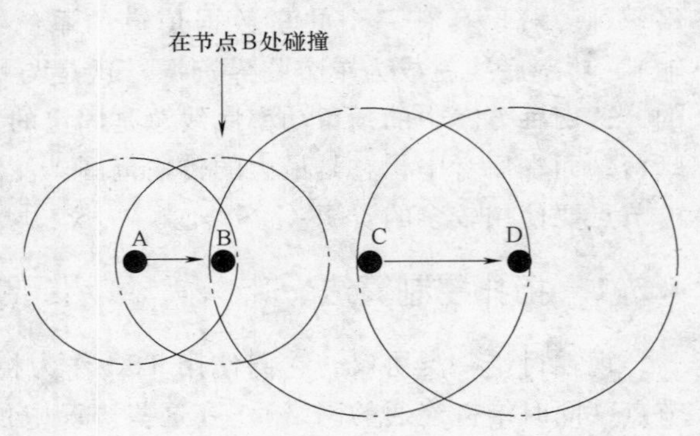

图 4-4 以分布式方式实现功率控制面临的挑战（节点 C 不知道正在进行的传输 A→B，因此它可以破坏节点 B 接收的功率开始向节点 D 传输）

4.3.2 干扰感知的 MAC 设计

在 4.3.1 节介绍的拓扑控制协议缺乏合适的信道预留机制（如 RTS/CTS 之类），这影响了在这些协议之下可取得的吞吐量。为了解决这个问题，需要更加复杂的 MAC 协议，在其中使所有可能的干扰源都知道一条正在传输的信息。在继续讨论这些协议之前，首先解释两个重要的设计考虑因素，这些因素对于这些协议的运行是基本条件。

4.3.2.1　功率控制的时间尺度

MANET 中的 TPC 方案本质上不同于蜂窝系统中的那些 TPC 方案。在蜂窝系统中，每次开始或终止一个新的会话都要重新协商将要进行传输的功率，而在 MANET 中，功率分配仅在会话开始处进行，即整个数据报文是在一个功率水平上传输的，而不管那个报文传输开始之后发生什么。

蜂窝方法的灵活性允许它在如下意义下提供比较“优化的”解决方案，即以相同量的总功率接纳较多的会话。但是，这种灵活性的代价是无论何时接纳一个新的会话，系统的整个状态（网络中每个节点使用的功率）必须是已知的。而且，它要求正在进行传输的节点能够接收一些功率控制信息（即重新协商），这在单信道的信号转接器的分布式系统（如 MANET）中即便不是不可能，也是非常困难的。因为分发所有节点的整个系统状态中涉及的额外负荷以及返回信道模型的不可行性，TPC 的蜂窝方法不能用于 MANET。

4.3.2.2　最小功率和可控功率

没有被很好理解的一个基本设计原则是，节点是应该以可靠通信所要求的最低功率进行传输，还是为了优化某个指标，该节点应该以某个可控的功率（高于最小功率）进行传输。这里，使用一个直观的范例，并通过检查被证明成功部署的无线系统而建议采用第二种选择。

假定 TPC 方案分配最小传输功率为 $P_{\min}^{(ji)}$，这个功率是节点 j 传输到节点 i 所需要的最小功率，$P_{\min}^{(ji)}$ 给定如下：

$$P_{\min}^{(ji)}=\frac{\mu(P_{\text{thermal}}+P_{\text{MAI-current}}^{(i)})}{G_{ji}} \tag{4-2}$$

式中，μ 是 SINR_{th}；$P_{\text{MAI-current}}^{(i)}$ 是来自所有存在的正在进行的（干扰）传输的当前干扰。

但是，这个 $P_{\min}^{(ji)}$ 在节点 i 处不允许出现任何干扰，因此在节点 i 正在接收时，节点 i 的所有邻居必须推迟它们的传输（即在节点 i 邻居范围内不能发生同时传输）。理论上来说，干扰范围是无限的，在实践中，它是非常大的㊀。明显地，如果期望得到高的吞吐量，仅分配 $P_{\min}^{(ji)}$ 的一种 TPC 方案是不行的。

现在考虑一种 TPC 方案，它分配一个比 $P_{\min}^{(ji)}$ 高的功率，使离开接收者 i 一定干扰距离的节点可访问信道（这些节点的传输不会干扰 i 的接收）。明显地，这样一种方案将显著地增加吞吐量[43,46]。为了进一步理解这点，现在考虑图 4-5 中

㊀　Qiao 等[53]人为最小 TP 情形中的干扰范围推导出了一个有限数值。但是，在那个推导中，没有考虑热噪声功率。

的线形拓扑。节点 A 正在向节点 B 传输，节点 C 正在向节点 D 传输，从节点 A 到节点 D 和节点 C 到节点 B 诱发一个干扰，节点之间的信道增益也示于图 4-5 中。为了节点 B 可靠地接收到节点 A 的传输，且节点 D 可靠地接收到节点 C 的传输，下面的两个条件必须成立：

$$\frac{P_{\mathrm{A}}L_1}{P_{\mathrm{thermal}}+P_{\mathrm{C}}G}\geqslant\mu$$
$$\frac{P_{\mathrm{C}}L_2}{P_{\mathrm{thermal}}+P_{\mathrm{A}}L_1GL_2}\geqslant\mu \tag{4-3}$$

式中，L_1 是节点 A 和节点 B 之间的信道增益；G 是节点 B 和节点 C 之间的增益；L_2 是节点 C 和节点 D 之间的信道增益；P_i 是节点 i 使用的 TP。

为最小化 P_{A} 和 P_{C}，求解式（4-3），可以得到

$$(P_{\mathrm{A}})_{\min}=\frac{\mu P_{\mathrm{thermal}}(L_2+\mu G)}{L_1L_2(1-\mu^2G^2)}$$
$$(P_{\mathrm{C}})_{\min}=\frac{\mu P_{\mathrm{thermal}}(1+\mu L_2G)}{L_2(1-\mu^2G^2)} \tag{4-4}$$

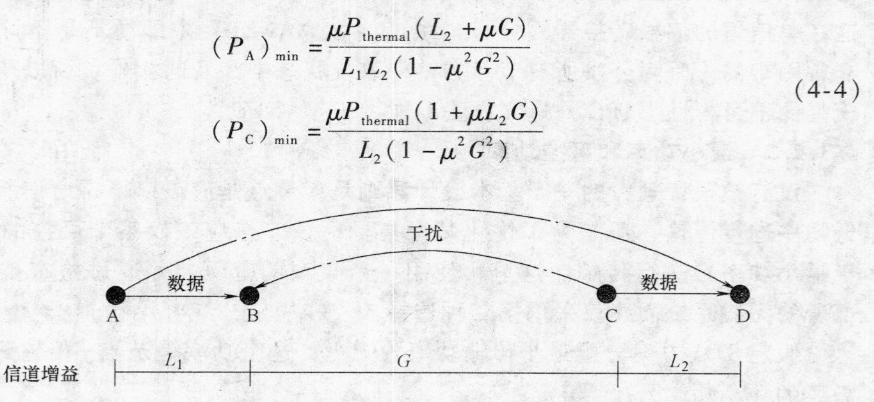

图 4-5　一个拓扑范例（如果合适选择节点 A 和节点 C 的传输功率，那么两个相互干扰的传输 A→B 和 C→D 就可同时进行）

作为一个计算范例，令 $\mu=6$、$L_1=0.6$、$L_2=0.5$ 和 $G=0.1$。那么 $P_{\mathrm{A}}\approx 34.4P_{\mathrm{thermal}}$、$P_{\mathrm{C}}\approx 24.4P_{\mathrm{thermal}}$。因此，虽然这两个传输相互干扰，但可允许它们同时进行传输。功率可控双信道（PCDC）[46] 是取得这个目标的一个协议范例，它要求首先开始传输的节点（如节点 A）要为其 TP 使用大于 $P_{\min}^{(\mathrm{AB})}$ 的一个数值，但是 PCDC 要求采用两信道的架构。

注意，如果节点 A 首先开始传输（即 $P_{\mathrm{MAI-current}}^{(\mathrm{B})}=0$），并依据式（4-2）使用最小的要求功率，即 $P_{\min}^{(\mathrm{AB})}=10P_{\mathrm{thermal}}$，那么当节点 A 正向节点 B 发送信息时，节点 C 向节点 D 的传输将是不可能的，因为节点 C 的传输将干扰节点 B 的接收。这个范例清晰地表明，通过在接收节点的邻域内，不允许任何将出现的并发传输，从而以最小要求的功率进行传输来克服干扰的当前水平，将会严重地影响吞吐量。但是，应该强调的是，仅当存在允许并发干扰受限传输的协议时，增加某

个会话的功率到$P_{min}^{(\cdot)}$之上才是有用的，因为如其不然，则使用大于$P_{min}^{(\cdot)}$的功率实际上会为其他附近的节点引入更多的干扰，而没有任何益处，因此就降低了网络吞吐量。同样需强调指出，就吞吐量而言，将TP增加到$P_{min}^{(\cdot)}$之上是有益的，这个论断并不与Gupta和Kumar[24]的分析相矛盾，他们证明使用较小的传输范围会增加网络容量。他们那项结果背后的直观感觉是，减少预留底线的面积，允许在邻居之间出现多个并发传输。本章的论断与他们那项结果是一致的，即增加TP（不是范围）就增加了在接收者处的干扰边际范围，因此如在他们的研究[24]中的情形一样，将允许在邻居之间出现多个并发传输。但是，它对于用于MANET的协议就出现了挑战，这个协议允许并发的干扰受限的传输得以进行。

也可以注意到，在部署的蜂窝系统[48]中，基站指令节点以高于$P_{min}^{(\cdot)}$的功率传输。在基站处这就允许一定的干扰边际范围，因此允许接纳新的通话。事实上已经证明[4]，为了增加信道容量，必须以一个公因子增加节点的TP。

通过考察分析式（4-1），人们能够理解上述讨论背后的直觉含义。读者们可以验证，以某个因子增加所有活跃节点的功率，将实际上提高了所有接收者处的链路SINR，或者换种说法，增加了系统的“空闲容量”，因此允许较多的节点访问信道。

4.3.3 干扰感知的MAC协议

图4-6说明了干扰感知MAC协议背后的直觉情形。节点A拟向节点B发送数据，在传输发生之前，节点B向所有可能的干扰邻居广播某种“冲突避免信息”，这些邻居包括节点C、节点D和节点E。不像用于802.11方案中的RTS/CTS报文，这个“冲突避免消息”并不阻止干扰的节点访问信道，相反它限制由这些节点产生的未来报文的传输功率。因此在图4-6中，仅当未来传送者（在这个范例中是节点D和节点E）的信号功率不足以达到与节点B处正在进行的接收发生冲突时，它们才能进行传送。

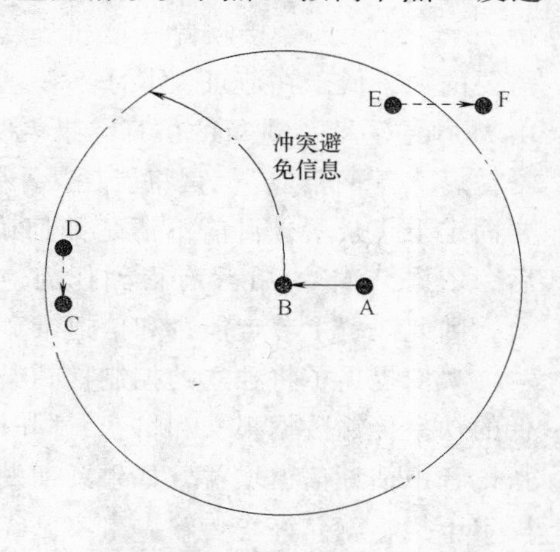

图4-6 在干扰感知MAC协议中的广播冲突避免信息

为了理解这个“冲突避免信息”意味着什么以及节点如何使用它，再次考虑式（4-1）。回忆一下，当SINR大于$SINR_{th}$时，一条报文才能正确地接收。通过允许附近节点并行地传输，在节点i处的干扰功率增加，SINR（j，i）减少。因此，为了能够在节点i处正确地接收期望的报文，当考虑到接收者i邻居范围中的潜在未来传输时，必须计算节点 j 处的 TP。如果 SINR（j, i）的计算结合考虑一个干扰余量，就可做到这点。这个余量代表接收者 i 能够容忍的附加干扰功率，同时可保障从节点 j 发送报文的一致接收。当传输 $j\rightarrow i$ 正在进行时，位于离开节点 i 一定干扰距离的节点现在能够开始新的传输。干扰余量是根据如下计算的，将节点 j 处的 TP 放大到超过为了克服节点 i 处的当前干扰所需的最小功率。因为 TPC 问题的分布特性，如下方法就是合理的，即由目的接收者实施合适 TP 水平的计算，这就比传送者更能准确地确定在其邻居关系中存在的潜在干扰。注意恰在报文传输之前，为每个数据报文分别确定功率水平（可能通过一次 RTS/CTS 握手）。这是与蜂窝网络的计算不同的，蜂窝网络不仅在传输开始时，而且当报文正在传输时都要确定功率（例如，在蜂窝系统的 IS-95 标准中，每隔 125μs 更新一次 TP）。下面将进一步详细讨论这个问题。现在，如果大于被允许干扰余量的 TP 将不干扰节点邻居范围中正在进行的接收，则允许有一个报文要传输的节点进行传输。允许并行传输就增加了网络吞吐量，同样也减少了竞争时延。

干扰感知 MAC 协议之间的区别之处主要在于如何计算“冲突避免信息”和如何将这个信息分发到邻居节点。Monks 等人[43]提出了功率可控多路访问（PC-MA）协议，其中每个接收者发送忙音脉冲来通告它的干扰余量。用接收到脉冲的信号强度来限制（干扰）邻居节点的 TP。一个潜在的发送者，比如节点 j，首先感知忙音信道（为的是为其所有的控制和数据报文确定 TP 上界，这取决于其邻居范围中最敏感的接收者），之后节点 j 以确定的 TP 上界发送它的 RTS，并等待一个 CTS。如果接收者（比如节点 i）在节点 j 的 RTS 范围之内，且发回 CTS 需要的功率低于在节点 i 处的功率上界，则节点 i 发回一个 CTS，允许传输开始。由 Monks 等人[43]进行的仿真结果表明，这种方案比 802.11 方案有显著的吞吐量增益（大于两倍），但是将能耗最小链路的选择留给了高层（如 PARP），而且需要固定干扰余量，目前不清楚如何确定它，忙音间的竞争也没有得到解决。最后，依据 PCMA，在没有得到任何应答的情况下，一个节点会发送许多 RTS 报文，因此浪费了节点能量和信道带宽。

人们提出了将独立的控制信道与忙音信道一起使用的方案[74]。发送者以降低的功率传输数据报文和忙音，同时接收者以最大功率传输它的忙音。一个节点从忙音中估计信道增益，如果预期发送者的传输不会向正在进行的接收添加大于固定干扰，就允许它传输。事实已经表明，该协议可获得比原始双忙音多路访问（DBTMA）协议高得多的吞吐量[15]。但是，作者们关于干扰功率做出强（strong）假设，特别地他们假定天线可拒绝小于“期望”信号功率（即他们假定完美的信号截获）的任何干扰功率，且不需要任何干扰余量。同样，他们没有解决忙音的功率消耗问题，进而将能耗最小链路的选择决策留给了高层进行。

在上述两个协议中尚未解决的一个问题是广播 RREQ 报文的节点之间的竞

争。一个源节点广播这些报文，请求到达给定目的地的一条路径。接收到这个RREQ报文并具有到目的地的一条路径的一个邻居节点，使用一条路由应答报文向源节点做出响应。否则，邻居节点向其自身的邻居重新广播这个RREQ报文。容易看出，一条RREQ报文的首次广播将极可能伴随一个概率较高（极可能出现）的竞争周期（其间几个节点试图重新广播这个报文）。这会导致RREQ报文之间的多次碰撞（典型地是没有得到应答的那些传输），这就延迟了寻找目的地的过程，并要求重发这些报文，这个问题称为"广播风暴问题"[47]。进而，考虑到这些报文的巨大额外负担，路由报文自身的传输功率和接收功率都会比较大。

在参考文献［46］中提出的功率可控双信道（PCDC）协议强调MAC层和网络层之间的交互作用，在那个方面MAC层通过合适地调整RREQ报文的功率，间接地影响下一跳的选择。依据PDDC，针对数据和控制将可用带宽分成两个独立频率的信道，每个数据报文以补偿接收者相关干扰余量的功率水平发送。这个余量允许在接收者的邻居范围中发生并发传输，条件是每个传输都不与正在进行的接收发生超过总干扰余量几分之一的干扰。将"冲突避免信息"插入到CTS报文之中，该报文在控制信道上以最大功率发送，因此可将正在进行的数据报文信息通知所有可能的干扰源，并允许干扰受限的并发传输发生于一个接收节点的邻居范围之中。进而，每个节点持续地缓存估计的信道增益和在控制信道上接收到的每个信号到达的角度，不管这个信号的目的地为何都要缓存这个信号。用这个信息构造能耗最小的一个临近节点子集，称为连接集合（CS）。该算法背后的直觉是，CS必须仅包含临近节点，与这些节点的直接通信，比通过已经在CS中的其他节点的间接（两跳）通信需要较小的功率。令$P_{\mathrm{conn}}^{(i)}$表示节点i到达其CS中最远节点所需要的最小功率，节点i使用这个功率广播RREQ报文，这产生两项显著的性能改善：

1）任何简单的MHRP都能用来产生功率非常高效的并可增加网络吞吐量的路由（即降低总的预留边界），因此为了寻找功率高效的路由，在网络层就不需要任何智能，且不需要交换任何链路信息（如功率），或将这些信息包括在RREQ报文中（明显地，这降低了复杂性和额外负担）。

2）考虑RREQ报文如何在整个网络洪泛的情形，通过限制这些报文的广播到连接范围$P_{\mathrm{conn}}^{(i)}$之内的节点数量，可显著地得到吞吐量和功率消耗改善性能。

人们已经证明[46]，如果网络在固定功率策略之下是连通（即使用功率$P_{\max}$广播RREQ报文）的，那么在基于CS的策略之下，它也一定是连通的。图4-7给出了在两种策略之下产生拓扑的一个范例。

由图4-7可知，PCDC获得超过IEEE 802.11方案的相当吞吐量提升和能量消耗的显著降低。但是，作者们没有考虑处理和接收功率问题，这些功率随路径上跳数的增加而增加（注意当两者都在MHRP之下实现时，导致PCDC比IEEE

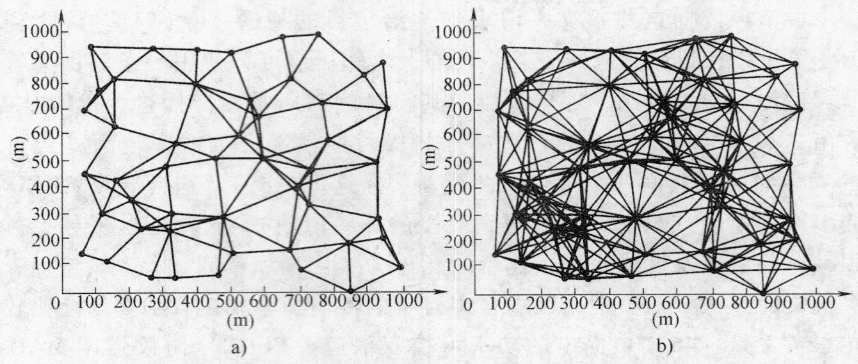

图 4-7　在 PCDC 和 IEEE 802.11 方案之下产生网络拓扑的实例
a) PCDC　b) IEEE 802.11

802.11 方案有更长的路径)。进而，由于在 RTS 和 CTS 报文中引入了新的字段，PCDC 中存在额外的信令负担。

4.3.4　移动性和功率控制说明

上面讨论的干扰感知协议依赖于信道增益信息来确定数据报文的合适传输功率。信道增益经常是从数据报文之前 RTS 和 CTS 报文的传输和接收功率中估计出来的，因此为了正确地运行这些协议，重要的是在从估计时间开始直到数据报文完全接收的周期内，信道增益保持静态不变。由于移动性，信道增益会改变，所以需要在数据报文传输周期过程中考虑移动性对信道特性的影响。

在多径环境中，传输信号的多个版本（由于传输路径不同导致）以微小的时间差到达接收者处，生成一个合成信号，它在幅度和相位中可能发生大幅变化。由这个变化导致的频谱展宽可采用多普勒扩散度量，它是移动端站的相对速率（v）以及移动方向和多径波到达方向之间角度的一个函数[57]。使用相干时间（coherence time，T_c）可在时域内等价地度量这个变化，相干时间基本上是时间长度的一个统计度量，在该时间长度上可假定信道是不变的。作为现代通信系统的一条通则，采用 $T_c \approx 0.423/f_m$，其中 $f_m = v/\lambda$ 是最大多普勒频移，λ 是载波信号波长。现在，在 $v = 1\text{m/s}$（3.6km/h）的移动速度和 2.4GHz 载波频率下，$T_c \approx 52.89\text{ms}$。当 $v = 20\text{m/s}$（72km/h）时，时间降低到 2.64ms。对于 2Mbit/s 的信道带宽，传输一条 1000B 的报文用时 4ms。注意传播时延和转换时间（一个节点从接收模式切换到传输模式需要的时间）在微秒的量级上，因此在计算中是可以忽略的。所以仅当报文传输时间小于 T_c 时，关于信道静态性的假定才是有效的。这对最大移动速度，或换种说法，数据报文尺寸（对于给定信道数据速率）来说，就施加了一条限制。功率可控的 MAC 协议在设计阶段应该将这点考虑在内。

4.3.5 其他TPC方法

前面已经从MAC角度深入考察了TPC，本节将描述另外两种TPC方法，对于这个问题它们采用不同于前面讨论的观点。第一种方法是群集（clustering）[39,66]。Kwon和Gerla[39]利用一个选出的群集头（CH）执行蜂窝系统基站的功能，它使用闭环功率控制来调整群集中的传输功率，不同群集之间的通信通过网关进行，网关是属于一个以上群集的节点。这种方法简化了多数节点的转发功能，但代价是降低了网络的利用率，这是因为所有的通信必须通过CH，它同样可能导致产生瓶颈。在Kawadia和Kumar[35]的一篇文章中提出了一种联合的群集/TPC协议，其中群集是隐含的，群集基于TP形成的，而不是基于地址或地理位置形成的，不需要CH或网关。每个节点运行对应于不同功率的几个路由层代理，这些代理通过与其他节点上对端路由代理通信，以构造它们自身的路由表。沿报文路由的每个节点确定最低功率路由表，其中目的地是可达的。在这种协议中的路由额外负担以正比于路由代理的数量而增长，甚至对于简单的移动模式也可能是不可忽略的（回顾一下DSR，其中RREQ报文占总接收字节的较大部分）。

TPC的另一种新颖方法基于联合调度和功率控制[17]机制，这种方法由调度和功率控制阶段组成，调度阶段的目标是去除不能由TPC克服的强干扰，同样它使TPC问题类似于蜂窝系统的TPC问题。在调度阶段，该算法搜索满足“有效场景约束”的最大节点子集。如果一个节点没有同时传输和接收，同时不从一个以上的邻居接收，且当从一个邻居节点接收时，在空间上远离其他干扰源至少为D的距离，则该节点满足这样的条件（即有效场景约束）。将这个D设定为蜂窝系统使用的“频率重用距离”参数。在TPC阶段，算法从第一阶段产生的最大用户子集中搜索满足接纳（SINR）约束的用户，这两个阶段的复杂度是节点数的指数函数。因为该算法是以一个时间槽一个时间槽的方式触发的，所以对于实时运行方式，它在计算上是代价高昂的。ELBatt和Ephremides[17]提出了降低计算负担的启发原则，调度阶段的一种简单启发方法是顺序地检查有效场景的集合，并依此推迟传输，这种方法仍然存在对执行调度算法的一个中心控制器（即这种解决方案不完全是分布式的）的需要。对于TPC阶段，作者们仔细研究了一种中心式的解决方法，其中涉及以最小SINR推迟用户通信，试图降低多路访问干扰的水平。这里假定在每个接收者处进行SINR测量，所有传送者都会得知这个信息（如通过洪泛法）。

4.4 互补方法及其优化

本节将讨论3种方法，这些方法与TPC协议相互作用，为的是进一步改善

MANET 的吞吐量和能耗。

4.4.1 传输速率控制

支持变速率是 TPC 协议还没有考虑的另一项优化措施。事实上，速率控制和 TPC 是一个问题的两个方面：如果信道增益较高，那么就可能降低功率和/或增加速率。出现这种情况的原因是，接收的质量可充分地由检测器处的有效位能量噪声频谱密度比（effective bit energy-to-noise spectral donsity ratio）来度量，表示为 E_b/N_0，其中 $E_b \overset{\text{def}}{=} P/R_b$，$P$ 是接收功率，R_b 是数据速率。因此，在相同的调制和信道编码方案之下，以因子 λ 减少信号功率实际上等价于［以接收质量表示，即位错误率（BER）］以 λ 因子增加数据速率。如果调制和/或信道编码方案发生改变，这个因子就会不同，但一般趋势是相同的。

虽然一定程度上速率增加和功率减少是等价的，但仍然存在几个原因使前者成为比后者更吸引人的一种方法：

1）发送器电路中功率放大器的效率（放大器的 TP 占总功率消耗的百分比）随 TP 而增加[60]。因此，运行在速率 $2R_0$ 和功率 $2P_0$ 时比运行在速率 R_0 和功率 P_0 时更加能量高效，因为在前者中功率放大器效率较高。进而，设计具有宽范围功率水平的一种高效功率放大器是困难的。

2）以速率 R 发送和接收一条尺寸为 l 报文的总能耗（E_{total}）组成如下：①在发送器侧处理报文中消耗的能量（由下列器件消耗能量：DAC、混合器、放大器、压控振荡器（VCO）、合成器等）（lP^T_{proc}/R）；②在功率放大器中消耗的能量（lP_t/R），其中 P_t 是传输信号功率；③在接收器侧处理报文中消耗的能量（lP^R_{proc}/R）。据此，得 $E_{\text{total}} = l\,(P_t + P^T_{\text{proc}} + P^R_{\text{proc}})\,/R$。实际环境测量表明，不仅 P^T_{proc} 和 P^R_{proc} 是不可忽略的，而且它们几乎不受 R 的影响[44]。

这些结果是非常重要的，可解释如下：令 E_b/N_0 是在某条链路（如 i）上发送长度为 l 的一条报文所需的信号质量，在第一个场景中，使用速率 $R = R_0$ 和传输功率 $P_t = P_0$ 得到 E_b/N_0；在第二个场景中，使用速率 $R = 2R_0$，因此为了得到相同的 E_b/N_0，需要 $P_t = 2P_0$。那么，考虑到上面的讨论，第二个场景实际上比第一个场景能量高效。特别地，第一个场景中的 E_{total} 是第二个场景中 E_{total} 的

$$100\,\frac{P^T_{\text{proc}} + P^R_{\text{proc}}}{2P_t + P^T_{\text{proc}} + P^R_{\text{proc}}}$$

倍。

在目前的无线网络接口卡中，效率增加可达到 50%[2]。明显地，控制传输速率，存在显著能量节省的潜力。最后，注意如果增加传输速率，则在发送/接收报文中发送器和接收器将需要更少的时间，这就允许较长的睡眠时间，并因此

保留更多的能量。

增加传输速率的一项缺陷是通信系统（利用傅里叶带宽与数据速率的比率）扩频增益的降低。扩频增益越低，信号对来自其他节点和设备（它们使用相同频谱）的干扰的免疫性就越低。不仅如此，这项折中绝对值得人们深入研究，且需要更多的研究工作来评估MANET中速率控制的益处和缺陷。进而，通过允许信息速率的动态调整，利用TPC可获得的性能可以进一步提高[20]。目前这样一种方法的机制仍有待人们探索。

4.4.2 定向天线

到此为止，假定每个节点配备一个全向天线，其中TP的分布在所有方向上都是相等的。增加吞吐量并降低能量消耗的一种可能方法是利用定向天线（DA），这些天线的使用允许发送者将TP聚焦于接收者方向，因此得到较好的范围覆盖，或换另一种方式说就是节省功率。而且，DA允许信道的更高效使用，这就使之增加了网络吞吐量。由于这些益处，在IS-95和第三代蜂窝系统中采用了定向天线[40]，如使用DA将蜂窝分隔成3个120°扇区，可以约3的倍数增加容量（最大用户数）。进而，它能够提供18dBi的功率增益，这可解释为增加的覆盖范围或能量节省。

为MANET使用DA是充满挑战的，其中一个挑战是与典型DA的尺寸相关的。在2.4GHz下，具有0.4个波长单体间隙的一个六单体（six-element）圆形阵的半径接近4.8cm，对于小型移动节点（例如手持设备和笔记本电脑）而言，这使DA系统更显得体积庞大。这就是在蜂窝网络中移动节点目前没有利用DA的原因（除成本外）之一，DA仅限于在基站中使用。

另一项挑战是，MANET中采用全向天线的MAC协议（如IEEE 802.11）不适合与DA一起使用。这些协议的设计是依据对DA不再有效的假定进行的，如节点在所有方向上具有相等的接收灵敏度并辐射相等的功率，因此能够听到RTS或CTS报文的节点是可能造成碰撞的那些节点。当使用定向天线时，任意两节点之间的辐射功率和接收灵敏度是这些节点角度方向的一个函数。因此，为RTS/CTS和数据报文使用相等功率的方案不再能够防止潜在的干扰源进行数据传输。人们已经提出在MANET中使用DA的几个协议[6,8,13,26,36,54,67,77]，通过允许同时的数据传输，这些协议增加了空间重用。允许这些传输进行的前提是，拟进行传输的节点必须将它们的DA主瓣指向偏离正在进行接收的节点。节点采用各种机制跟踪被禁止的方向，如另外两项研究[6,67]中设定定向网络分配向量（DNAV），或如Korakis等人[37]的一项研究中利用的位置表。Choudhary等人[13]扩展了定向天线的范围，其中在数据传输之前，使用一个多跳RTS机制将两个远离的节点在相互的方向上对准（beamform）。Huang等人[26]扩展忙音概念（最早是为全向天线的 MANET 设计的）到定向天线的情形。在另一篇文章[8]中，作者为多波束适应阵天线（MANET）开发出一种时间槽调度信道访问方案。

在所有这些提议中，都防止传送者将它们的主瓣指向目前正在接收的节点。但是，所有实际的 DA 都有具备不可忽略辐射功率的旁瓣。例如，对于一个六单体圆形阵子，旁瓣可能具有 10dBi 的峰值增益，其中在峰值旁瓣方向辐射的功率是全向天线的 10 倍多（相比于增益为 2.2dB 的典型全向天线[2]是 6 倍多）。因此，在发送者旁瓣方向的接收者将受到明显地干扰，而这可能导致报文碰撞。这个问题在图 4-8 中有所说明。在这张图中，在一次 RTS/CTS 交换之后，节点 A 向节点 C 发送数据，节点 D 从节点 C 接收到一个 CTS。依据为 DA 提出的许多协议[6,37,67]，只要节点 D 不将波束对准节点 C 的方向，它就可以自由地传输。同时，因为节点 B 没有位于节点 C 的方向，所以节点 D 向其发送一个 RTS 之后，节点 D 开始向节点 B 发送数据，其旁瓣辐射在节点 C 处产生干扰。类似地，位于节点 A 旁瓣方向的节点 B 受到可能导致碰撞的干扰。在高负载下，这个信道访问问题（它是 DA 独有的问题）会恶化，导致高概率的碰撞并影响上面提到的所有协议。

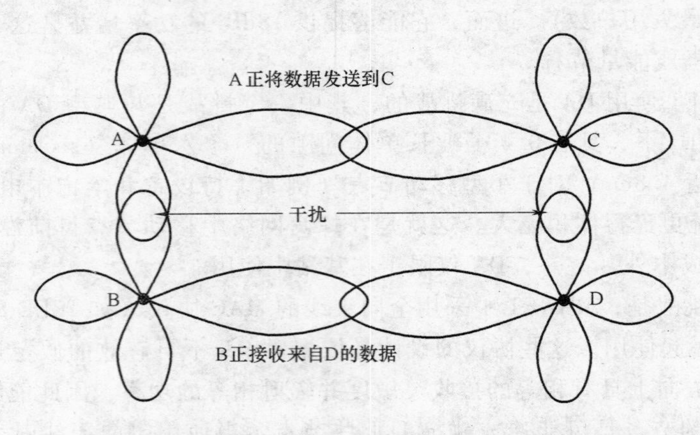

图 4-8　在建议 MAC 协议中采用 DA 的旁瓣干扰问题

在网络层，Spyropoulos 和 Raghavendra[65]基于使用定向天线提出了保留能量并增加网络寿命的一种方案，这种方案首先使用类似 Dijkstra 算法构造“每个报文消耗的最小能量”，之后通过执行一系列最大权匹配而调度节点传输。与使用全向天线的最短路径路由相比，折中方案表明是能量高效的。但是，因为假定每个节点都仅具有单波束定向天线，所以在发生传输和接收之前，发送者和接收者必须重定向它们的天线波束朝向对方。而且，首选的情形是，每个节点在一个时刻仅参与一个数据会话，原因是重定向天线需要巨大的能耗。这些约束会导致大量时延，并因此该方案不足以用于时间敏感的数据传输。

4.4.3　基于CDMA自组织网络的TPC

基于CDMA MANET的功率控制是没有受到足够关注的另一个有趣专题。由于其展示出来的卓越性能（相比于TDMA和FDMA），CDMA已被选作蜂窝系统（包括最近被采用的3G系统）中接入技术的首选，因此在MANET中考虑使用CDMA就是很自然的事情。有趣的是，IEEE 802.11标准在物理层使用扩频技术，但仅使无授权的、过度使用的2.4GHz工业、科学和医疗（ISM）无线频带㊀的干扰得以缓解。更具体地说，在IEEE 802.11协议中，所有被传输的信号都使用一个通用伪随机噪声（PN）码扩频，作为在接收者临近范围多个并发传输可能性的前提条件。

因为自组织系统的时间异步特性[45]，在MANET中，就不能直接使用CDMA（因为时间异步特性使为所有时间偏移设计正交的PN是不可能的[51]）。这就产生了不同PN码之间不可忽略的交叉相关，因此诱发了多路访问干扰（MAI）。近—远问题是MAI的一个严重后果，其中接收者试图检测传送者i的信号，而它在距离上更加接近发送者j，而不是传送者i。当所有传输功率都相等时，来自发送者j的信号将以比传送者i的信号足够大的功率到达可能出问题的接收者，导致传送者i信号的不正确解码。

在参考文献［19，27，28，64］中，为MANET提出的绝大多数基于CDMA的MAC协议都忽视了近—远问题，都假定了同步正交的CDMA系统，现在已经知道这是不切实际的。如在另一项研究[45]中指出的，近—远问题可能导致网络吞吐量的显著降低，因此为MANET设计基于CDMA的MAC协议时，就不能忽略这个问题。

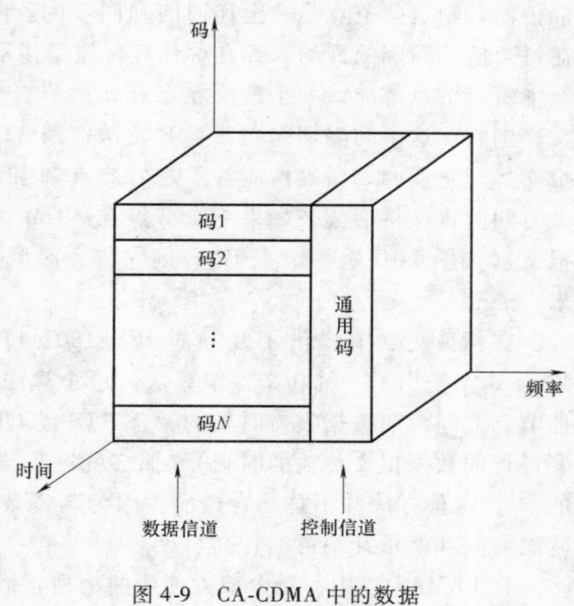

图4-9　CA-CDMA中的数据编码和控制编码

依据早期提出的CA-CDMA协议[45]，MANET中的近—远问题要求采用一种联合信道访问/TPC解决方案。作者们提供的架构如图4-9所示，其中使用两个

㊀ ISM频带也被如下应用使用：HomeRF无线连网系统、无绳模拟和数字电话、微波炉和一些医疗设备。

频率信道：一个用于数据；另一个用于控制。在控制信道上所有节点都使用一种通用扩频编码，同时在数据信道上可使用几种节点特定的编码。

接收到 RTS 报文后，目的接收节点 i 依据网络的规划“负载”确定数据报文的 TP。之后节点 i 计算它能够容忍的来自未来传输的额外干扰功率总量（条件是干扰不能影响它的未来接收）。之后，节点 i 将这个信息插入到 CTS 报文中，并以最大功率在控制信道上发送这个报文。节点 i 的邻居们使用这个信息以及它们和接收者 i 之间估计的信道增益，确定在不干扰 i 的接收情况下，它们为未来传输能够使用的最大功率。我们[45]已经解决了自组织 CDMA 系统中的一些具有挑战性的问题，但为了更好地理解基于 CDMA 的 MANET 的容量，这种网络的 TPC 最优设计，与现有 IEEE 802.11 标准的互操作性以及许多其他问题，确定无疑的是仍然需要进行更多的研究工作。

4.5 功率节省模式

本节将综合考察一些众所周知的功率节省模式（PSM）方法，其中包括 IEEE 802.11 标准的方法。依据 IEEE 802.11 PSM[1]，将时间分成信标间隔，且节点以大约相同的时间开始和完成每个信标间隔。假定所有节点都使用定期的信标传输，则这些节点是完全连通的和同步的。图 4-10 说明了 IEEE 802.11 PSM。在每个信标间隔的开始，存在称作宣告流量指示消息（ATIM）窗口的一个间隔，其中每个节点都应该处于清醒状态。如果节点 A 已经缓冲目的地为节点 B 的报文，则它在这个间隔期间向节点 B 发送一条 ATIM 报文。如果节点 B 接收到这条报文，则它返回一条确认应答。之后节点 A 和节点 B 在那个完整信标间隔的剩余时间内将保持清醒。如果一个节点在 ATIM 窗口没有发送或接收到任何 ATIM 报文（如图 4-10 中的节点 C），则它进入睡眠模式，直到下一个信标时间才醒来。

在相关文献中提出了几项对 IEEE 802.11 PSM 方案的改进方法。Cano 和 Manzoni[9]提出了一种功率保留算法，这个算法允许一个节点如果无意中听到其他节点之间声明数据报文时长的一条 RTS 或 CTS 报文（RTS 和 CTS 报文指定将要进行的数据报文传输的时长），那么就进入睡眠状态。但是，如其他文章指出的[32]，这种方法并不总是合适的，因为与逐条报文地从睡眠转换到活跃，相关联的时间和能量开销可能较高。

在 PAMAS[62]中，每个节点使用两个独立信道用于传输控制和数据报文。为了确定何时上电和断电，节点在控制信道上交换探查消息。这种方案具有要求通信使用两个信道的劣势。Chiasserini 和 Rao[12]提出了一种方案，允许移动主机依据它们的电池状态和目标 QoS 来选择它们的睡眠模式。

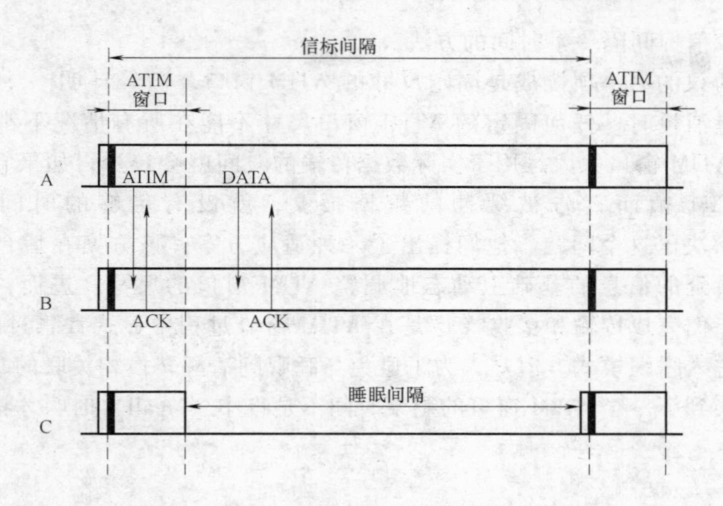

图4-10　IEEE 802.11标准中的功率节省模式

PSM问题同样也是从网络层角度进行研究的。当节点密度较高且在源和接收者之间存在冗余路由时，辅助路由的中间节点就可置于睡眠状态。使用地理位置信息，地理适应保真（geography adaptive fidelity，GAF）算法[76]将网络控制分成虚拟网格。为了平衡节点上的负载，GAF使用应用和系统信息来确定哪些节点应该置于睡眠状态，哪些节点应该保持活跃以及何时进行切换。在任意给定时间，每个网格至少都有一个活跃节点。GAF的主要缺陷是它要求有地理位置信息。SPAN[11]解决了这个问题，其中使用定期的局部广播消息。每个节点定期地确定是进入睡眠模式还是保持活跃并作为"协调者"之一参与通信。当两邻居节点不能直接相互通信且在它们之间不存在其他协调者转发报文时，这个中间节点就成为一个协调者。协调者和睡眠模式之间的角色在节点之间是轮转担任的，以使节点们不会耗光它们的功率。仅当节点密度相对较高时，这类算法才能工作良好。作为一些节点关机的结果，网络可能成为隔离的。而且，当报文要到达的节点关机时，其他节点需要缓冲这些报文。对于此，人们提出了组合使用PSM和TPC的一种新颖方法[61]，但是这种方法要求有一个AP，不能用于分布式MANET。

存在争论的是，MANET中PSM协议的主要挑战是如何获得时钟同步。回顾一下IEEE 802.11，PSM假定的是一个完全连通的同步网络。因为一台主机必须预测其他主机何时是清醒的，所以缺乏同步就会使问题复杂化。为了解决这个挑战，Tseng等人[69]提出了几种异步PSM机制。在那项研究工作中，作者们强迫节点发送比IEEE 802.11方案中更多的信标报文，这就允许获得更准确的邻居关系信息。进而，它们确保任意两个邻居的清醒时长将会重叠，例如通过使清醒时长等于至少信标间隔一半时间的方法。

PSM 协议的另一项挑战是固定尺寸的 ATIM 窗口。已经证明[73]，当考虑吞吐量和能量消耗时，任何固定的 ATIM 窗口尺寸不能在所有情况下都良好地执行。如果 ATIM 窗口太大，用于实际数据传输的时间就会较少；如果它太小，通过传输 ATIM 帧而宣告被缓冲的数据报文，就没有足够的时间。Jung 和 Vaidya[32]解决了这个问题，他们提出了一种适应方案，该方案在后台日志和一些不经意听到的信息的基础上动态地调整 ATIM 窗口的尺寸。进而，作者们提议，在节点们完成传输和接收（这是在 ATIM 窗口过程中显式宣告过的）之后，允许它们进入睡眠模式。但是，为了避免与睡眠到清醒转换相关联的时间和能量开销，仅当到下一个 ATIM 窗口的剩余时间不是很小（small）时，才执行这个动作。

4.6 小结和开放问题

对于提高 MANET 的吞吐量性能，同时减少能耗，传输功率控制方法具有极大潜力。本章综述了几种方法，这些方法中的一些方法（如 PARP/SIMPLE）在获得第二个目标方面是成功的，但有时是以吞吐量性能的降低（或至少没有提高）为代价的。通过局部广播“冲突避免信息”，一些协议可同时取得 TPC 的两个目标，但是这些协议是在仅对某些范围的速度和报文尺寸有效的假定（如信道平稳性和交互性）基础上进行设计的，而且它们一般要求额外的硬件支持（如双工器）。高效 TPC 方案设计中的关键消息是考虑路由（网络）层、MAC 层和物理层之间的交互作用。

另外，还有许多有趣的开放问题仍待人们去解决。干扰感知 TPC 方案是非常有前途的，但需要评估它们的可行性和设计假定。例如，在其他一些研究[43,46,74]中的协议假定，对于控制（或忙音）信道和数据信道，信道增益是相同的，且节点能够在一个信道上发送，同时在另一个信道上接收。要使第一个假定成立，控制信道必须在数据信道的不冲突带宽之内，这对两个信道之间可允许的频率隔离施加了上界。但是，为使第二个假定成立，在同时用于从相同节点的传输和接收的两个信道之间必须存在一些最小的信道间隙。典型地，为了保持空中接口的价格（price）和复杂性是合理的，需要额外 5% 的标称 RF 频率[57]。但是，以这么大的频率将控制（或忙音）信道和数据信道隔开，将使第一个假定无效。理想情况下，人们将乐意采用单一信道的 TPC 解决方案，它既能保留能量，同时又能增加空间重用。

与现有标准和硬件的互操作是另一个重要问题。目前，多数无线设备实现 IEEE 802.11b 标准。在参考文献中提出的 TPC 方案（如干扰感知的协议）不是经常后向兼容于IEEE 802.11标准的，这使得在真实环境中部署这样的方案成为困难的事情。这些TPC算法的融合仍有待确定，这样做的一种可能方法基于非协作的博弈理论，由Altman提出[3]。另一个重要问题是在TPC协议设计中包含睡眠模式，其中非目的接收者会消耗不可忽略的能量。在许多情形中，为了延长这些接收者的电池寿命，关闭这样一些接收者的无线接口就是合理的。人们还没有研究这样做对TPC设计的影响。

增加数据速率还是减少TP是另一个有趣的问题，其研究同样应该将焦点放在总能耗中各阶段的能耗，而不仅仅放在传输的信号功率上。而且，与PSM模式的交互也是至关重要的。人们已经提出定向天线作为固定功率策略之下增加网络容量的一种方式。在MANET中采用定向天线而使用TPC，可显著地节省能量，但是访问问题却更加困难，原因是各种问题重新出现，例如旁瓣和忙区的影响，这些问题都需要解决。而且，TPC在解决基于CDMA的MANET中的近—远问题方面扮演了一个重要角色。

致谢

M. Krunz的研究工作由美国国家科学基金（CCR 9979310和ANI 0095626）资助支持，并得到了亚利桑那大学低功率电子中心（CLPE）的支持。CLPE得到了NSF（EEC-9523338）、亚利桑那州和工业合作伙伴联盟的资助支持。

参考文献

1. International Standard ISO/IEC 8802-11; ANSI/IEEE Std 802.11, 1999 ed., Part 11, *Wireless LAN Medium Access Control (MAC) and Physical Layer (PHY) Specifications*.
2. The Cisco Aironet 350 Series of wireless LAN, http://www.cisco.com/warp/public/cc/pd/witc/ao350ap/prodlit/a350c ds.pdf.
3. E. Altman and Z. Altman, S-modular games and power control in wireless networks, *IEEE Trans. Autom. Control* **48**:839–842 (May 2003).
4. D. Ayyagari and A. Ephramides, Power control for link quality protection in cellular DS-CDMA networks with integrated (packet and circuit) services, *Proc. ACM MobiCom Conf.*, 1999, pp. 96–101.
5. N. Bambos, Toward power-sensitive networks architecture in wireless communications: Concepts, issues, and design aspects, *IEEE Pers. Commun. Mag.* **5**:50–59 (June 1998).
6. S. Bandyopadhyay, K. Hasuike, S. Horisawa, and S. Tawara, An adaptive MAC protocol for wireless ad hoc community network (WACNet) using electronically steerable passive array radiator antenna, *Proc. IEEE GlobeCom Conf.*, 2001, pp. 2896–2900.
7. S. Banerjee and A. Misra, Minimum energy paths for reliable communication in multi-hop wireless networks, *Proc. ACM MobiHoc Conf.*, June 2002, pp. 146–156.
8. L. Bao and J. Garcia-Luna-Aceves, Transmission scheduling in in adhoc networks with

directional antennas, *Proc. ACM MobiCom Conf.*, 2002.

9. J. C. Cano and P. Manzoni, Evaluating the energy-consumption reduction in a MANET by dynamically switching-off network interfaces, *Proc. 6th IEEE Symp. Computers and Communications*, July 2001.
10. J. H. Chang and L. Tassiulas, Energy conserving routing in wireless ad-hoc networks, *Proc. IEEE INFOCOM Conf.*, March 2000, pp. 22–31.
11. B. Chen, K. Jamieson, H. Balakrishnan, and R. Morris, Span: An energy-efficient coordination algorithm for topology maintenance in ad hoc wireless networks, *Proc. ACM MobiCom Conf.*, July 2001, pp. 85–96.
12. C. F. Chiasserini and R. R. Rao, A distributed power management policy for wireless ad hoc networks, *Proc. IEEE Wireless Communications and Networking Conf.*, September 2000, pp. 1209–1213.
13. R. R. Choudhury, X. Yang, R. Ramanathan, and N. H. Vaidya, Using directional antennas for medium access control in ad hoc networks, *Proc. ACM MobiCom Conf.*, 2002, pp. 59–70.
14. M. S. Corson, J. P. Macker, and G. H. Cirincione, Internet-based mobile ad hoc networking, *IEEE Internet Comput.* **3**(4):63–70 (July/Aug. 1999).
15. J. Deng and Z. Haas, Dual busy tone multiple access (DBTMA): A new medium access control for packet radio networks, *Proc. IEEE ICUPC*, Oct. 1998, pp. 973–977.
16. S. Doshi, S. Bhandare, and T. X. Brown, An on-demand minimum energy routing protocol for a wireless ad hoc network, *ACM SIGMOBILE Mobile Comput. Commun. Rev.* **6**:50–66 (July 2002).
17. T. ElBatt and A. Ephremides, Joint scheduling and power control for wireless ad-hoc networks, *Proc. IEEE InfoCom Conf.*, 2002, pp. 976–984.
18. T. A. ElBatt, S. V. Krishnamurthy, D. Connors, and S. Dao, Power management for throughput enhancement in wireless ad-hoc networks, *Proc. IEEE ICC Conf.*, 2000, pp. 1506–1513.
19. J. Garcia-Luna-Aceves and J. Raju, Distributed assignment of codes for multihop packet-radio networks, *Proc. IEEE MilCom Conf.*, 1997, pp. 450–454.
20. A. Goldsmith and P. Varaiya, Increasing spectral efficiency through power control, *Proc. IEEE ICC Conf.*, 1993, pp. 600–604.
21. A. J. Goldsmith and S. B. Wicker, Design challenges for energy-constrained ad hoc wireless networks, *IEEE Wireless Commun.* **9**:8–27 (Aug. 2002).
22. J. Gomez, A. Campbell, M. Naghshineh, and C. Bisdikian, A distributed contention control mechanism for power saving in random access ad-hoc networks, *Proc. IEEE Inte. Workshop on Mobile Multimedia Commun.*, 1999, pp. 114–123.
23. J. Gomez, A. T. Campbell, M. Naghshineh, and C. Bisdikian, PARO: Supporting dynamic power controlled routing in wireless ad hoc networks, *ACM/Kluwer J. Wireless Networks* **9**(5):443–460 (2003).
24. P. Gupta and P. R. Kumar, The capacity of wireless networks, *IEEE Trans. Inform. Theory* **46**(2):388–404 (March 2000).
25. T.-C. Hou and V. O. K. Li, Transmission range control in multiple packet radio networks, *IEEE Trans. Commun.* **34**(1):38–44 (Jan 1986).
26. Z. Huang, C. Shen, C. Srisathapornphat, and C. Jaikaeo, A busy tone based directinal

MAC protocol for ad hoc networks, *Proc. IEEE MilCom Conf.*, 2002.

27. K.-W. Hung and T.-S. Yum, The coded tone sense protocol for multihop spread-spectrum packet radio networks, *Proc. IEEE GlobeCom Conf.*, 1989, pp. 712–716.
28. M. Joa-Ng and I.-T. Lu, Spread spectrum medium access protocol with collision avoidance in mobile ad-hoc wireless network, *Proc. IEEE InfoCom Conf.*, 1999, pp. 776–783.
29. P. Johansson, T. Larsson, N. Hedman, B. Mielczarek, and M. Degermark, Scenario-based performance analysis of routing protocols for mobile ad-hoc networks, *Proc. ACM MobiCom Conf.*, 1999, pp. 195–206.
30. D. Johnson and D. Maltz, Dynamic source routing in ad hoc wireless networks, in T. Imielinski and H. Korth, eds., *Mobile Computing*, Kluwer, Publishing Company, 1996, Chapter 5, pp. 153–181.
31. C. E. Jones, K. M. Sivalingam, P. Agrawal, and J. C. Chen, A survey of energy efficient network protocols for wireless networks, *ACM/Kluwer J. Wireless Networks* **7**(4):343–358 (2001).
32. E.-S. Jung and N. H. Vaidya, An energy efficient MAC protocol for wireless LANs, *Proc. IEEE InfoCom Conf.*, 2002, pp. 1756–1764.
33. E.-S. Jung and N. H. Vaidya, A power control MAC protocol for ad hoc networks, *Proc. ACM MobiCom Conf.*, 2002, pp. 36–47.
34. P. Karn, MACA — a new channel access method for packet radio, *Proc. 9th ARRL Computer Networking Conf.*, 1990, pp. 134–140.
35. V. Kawadia and P. R. Kumar, Power control and clustering in ad hoc networks, *Proc. IEEE InfoCom Conf.*, 2003, pp. 459–469.
36. Y.-B. Ko, V. Shankarkumar, and N. H. Vaidya, Medium access control protocols using directional antennas in ad hoc networks, *Proc. IEEE InfoCom Conf.*, 2000, pp. 13–21.
37. T. Korakis, G. Jakllari, and L. Tassiulas, A MAC protocol for full exploitation of directional antennas in ad-hoc wireless networks, *Proc. ACM MobiHoc Conf.*, 2003, pp. 95–105.
38. B. Krishnamachariy, Y. Mourtada, and S. Wicker, The energy-robustness tradeoff for routing in wireless sensor networks, *Proc. IEEE ICC Conf.*, 2003, pp. 1833–1837.
39. T. J. Kwon and M. Gerla, Clustering with power control, *Proc. IEEE MilCom Conf.*, 1999, pp. 1424–1428.
40. J. C. Liberti, Jr. and T. S. Rappaport, *Smart Antennas for Wireless Communication: IS-95 and Third Generation CDMA Applications*, Prentice-Hall, 1999.
41. M. Maleki, K. Dantu, and M. Pedram, Power-aware source routing protocol for mobile ad hoc networks, *Proc. ACM Int. Symp. Low Power Electronics and Design*, Aug. 2002, pp. 72–75.
42. A. Michail and A. Ephremides, Algorithms for routing session traffic in wireless ad-hoc networks with energy and bandwidth limitations, *Proc. IEEE PIMRC*, Oct. 2001.
43. J. Monks, V. Bharghavan, and W.-M. Hwu, A power controlled multiple access protocol for wireless packet networks, *Proc. IEEE InfoCom Conf.*, 2001, pp. 219–228.
44. J. Monks, J.-P. Ebert, A. Wolisz, and W.-M. Hwu, A study of the energy saving and capacity improvement potential of power control in multi-hop wireless networks, *Proc. IEEE LCN Conf.*, Nov. 2001, pp. 550–559.

45. A. Muqattash and M. Krunz, CDMA-based MAC protocol for wireless ad hoc networks, *Proc. ACM MobiHoc Conf.*, June 2003.
46. A. Muqattash and M. Krunz, Power controlled dual channel (PCDC) medium access protocol for wireless ad hoc networks, *Proc. IEEE InfoCom Conf.*, 2003, pp. 470–480.
47. S.-Y. Ni, Y.-C. Tseng, Y.-S. Chen, and J.-P. Sheu, The broadcast storm problem in a mobile ad hoc network, *Proc. ACM MobiCom Conf.*, 1999, pp. 151–162.
48. T. Ojanperä and R. Prasad, *Wideband CDMA for Third Generation Mobile Communications*, Artech House, 1998.
49. C. Perkins and E. Royer, Ad-hoc on-demand distance vector routing, *Proc. 2nd IEEE Workshop on Mobile Computing Systems and Applications* (*IEEE WMCSA'99*), Feb. 1999, pp. 90–100.
50. C. E. Perkins and P. Bhagwat, Highly dynamic destination-sequenced distance-vector routing (DSDV) for mobile computers, *Proc. ACM SigComm Conf.*, London, Sept. 1994, pp. 234–244.
51. J. G. Proakis, *Digital Communications*, McGraw-Hill, 2001.
52. M. B. Pursley, H. B. Russell, and J. S. Wysocarski, Energy-efficient transmission and routing protocols for wireless multiple-hop networks and spread spectrum radios, *Proc. EUROCOMM*, 2000, pp. 1–5.
53. D. Qiao, S. Choi, A. Jain, and K. G. Shin, Miser: An optimal low-energy transmission strategy for IEEE 802.11a/h, *Proc. 9th Annual Int. Conf. Mobile Computing and Networking*, 2003, pp. 161–175.
54. R. Ramanathan, On the performance of ad hoc networks with beam forming antennas, *Proc. IEEE GlobeCom Conf.*, 2001, pp. 95–105.
55. R. Ramanathan and J. Redi, A brief overview of ad hoc networks: Challenges and directions, *IEEE Commun. Mag.*, 20–22 (May 2002).
56. R. Ramanathan and R. Rosales-Hain, Topology control of multihop wireless networks using transmit power adjustment, *Proc. IEEE InfoCom Conf.*, 2000, pp. 404–413.
57. T. Rappaport, *Wireless Communications: Principles and Practice*, Prentice-Hall, 2002.
58. V. Rodoplu and T. Meng, Minimum energy mobile wireless networks, *IEEE J. Select. Areas Commun.*, **17**(8):1333–1344 (Aug. 1999).
59. E. M. Royer and C.-K. Toh, A review of current routing protocols for ad hoc mobile wireless networks, *IEEE Pers. Commun. Mag.*, **6**(2):46–55 (April 1999).
60. J. F. Sevic, Statistical characterization of RF power amplifier efficiency for CDMA wireless communication systems, *Proc. IEEE Wireless Communications Conf.*, Aug. 1997, pp. 110–113.
61. T. Simunic, H. Vikalo, P. Glynn, and G. D. Micheli, Energy efficient design of protable wireless systems, *Proc. Int. Symp. Low Power Electronics and Design*, 2000, pp. 49–54.
62. S. Singh and C. S. Raghavendra, PAMAS — power aware multi-access protocol with signalling for ad hoc networks, *ACM SIGCOMM Comput. Commun. Rev.* **28**(3):5–26 (1998).
63. S. Singh, M. Woo, and C. S. Raghavendra, Power aware routing in mobile ad hoc networks, *Proc. ACM MobiCom Conf.*, 1998, pp. 181–190.

64. E. Sousa and J. A. Silvester, Spreading code protocols for distributed spread-spectrum packet radio networks, *IEEE Trans. Commun.* **36**(3):272–281 (March 1988).

65. A. Spyropoulos and C. Raghavendra, Energy efficient communications in ad hoc networks using directional antennas, *Proc. IEEE InfoCom Conf.*, April 2003.

66. M. E. Steenstrup, Self-organizing network control structures: Local algorithms for forming global hierarchies, *Proc. IEEE MilCom Conf.*, Oct. 2001, pp. 952–956.

67. M. Takai, J. Martin, A. Ren, and R. Bagrodia, Directional virtual carrier sensing for directional antennas in mobile ad hoc networks, *Proc. ACM MobiHoc Conf.*, 2002, pp. 59–70.

68. F. A. Tobagi and L. Kleinrock, Packet switching in radio channels: Part II — the hidden terminal problem in carrier sense multiple-access and the busy-tone solution, *IEEE Trans. Commun.* **23**(12):1417–1433 (Dec. 1975).

69. Y.-C. Tseng, C.-S. Hsu, and T.-Y. Hsieh, Power-saving protocols for IEEE 802.11-based multihop ad hoc networks, *Proc. IEEE InfoCom Conf.*, June 2002, pp. 200–209.

70. R. Wattenhofer, L. Li, P. Bahl, and Y.-M. Wang, Distributed topology control for power efficient operation in multihop wireless ad hoc networks, *Proc. IEEE InfoCom Conf.*, 2001, pp. 1388–1397.

71. J. E. Wieselthier, G. D. Nguyen, and A. Ephremides, On the construction of energy-efficient broadcast and multicast trees in wireless networks, *Proc. IEEE InfoCom Conf.*, March 2000, pp. 585–594.

72. J. E. Wieselthier, G. D. Nguyen, and A. Ephremides, Distributed algorithms for energy-efficient broadcasting in ad hoc networks, *Proc. IEEE MilCom Conf.*, Oct. 2002.

73. H. Woesner, J.-P. Ebert, M. Schlager, and A. Wolisz, Power-saving mechanisms in emerging standards for wireless LANs: The MAC level perspective, *IEEE Pers. Commun.*, 40–48 (1998).

74. S.-L. Wu, Y.-C. Tseng, and J.-P. Sheu, Intelligent medium access for mobile ad hoc networks with busy tones and power control, *IEEE J. Select. Areas Commun.* **18**(9):1647–1657 (2000).

75. K. Xu, M. Gerla, and S. Bae, How effective is the IEEE 802.11 RTS/CTS handshake in ad hoc networks? *Proc. IEEE GlobeCom Conf.*, Nov. 2002, pp. 72–76.

76. Y. Xu, J. Heidemann, and D. Estrin, Geography-informed energy conservation for ad hoc routing, *Proc. ACM MobiCom Conf.*, July 2001, pp. 70–84.

77. S. Yi, Y. Pei, and S. Kalyanaraman, On the capacity improvement of ad hoc wireless networks using directional antennas, *Proc. ACM MobiHoc Conf.*, 2003, pp. 108–116.

78. R. Zheng, J. C. Hou, and L. Sha, Asynchronous wakeup for ad hoc networks, *Proc. ACM MobiHoc Conf.*, June 2003, pp. 35–45.

79. R. Zheng and R. Kravets, On-demand power management for ad hoc networks, *Proc. IEEE InfoCom Conf.*, April 2003.

第 5 章　多跳无线网络中能量高效、可靠报文传递的路由算法

SUMAN BANERJEE
美国麦迪逊市威斯康星大学计算机科学系
ARCHAN MISRA
美国纽约霍桑 IBM T. J. Watson 研究中心

5.1　简介

在许多多跳无线连网环境中，特别当网络的个体节点由电池供电时，降低能耗是一个关键目标。对于新一代的移动计算设备（如 PDA、笔记本电脑和蜂窝电话），因为在电池中可获得的能量密度仅以线性速率增长，而处理能力和存储容量都以指数速率增长的情况下，这项要求已经变得日渐重要。作为这些技术趋势的结果，现在许多无线使能的设备基本上都是受到能量约束的：虽然它们拥有运行许多复杂的多媒体连网的能力，但在两次充电之间它们的运行寿命经常是非常短的（有时小于 1h）。另外，在通信中由无线接口消耗的能量经常高于（或至少相当于）由处理器消耗的计算能量。

因此，人们已经提出了各种能量感知的路由协议来降低这种多跳无线网络中通信能量的额外负担。与试图利用最小跳路由（最小化所经过不同链路数量的一条路由）的传统有线路由协议相反，这些协议[2,19,20]典型地将目标定位于利用能量最高效的路由。这些协议利用了如下事实：在一条无线链路上需要的传输功率是链路距离的一个非线性函数，并假定个体节点能够调整它们的传输功率水平。作为这个事实的结果，事实证明选择具有大量短距离跳的一条路由经常是比具有少量长距离跳的一条替代路由，要消耗显著的较少能量。当然，如果独立于链路距离，无线传输都使用等同的传输功率，且如果所有无线链路都是无错误传输的，那么传统的最小跳路由（如 RIP[11] 和 OSPF[14]）就也是能量最高效的。

对于无线链路，在一条链路上以功率 P_t 传输的一个信号，以如下功率在距离 D 上衰减和接收：

$$P_r \propto \frac{P_t}{D^{K(D)}} K(D) \geqslant 2 \tag{5-1}$$

式中，$K(D)$ 取决于传播媒介、天线特性㊀和信道参数，例如无线频率。

因为只要被接收信号的功率在某个固定阈值㊁之上，多数无线接收器都能正确地解码接收到的信号，能量高效的算法典型地将传输功率设定为正比于 $D^{K(D)}$，那么在一个路由算法中，如果链路开销被设定为正比于这个传输功率，对于单个报文传输，则一条最小开销路径将对应于消耗最低累积能量的一条路由。许多能量高效的路由方案（如PAMAS[20]和PARO[8]）就是利用这种方法来选择最小能量路径的。

在本章，为了进行可靠的报文传递，将给出计算最小能量路径这种基本方法的改进措施。在具有不可忽略链路丢失率的实际无线网络中，为了确保整个无线路径之上的可靠端到端传递，可利用报文重传或前向错误纠正编码。而且，为了确保端到端的可靠性，较高层协议（如TCP或SCTP）都采用额外的源发起的重传机制。据此，为了进行可靠的能量高效通信，路由协议必须不仅考虑每条链路的距离，而且也要考虑它的质量（以其错误率表示）。直觉上而言，选择一条特定链路的开销不是简单地由基本传输功率确定的，而是由为了确保最终的无错误传递所需要的总传输能量（包括可能的重传）确定的。在实际的多跳无线环境中，这是特别重要的（其中报文丢失率可高达15%～25%）。

除了给出为可靠通信而计算最小能量路径所需要的算法改进之外，也要考虑在实际多跳自组织网络中实现这个算法面临的挑战。特别地，传统路由协议是“先验的”，并为每个（源—目的地）对（pair）计算路由，而不管那些路径是否需要或被使用。这要求路由消息的定期交换或洪泛，其本身就消耗大量能量，特别当流量数据流稀疏分布时更是如此。为了避免这些额外负担，人们特别为无线网络提出了一族“反应式的”路由协议。当特定流量数据流需要路由时，这些协议（例如，AODV[17]和DSR[9]）就会应需计算路由。使用AODV作为一个代表性的协议可以解释，为了对一个反应性协议而计算最小能量，可靠路由所需要的改进。

5.1.1 底层无线网络模型

为了研究链路错误率对能量（为确保可靠报文传递所需要的能量）的影响，将使用两个本质上不同的运行模型：

㊀ 注意 P_t 表示接收信号的平均功率水平，瞬时收到的信号强度将围绕这个均值变化，原因是像衰减或噪声等的额外影响。在许多情形中，对于短距离和全向天线，K 典型地在2附近，对于较长的距离，则在4附近。

㊁ 更准确地说，只要信号功率与所有干扰信号和噪声的累积功率的比值大于一个阈值，接收器就能够正确地接收一条传输。出于研究目的，为了避免竞争，将每条链路建模为相互独立的，假定链路是非干扰的（如具有不同的频率或正交的CDMA码）或是使用一个MAC协议的。

1）端到端重传（EER）。其中个体链路不提供链路层重传，仅通过由源节点发起的重传才能得到可靠的报文传递。

2）逐跳重传（HHR），其中每个个体链路使用局部的报文重传，提供到下一跳的可靠转发。

为了捕捉重传对整体能耗的潜在影响，定义一个新的链路开销度量指标，它综合考虑了链路距离和链路错误率。基于这个度量指标的最小开销路由计算，是EER和HHR这两种场景产生可靠通信的能量高效路径。但是，这样一个链路开销仅能为HHR场景准确地定义；对于EER框架，仅是一个近似的开销函数。通过使用仿真研究，可明确在近似EER开销公式中参数的选择如何表示能量效率和可获得吞吐量之间的折中。虽然在链路开销定义中为了降低排队时延和丢失率已经有人提出将链路质量作为一个路由度量指标，但还没有人研究过其隐含的对报文传递能量效率的影响。通过将链路错误率结合到链路开销之中，在真实运行条件下，经常能够取得30%～70%的能量节省。

在EER和HHR这两个模型之下，由于确保可靠报文传递所需要重传数量的增加，选择具有相对较高错误率的链路可能显著地增加整体能量的额外负担。当然，多数实际的多跳无线网络遵循HHR模型来抵消低质量链路的影响。注意，即使当每个节点都使用恒定传输功率时，低质量链路的选择也将增加能量额外负担。但是，对于变化功率的情形，链路错误率的影响分析是更加有意义的。在具有许多短距离跳的一条路径和具有较少长距离跳的另一条路径之间的选择，涉及为单个报文的传输能量降低和重传频率的潜在增加之间要做出的一项折中。因为固定功率模型是可变功率模型的一个简单的特殊情形，所以在本章给出的分析和性能结果将限于更一般的可变功率模型。

5.1.2 路线图

本章剩余章节结构如下：5.2节将给出能量高效路由相关工作的综述；5.3节将为EER和HHR两种情形，推导出作为跳数和每跳错误率的一个可靠传输能量问题的函数公式，并在可变功率场景中分析可靠传输能量对最优跳数的影响，同样它也将展示出理想的能量计算和真实TCP行为之间的一致性；5.4节将说明如何形成链路开销，这些开销会导致最小能量路径的选择；5.5节将给出仿真研究的结果，针对可变功率模型，将研究最小开销算法的性能；5.6节将解释使用自组织应需距离向量（AODV）协议（这是一个众所周知的应需自组织路由协议），如何能够得到最小能量路径的计算；5.7节将给出对AODV能量感知扩展方法在性能上仿真研究的结果；5.8节将小结研究的主要结论，并给出面临的开放问题和研究挑战。

5.2 相关工作

许多能量感知路由协议的目标在于在给定（源—目的地）对之间选择一条路由，该路由最小化累积传输能量（所有组成链路之上发送器功率之和）。PAMAS[20]是一个能量感知MAC/路由协议，它将链路开销设定等于传输功率，最小开销路径等价于使用最小累积能量的一条路径。在可变功率情形中，节点在链路距离的基础上调整它们的功率，这样一个公式经常选择具有大量跳数的一条路径，其中也给出了包括接收者功率的一种链路开销[19]。通过使用Bellman-Ford算法的一种改进形式，这种方法所产生的路径选择比采用信令的功率感知多路访问协议（PAMAS）拥有较少的跳数。功率感知路由优化（PARO）算法[8]也作为可变功率场景的一种分布式计算技术提出，它的目标在于生成具有大量短距离跳的一条路径。依据PARO协议，一个候选中间节点监视两个节点之间正在进行的直接通信，并评估将自身插入到转发路径中间得到功率节省的可能性——事实上，即用通过自身的两个较小跳替换这两个节点之间的直接跳。

除了最小累积传输能量之外，为了在无线环境中选择能量高效的路由，也已经考虑了其他的度量指标。确实，选择最小能量路径可能有时不公平地损害节点集合的一个节点子集，（如果几条最小能量路由在路径中有一个公共节点，那么那个节点的电池将会快速地耗尽）因此研究人员使用另一种目标函数（最大化网络寿命）同时考虑一条特定路径的能耗和那条路径上节点的剩余电池容量。其主要思路是将能耗在所有组成节点间分配，如果是一条较低能耗路径有助于延长接近电池耗尽的一个节点的寿命，那么就选择这条路径。例如，Singh等人[21]使用节点“容量”作为路由度量指标，其中每个节点的容量是剩余电池容量的递减函数，那么一种最小开销路径选择算法有助于将路由从这样的路径偏离：这些路径中的许多中间节点正面临着电池耗尽。类似地，MMBCR和CMMBCR算法[23]使用max-min路由选择策略，这种策略为其最关键（“瓶颈”）的节点选择一条具有最大容量值的路径，其中任意给定路径的瓶颈节点是具有最少剩余电池容量的节点。在一项较早期的研究[13]中，将这种方法扩展到可变功率场景中，方法是定义一个组合的节点—链路度量指标，该指标以一条关联链路上的传输功率将一个节点的剩余电池容量正态化。虽然本章仅将焦点放在计算最小能量路径上，但这里指出，这种技术能够较容易地适应到这种电池感知的算法中。

为无线自组织环境提出的先验路由协议（如AODV[17]、DSR[9]）包含如下特殊功能，即降低由节点移动性和链路故障导致的信令额外负担和收敛问题。虽然这种协议的一些功能是实现特定相关的，但它们一般地将目标定位于计算最小时延路径上，因此经常选择最小跳数路径而不是最小能量路由。后面将给出为使用这种应需协议计算最小能量路径所需要的改进措施。

以前关于链路质量对报文传输影响的多数研究工作都将焦点放在智能链路调度的问题上[4,18,25]，而不是能耗最小路由问题上。最近，Gass 等人[6]提出一种传输功率调整方案，控制个体跳频无线链路的链路质量。相反，这里的工作显式地以链路错误率和相关重传概率将总的传输能量形成公式，并利用这个公式为可靠通信高效地计算最小能量路径。因为这里的数学模型假定每个节点“知道”其前进链路上的报文错误率，所以后面也将解释使用 AODV 控制报文如何能够实际地计算出这个错误率。

5.3 能量开销分析和最小能量路径

本节将展示与一条链路关联的错误率如何影响①可靠传递的总概率，并因此影响②与单个报文的可靠传输关联的能量。对于一个传输节点 i 和一个接收节点 j 之间的任意特定链路 $<i, j>$，令 $T_{i,j}$ 表示传输功率，$p_{i,j}$ 表示报文错误概率。假定所有报文都是恒定尺寸的，在一条报文传输中使用的能量 $E_{i,j}$ 简单地是 $T_{i,j}$ 的固定倍数。

在一种无线媒介之上传输的信号都经历两个不同的效应，即由于媒介导致的衰减和在接收者处环境噪声的干扰。由于无线媒介的特性，被传输的信号以正比于 $D^{K(D)}$ 进行衰减，其中 D 是接收者和传送者之间的距离。在接收者处的环境噪声独立于源和目的地之间的距离，并仅取决于在接收者处的运行条件，与一条特定链路相关的比特错误率本质上而言是这个被接收信号功率与环境噪声比的一个函数。在恒定功率场景中，$T_{i,j}$ 独立于链路 $<i, j>$ 特性，并且是一个常数。在这种情形中，远离于传送者的接收者将遭遇较大的信号衰减［正比于 $D^{K(D)}$］，并因此将容易发生更高的比特错误率。在可变功率场景中，传送者节点调整 $T_{i,j}$，为的是确保由接收者接收到的（被衰减的）信号的强度独立于 D，并在某个阈值水平 Th 之上。据此，在可变功率场景中与距离为 D 的一条链路关联的最优传输功率为

$$T_{\text{opt}} = Th \cdot \gamma D^{K(D)} \tag{5-2}$$

式中，γ 是比例常数；$K(D)$ 是衰减系数（$K \geqslant 2$）。

因为 Th 典型地是一个技术特定的常数，可以看到，在这样一条链路上最优传输能量变化如下：

$$E_{\text{opt}}(D) \propto D^{K(D)} \tag{5-3}$$

如果考虑链路是不会出现错误的，那么最小跳路径对固定功率的情形就是能耗最小的。类似地，在不存在传输错误的情况下，具有大量短跳的路径典型地在可变功率的情形中就是能耗较小的。但是，存在链路错误的情况下，这两种选择未必

给出能耗最小的路径。现在，针对可变功率场景（EER和HHR情形），下面将分析这种行为的有趣后果。

5.3.1　EER情形中最优的能量最小路径

在EER情形中，任意链路上的一个传输错误都会导致路径之上端到端的重传。考虑式（5-3）中的可变功率公式 E_{opt} 容易看出，为什么在沿直线两个邻接节点之间（将距离为 D 的一条链路分成距离为 D_1 和 D_2 的两条较短链路，使 $D_1+D_2=D$）放置一个中间节点总是能降低总的 E_{opt}。事实上，PARO[7] 的运行使用的正是这样一个估计的精确形式。从可靠传输能量的角度来看，这样一个比较是不充分的，原因是这种比较没有包括对无错误接收总概率的影响。

为了理解在选择一条具有多个短跳路径而不是具有单个长跳的一条路径中所涉及的能量折中，考虑由距离 D 隔开的一个发送者（S）和一个接收者（R）之间的通信。令 N 代表S和R之间总的跳数，因此 $N-1$ 就代表了端点之间转发节点的数量。出于表示上的方便，令这些节点以 i（$i=\{2, \cdots, N\}$）被索引，节点 i 指转发路径中的第（$i-1$）个中间跳；同样，节点1指S，而节点 $N+1$ 指R。同样，假定 K（D）是给定链路距离的一个常数，因此 K（D）可替换为常数 K。在这种情形中，在从发送者到接收者的 $N-1$ 个转发节点上简单地传输一个报文一次（不考虑报文是否被可靠地接收）中用掉的总能量是

$$E_{total} = \sum_{i=1}^{N} E_{opt}^{i,i+1} \tag{5-4}$$

或者，使用式（5-3）可得到

$$E_{total} = \sum_{i=1}^{N} \alpha D_{i,i+1}^{K} \tag{5-5}$$

式中，$D_{i,j}$ 是节点 i 和 j 之间的距离；α 是一个比例常数。

为了理解与 $N-1$ 个中间节点的选择所关联的传输能量特性，为 $N-1$ 个节点的任意给定布局计算 E_{total} 的最低可能值。使用非常简单的对称论证法，可以容易地看出，当每跳是相等长度 D/N 时，将发生最小传输能量的情况。在那个情形中，E_{total} 给定如下：

$$E_{total} = \sum_{i=1}^{N} \alpha \frac{D^K}{N^K} = \frac{\alpha D^K}{N^{K-1}} \tag{5-6}$$

为了计算可靠传送中花费的能量，现在考虑 N 的选择如何影响传输错误的概率和重传的因果关系。明显地，增加中间节点的数量就增加了整条路径上传输错误发生的可能性。

假定 N 条链路中每条链路都具有独立的报文错误率 p_{link}，则在整条路径上一

次传输发生错误的概率表示为 p，其给定如下：

$$p = 1 - (1 - p_{\text{link}})^N \tag{5-7}$$

为了确保 S 和 D 之间一条报文的成功传递，必要的传输数量（包括重传）是一个几何分布的随机变量 X，使

$$\text{Prob}\{X = k\} = p^{k-1} \times (1 - p), \forall k$$

因此，单个报文成功传递的报文传输平均数为 $1/(1-p)$。因为每个这样的传输消耗由式（5-6）给定的总能量 E_{total}，所以单个报文可靠传输中需要的总能量期望给定如下：

$$E_{\text{total rel}}^{\text{EER}} = \alpha \frac{D^K}{N^{K-1}} \frac{1}{1-p} = \frac{\alpha D^K}{N^{K-1}(1 - p_{\text{link}})^N} \tag{5-8}$$

这个方程清晰地说明了增加 N 对必要总能量的影响；而在分母中的 N^{K-1} 项随 N 增加，错误相关项 $(1 - p_{\text{link}})^N$ 随 N 减少。通过将 N 看作一个连续且可微分变量，则可推导跳数 N_{opt} 的最优值给定如下：

$$N_{\text{opt}} \approx \frac{(K-1)}{-\lg(1 - p_{\text{link}})}$$

因此，p_{link} 的一个较大数值对应于中间转发节点最优数量的一个较小数值。同样，N 的最优数值随衰减系数 K 而线性地增加。因此明显地存在 N 的一个最优数值：在 N 的较小数值时不能利用传输能量中的潜在降低的情况下；另一方面，N 的较大数值会导致重传额外负担占总能量支出的大部分份额。

为了图形化地研究这些折中，在图 5-1 中给出了 $E_{\text{total rel}}^{\text{EER}}$ 与变化的 N 之间（对于 p_{link} 的不同数值）的关系。对于这张图，在分析过程中 α 和 D（它们是真正的任意大小的常数）分别保持在 1 和 10，$K = 2$。图 5-1 表明对于链路错误率的较小数值，传输错误的概率相对而言是不太令人关注的，据此多个短距离跳节点的存在导致总能耗的显著降低。但是，当错误率大于约 10% 时，N 的最优数值是非常小的；在这样的场景中，由于一个中间节点的引入产生的任何可能的功率节省都被必要传输数量（由于较大的实际路径错误率）的剧烈增加所抵消了。相比于较早期的研究工作，这里的分析表明一条具有多个较短跳的路径并不总是比具有较小数量长距离跳更加具有优势。

5.3.1.1　TCP 流的能量开销

式（5-8）给出了使用一种理想重传机制的每报文消耗的总能量。因为在丢失相关的瞬态过程中 TCP 的行为可能导致不必要的重传，所以 TCP 的流控制和错误恢复算法可能潜在地导致能耗的不同数值。虽然实际 TCP 吞吐量（或实际吞吐量）作为端到端丢失概率的一个函数已经在几项分析中推导出来[5,10]，但这里关注于一条 TCP 流的报文传输（包括重传）总数与可变报文丢失率之间的关

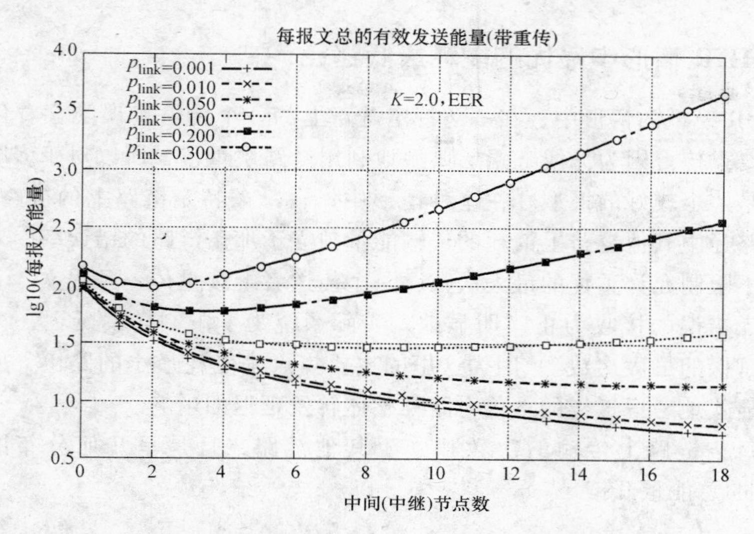

图5-1　总能量开销与转发节点数量之间的关系（EER）

系。因此，利用ns-2仿真器[㊀]，使用仿真研究的方法来测量可靠TCP传输需要的能量。图5-2给出了一条持久TCP流消耗的能量，以及使用式（5-8）针对变化的N和p_{link} = {0.01，0.05}计算出的理想数值。可以观察到分析预测与TCP驱动的仿真结果之间的良好一致性，这验证了分析模型的实际用途。

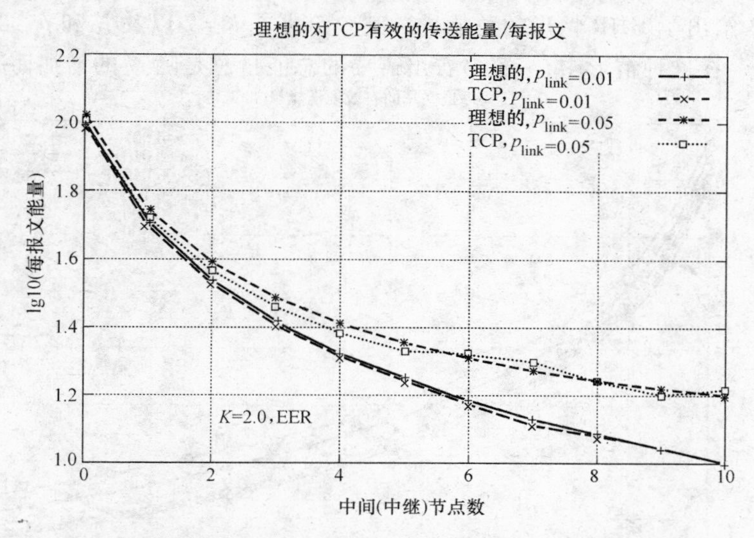

图5-2　理想化的/TCP能量开销与转发节点数量之间的关系（EER）

㊀　可从http://www.isi.edu/nsnam/ns网站下载。

5.3.2 HHR 情形中最优的能耗最低路径

在 HHR 模型的情形中，在一条特定链路上的一个传输错误隐含着仅在那条链路上需要重传。因为无线链路层典型地利用链路层重传，所以对于多跳无线连网环境这是一个较好的模型。在这种情形中，在一条特定链路上的链路层重传，可确保在路径中其他链路上消耗的传输能量独立于那条链路的错误率。对于这里的分析，不限制允许重传的最大次数：一个传送者继续重传一条报文，直到接收节点确认无错误的接收为止（明显地，实际系统为了限制转发延迟，典型地将采用重传试探的最大次数）。因为这里的主要焦点是能耗最小的路由，所以在本章中也不显式地考虑这样的重传对路径整体转发延迟的影响。

因为每条链路上传输的次数独立于其他链路，且是呈几何分布的，所以 HHR 情形的总能量开销是

$$E_{\text{total rel}}^{\text{HHR}} = \sum_{i=1}^{N} \alpha \frac{D_{i,i+1}^{k}}{1 - p_{i,i+1}} \tag{5-9}$$

在有 N 个中间节点的情况下，其中每条链路的距离为 D/N，链路报文错误率为 p_{link}，则式（5-9）精简为

$$E_{\text{total rel}}^{\text{HHR}} = \alpha \frac{D^{K}}{N^{K-1}(1 - p_{\text{link}})} \tag{5-10}$$

图 5-3 给出了 HHR 情形的总能量，其中给出了 $K=2$ 以及 N 和 p_{link} 为不同数值的情形。在这种情形中，容易看出需要的总能量总是随 N 的增加而减少的，

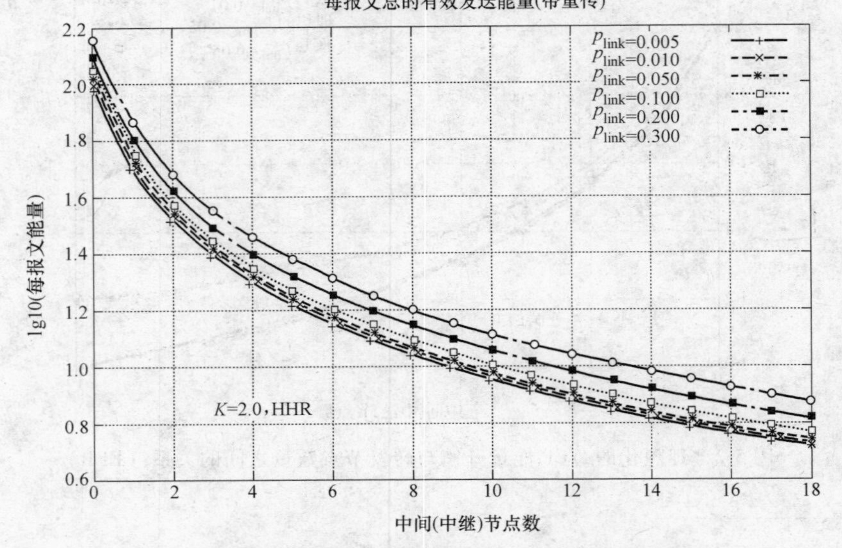

图 5-3 总能量开销与转发节点数（HHR）之间的关系

且接近渐近线 $1/N^{K-1}$。能量开销的对数标尺缩小了不同 p_{link} 的 $P_{\text{total rel}}^{\text{HHR}}$ 数值间的差异。如果所有链路具有相同的错误率，那么以多个较短跳替换单跳将会是有益处的。

在图5-3中，也可以观察到对于一个固定的 N，增加 p_{link} 数值的影响。正如所预料的，较高的链路错误率导致重传的较大次数和较高的能耗。重要的是，在EER情形中增加链路错误率的影响是更加显著的——在图5-1中，对于 $N=10$，将丢失概率从0.1增加到0.2，则能耗会增加10倍。

在EER和HHR情形中针对相同的 N 和 K 数值的能耗比较，表明EER情形中的能耗幅度至少要大一个数量级，即使对于链路错误率的中等数值也是如此。通过避免端到端的重传，HHR方法能够显著地降低总能耗。这些分析强调了用于多跳、自组织无线网络任何无线技术对链路层重传的要求。

5.4　最小能量可靠路径的链路开销指派

与传统因特网路由协议相反，能量感知路由协议典型地计算最小开销路由，其中与每条链路关联的开销是与对应节点相关联的传输（和/或接收）能量的某个函数。为能耗最小的可靠路由而调整改变这样的最小开销路由确定算法（例如Dijkstra或Bellman-Ford算法）中，现在采用的链路开销必须不仅仅是相关传输能量而且也是链路错误率的一个函数。使用这样的度量指标，将允许路由算法选择满足如下条件的链路：给出低传输功率和低链路错误率之间的最优折中。如将很快就要看到的，定义这样的链路开销可能仅在HHR的情形中是合适的。为了在EER场景中定义合适的开销度量指标，需要使用近似法。

考虑一个图，其中顶点集合代表通信节点集，链路 $\{i, j\}$ 代表节点 i 和节点 j 之间的直接跳。出于一般性考虑，假定非对称的情形，其中 $\{i, j\}$ 不同于 $\{j, i\}$；而且，$\{i, j\}$ 表示由节点 i 向节点 j 传送的链路。在节点对 $\{i, j\}$ 之间假定存在一条链路，如果节点 j 位于节点 i 的传输范围之内，则这个传输范围对于恒定功率可惟一地确定；对于可变功率的情形，这个范围实际上对应于一个发送者最大传输功率的最大允许范围。令 $E_{i,j}$ 是链路 $l_{i,j}$ 之上一条报文传输的相关能量，$p_{i,j}$ 是与那条链路关联的链路报文错误概率，在固定功率场景中，$E_{i,j}$ 独立于链路特性；在可变功率场景中，$E_{i,j}$ 是节点 i 和节点 j 之间距离的一个函数。现在，路由算法的工作是计算源到目的地的最短路径，该路径使每条组成链路上能量开销的和要最小化。

5.4.1　逐跳重传

考虑一条从源节点S（索引为节点1）到节点D（索引为节点 $N+1$）的路

径，由索引为2，…，N 的 $N-1$ 个中间节点组成。那么，为节点 S 和节点 D 之间的通信选择路径 P，这意味着总能量开销给定如下：

$$E_{\mathrm{P}} = \sum_{i=1}^{N} \frac{E_{i,i+1}}{1 - p_{i,i+1}} \tag{5-11}$$

因此，选择从节点 1 到节点 $N+1$ 的一条最小开销路径等价于选择最小化式(5-11)的路径 P。容易看出，链路 $L_{i,j}$ 对应的链路开销由 $C_{i,j}$ 表示给定如下：

$$C_{i,j} = \frac{E_{i,j}}{1 - p_{i,j}} \tag{5-12}$$

5.4.2 端到端重传

不存在逐跳重传的情况下，沿一条路径的总能量开销包含一个乘积项，其中包括每条组成链路的报文错误概率。事实上，假定一条链路上的传输错误不会阻止下行节点中继转发报文，则总传输能量可表示如下：

$$E_{\mathrm{P}} = \frac{\sum_{i=1}^{N} E_{i,i+1}}{\prod_{i=1}^{N} (1 - p_{i,i+1})} \tag{5-13}$$

给定这种形式，则路径的总开销就不能表示为每条链路开销的线性和[⊖]，因此使这种准确公式不适合于传统的最小开销路径计算算法。因此，这里将精力集中在寻找链路开销的另一种公式，它允许人们使用常规的分布式最短开销算法来计算“近似的”最小能量路由。

对式（5-13）的研究表明，在 EER 情形中，使用具有 p 较高的一条链路可能是非常有害的。一条容易发生错误的链路实际上会使路径中所有节点的能量开销趋于增高，因此链路开销的一种有用的启发函数应该具有随链路错误率增加而超线性增加的能力。通过使容易发生错误的链路的链路开销非常大，于是就能确保在最短开销路径计算过程中经常排除掉这样的链路。

特别地，对于由 k 条相同链路组成的一条路径（即具有相同的链路错误率和链路传输开销），式（5-13）可简化为

$$E_{\mathrm{P}} = \frac{kE}{(1-p)^{k}} \tag{5-14}$$

式中，p 是单条链路的链路错误率；E 是其上的传输开销。它引导人们提出链路的启发式开销函数，即

⊖ 不考虑如下方案，其中要求每个节点或链路分别通告两个不同的度量指标。如果节点传递两个独立的度量指标，即① $E_{i,j}$ 和② $\lg(1-p_{i,j})$，则定义最优能耗路径就是可能的。累积数值 $\sum E_{i,j}$ 和 $\sum \lg(1-p_{i,j})$ 就可由节点用来计算这样的最优路径。

$$C_{i,j}^{\mathrm{approx}} = \frac{E_{i,j}}{(1-p_{i,j})^{L}} \tag{5-15}$$

式中，$L=2, 3, \cdots$，并对所有链路都相等[⊖]。

明显的是，如果知道准确的路径长度，且路径上的所有节点都具有相等的链路错误率和传输开销，L 应该选择等于那条路径的长度。但是，为了与当前路由方案一致，要求一条链路应该仅将单个链路开销与之关联，而不管通过它的特定路由路径的长度。因此，需要独立于穿过给定链路的不同路径，而修正 L 的数值。如果存在网络路径的更多知识可用，则应该将 L 选择为这个网络的平均路径长度。L 的较高数值就以非零错误概率对链路施加逐步严重的损害。给定链路开销的这个公式时，最小开销路径计算实际上是以最小“近似”能量开销而计算路径的，给定如下：

$$E_{\mathrm{P}} \approx \sum_{i=1}^{N} \frac{E_{i,i+1}}{(1-p_{i,i+1})^{L}} \tag{5-16}$$

如在5.3节中的理论研究情形，这里的分析不能直接应用到基于TCP的可靠传输的原因是，TCP的丢失恢复机制可导致额外的不可控制的瞬间状态。后面将使用基于仿真的研究，在典型的自组织拓扑中研究所提出的对链路开销度量指标实施改进得到的性能。

5.5　最小能量路径的性能评估

前面的分析为可靠数据传递而设计能量感知协议提供了一个基础。本节将报告基于仿真的研究，其中研究为计算能耗最小的可靠通信路径而提出的建议所涉及技术的性能。这里将在ns-2仿真器中执行相关的仿真，并以不同流量源的类型进行试验：

1）对于使用EER框架的研究，使用实现了拥塞控制的NewReno版本的TCP流。

2）对于使用HHR框架的研究，使用UDP和TCP两种类型的流。在UDP流中，报文由源在固定时间间隔插入。

为了研究所提出方案的性能，这里实现并观察三个独立的路由算法：

1）最小跳路由算法。其中所有链路的开销是等同的，并独立于传输能量和错误率。

2）能量感知（EA）路由算法。其中与每条链路关联的开销是在那条链路上

⊖　在分子中也应该有个 L 因子［如在式（5-14）中，但因为对于所有链路都相等，所以就可将其忽略］。

传输单个报文（不考虑重发）需要的能量。

3）重发能量感知（RA）算法。其中链路开销包括报文错误率，并因此考虑到了为可靠报文传递的必要重发的影响。对于 HHR 场景，使用式（5-12）的链路开销；对于 EER 模型，使用式（5-15）的“近似”链路开销，其中 $L=2$。5.5.3.2 节将研究改变 L 参数的影响。

对于这里的试验，为了研究各种方案对能量要求和获得吞吐量的影响，仿真使用多达 100 个节点随机分布在一个方形区域之上的不同拓扑。本节将详细讨论来自于一个代表拓扑的结果，该拓扑中 49 个节点分布于一个 70×70 单位网格上，并等距离地隔开 10 个单位（见图 5-4）。一个节点的最大传输半径是 45 个单位，这意味着在这个拓扑中每个节点具有 14～48 个邻居。

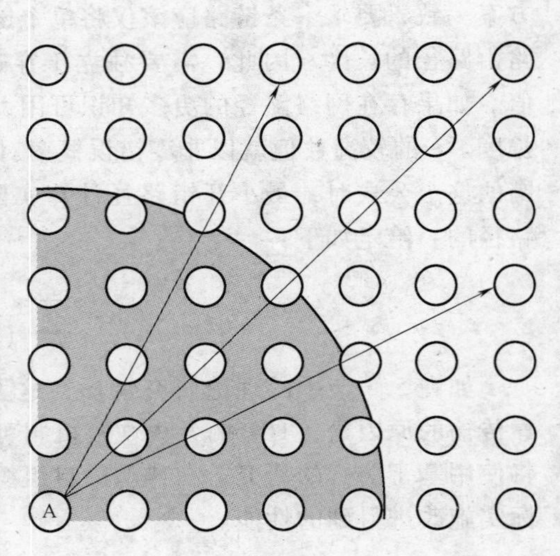

图 5-4　49 个节点的拓扑（阴影区域标记角落节点 A 的最大传输范围。4 个角落中的每个节点发出 3 条数据流，则形成总的 12 条数据流）

之后，在这些静态拓扑上运行所有的路由技术，推导得出到每个目的节点的最小开销路径。为了仿真这样的一个自组织无线拓扑中典型情况下提供的流量负载，网格上的每个角落的节点具有 3 条活跃数据流，这样就提供了总的 12 条数据流。因为这里的目标仅是研究传输能量，所以不考虑其他因素（如链路拥塞和缓冲溢出）。因此，每条链路具有一个无限大的传送缓冲，所有链路的链路带宽（点到点）设定为 11Mbit/s。每个仿真运行固定时长的时间。

5.5.1　链路错误建模

无线信道上比特错误率（p_b）和接收功率水平（P_r）之间的关系是调制方式（scheme）的一个函数。但是，几种调制方式展示出 p_b 和 P_r 之间的一般关系如下：

$$p_b \propto \operatorname{erfc}\left(\sqrt{\frac{常数 \times P_r}{Nf}}\right)$$

式中，N 是噪声谱密度（每赫兹的噪声功率）；f 是原始信道比特率；erfc（x）是 erf（x）的互补函数，即

$$\mathrm{erfc}(x) = 1 - \frac{2}{\sqrt{\pi}}\int_0^x \mathrm{e}^{-t^2}\mathrm{d}t$$

作为特定范例，对于一致OOK（ON-OFF键控法），则由 $p_b = \mathrm{erfc}(\sqrt{P_r/2Nf})$ 给出。对于 M 元的FSK（频移键控），比特错误率给定如下：

$$p_b = (M-1)\,\mathrm{erfc}\sqrt{\frac{P_r \log_2(M)}{2Nf}}$$

对于二元相移键控（BPSK），比特错误率给定如下：

$$p_b = 0.5\,\mathrm{erfc}\sqrt{\frac{P_r}{Nf}} \tag{5-17}$$

因为对特定调制方式的细节不感兴趣，而仅仅拟研究错误率对接收功率的一般依赖关系，所以作出如下假设：

1）报文错误率 p 等于 Sp_b，其中 p_b 是比特错误率，S 是报文尺寸。对于较小错误率 p_b 而言，这是一个准确的近似。因此，假定报文错误率以与 p_b 的直接比例关系增加或减少。

2）接收信号功率反比于 D^K，其中 D 是链路距离，K 是衰减常数。因此，P_r 可由 P_t/D^K 替换，其中 P_t 是发送者的功率。选择BPSK作为代表性的候选方式，因此使用式（5-17）推导比特错误率。

这里报告可变功率场景的结果，其中网络中的所有节点均可动态地调整链路间的传输功率（包括固定功率场景的详细结果，它是可下载的[1]）。每个节点为一条链路选择传输功率水平，因此信号以相同的恒定接收功率到达目的地节点。因为假定信号强度的衰减由式（5-1）给定，因此不同长度链路间传输所需的能量由式（5-3）给定。

现在，因为所有节点以相同功率接收信号，则由式（5-17）给定的比特错误率现在仅取决于与距离无关的接收噪声项。据此，如果假定在不同接收者处的噪声水平相互独立，则推出不同链路的比特错误率本质上是随机的，且不依赖于链路距离。简单而言，需要对每个接收者处的随机环境噪声建模。由于环境噪声（p_{ambient}）的影响，对于这种情形中的不同试验，为一条链路选择最大错误率，之后对于任意特定链路，以随机方式从区间（0，p_{ambient}）中均匀地选择实际错误率。

5.5.2 度量指标

为了研究路由协议的能量效率，观察两项不同的度量指标：

1）归一化能量。首先，计算每数据报文的平均能量，方法是将总能量开销（在网络中的所有节点之上）除以在任意目的地处接收到的不同报文总数（对于

TCP是序列号，对于UDP是报文数）。将一种方案的归一化能量定义为那种方案的每数据报文平均能量与最小跳路由方案所需每数据报文平均能量的比值。因为最小跳路由方案明显地消耗最大能量，所以归一化能量参数提供了由其他（EA和RA）路由算法得到的百分比能量节省的一种简易表示。

2）有效的可靠吞吐量。这个度量指标记录在仿真时长之上从源到目的地可靠传输的报文数。因为所有的绘图都在相同时间长度上显示不同方案运行的结果，所以实际上没有将这个报文计数除以仿真时长。不同路由方案在底层流量的等同时间间隔上传递的报文在总数上是存在区别的。

5.5.3　仿真结果

首先给出HHR模型的结果，接着给出EER情形的结果。

5.5.3.1　HHR模型

在这个模型中，为了确保向路径上的下一个节点进行可靠传送，每条链路都实现其自身局部化的重传算法。

1. 采用UDP的HHR

图5-5显示在链路层重传（HHR情形）之下路由方案的总能耗。以一个区间的信道错误率进行试验，为的是获得这些结果。如预料的，EA和RA方案都是对最小跳路由方案的显著改善。但是，随着信道错误率的增加，RA和EA方案的每次可靠报文传输所需的归一化能量之间的差异出现偏离。在某个高的信道错误率（$p_{\text{ambient}}=0.5$）处，RA方案的能量需求低于EA方案能量需求大约25%。注意这个错误率仅是链路的最大错误率，个别链路的链路错误率在典型情

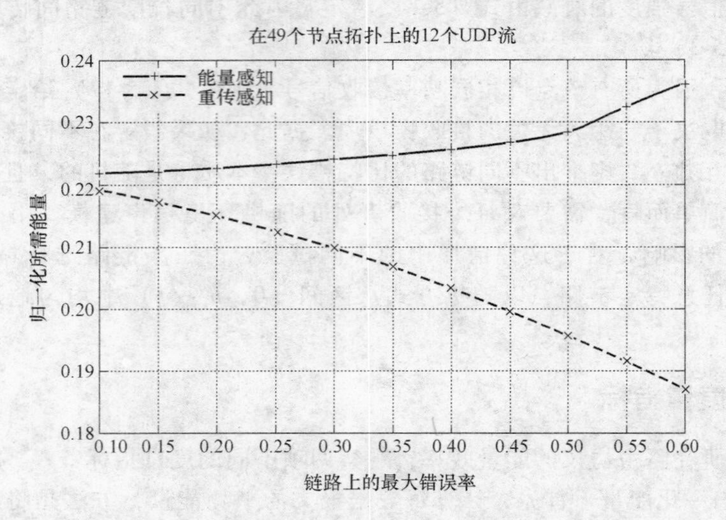

图5-5　变化传输功率场景下采用链路层重传（HHR）的UDP流

况下要更小一些。同样，仅有RA方案的归一化能量是减少的，需要的绝对能量显然随 p_{max} 值的增加而增加。

2. 采用TCP的HHR

在图5-6中，对于TCP流观察相同的度量指标。和前面一样，RA方案的能量要求要远低于EA方案的能量要求。另外，可以观察到（见图5-7）RA方案可靠传输的数据报文数要远高于EA方案的报文数，甚至当RA方案按照传输的序列号使用非常低的能量时也是如此。之所以如此是因为RA方案选择具有较低错误率的一条路径，因此对于TCP流使用RA方案观察到的链路层重传数量较低，因此往返时间延迟也较低。利用往返时延 τ 和丢失率 p 表示的TCP流的吞吐量 T 变化如下[12]：

$$T(\tau,p)\approx\frac{1}{\tau}\frac{1}{\sqrt{p}} \tag{5-18}$$

RA方案具有较小的 p 值和 τ 值，因此具有较高的吞吐量。

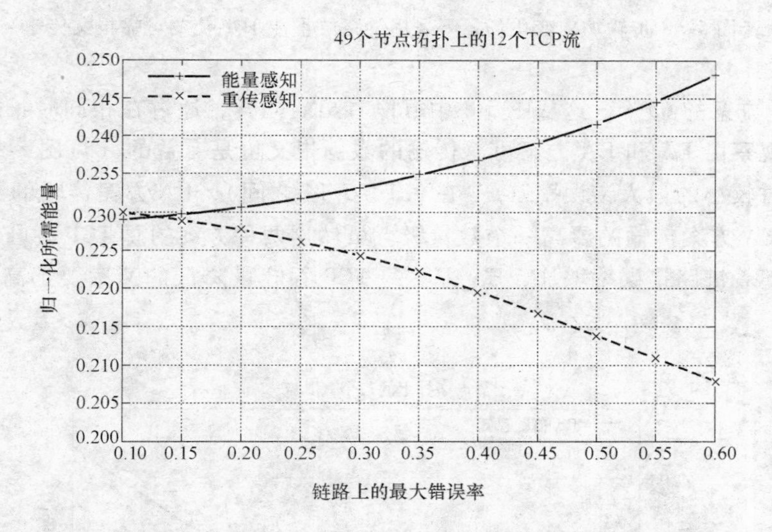

图5-6 变化传输功率场景下采用链路层重传（HHR）TCP流所需的能量

5.5.3.2 EER模型

下面给出EER方案之下的试验结果。

1. 采用TCP的EER

对于EER情形，以高的错误率仿真链路经常是困难的——即使采用少量跳数，每个TCP报文也以会高概率发生丢失，且没有数据会到达它们的目的地。当不存在链路层重传机制时，由RA算法取得的能量节省是更加明显的。对于在这个环境中仿真的一些较高链路错误率（例如 $p_{max}=0.22$），RA方案的能量节省

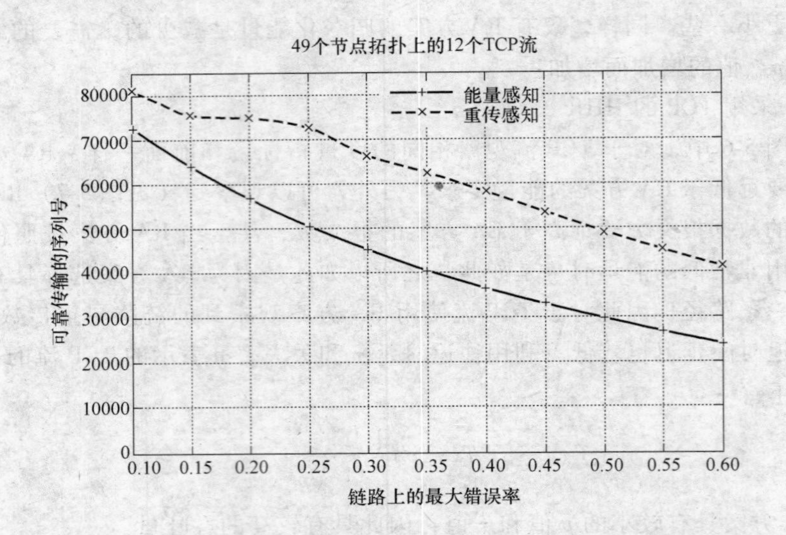

图 5-7 传输功率变化场景下采用链路层重传 TCP 流的可靠报文传输

接近 EA 方案的 65%，这从图 5-8 中可以看出。同样，通过在相同时长之上进行仿真，观察由 EA 和 RA 方案可靠传输的数据报文也是有益的（见图 5-9）。甚至对于相对较小的最大错误率（p_{max}在 0.1 ~ 0.14 之间），RA 方案传输的 TCP 序列号也比 EA 方案传输的要高一个数量级。虽然这两种方案的总 TCP 吞吐量接近于零，但随着链路错误率增加，EA 方案的 TCP 吞吐量降低的速率要远高于 RA 方案。

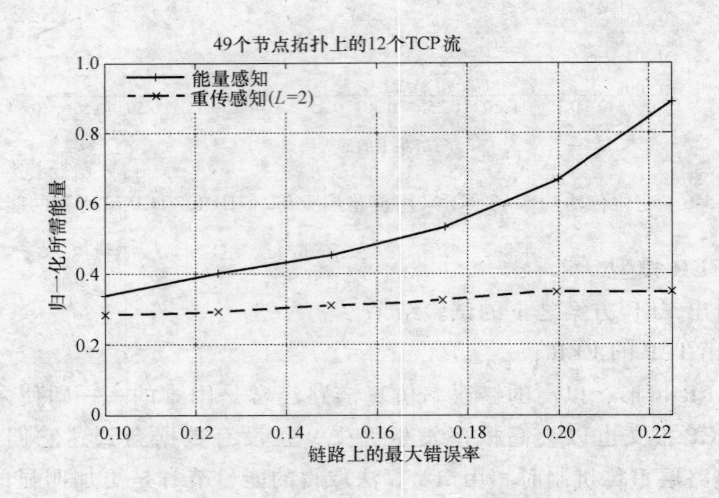

图 5-8 对于变化的传输功率场景不采用链路层重传（EER）的 TCP 流（一）

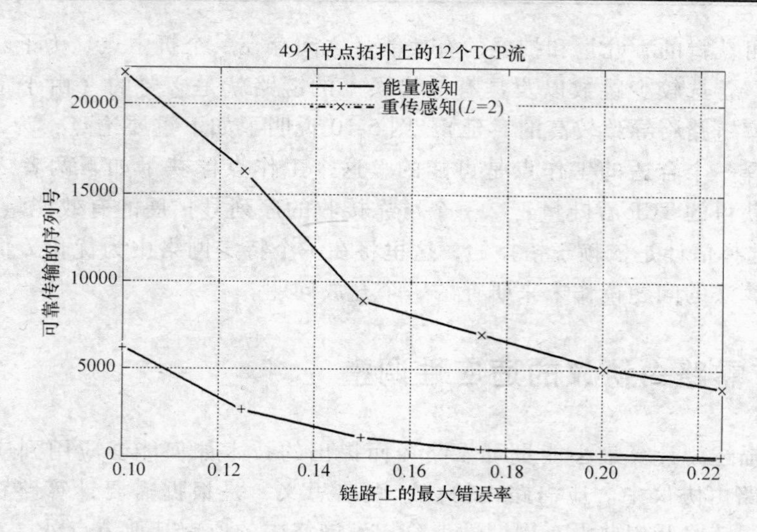

图 5-9 对于变化的传输功率场景不采用链路层重传（EER）的 TCP 流（二）

2．变量 L

在图 5-10 中，对于链路上的一个特定错误率（即 $p_{\max}=0.175$），改变式(5-15)的 L 参数。可靠传输的报文数量随 L 值单调增加，但是图 5-10 中的曲线具有一个最小的“每个可靠传输报文的能量”，在本范例㊀中对应于 $L=5$。从这个最优值开始改变 L 的值，会导致更低的能量效率（较高的能量/报文）。因此，

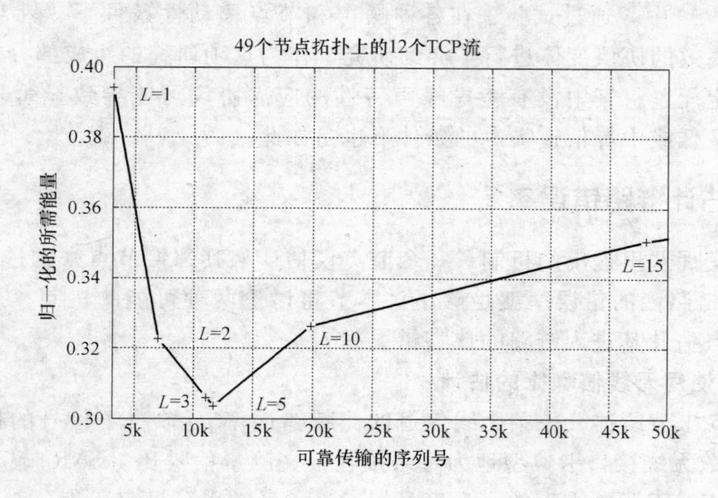

图 5-10 改变 L 参数为的是在归一化能量和可靠传输的序列号数量之间取得折中

㊀ 采用更多的 L 值，进行精细测量，将得到最小化这条曲线的准确 L 值。

明显地在可获得的吞吐量和扩展的有效能量之间存在一个折中点。为了获得较高的吞吐量，首选较少跳数以及具有低错误率的链路就是必要的（由于重传，较高的错误率链路将导致较高的时延）。图 5-10 说明了如下重要论点：为了微调 L 参数而选择一个合适的工作点是可能的，这个工作点俘获了如下两者之间的折中：①可获得的 TCP 吞吐量；②每个可靠接收的序列号扩展的有效能量。当然，L 的正确选择估计是依赖于拓扑的，这里将在一个特定网络中为优化 L 而开发一种适应性算法的问题留作未来研究的一个开放问题。

5.6 应需路由协议的适应性调整

下面描述为计算最小能量可靠路径而提出的技术如何能够应用到应需（反应式的）路由协议中。应需路由协议，顾名思义，是根据需要计算路径。在这些协议中，链路开销并没有周期性地分担到网络中的所有其他节点处，相反仅当特定会话需要进行路由时才计算路由。因此，为了得到最小能量路由，而直接采用基于度量指标的最短路径计算算法是相当困难的。因为链路错误率（信道条件）也随节点移动而变化，所以对于移动网络这个问题就变得极其困难。在这里给出的工作中，采用自组织应需距离向量路由协议（AODV）[17] 进行试验，描述了为 AODV 开发一个最小能量端到端可靠路径计算机制中的经验。但是，应该明显了解的是，这里的技术可一般化地应用到其他应需路由协议（如 DSR[9] 和 TORA[16]）中。通过试验，在各种噪声和节点移动性条件下，针对 AODV 协议和能量高效的协议变体进行了详细研究。作为这项研究的组成部分，可以识别出一些特定配置，其中没有考虑噪声特性的应需协议可能导致显著较低的吞吐量，甚至在低或中等信道噪声的条件下也是如此。

5.6.1 估计链路错误率

为了实现这里提出的机制，每个节点仅估计从其邻接节点来的进入（incoming）无线链路上的错误率就足够了。本节将讨论两种可能的机制，这些机制允许每个节点估计其进入链路的比特错误率 p_b。

5.6.1.1 使用无线信噪比的估计

如 5.5.1 节所述，一条无线信道的比特错误率 p_b 取决于信号的接收功率水平 P_r。多数无线接口卡典型地为每条接收报文测量信噪比（SNR）。SNR 是接收信号强度相对于背景噪声的一个度量指标，并经常以分贝表示为

$$\mathrm{SNR} = 10\lg\frac{P_r}{N} \tag{5-19}$$

从无线接口卡测量的 SNR 值能够计算 P_r/N［式（5-19）］。为计算比特错误，将

这个值替换到方程［如BPSK调制的式（5-17）］，就能够估计每条接收报文经历的比特错误率。

这种基于SNR的错误率估计技术主要在自由空间环境中是有用的，在其中可应用这样的错误模型，结果就是这种技术对于室内环境是不可用的，原因是其中信号特征更多地依赖于信号路径上物理障碍物的位置和性质。对于这样的环境，使用另外一种技术，该技术基于链路错误特征的经验观察，接下来将进行详细描述。

5.6.1.2　使用链路层探查的估计

在这种经验性的技术中，通过使用链路层探查报文，估计进入链路的比特错误率。每个节点在其局部邻居范围之内周期性地广播一条探查报文，每条这样的报文都有随每条广播递增的局部序列号。这个节点的每个邻居仅能接收这些探查的一个子集，由于信道错误，其他探查报文都丢失了。一条探查报文的正确接收终止一个时期（epoch），每个节点存储来自于它的每个邻居的最后正确接收报文的序列号。接收到来自一个节点的下一个（第 i 个）探查报文时，接收节点就能够计算在前一个时期中丢失的探查报文数 s_i，在这个时期中广播的探查报文总数是 s_i+1。注意对于长度为packet_size bit的一条探查报文的报文丢失率（p）（假定独立的比特错误）给定如下：

$$p=1-(1-p_{\mathrm{b}})^{\mathrm{packet\_size}} \tag{5-20}$$

上一个时期探查报文的报文丢失率也可计算如下：

$$p=\frac{s_i}{s_i+1} \tag{5-21}$$

因此，接收节点能够计算上一时期的进入链路BER如下：

$$p_{\mathrm{b}}=1-\exp\frac{\lg\left(1-\frac{s_i}{s_i+1}\right)}{\mathrm{packet\_size}} \tag{5-22}$$

无线环境中的单播报文有时使用信道竞争机制，例如在IEEE 802.11中为数据报文采用的RTS/CTS技术。这样的一种竞争机制不能用于广播报文。由于冲突，广播报文比单播报文更容易丢失，因此基于探查的比特错误率估计技术可能潜在地过度估计了数据报文经历的实际比特错误率。在网络的高度负载区域，这个过度估计会进一步放大。

虽然为进入链路估计的比特错误率会比实际的高，但由于如下原因，使用基于探查的机制仍然是可在实践中实施的：

1）在具有高流量负载的无线网络部分，比特错误率是过度估计的。因为路由计算技术在高比特错误率方面有所偏差，所以路由将自然地避免这些高流量负载的区域。这将导致网络中流量负载的均匀分布，增加网络寿命，并减少竞争。

2）在这里的算法中选择最优路由的标准是基于路由的相对开销的，而不是基于实际开销的。随着网络上的流量负载在不同链路上更加均衡，对于所有链路，比特错误率将出现均等的过度估计。这隐含着，链路开销的相对排序总体说来不会受到链路比特错误率过度估计的影响。结果，提出的方案仍然能够使用基于探查的技术，来选择合适的能量高效可靠路由。

5.6.1.3 变化功率情形的估计

为了持续地监视并更新比特错误率，可以利用这样的报文，它们保证在邻接节点之间周期性地交换。在 AODV 协议中，为了检测其局部邻居关系，每个节点周期性地广播一条“Hello”报文，利用这条报文估计比特错误率如下：在基于 SNR 的方法中，测量 SNR 值，并为每条接收到的“Hello”报文推导比特错误率。在基于探查的方法中，将每条“Hello”报文视作一条探查报文。

对于固定传输功率的情形，使用“Hello”报文的比特错误率估计能够准确地按照 5.6.1 节中的描述执行。但是，对于变化功率的场景，这两种技术都需要改进。如 5.5.1 节所述，一条进入链路的比特错误率取决于接收报文的信号功率水平。对于固定传输功率的情形，所有节点都以相同恒定功率传输“Hello”报文和数据报文。因此，对于特定节点对的传输和接收节点，针对“Hello”报文估计的比特错误率［见式（5-22）］同样适用于数据报文。但是，对于变化功率传输的情形却不是这样。

在变化功率的情形中，采用给定数据报文的传输功率形成式（5-2）所示的公式，该功率取决于链路距离。但是，“Hello”报文是广播到所有可能的邻居的，并是以固定最大传输功率（$P_{t,max}$）传输的。例如，在图 5-11 中，节点 1 将以功率 $P_{t,max}=P_{Th}\gamma D_{12}^{k}$传输一条“Hello”报文，其中 D_{12}代表节点 1 的最大传输范围。但是，它将以功率 $P_t=P_{Th}\gamma D_{13}^{k}$向节点 3 传输一条数据报文。明显地，$P_{t,max}>P_t$，因此节点 3 以比数据报文较高的功率水平接收“Hello”报文。很明显，以较高功率接收的报文（例如，“Hello”报文）将比以较低功率接收的报文（例如，数据报文）经历较低的报文丢失率。因此，对于在变化传输功率情形中的数据报文，为了估计比特错误率就需要进行合适的调整。

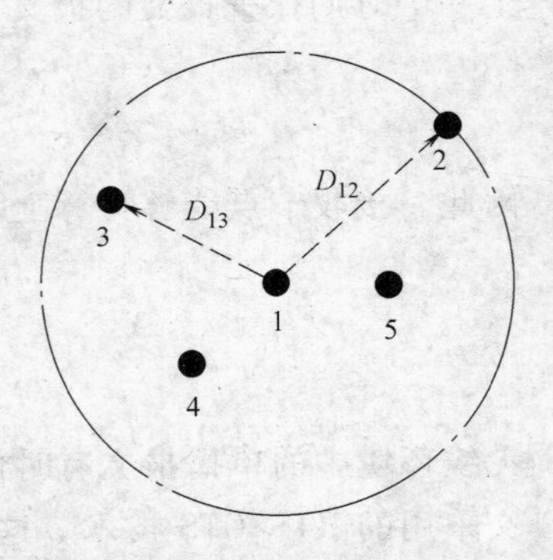

图 5-11 针对变化功率的情形计算比特错误率

在变化功率的情形中，一个节点选择的传输功率水平使在接收者处接收报文的功率水平是 P_{Th}。因此对于基于 SNR 的技术，通过在式（5-17）中以 P_{Th} 替换 P_r，就能估计数据报文的比特错误率。在一条进入链路上为数据报文估计的比特

错误率计算为 $p_b = 0.5\mathrm{erfc}\ (\sqrt{P_{\mathrm{Th}}/Nf})$，其中噪声 N 是利用式（5-19）采用由无线接口卡测量的 SNR 和 P_r 计算出来的。当使用基于探查的技术时，为了估计数据报文的比特错误率，需要应用一个相关的但不同的修正方案。限于篇幅，这里忽略这种方案的细节。

对于基于 SNR 的方案和基于探查的方案，每个节点都使用采样比特错误率数值的一个指数加权移动平均函数而持续地更新它们对比特错误率的估计。如在所有这样的平均技术中一样，估计可能偏向于更新的样本，这取决于链路上噪声条件件改变的错误率。一般而言，链路错误特征随节点移动性增加而变化，因此随着节点移动性的增加，估计可能逐渐地偏向于更新的样本。

在自由空间环境中，基于 SNR 的技术允许估计实际比特错误率数值的更快收敛（即数个“Hello”报文就足够了）。为了准确估计比特错误率，基于探查的技术需要大量“Hello”报文。明显地，能量高效路由的计算取决于链路错误估计的准确程度。基于 SNR 的技术能够提供自由空间环境中比特错误率的非常准确的估计。但是，它不适用于室内环境，其中基于探查的技术可提供实际链路错误率的一个合理估计。另外，节点移动性影响这两种方案的估计准确度。5.7 节将研究节点移动性对链路错误估计和能量高效路由计算的影响。

5.6.2 AODV 及其改进

AODV 路由协议是为自组织移动网络设计的一种应需路由协议。AODV 不仅仅当必要时才构建路由，而且仅当数据报文活跃地使用这些路由时才维护这样的路由。AODV 使用序列号确保路由的新鲜程度。

AODV 使用一个路由请求/路由应答查询循环构建路由。当一个源节点期望一条到一个目的地的路由（此时它没有这样的一条路由）时，它在网络上广播一条路由请求（RREQ）报文。接收到这条报文的节点为源节点更新它们的信息，并在路由表中设置到源节点的反向指针。除了源节点的 IP 地址、当前序列号和广播 ID 之外，RREQ 也包含源节点知道的目的地的最新序列号。接收到 RREQ 的一个节点，如果它是目的地，或者它具有大于或等于包含于 RREQ 中相应序列号到目的地的一条路由，它就发送一条路由应答（RREP）。如果情况是这样，则它向源节点单播返回一条 RREP，否则重新广播这条 RREQ。节点们记录 RREQ 的源 IP 地址和广播 ID，如果它们接收到已经处理过的一条 RREQ，那么它们就丢弃这条 RREQ，且不转发该报文。

当 RREP 传播回到源节点后，节点们就建立起到目的地的转发指针。一旦源节点接收到 RREP，它就开始向目的地转发数据报文。如果后来源节点接收到包含一个较大序列号或包含具有较小跳数的相同序列号，那么它就为那个目的地更新它的路由信息，并开始使用更优的路由。

只要路由保持活跃，就将继续维护这条路由。只要存在数据报文周期性地沿那条路径从源到目的地穿过节点，就认为这条路由是活跃的。一旦源节点停止发送数据报文，链路将会超时，并最终从中间节点的路由表中删除。如果当这条路由活跃时发生了链路中断，那么断点处上游的节点向源节点传播一条路由错误消息（RERR），通知源节点告知现在不可达的目的地。接收到这样一条 RERR 时，如果源节点仍然关注到那个目的地节点的一条路由，那么它将重新启动路由发现。AODV 协议的详细描述可在 Perkins 和 Royer 撰写的一篇文章中找到[17]。

下面介绍为可靠数据传输而选择能量高效路径，需要对 AODV 协议进行的一组改进。这里提出的改进遵循应需哲学观点，其中路径仍然是应需计算的，且只要一条现存路径是有效的，就不主动地改变路径。明显地，其他可选设计是可能的，其中即使链路错误中的微小修改都可能用来触发更优（即更加能量高效的）路径的探查搜索。但是，将这样的一种设计看作是偏离应需本质的。因此，这里提出的（能量高效的）路由计算是由与基本 AODV 相同的事件集合触发的，即对一条新的路由查询或修复一条现有路由的故障做出响应。

5.6.2.1 AODV 消息和结构

为可靠数据传递而执行能量高效路由计算，需要为在候选路径上的链路而相互交换关于能量开销和丢失概率的信息。这个消息交换是通过如下方式取得的，按照如下描述的方法将额外字段添加到现有的 AODV 消息（RREQ 和 RREP），且不需要指定任何新的消息类型：

1. RREQ 消息

通过 RREQ 消息传递和积累的信息，由目的节点判断哪条候选路径具有最小开销。RREQ 中的新字段如下：

1）C_{req}：存储平均能量开销，这个开销是沿 RREQ 消息穿越的路径从源节点到目前节点传输一条数据报文所需要的。

2）E_{req}：仅用于 EER 情形。它存储所消耗的能量之和，这些能量沿 RREQ 消息穿越的路径是从源节点到目前节点传输数据报文所需要的。在计算这个字段时，假定没有链路错误率，这意味着报文在每条链路上仅传输一次。这个字段是按 $E_{\text{req}} = \sum_{\forall l} E_l$ 计算的，其中 E_l 表示 RREQ 穿越的链路集合。

3）Q_{req}：也仅用于 EER 情形之中。它存储在链路上成功传输一条数据报文的概率，这条链路是 RREQ 穿越的从源节点到目前节点的链路，这个概率为 $Q_{\text{req}} = \prod_{\forall l}(1 - p_l)$，其中 $\forall l$ 表示 RREQ 穿越的链路集合，p_l 是按式（5-20）计算的。

2. RREP 消息

通过 RREP 消息传递的消息，由应答路径上的每个节点使用，用来计算从当前节点到目的地节点部分路由的开销。这个信息中的一些信息也存储于路由表节点之中，以被后来寻找相同目的地的其他 RREQ 消息使用。RREP 中的新字段如下：

1）C_{rep}：存储平均能量开销，这个开销是在 RREP 穿越的路径上从源节点到目前节点传输一条数据报文所需要的。像 C_{req} 字段一样，对于 HHR 和 EER 情形，它的解释是不同的。

2）E_{rep}：类似于 E_{req}（对于从目前节点到目的地节点的所有链路），它仅用于 EER 情形。

3）Q_{rep}：类似于 Q_{req}（对于从目前节点到目的地节点的所有链路），它仅用于 EER 情形。

4）$P_{t,rep}$：RREP 消息的接收者应该在向目的地转发数据报文中使用的传输功率水平。

5）Bcast_{rep}：惟一标识广播 RREQ 消息的 RREQ 消息 ID，该广播 RREQ 消息导致产生这条 RREP 消息。

3. 广播 ID 表

每个节点在广播 ID 表中为每条路由请求查询维护一个表项，且不再进一步转发被这个节点看到过的一条 RREQ。添加到表中的新字段如下：

1）H_{bid}：从源节点到当前节点由 RREQ 穿越的跳数。

2）C_{bid}：存储在接收到的 RREQ 消息中 C_{req} 的值。

3）E_{bid}：存储在接收到的 RREQ 消息中 E_{req} 的值。

4）Q_{bid}：存储在 RREQ 消息中 Q_{req} 的值。

5）Prev_{bid}：存储当前节点从之接收到 RREQ 消息的节点 ID。这个表项为每条接收到的 RREQ 消息进行更新，该消息后来被当前节点转发。在接收到的 RREQ 被丢弃的情况下，不更新这个字段。

4. 路由表

一个节点在路由表中为它知道一条路由的每个目的地节点维护一条表项。在这个表中的新字段如下：

1）C_{rt}：存储由当前节点接收到的 RREQ 消息中 C_{req} 字段的值或 RREP 消息中 C_{rep} 字段的值。如果在这个字段中存储的是 C_{rep} 的值，则在接收到寻找这个目的地节点的未来 RREQ 消息时，它就能够用作从这个节点到目的地节点的累积下行开销的一个估计。

2）E_{rt}：存储由当前节点接收到的 RREQ 消息中 E_{req} 字段的值或 RREP 消息中 E_{rep} 字段的值。

3）Q_{rt}：存储由当前节点接收到的 RREQ 消息中 Q_{req} 字段的值或 RREP 消息中 Q_{rep} 字段的值。

4）$P_{t,rt}$：存储 RREP 消息中 $P_{r,rep}$ 字段的值。

5.6.3 路由发现

路由发现由两个阶段组成：路由请求阶段和路由应答阶段。下面将描述对这两个阶段的改进。

5.6.3.1 路由请求阶段

通过以 $C_{req}=0$、$E_{req}=1$ 和 $Q_{req}=1$（后两个参数对 EER 情形有效）初始化一条 RREQ 消息，源节点触发路由发现过程，其他字段是按照原始算法中的字段进行初始化的。为了到达所有合法的一跳邻居，RREQ 消息是以节点的最大功率进行传输的。当一个中间节点 n_i 从前边的节点 n_{i-1} 接收到 RREQ 消息时，它就更新对应于这条路由请求消息的广播 ID 表项中的字段。如果合适，它也在更新消息字段之后，下行转发这条 RREQ 消息。

为了实施更新，节点 n_i 计算节点 n_{i-1} 在链路 $l=<i-1, i>$ 之上一条数据报文的单次发送试探中所消耗的能量（E_l）。对于固定功率的情形，传输功率 P_t 是一个全局已知的常数。在变化功率情形中，控制消息（如“Hello”和 RREQ 消息）是以固定最大传输功率 $P_{t,max}$ 发送的，这个功率也是全局已知的。数据报文是以满足如下条件的传输功率 P_t 发送的，即在节点 n_i 处数据报文的接收功率恰好高于阈值（等于 P_{Th}）。因此，节点 n_i 能够计算由节点 n_{i-1} 为数据报文使用的传输功率，即

$$p_t = P_{Th}\frac{P_{t,max}}{P_{r,max}} \tag{5-23}$$

式中，$P_{r,max}$ 是在 n_i 处从 n_{i-1} 接收“Hello”和 RREQ 消息的功率值；E_l 是 P_t 的固定倍数。

接着，节点 n_i 更新 RREQ 消息中的字段如下：

1）HHR 情形为

$$C_{req} = C_{req} + \frac{E_l}{1-p_l} \tag{5-24}$$

2）EER 情形为

$$E_{req} = E_{req} + E_l \tag{5-25}$$

$$Q_{req} = Q_{req}(1-p_l) \tag{5-26}$$

$$C_{req} = \frac{E_{req}}{1-Q_{req}} \tag{5-27}$$

节点 n_i 使用式（5-20）计算报文错误率（p_l）和存储于邻居列表中的比特错误率估计。

节点 n_i 检查存储于RREQ消息中的广播标识号[⊖]（Bid_{req}），为的是检查它是否看到过属于相同路由请求阶段的任何以前的RREQ消息。如果这是该条RREQ的第一个实例，节点 n_i 在其广播ID表中添加一条新的表项，并将其值初始化为 $H_{bid}=H_{req}$、$C_{bid}=C_{req}$、$E_{bid}=E_{req}$、$Q_{bid}=Q_{req}$ 和 $Prev_{bid}=n_{i-1}$，其中 H_{req} 是由RREQ消息穿越的存储于RREQ消息内部的跳数。否则，节点 n_i 看到的就是以前的一条RREQ消息。在这种情形中，它将RREQ消息中的更新开销数值与存储于广播ID表表项中的数值相比较。在HHR情形中，如果布尔表达式

$$(C_{req}<C_{bid})\mathrm{OR}(C_{req}=C_{bid}\mathrm{AND}\ H_{req}<H_{bid}) \tag{5-28}$$

是真的，那么就进一步转发这条RREQ消息。否则，当前最优的已知路由具有比这条RREQ消息发现的新路由较小的开销，因此就将之丢弃。

对于在EER情形中的一个正确公式，如用于HHR情形中的相同比较规则［见式（5-28）］，则是不可用的。这是因为在EER情形中，开销函数不是线性的。考虑图5-12，其中节点 n 通过两条不同路径从源节点接收到两条RREQ消息。这两条路径的端到端能量开销分别是 $(E_1+E)/(1-Q_1Q)$ 和 $(E_2+E)/(1-Q_2Q)$。当且仅当

$$\frac{E_1+E}{1-Q_1Q}<\frac{E_2+E}{1-Q_2Q} \tag{5-29}$$

时，节点 n 应该选择由 $RREQ_1$ 确定的路径。但是，在节点 n，不能得到关于 E 和 Q 的信息，因此这个不等式是不能被评估的。因此，为了在EER情形中最优地计算能量高效路由，每条独立的RREQ消息需要向目的地进行转发。为了做到这点，也需要在广播ID表中每条这样的消息有一个独立的表项。这可能潜在地导致广播表尺寸的指数增长，因此是不实际的。所以，在实践中提出使用与HHR情形中相同的转发机制，并在广播ID表中为每条路由请求仅维护单条表项，这意味着在EER情形中选中的路径不是最优的。被选中路径的质量可改进如下：通过增加维护于广播ID表中的状态，并向目的地相应地转发更合适的RREQ消息。

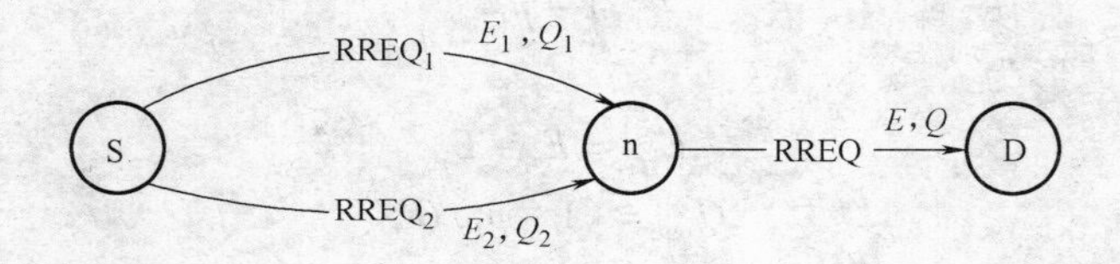

图5-12　为EER情形计算能量开销

⊖ 广播标识惟一地标识属于相同路由请求阶段的所有RREQ消息。

5.6.3.2 路由应答阶段

在 AODV 中，路由应答（RREP）消息可由目的地产生，或由知道到目的地任意一条路径的一个中间节点产生。在 AODV 改进版本中，RREP 消息的产生是基于候选路径的开销的。如果目的地节点从不同路径接收到一组 RREQ 消息，它就在这些可选路径中选择具有最小开销的路径，并沿这条路径产生一条 RREP 消息。目的地节点接收多条 RREQ 消息，它有两个选择：①为由一条新的 RREQ 消息发现的每条更优（即更加节省能量）路由立刻回答一条 RREP 消息；②等待一个小的超时，允许所有的 RREQ 消息发现路由，之后为最优发现的路由发送单条 RREP 响应。明显地，前一种方法将允许目的地节点以传输多条 RREP 消息的代价选择最优路由，后一种方法以较高路由建立时延的代价仅产生单条 RREP 消息的传输。作为本章的核心内容，选择实现第一种方法发送多条 RREP 消息。

当目的地节点接收到第一条 RREQ 消息后，如前面描述的那样，它更新它的相应广播 ID 表表项，为的是反映由这条 RREQ 消息穿越路由的开销。对于来自源节点从另一条路径接收到的相同的每条 RREQ 消息，目的地节点利用式(5-28)将这条新 RREQ 穿越的开销与局部存储于其广播 ID 表中的开销相比较。如果表达式有效，那么由这条新 RREQ 穿越的路径的开销就较低。在这样一种情形中，该节点就更新其局部信息，并为这条新的 RREQ 穿越的路径产生一条 RREP 消息应答，否则它就忽略 RREQ 消息。接收到一条 RREQ 消息的中间节点也能够产生一条 RREP 消息，如果这个中间节点具有到目的地的一条众所周知路由[⊖]，且由这条 RREQ 穿越的部分路径的开销小于本地存储的开销的话。

产生 RREP 消息的节点将 RREQ ID 复制到 RREP 消息的 $\text{Bcast}_{\text{rep}}$ 中。对于变化功率的情形，为了传输数据报文，它也计算前一跳节点使用的传输功率。使用式（5-23）计算这个数值，并将之放在 RREP 消息的 $P_{\text{t,rep}}$ 字段中。RREP 消息中的不同字段计算如下：

1）HHR 情形为

$$C_{\text{rep}} = \frac{E_l}{1 - p_l} + C_{\text{rt}}$$

2）EER 情形为

$$E_{\text{rep}} = E_l + E_{\text{rt}}$$

$$Q_{\text{rep}} = (1 - p_l) Q_{\text{rt}}$$

$$C_{\text{rep}} = \frac{E_{\text{rep}}}{1 - Q_{\text{rep}}}$$

⊖ 采用“众所周知的”含义是，从目前节点到目的地路由的开销是已知的。

式中，p_l 是用于数据报文的前一跳的报文错误率。

如果产生 RREP 消息的节点是目的地节点，则有 $C_{rt}=0$、$E_{rt}=0$ 和 $Q_{rt}=1$。节点将这条 RREP 消息转发到 Prev_{bid} 节点，该信息存储到这个 RREQ 的相应广播 ID 表表项中。

当一个节点第一次接收到一条 RREP 消息后，它就在路由表中创建对应于这条 RREP 的一条表项。它将这条表项的字段初始化为 $C_{rt}=C_{rep}$、$E_{rt}=E_{rep}$、$Q_{rt}=Q_{rep}$ 和 $P_{r,rt}=P_{r,rep}$。如果已经存在这样的一个表项，则该节点按照路由请求阶段所描述的方法比较开销数值。如果新的路径具有较低的开销，那么更新路由表项，且 RREP 消息中的表项被合理地更新和转发。

为了更新 RREP 消息，该节点计算对应于这个节点和存储于广播 ID 表相应表项中 Prev_{bid} 节点之间链路的 E_l 和 p_l 值。节点使用式（5-23）更新 $P_{t,rep}$ 字段，它也以对一条 RREQ 消息执行更新相同的方式按照式（5-24）～式（5-27）更新 RREP 消息的其他字段（即 C_{rep}、E_{rep} 和 Q_{rep}）。

如上所述，作为由后续 RREQ 消息发现的更优路由（这表明逐步发现的较低开销路由），节点可能转发多个 RREP 消息。

5.7　应需协议扩展的性能评估

基于仿真对 AODV 协议的性能研究是在采用能量感知改进和不采用改进这两种情况下的性能研究，这里使用与 5.5 节描述相同的仿真环境。

这些仿真对信道噪声的各种场景、由于信道竞争而产生的节点间干扰、节点移动性以及它们对性能的影响等各方面进行了建模。这些试验的完整描述可在 Nadeem 等人[15]的一项研究中找到。下面将介绍使用 UDP 流在与图 5-4 相同的 49 个节点拓扑上所得到结果的一个快照。每个 UDP 报文为 1000B，每次仿真运行 250s。

下面将主要比较 AODV 协议的重传感知（RA）协议变种和能量感知（EA）协议变种的性能。出于完备性考虑，也包括了基本最小跳或最短时延（SD）AODV 协议的性能。对于 RA 变种，采用两种技术对链路错误估计进行了试验，即基于 SNR 的技术（称为“RA（SNR）”）和基于探查的技术（称为“RA（probe）”）。

对于不同的试验，在拓扑上的不同点改变噪声，将整个方形区域分割成小的方形网格（每个为 50×50 单位），这些小的方形区域的每个区域都被指派单个不同的噪声水平。注意一个无线信道的比特错误率取决于噪声水平，且具有较高噪声的区域具有对应无线链路的较高比特错误率。不同的小的方形网格的噪声选择在两个可配置参数 N_{min}～N_{max} 之间变化，这两个参数分别对应于最小和最大噪声。这里，在整个区域上以不同的噪声分布进行试验。本章仅将焦点放在一个随机噪声环境上，在这个场景的不同试验中，选择 N_{min} 为 0.0W 以及在 $0.0 \sim 1.0 \times 10^{-11}$W 之间变化的 N_{max}。在一个无线接收者处的比特错误率由式（5-17）确定。

在图 5-13 和图 5-14 中给出了在一个网格拓扑上这些随机噪声环境的有效可靠吞吐量和平均能量开销。选择接收者功率阈值为 1.0×10^{-9}W，一条给定链路的传输功率的选择为可使接收节点以该功率接收报文。

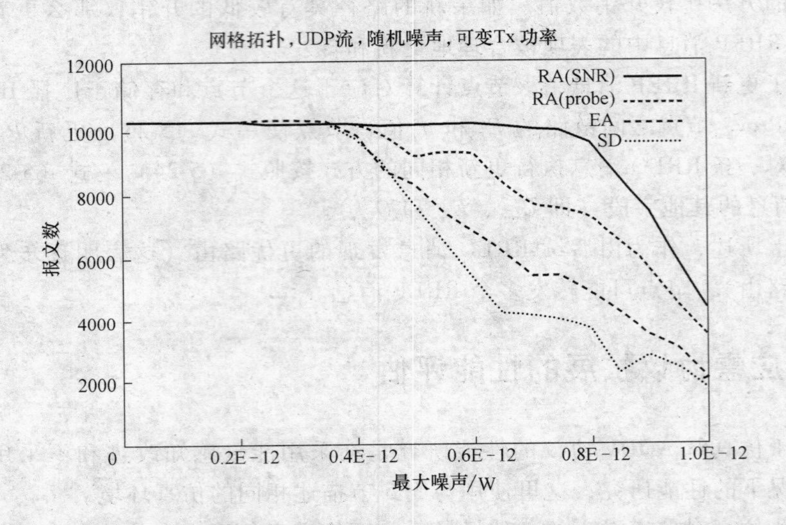

图 5-13　有效可靠吞吐量（网格拓扑，在随机噪声环境中的可变传输功率）

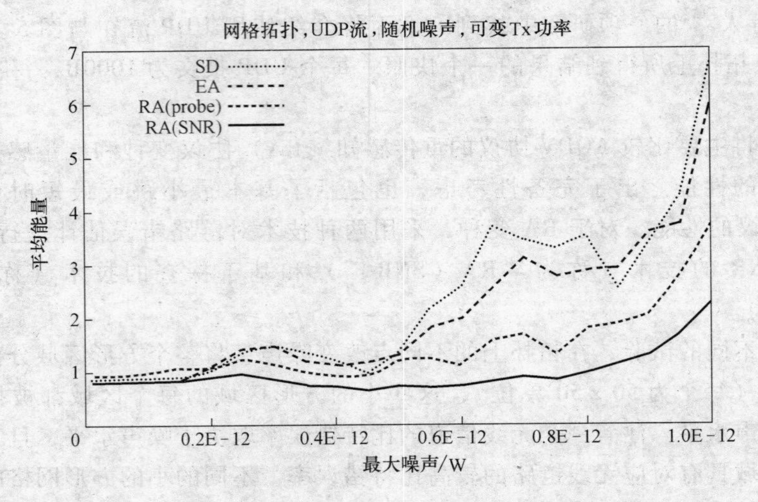

图 5-14　平均能量开销（网格拓扑，在随机噪声环境中的可变传输功率）

结果表明，仅在零噪声环境下其他方案才与 RA 方案表现得一样好。对于所有其他情形，RA 方案显示出明显的性能提升。随着噪声水平的提高，性能增益变得更高。

在两种链路错误估计技术中，由于是对一个自由空间环境建模的，所以基于 SNR 的方案表现较好。但是，使用基于探查（probe）的链路错误估计的 RA 方案也提供了优于 EA 和 SD 方案的显著性能。

5.8 小结

本章说明了为什么有效的总传输能量（包括潜在重传中的所用能量）是可靠的、能量高效通信的合适度量指标。一条候选路由的能量效率因此极端依赖于底层链路的报文错误率，原因是它们会直接影响浪费在重传中的能量。对错误率、跳数和传输功率之间相互作用的分析揭示了以下 4 项主要结果：

1）即使所有链路具有等同的错误率，将一条长距离（高功率）跳分割成多个短距离（低功率）跳也会产生总的能量节省，但情形并不总是这样。

2）任何路由算法都必须在链路功率要求和错误率这两方面基础上评估一条候选链路（和路径）。

3）支持链路层重发（HHR）对一个无线自组织网络几乎是必须的，因为它能够至少使有效能耗降低一个数量级。

4）不管节点在链路间传输是否使用固定的传输功率还是可变的传输功率，使用这里提出的重传感知路由方案的优势都是显著的。

在本章所用模型中，仅在式（5-12）和式（5-15）中对链路开销 $C_{i,j}$ 进行公式化过程中，考虑了报文传输能耗 $E_{i,j}$。不同的研究（参见 Stemm 和 Katz 的相关文章[22]）已经表明，对于一些无线技术而言，由报文接收消耗的能量有时相当于报文传输消耗的能量。这个报文接收开销能够容易地包含于能量开销公式中。例如，在 HHR 框架中，可简单地将式（5-12）修改成 $C_{i,j}=(E_{i,j}+R_{i,j})/(1-p_{i,j})$，其中 $R_{i,j}$ 是链路 $<i,j>$ 上报文接收消耗的能量。

当前关于能量高效路由的研究工作，其中假定网络中的所有节点总是可用来路由所有报文的。在现实中，因为节点即使在空闲模式下也要消耗功率，所以在不损失连通性或网络容量的情况下，关闭一个合适的节点子集，就能够获得显著的总能量节省。已经存在很多关于拓扑控制算法的研究（如 SPAN[3] 和 GAF[24]），它们基于连通主集合的概念，精确地、周期性地将一些节点置于睡眠状态，而降低能耗，但是这些协议到目前为止还是将焦点集中在不损失可用吞吐量的情况下降低环境能量开销的。明显地，最小化能量路由和拓扑控制的这两种方法可组合起来进一步降低能量额外负担。例如，如果这在显著降低可靠通信开销的情况下有助于路径选择（用于活跃数据流），使比最小必要节点集多一些的节点保持清醒状态可能要好一些。将这两种方法相结合，构成了未来潜在研究的一个领域。

参考文献

1. S. Banerjee and A. Misra, Minimum energy paths for reliable communication in multi-hop wireless networks, *Proc. MobiHoc Conf.*, June 2002.
2. J.-H. Chang and L. Tassiulas, Energy conserving routing in wireless ad-hoc networks, *Proc. InfoCom, Conf.*, March 2000.
3. B. Chen, K. Jamieson, H. Balakrishnan, and R. Morris. Span: An energy-efficient coordination algorithm for topology maintenance in ad hoc wireless networks, *ACM Wireless Networks J.* **8**(5) (Sept. 2002).
4. A. El Gamal, C. Nair, B. Prabhakar, E. Uysal-Biyikoglu, and S. Zahedi, Energy-efficient scheduling of packet transmissions over wireless networks, *Proc. IEEE InfoCom Conf.*, June 2002.
5. S. Floyd, Connections with multiple congested gateways in packet-switched networks Part 1: One-way traffic, *Compu. Commun. Rev.* **21**(5) (Oct. 1991).
6. J. Gass Jr., M. Pursley, H. Russell, and J. Wysocarski, An adaptive-transmission protocol for frequency-hop wireless communication networks, *Wireless Networks* **7**(5):487–495 (Sept. 2001).
7. J. Gomez and A. Campbell, Power-aware routing optimization for wireless ad hoc networks, *Proc. High Speed Networks Workshop* (*HSN*), June 2001.
8. J. Gomez, A. Campbell, M. Naghshineh, and C. Bisdikian, Conserving transmission power in wireless ad hoc networks, *Proc. Int. Conf. Networking Protocols*, Nov. 2001.
9. D. Johnson and D. Maltz, Dynamic source routing in ad hoc wireless networks, *Mobile Comput. 153–181* (1996).
10. T. Lakshman, U. Madhow, and B. Suter, Window-based error recovery and flow control with a slow acknowledgment channel: A study of TCP/IP performance, *Proc. InfoCom Conf.*, April 1997.
11. G. Malkin, RIP version 2, RFC 2453, IETF, Nov. 1998.
12. M. Matthis, J. Semke, J. Madhavi, and T. Ott, The macrosocopic behavior of the TCP congestion avoidance algorithm, *Comput. Commun. Rev.* **27**(3) (July 1997).
13. A. Misra and S. Banerjee, MRPC: Maximizing network lifetime for reliable routing in wireless environments, *Proc. IEEE Wireless Communications and Networking Conf.* (*WCNC*), March 2002.
14. J. Moy, OSPF version 2, RFC 2328, IETF, April 1998.
15. T. Nadeem, S. Banerjee, A. Misra, and A. Agrawala, Energy-efficient reliable paths for on-demand routing protocols, *Proc. 6th IFIP IEEE Int. Conf. Mobile and Wireless Communication Networks*, Oct. 2004.
16. V. Park and M. Corson, A highly adaptive distributed routing algorithm for mobile wireless networks, *Proc. InfoCom, Conf.*, April 1997.
17. C. Perkins and E. Royer, Ad-hoc on-demand distance vector routing, *Proc. 2nd IEEE*

Workshop on Mobile Computing Systems and Applications, Feb. 1999.

18. B. Prabhakar, E. Uysal-Biyikoglu, and A. El Gamal, Energy-efficient transmission over a wireless link via lazy packet scheduling, *Proc. IEEE InfoCom, Conf.*, April 2001.
19. K. Scott and N. Bamboos, Routing and channel assignment for low power transmission in PCS, *Proc. ICUPC*, Oct. 1996.
20. S. Singh and C. Raghavendra, Pamas-power aware multi-access protocol with signaling for ad hoc networks, *ACM Commun. Rev.* (July 1998).
21. S. Singh, M. Woo, and C. Raghavendra, Power-aware routing in mobile ad-hoc networks, *Proc. MobiCom Conf.*, Oct. 1998.
22. M. Stemm and R. Katz, Measuring and reducing energy consumption of network interfaces in hand-held devices, *IEICE Trans. Fund. Electron. Commun. Comput. Sci.* (special issue on mobile computing), **80**(8) (Aug. 1997).
23. C. Toh, H. Cobb, and D. Scott, Performance evaluation of battery-life-aware routing schemes for wireless ad hoc networks, *Proc. ICC*, June 2001.
24. Y. Xu, J. Heidemann, and D. Estrin, Geography-informed energy conservation for ad hoc routing, *Proc. ACM MobiCom Conf.*, 2001.
25. M. Zorzi and R. Rao, Error control and energy consumption in communications for nomadic computing, *IEEE Trans. Comput*. **46**(3) (March 1997).

第Ⅱ部分　传感器网络的最新进展和研究成果

最近传感器网络已经吸引了人们的众多关注，这些无线网络由具有能量和资源限制的高度分布的节点组成。它得到了如下领域研究进展的推动：微电子机械系统（MEMS）、微型传感器、无线连网和嵌入式处理。传感器的自组织网络日渐出现于商业和军事应用中，例如环境监视（如交通、居住、安全）、工业检测和诊断（如工厂、工具设施）、关键基础设施保护（如电力网、水资源分布、废物丢弃）以及战场应用的状态感知。从工程和计算的角度来看，传感器网络成了丰富的问题来源，这些问题包括传感器任务和控制、跟踪和定位、概率性推理、传感器数据融合、分布式数据库以及通信协议和理论（这些协议和理论解决网络覆盖、连通性和容量以及系统/软件架构和设计方法论）。而且，在所有这些问题中，需要考虑许多相互依赖的要求，如效率—开销折中、鲁棒性、自组织、容错、可扩展性和网络寿命。

第 6 ~ 9 章将从不同观点采用系统性的方法讨论无线传感器网络中检测、跟踪和覆盖方面的重要且相关的问题。第 10 章和第 11 章将讲解传感器网络中的存储管理和安全领域。

在第 6 章，Yu 和 Ephremides 深入考察了传感器网络中能耗和检测准确度之间的折中因素，他们使用了三个模型来研究这些折中因素。在中心化模型中，在没有信息损失的情况下，将观察到的数据发送到控制节点，其决策是基于接收到的所有观察数据的。在分布式模型中，每个传感器节点做出一个局部决策，并将这个二元决策传输到中心节点。在量化模型中，将观察数据量化成数据位，并发送到控制节点。可以误警、检测概率和总体错误概率等方面来测量检测性能。

得到的数值结果表明，对于低计算开销和高传输开销而言，分布式模型执行得最好。因此，对于相同的总体错误概率而言，这个模型消耗最低的能量。另一方面，对于高计算开销和低传输开销而言，中心化模型是最好的。最后，在两种攻击模型（节点破坏和观察数据删除）之下，他们深入考察了鲁棒性问题。结果表明，分布式模型是对抗这两种攻击模型中最鲁棒的，而中心化模型是最脆弱的。

移动目标跟踪（MTT）是一个经典的问题，最近在新的传感器网络环境中得以重新审视。传统 MTT 基于功能强大的传感器节点，最近研究 MTT 的工作在如下方面有所区别：①使用 2 ~ 3 个数量级的传感器数量；②使用具有有限检测和处理能力的传感器；③使用倾向于更接近于目标并能够快速部署的传感器；④由多个传感器同时检测来获得检测冗余性。这些新的传感器环境规定了对改善的协同性和算法的要求，这些算法是轻量级的和功率高效的。

在第7章，Gupta等人将在三个小节中讲解目标跟踪问题。首先，将描述两种分布式跟踪方案：在第一种方案中，传感器以给定的计算开销动态地优化数据的信息功用；在第二种方案中，假定传感器是简单的，且仅能检测信息的一个位，如目标是否在范围内。通常情况下，这种方案的检测能力仅限于检测目标的方向和路径，准确度取决于传感器的密度。

7.2节将讨论支持协作跟踪的协议。需要协作的任务包括群组管理、状态维护和领头（Leader）选举。该节也将提出使用跟踪树，要求的操作是构建、扩展和剪枝以及重配置。

7.3节将讲解部署策略，特别将讲到传感器的放置策略。使用覆盖编码（Covering coding）的概念，可逐步逼近最优解。最后，还将讨论覆盖和能耗的折中以及异构传感器网络的概念。

现场收集传感器网络是为了给定参数集合空间和时间测量而部署的一种传感器节点网络。在第8章，Duarte-Melo和Liu将在一个传感器网络中深入考察寿命和吞吐量的性能限制。在所使用的模型中，传感器是以二维现场的方式部署的，具有单个收集器。

他们考虑了多种方案，包括基于流体流模型的公式法到使用线性规划技术的方法。为了对数据聚合和传输范围限制（由于功率限制）进行建模，可以改进公式。但是，这个初始的公式在获得的结果方面存在限制，即结果特定于一个特定网络布局或网络中每个节点的精确位置。通过考虑如下情形，可构造更一般的模型。在这种情形中，节点放置的部署概率分布是已知的。利用这个假定，通过将密度函数离散化，并再次使用线性规划公式，这个问题可得以解决。数值试验表明，在随机产生的拓扑之上，即使网络不是非常密集的，这种近似也是不错的。

在第9章，Ghosh和Das将讨论为了确保高效的资源管理，传感器网络中覆盖和连通的重要性。其主要焦点在于传感器现场的最优覆盖，同时要维持全局网络的连通性。

他们将给出传感器网络中通信、检测和覆盖的数学模型，以及传感器连通问题的图论背景知识。之后还将介绍基于暴露（Exposure）路径的覆盖算法和传感器部署策略。每种方法都以可应用性、复杂性以及特定于一个传感器网络或其低层应用的其他问题而作了解释。该章给出的综述提供了许多研究问题（有关传感器覆盖）的参考文献以及所有传感器部署算法各种特性的一个简洁汇总表格。

存储管理是传感器网络研究的一个领域，它正开始吸引人们的关注。对存储管理的需要主要来自于这种传感器网络性质，其中由传感器收集的信息没有实时地中继传输给观察人员。在这样的存储受限网络中，传感器不仅受限于可用能量，而且受限于存储。

在第10章，Tilak等人将考虑传感器网络的存储问题，其中数据存储于网络之中。该章将讨论两类需要这种存储的应用：① 离线科学监视，其中数据是离线收集的，并周期性地由观察人员收集到一处，用于以后的回放和分析；② 增强的现实应用，其中数据存储于网络中，并用来回答来自于多名观察人员动态生成的查询。他们将识别出存在于存储受限传感器网络中的目标、挑战和设计考虑因素。存储网络中详细描述的三个组成部分是存储的系统支持、协作存储以及索引和检索。

在第11章，Anjum和Sarkar将给出处理传感器网络中安全的综述。在传感器网络中的假设是，能量和计算是基本的限制，节点是密集部署的且容易出现故障，没有全局识别（Identification）。考虑的主要攻击类型是破坏传感器设备、使无线信号拥塞以及对MAC协议的链路层攻击（共三种攻击）。防御机制是采用非常轻量的加密来使用数据加密/认证。为了使用加密，需要一个适合的密钥管理方案，这样的方案应该使用对称密钥，其中不需要提前知道邻居，但也不能完全地信任邻居。第11章讨论的其他问题将是入侵检测、安全路由协议和安全计算以及收集数据的汇聚。

第 6 章　无线传感器网络的检测、能量和鲁棒性

LIGE YU 和 ANTHONY EPHREMIDES
美国马里兰大学帕克分校电子和计算机工程系

6.1　简介

无线传感器网络由执行特定功能中必须协作的传感器节点组成。特别地，节点具有检测、处理数据和通信的能力，就良好地适合于执行事件检测而言，它们明显地是无线传感器网络的一项主要应用。因此，自 20 世纪 80 年代后期以来，无线传感器网络的分布式的或去中心化的检测就得到了非常广泛的研究[1~11]。

对于执行一项分布式检测功能的无线传感器网络而言，以前多数的研究工作都集中在开发最优的决策规则或为不同场景深入考察统计性质方面。例如，人们为如下场景研究了一个最优传感器配置的结构，其中传感器网络受限于无线信道的容量，传感器在这样的信道上进行传输[1]；人们深入考察了一个并行分布式检测系统的性能，其中传感器数量假定可以不受限制[3]；人们也已经针对从传感器到传感器的统计相关观察的情形，研究了最优分布式检测系统设计[4]；另一项研究[7]将重点放在基于一个特定信号衰减模型的具有大量传感器的无线传感器网络上，并深入考察了设计一个最优本地决策规则的问题；Shi 等人[10]和 Zhang 等人[11]已经采用来自独立的和均匀分布的传感器的二元决策，研究了二元假设检验的问题，并开发了最优融合规则。

另一方面，因为传感器节点必须依赖于小型的、不可更换的电池供电，所以能量效率一直是传感器网络的一个关键问题。Raghunathan 等人[12]总结了几种在不同层次的能量优化和管理技术，这些技术的目的是为了提高无线传感器网络的能量感知能力。同时，为了提高传感器网络的能量效率[13~17]进行了大量相关研究工作，但重点多数都集中在群集机制[13,14]、路由算法[16]、能量耗散方案[14,17]、休眠状态[15]等上，其中能量的代价常常是检测时延[15,16]、网络密度[15,16]或计算复杂度[14,17]。

但是，在无线传感器网络的检测问题中，能量关系还没有探索得十分清楚。另外，在一个检测系统中，无线传感器网络在抵御各种攻击方面必须是鲁棒的。

因此，从安全的观点来看，鲁棒性是无线传感器网络的另一个关键问题。本章将在无线传感器网络的检测场景中深入考察三个重要问题：检测、能量和鲁棒性。特别地，将说明检测准确度和能耗之间的一个折中。

在分布式检测过程中，传感器节点是随机部署到现场中的，并负责从周围环境中收集数据。如果需要，则在采用某种路由方案将观察到的数据传输到控制中心之前，要进行本地处理。在传感器节点发送来的所有数据基础上，控制中心做出最后决策。各种数据处理的多种处理方法是可能的，并将产生不同模式的数据传输。Maniezzo 等人[17]深入考察了本地处理和数据传输之间的折中是如何影响能耗的。同样清晰的是，检测准确度取决于对数据中心可用的、包含于数据中的汇聚信息。因此，通过均衡本地处理和数据传输，能够自然地建立检测和能量之间的一种联系。能量效率是以这种方式换取检测性能的。

对于执行一项检测功能的无线传感器网络而言，观察数据常常是与节点间空间相关的[4]和与在每个单节点处的时间相关的。由于节点的有限能力以及不利地形的不可预料的复杂性[13,14,16]，对于从传感器节点将数据传输到控制中心，需要一种必要的路由方案。同样需要考虑的是噪声，因为它可能干扰数据传输，人们也已经研究了高斯噪声的情形[4,10]。但是，作为这个方向的第一步，人们试图得到初步的基本结果。因此，这里深入考察了一个简化的无线传感器网络模型，其中没有考虑上述因素。因此，假定每个节点独立地执行观测、处理数据，并在一个无错误的通信信道中将处理过的数据直接传输到控制中心。在某个假设的条件下，在每个节点以及节点间的观测数据是独立的和同分布的（i. i. d)。进而，从二元假设检验的特殊情形着手研究，通过忽略空间和时间相关性、路由问题等，将问题简化到一个基本层次，其中检测方案将变得简单和直接，且检测准确度以及能耗可采用确定形式的表达式进行计算。但是，应该知道，这个简化模型是远远偏离实际情况的，因此计划在未来的研究中开发具有更加复杂考虑因素的模型，并深入研究新的场景。

在简化的无线传感器网络模型的基础上，这里提出具有不同本地处理和数据传输方案的三种运行方案，称之为中心化方案、分布式方案和量化方案。具体而言，中心化方案将包含于观测数据中的所有信息传输到控制中心，它产生一个简单的二元假设检验问题。最优解由最大先验检测器给出[18]。另一方面，对于分布式方案，每个传感器节点依据一条局部决策规则，作出其自身的决策。这种1bit 决策传输到控制中心，在那里作出最后决策。量化方案在传感器节点处执行一些局部处理，并将产生的数据传输到控制中心，其中包含原始观测数据的部分信息。对于分布式方案和量化方案而言，通过穷尽搜索，虽然因为计算复杂性是不现实的，但总能得到全局最优检测解。因此，由于其渐进的最优性质，采用等同的本地检测器[1,3]。因此人们为每种运行方案都开发了期望的决策规则，其中避免了大量的计算。

开发确定决策规则之后，将重点放在检测任务上。针对系统参数的不同数值，比较每种方案的检测性能，之后建立一个能耗模型，其中假定能量为数据处理和数据传输所用，如 Maniezzo 等人[17]所介绍的。对于简化无线传感器网络模型，假定传感器节点是同质的[13]，即它们都采用完全相同的检测器和通信系统。同时，因为没有考虑路由模块，所以数据传输仅发生于传感器节点和控制中心之间。因此，能耗将仅取决于数据处理操作数量和传输中的比特数，其中假定所有其他系统参数都是固定的。通过为每种运行方案改变系统参数值，可以评估“检测与能量”的性能。一般而言，当消耗较多能量时，检测准确度就得以提高。但是，考虑检测和性能之间的折中，这三种方案就需要具有取决于系统参数的不同性能。

最后，将讨论无线传感器网络的鲁棒性问题。具体而言，为每种运行方案考虑节点破坏和观测数据删除这两种攻击形式。对于观测数据删除攻击，对每个传感器节点而言，观测数据的数量就未必像以前一样是相同的，因此需要重新考虑并修改每种方案的最优决策规则。比较表明，分布式方案是抵御两种类型攻击的最鲁棒方案，而中心化方案是最脆弱的一个方案。

本章的后面部分组织如下：6.2 节将三种运行方案合一起，描述简化的无线传感器网络模型；6.3 节将为每种方案分析并形成最优决策规则；检测性能的数值结果将在 6.4 节给出；6.5 节将深入讨论能量效率以及检测准确度和能耗之间的折中；6.6 节将讨论鲁棒性问题；最后，将在 6.7 节结束本章。

6.2 模型描述

6.2.1 无线传感器典型网络

典型的无线传感器网络由许多传感器节点和一个控制中心组成。为了执行检测功能，每个传感器节点从周围环境收集观测数据，如果需要就先在本地进行一些处理，之后将处理过的数据路由传送到控制中心。基于从传感器节点接收到的所有数据，控制中心负责做出最后决策。图 6-1 给出了用于检测的一个典型无线

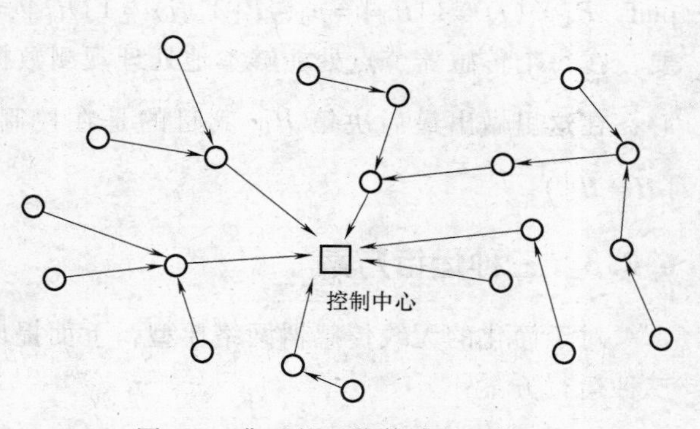

图 6-1　典型的无线传感器网络

传感器网络的结构。

6.2.2　无线传感器网络简化模型

对于无线传感器网络执行检测功能而言，为将数据从远端节点传输到控制中心，常常需要路由；在传感器节点间或在传感器节点处的测量数据之间存在空间和时间的相关性；必须考虑噪声干扰。但是，为了将注意力集中在检测和能量的关键问题上，下面以不考虑上述因素的一个简单模型开始讨论。对于简化无线传感器网络模型，假定包括：

1）节点间不存在协同工作：每个传感器节点独立地执行观测、处理和传输数据的功能。

2）测量间没有空间和时间的相关性：在传感器节点间和在单个节点处，观测是独立的。

3）没有路由：每个传感器节点直接将数据发送到控制中心。

4）没有噪声或任何其他干扰：数据在一条无错误的通信信道之上传输。

简化的无线传感器网络模型如图 6-2 所示。

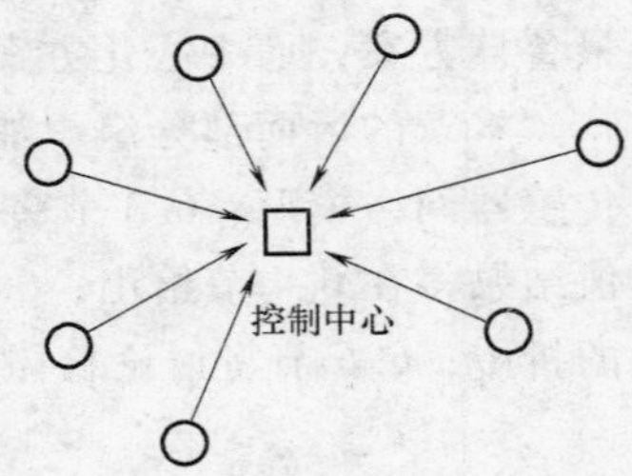

图 6-2　简化的无线传感器网络模型

接下来，从二元假设开始检验这些研究调查，在此之前人们对二元假设测量进行了广泛的研究[1~11]。令 H 表示一个事件发生（$H=H_1$）或不发生（$H=H_0$），先验概率 $P[H=H_1]=p$ 和 $P[H=H_0]=1-p(0<p<1)$。假设有 K 个传感器节点 $\{S_1, S_2, \cdots, S_K\}$ 随机地部署在现场，每个节点进行 T 次二元观测，因此 $Y_i(j)$ 是在 S_i 处的第 j 次观测，$Y_i(j)=0$ 或 1，$i=1, 2, \cdots, K$，$j=1, 2, \cdots, T$。在 H_1 或 H_0 的条件下，在每个传感器节点上和传感器节点间所作的观测假定是独立的和均匀分布的（i. i. d），观测具有等同条件 pmf，$P[Y_i(j)=1|H_0]=p_0$，$P[Y_i(j)=1|H_1]=p_1$，其中 $0<p_0<p_1<1$。如果需要，在每个传感器节点处能够本地处理观测数据。被处理过的数据传输到控制中心，在这里做出最后决策 $\hat{H}$。其目的是在控制中心处最小化总体错误概率（$P[\hat{H}\neq H]$）。

6.2.3　三种运行方案

对于简化的无线传感器网络模型，下面提出具有不同本地处理和数据传输的三种运行方案：

1. 中心化方案

在每个传感器节点不损失任何信息的情况下，将观测数据传输到控制中心，控制中心将其最终决策建立在信息的完全收集之上。

2. 分布式方案

对每个传感器节点做出一个本地决策（针对 S_i 做出 $\hat{H}_i$），并将一个二元量 b_i 传输到控制中心，表明它的决策如下：

$$b_i=\begin{cases}1 & 如果\ \hat{H}_i=\hat{H}_1\\ 0 & 如果\ \hat{H}_i=\hat{H}_0\end{cases}$$

在控制中心处的最终决策基于 K 个二元量 $\{b_1,\ b_2,\ \cdots,\ b_K\}$。

3. 量化方案

与发送全部信息或发送 1bit 决策相反，每个传感器节点本地处理观测数据，并发送量化的 Mbit 的量（对于 S_i 是 q_i，$q_i\in\{0,\ 1,\ \cdots,\ 2^M-1\}$，$1\leqslant M\leqslant T$）到控制中心，控制中心在 K 个量化量 $\{q_1,\ q_2,\ \cdots,\ q_K\}$ 的基础上做出最终决策。

在定义好运行方案之后，就开始准备分析，并为之形成最优的决策规则。

6.3 分析

如已经假定的，观测值是条件 i. i. d 随机变量，因此对于检测，观测数据的顺序是没有关系的。因为每个观测值是一个二元随机变量，所以可以得出结论，在每个传感器节点处，T 个观测值中 1 的数量（称之为在 S_i 处的 n_i）对于这个节点做出一项决策是一个充分的统计量。

当考察在 S_i 处的似然比（Likelihood Ratio）时，验证如下：

$$\begin{aligned}LR_i&=\frac{P[Y_i(1)\cdots Y_i(T)\mid H_1]}{P[Y_i(1)\cdots Y_i(T)\mid H_0]}\\&=\frac{\binom{T}{n_i}p_1^{n_i}(1-p_1)^{T-n_i}}{\binom{T}{n_i}p_0^{n_i}(1-p_0)^{T-n_i}}=\left[\frac{p_1(1-p_0)}{p_0(1-p_1)}\right]^{n_i}\left(\frac{1-p_1}{1-p_0}\right)^T\end{aligned}\tag{6-1}$$

对于给定的 T、p_0 和 p_1，该式仅由 n_i 确定。因此，$\{n_1,\ n_2,\ \cdots,\ n_K\}$ 为控制中心做出最终决策，形成一个充分的统计量。

下面为三种运行方案推导最优决策规则，并形成对应于检测性能的固定形式表达式。

6.3.1 中心化方案

对于中心化方案，最小错误概率决策规则即为二元假设检验的最大后验检测器[18]，即选择 $\hat{H}=H_1$，如果

$$P[H_1|n] \geqslant P[H_0|n] \tag{6-2}$$

式中，n 为控制中心处 1 的总数 $n=\sum_{i=1}^{K} n_i$。由贝叶斯定理可得

$$\frac{P[n|H_1]}{P[n|H_0]} \geqslant \frac{P[H_0]}{P[H_1]} = \frac{1-p}{p} \tag{6-3}$$

因为所有观测数据都是有条件 i. i. d 二元随机变量，于是有

$$P[n|H_1] = \binom{KT}{n} p_1^n (1-p_1)^{KT-n}$$

$$P[n|H_0] = \binom{KT}{n} p_0^n (1-p_1)^{KT-n}$$

那么式（6-3）变为

$$\frac{\binom{KT}{n} p_1^n (1-p_1)^{KT-n}}{\binom{KT}{n} p_0^n (1-p_0)^{KT-n}} \geqslant \frac{1-p}{p}$$

由此得到

$$n \geqslant \frac{\ln\frac{1-p}{p} + KT\ln\frac{1-p_0}{1-p_1}}{\ln\frac{p_1(1-p_0)}{p_0(1-p_1)}} = \gamma_c \tag{6-4}$$

式中，γ_c 是阈值。

最后，在控制中心的期望决策准则给定如下：

$$\hat{H} = \begin{cases} H_1, & n \geqslant \gamma_c \\ H_0, & n < \gamma_c \end{cases} \tag{6-5}$$

这就是中心化方案的最优决策规则，它意味着可得到最小错误概率。

就误警（P_f）和检测概率（P_d）而言，其对应检测性能给定如下：

$$P_f = P[\hat{H}=H_1|H_0] = P[n \geqslant \gamma_c|H_0] = \sum_{n=\lceil\gamma_c\rceil}^{KT} \binom{KT}{n} p_0^n (1-p_0)^{KT-n} \tag{6-6}$$

$$P_d = P[\hat{H} = H_1 \mid H_1] = P[n \geqslant \gamma_c \mid H_1] = \sum_{n=\lceil \gamma_c \rceil}^{KT} \binom{KT}{n} p_1^n (1-p_1)^{KT-n} \quad (6\text{-}7)$$

进而，可以相同的方式为三种方案计算总错误概率，即

$$P_e = P[\hat{H} \neq H] = p(1-P_d) + (1-p)P_f \quad (6\text{-}8)$$

6.3.2　分布式方案

对于分布式方案，要分别考虑在传感器节点处的本地决策规则和在控制中心处的最终决策规则。

1. 本地决策规则

如前面已经确定的，每个传感器节点在 T 个观测值的基础上，应用一个本地决策规则做出一项二元决策。自然产生一个问题是，对于所有传感器节点是否应该具有完全相同的本地决策规则。一般而言，从全局观点来看，完全相同的本地决策规则不会产生最优的系统，但是如果不是最优的方案，它也仍然是一个次优的方案，这已被一些以前的研究观察到。Irving 和 Tsitsiklis[9] 证明，对于二元假设检验，在一个两传感器系统中，采用完全相同的本地检测器不会损失最优性；Chen 和 Papamarcou[3] 证明，当传感器数量趋于无穷大时，完全相同的本地检测器是渐进最优的。虽然他们的模型与我们的模型存在某些方面的不同，但因为完全相同的本地决策规则可极大地降低计算复杂性，所以简单地将完全相同的本地决策规则应用到我们的方法中。进而，假定每个传感器节点不知道有关其他节点的任何信息，这意味着完全相同的本地决策规则将取决于 $\{T, p, p_0, p_1\}$，而传感器节点数 K 被认为是全局信息，它对于传感器节点的决策判定是不可用的。最后，这个问题简化为中心化方案的一个类似情形，其中仅有的区别是观测数量从 KT 变为 T。因此，对于这个二元假设检验，由式（6-4）和式（6-5）可得节点 S_i 的最优本地决策规则为

$$\hat{H}_i = \begin{cases} H_1, & n_i \geqslant \gamma_d \\ H_0, & n_i < \gamma_d \end{cases} \quad (6\text{-}9)$$

其中，对所有传感器节点完全相同的阈值是

$$\gamma_d = \frac{\ln \dfrac{1-p}{p} + T\ln \dfrac{1-p_0}{1-p_1}}{\ln \dfrac{p_1(1-p_0)}{p_0(1-p_1)}} \quad (6\text{-}10)$$

2. 最终决策规则

在控制中心，在 K 个 1bit 决策 $\{b_1, b_2, \cdots, b_K\}$ 的基础上做出最终决策，

其中 $\{b_1, b_2, \cdots, b_K\}$ 也是在某个假设 H_0 或 H_1 条件下的 i. i. d 二元随机变量。因此，K 个二元量 $b = \sum_{i=1}^{K} b_i$ 中 1 的数量是一个充分的统计量。在控制中心处的最优最终决策规则选择 $\hat{H} = H_1$，如果

$$P[H_1 | b] \geqslant P[H_0 | b] \tag{6-11}$$

则依据贝叶斯定理得

$$\frac{P[b | H_1]}{P[b | H_0]} \geqslant \frac{P[H_0]}{P[H_1]} = \frac{1-p}{p} \tag{6-12}$$

进而，令 P_D 和 P_F 分别表示每个节点处本地决策的检测概率和误警概率，即有：

$$P_D = P[b_i = 1 | H_1] = P[n_i \geqslant \gamma_d | H_1] = \sum_{n_i=\lceil \gamma_d \rceil}^{T} \binom{T}{n_i} p_1^{n_i} (1-p_1)^{T-n_i} \tag{6-13}$$

$$P_F = P[b_i = 1 | H_0] = P[n_i \geqslant \gamma_d | H_0] = \sum_{n_i=\lceil \gamma_d \rceil}^{T} \binom{T}{n_i} p_0^{n_i} (1-p_0)^{T-n_i} \tag{6-14}$$

类似地，可以得到

$$P[b | H_1] = P[\sum_{i=1}^{K} b_i = b | H_1] = \binom{K}{b} P_D^b (1-P_D)^{K-b}$$

$$P[b | H_0] = P[\sum_{i=1}^{K} b_i = b | H_0] = \binom{K}{b} P_F^b (1-P_F)^{K-b}$$

因此，式（6-12）产生如下最终决策规则：

$$\hat{H} = \begin{cases} H_1, & b \geqslant \gamma_D \\ H_0, & b < \gamma_D \end{cases} \tag{6-15}$$

式中，给出如下阈值：

$$\gamma_D = \frac{\ln \frac{1-p}{p} + K \ln \frac{1-P_F}{1-P_D}}{\ln \frac{P_D(1-P_F)}{P_F(1-P_D)}} \tag{6-16}$$

给出如下总的误警概率和检测概率：

$$P_f = P[b \geqslant \gamma_D | H_0] = \sum_{b=\lceil \gamma_D \rceil}^{K} \binom{K}{b} P_F^b (1-P_F)^{K-b} \tag{6-17}$$

$$P_d = P[b \geqslant \gamma_D | H_1] = \sum_{b=\lceil \gamma_D \rceil}^{K} \binom{K}{b} P_D^b (1-P_D)^{K-b} \tag{6-18}$$

6.3.3　量化方案

针对量化方案，对于不同应用场景，开发最优量化算法以及次优量化算法。

1. 最优量化算法

既然 T 个观测值 $\{n_1, n_2, \cdots, n_K\}$ 中 1 的个数形成一个充分的统计量，那么将 n_i 量化成在 S_i 处的一个 Mbit 量 q_i，并将之发送到控制中心，就可满足要求。因此，量化算法是一个映射，即

$$n_i \in \{0, 1, \cdots, T\} \longrightarrow q_i \in \{0, 1, \cdots, 2^M - 1\} \qquad i = 1, \cdots, K$$

明显地，有 $1 \leqslant 2^M - 1 \leqslant T$，由此得到 $1 \leqslant M \leqslant \log_2(T+1)$。于是有：

1）类似于分布式方案，假定所有传感器节点实施完全相同的量化算法。这是合理的，因为系统参数对所有节点是相同的。同时，该假定极大地简化了问题。

2）假设在传感器节点处已经有了某种固定的量化算法，为了确定 $\hat{H}(q_1, \cdots, q_K) = H_0$ 还是 H_1，在控制中心处总有一种最优决策规则，那就是基于 K 个量化量 $\{q_1, \cdots, q_K\}$ 的二元假设检验。所以选择 $\hat{H} = H_1$，如果

$$P[H_1 | q_1, \cdots, q_K] \geqslant P[H_0 | q_1, \cdots, q_K] \tag{6-19}$$

以与以前基本相同的方式，给出如下在控制中心处得到最优决策规则：

$$\hat{H} = \begin{cases} H_1, & \dfrac{P[q_1, q_2, \cdots, q_K | H_1]}{P[q_1, q_2, \cdots, q_K | H_0]} \geqslant \dfrac{1-p}{p} \\ H_0, & \dfrac{P[q_1, q_2, \cdots, q_K | H_1]}{P[q_1, q_2, \cdots, q_K | H_0]} < \dfrac{1-p}{p} \end{cases} \tag{6-20}$$

对于量化量 $\{q_1, q_2, \cdots, q_K\}$ 的一个固定集合，令 $N_i \subseteq \{0, 1, 2. \cdots, T\}$ 表示这样的集合，其中 $x \in N_i \Leftrightarrow x$ 映射到 q_i $(i = 1, 2, \cdots, K)$。因此可计算得到如下概率：

$$P[q_1, \cdots, q_K | H_1] = \sum_{n_1 \in N_1} \cdots \sum_{n_K \in N_K} \binom{T}{n_1} \cdots \binom{T}{n_K} p_1^{n_1 + \cdots n_K} (1 - p_1)^{KT - n_1 - \cdots - n_K} \tag{6-21}$$

$$P[q_1, \cdots, q_K | H_0] = \sum_{n_1 \in N_1} \cdots \sum_{n_K \in N_K} \binom{T}{n_1} \cdots \binom{T}{n_K} p_0^{n_1 + \cdots n_K} (1 - p_0)^{KT - n_1 - \cdots - n_K} \tag{6-22}$$

进而，令 N 表示足够大的统计量集合 $\{n_1, n_2, \cdots, n_K\}$，那么总的误警概率和检测概率可表示为

$$P_{\mathrm{f}} = \sum_{N:\hat{H}(N)=H_1} \binom{T}{n_1}\cdots\binom{T}{n_K} p_0^{\,n_1+\cdots+n_K}(1-p_0)^{KT-n_1-\cdots-n_K} \tag{6-23}$$

$$P_{\mathrm{d}} = \sum_{N:\hat{H}(N)=H_1} \binom{T}{n_1}\cdots\binom{T}{n_K} p_1^{\,n_1+\cdots+n_K}(1-p_1)^{KT-n_1-\cdots-n_K} \tag{6-24}$$

通过穷尽搜索，能够得到最优量化算法。具体而言，即在传感器节点实施的每种可能量化算法计算错误概率，并将之与在控制中心处实施的最优决策规则进行比较，产生最小错误概率的算法就是期望的最优量化算法。但是，穷尽搜索是不现实的，因为计算复杂度对于巨大的 K 和 T 将会太高。因此开发次优的量化算法，可通过避免不可度量的计算而在某种程度上降低计算负担。

2. 次优量化算法

次优量化算法是受到最优量化算法（对于 K 和 T 的较小数值的选择范例上执行）的观察性质启发的。对于不同的 p、p_0 和 p_1，次优量化算法是变化的，不取决于 K，而最优量化算法是取决于 K 的。如将在后面介绍的，对于 $p=0.5$、$p_0=0.2$和 $p_1=0.7$，通过穷尽搜索可发现最优量化算法是一组阈值 $0=I_0(1)<I_0(2)<\cdots<I_0(2^M)<I_0(2^M+1)=T+1$，而次优量化算法是以如下方式确定一组阈值 $I_{\mathrm{S}}(1)<I_{\mathrm{S}}(2)<\cdots<I_{\mathrm{S}}(2^M+1)$的，即

$$I_{\mathrm{S}}(1)=0$$

$$I_{\mathrm{S}}(2^M+1)=T+1$$

对于 $k=2, 3, \cdots, 2^M$，有

$$I_{\mathrm{S}}(k)=\begin{cases} k-1, \ \lceil \gamma_{\mathrm{d}} \rceil \leqslant 2^{M-1} \leqslant \dfrac{T+1}{2} \\ T-2^M+k, \ \lceil \gamma_{\mathrm{d}} \rceil \geqslant T+1-2^{M-1} \geqslant \dfrac{T+1}{2} \\ \lceil \gamma_{\mathrm{d}} \rceil -1-2^{M-1}+k, \ \text{其他} \end{cases}$$

且给定如下量化值：

$$n_i \in [I_{\mathrm{S}}(k), I_{\mathrm{S}}(k+1)] \Rightarrow q_i = k-1$$

式中，$k=1, \cdots, 2^M$；$i=1, \cdots, K$。

6.4 检测性能

本节将为每种运行方案给出检测性能的数值结果，还将研究系统参数 $\{p, p_0, p_1\}$ 四种不同值的数值结果，这四种不同值为 $\{0.5, 0.2, 0.7\}$、$\{0.1, 0.2, 0.7\}$、$\{0.1, 0.1, 0.5\}$ 和 $\{0.1, 0.5, 0.9\}$，并得到了类似的结果。因此，在本节和后面的内容中，将仅给出 $p=0.5$、$p_0=0.2$ 和 $p_1=0.7$ 的数值结果。

6.4.1　三种方案的比较

下面以 P_f、P_d 和 P_e 来评估三种运行方案的检测性能，对量化方案采用了最优量化算法，给定 $K=4$、$M=2$、$p=0.5$、$p_0=0.2$ 和 $p_1=0.7$，T 从 3 变化到 10。图 6-3 ~ 图 6-5 给出了三种方案中 P_f、P_d 和 P_e 与 T 之间的关系。

如人们看到的，一般来说，中心化方案具有最好的检测性能，即它得到最高的 P_d 以及最低的 P_f 和 P_e，而分布式方案具有最差的性能。这是与所期望相一致

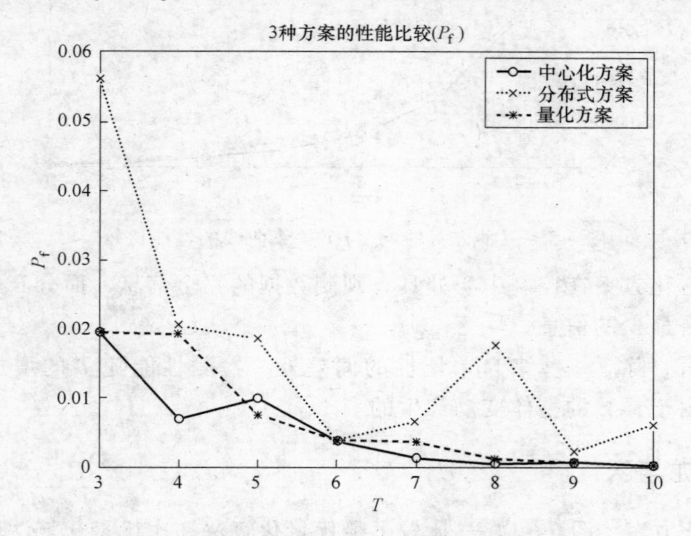

图 6-3　三种方案的 P_f 与 T 关系曲线的性能比较

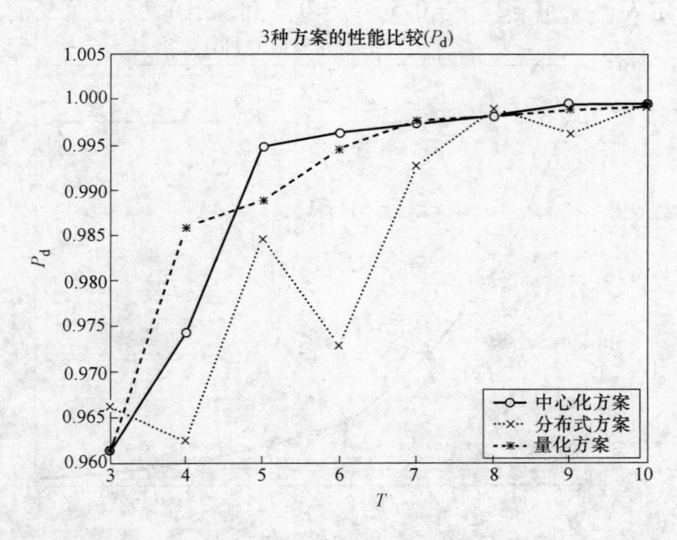

图 6-4　三种方案的 P_d 与 T 关系曲线的性能比较

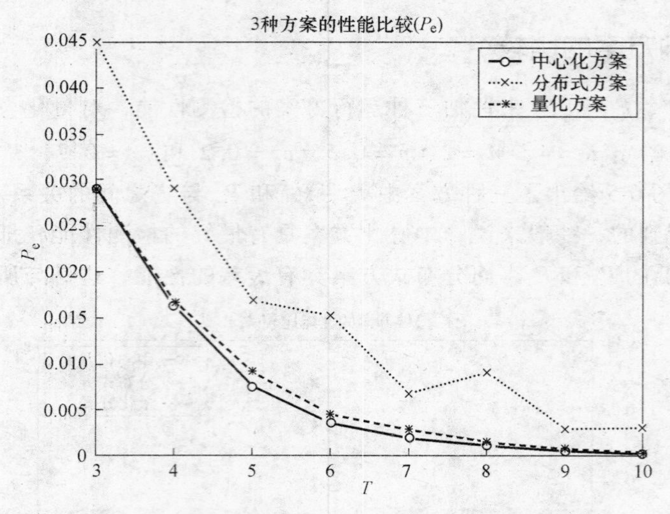

图 6-5　三种方案的 P_e 与 T 关系曲线的性能比较

的，因为中心化方案在控制中心处具有观测数据的完全信息，而分布式方案在控制中心处具有最少的信息。

一般而言，除了一些来自单调性的偏差外，检测性能随 T 的增加而得以提高。偏差是由于参数的整体变动产生的。

6.4.2　最优与次优

针对量化方案，图 6-6 以 P_e 比较了最优量化算法和次优量化算法之间的检测性能，其中给定 $K=4$、$M=2$、$p=0.5$、$p_0=0.2$ 和 $p_1=0.7$，并且变量 T 为 3 ~ 10。

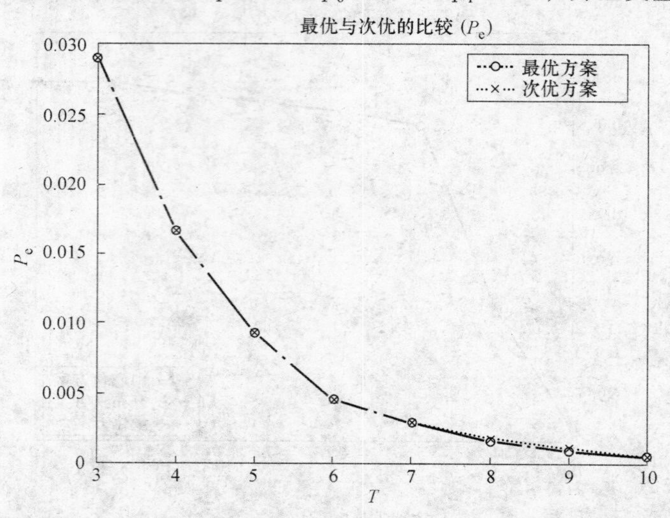

图 6-6　最优与次优量化算法的 P_e 与 T 关系曲线的性能比较

可以看出，对于 K 和 T 的较小值，次优量化算法与最优量化算法执行的几乎没有差别。因此，对于量化方案的 K 和 T 的巨大数值，应用次优量化算法来计算错误概率和能耗。

6.4.3 中心化方案与分布式方案

Shi 等人[10] 观察到，为了得到 10^{-5} 的错误概率，每个SNR需要的二元传感器的数量要比无穷大精度传感器数量的两倍要少。注意二元传感器和无穷大精度传感器分别对应于模型中的分布式方案和中心化方案。为了验证模型的结果，下面比较两种方案的检测性能。

令 $T=5$、$p=0.5$、$p_0=0.2$ 和 $p_1=0.7$，并且变量 K 为 15～50。对于这两种方案，图 6-7 和图 6-8 将给出传感器数 K 与误差概率 P_e 之间的关系。

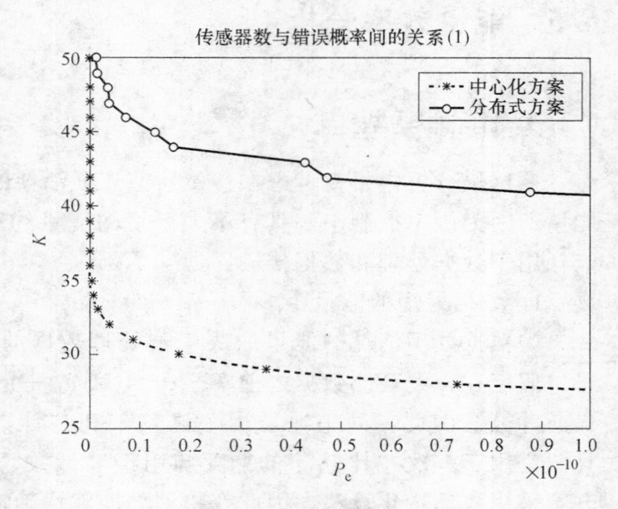

图 6-7 K 与 P_e 关系曲线（1）

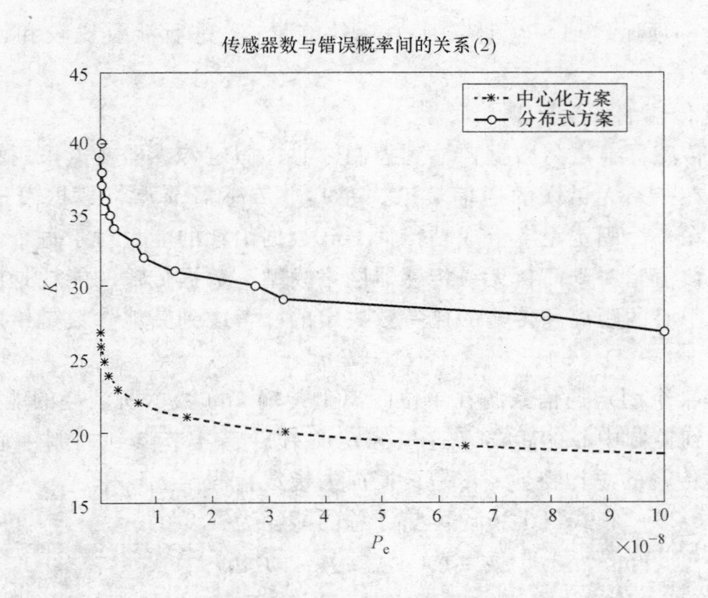

图 6-8 K 与 P_e 关系曲线（2）

结果显示，如果中心化方案取得相同错误概率，分布式方案需要的传感器为10～15，这代表了中心化方案传感器数量大约为40%～50%。这与Shi的文章[10]显示的结果是一致的，即分布式方案需要的传感器数量总是比中心化方案需要的传感器数量的两倍要少。

6.5 能量效率分析

6.5.1 能耗模型

在这里分析中，仅考虑在传感器节点处消耗的能量，不考虑控制中心消耗的能量，因为假定控制中心具有不太严格的能量约束条件。在每个传感器节点处，能耗用于数据处理和数据传输。

1. 数据处理的能量

为数据处理消耗的能量取决于被处理数据的量以及处理操作的复杂度。这里，假定在得到观测数据之前 T、p、p_0 和 p_1 是已知的，且所有需要的阈值能够提前计算。因此，简单地采用“比较”和“计数”作为数据处理的基本操作，且假定用于一次“比较”的能耗与用于“计数”的能耗相同。同样，对于量化方案采用次优量化算法，因此在检测之前就可确定传感器节点处的阈值。因此有一个简单的模型，它将在传感器节点处为数据处理消耗的能量表示为

$$E_{\mathrm{P}} = E_c c \tag{6-25}$$

式中，E_c 是一项比较或一项计数所消耗的能量；c 是所涉及比较和计数的总数量。

2. 数据传输的能量

对于从传感器节点将数据传输到控制中心，假定传感器节点采用相同的通信系统，且存在一条无错误的通信信道，在其上传感器节点将数据发送到控制中心。因此，在一个固定距离上成功传输1bit数据消耗的能量对于每个传感器节点是一个固定数值。对于简化无线传感器网络模型，数据传输的能耗是由从传感器节点到控制中心的距离和传输的比特数决定的。考虑到其他参数是给定的，则

$$E_{\mathrm{T}} = E_t d^{\alpha} t \tag{6-26}$$

式中，E_t 是某个固定通信系统在单位距离上传输1bit数据所消耗的能量；d 是从传感器节点到控制中心的距离（这里假定所有传感器节点到控制中心的距离相同）；t 是被传输的总比特数；α 是路径损失指数，假定 $\alpha=2$。

由式（6-25）和式（6-26）可知，总的能耗为

$$E = E_{\mathrm{P}} + E_{\mathrm{T}} = E_c c + E_t d^2 t \tag{6-27}$$

对于每种方案，计算能耗如下：

（1）中心化方案

既然 T 个观测数值 $\{n_1, n_2, \cdots, n_K\}$ 中 1 的个数是一个充分大的统计量，那么我们就有两个子方案，它们具有相同的检测性能。

1）子方案 1：传感器节点将所有观测数据传输到控制中心，这意味着没有本地数据处理，且 Tbit 的数据从每个传感器节点传输到控制中心，因此每个节点消耗的能量是

$$E = E_t d^2 T \tag{6-28}$$

2）子方案 2：传感器节点将 1 的数目（即 $\{n_1, n_2, \cdots, n_K\}$）传输到控制中心，这意味着为了得到 1 的数目，每个节点执行 T 次计数，之后将这个 $\log_2(T+1)$bit 的量传输到控制中心（原因是 $0 \leqslant n_i \leqslant T$），因此每个节点消耗的能量是

$$E = E_c T + E_t d^2 \log_2(T+1) \tag{6-29}$$

（2）分布式方案

为了获得 1 的数目，每个传感器节点计数所有的观测值，之后执行与阈值 γ_{d} 的单次比较，以做出一个本地决策，严格地说，只有 1bit 数据发送到控制中心，因此每个节点消耗的能量是

$$E = E_c(T+1) + E_t d^2 \tag{6-30}$$

（3）量化方案

为了得到与 1 相关的数据，每个传感器节点首先进行 T 次计数，之后为次优量化算法执行映射。令 x 代表映射需要的期望比较次数，明显地，x 是 T、M、p、p_0 和 p_1 的一个函数，其给定如下：

$$\begin{aligned} x &= \sum_{j=0}^{T} x(j) P[n_i = j] \\ &= \sum_{j=0}^{T} x(j) \binom{T}{j} [p_0^j (1-p_0)^{T-j}(1-p) + p_1^j (1-p_1)^{T-j} p] \end{aligned} \tag{6-31}$$

式中，n_i 是在 S_i 处 1 的数目；$x(j)$ 是当 $n_i = j$ 时，映射需要的比较次数。

这里假定比较从 $I(2^{M-1}+1)$ 开始并继续比较到邻接阈值为止，它是一个接一个进行比较的。具体而言，如果 $j \geqslant I(2^{M-1}+1)$，j 首先与 $I(2^{M-1}+1)$ 比较，接下来 j 与 $I(2^{M-1}+2)$ 比较，否则 j 与 $I(2^{M-1})$ 比较等，直到找到 $I(k) \leqslant j < I(k+1)$，那么就确定了 $q_i = k-1$。例如，当 $T=20$、$M=3$、$p=0.5$、$p_0=0.2$ 和 $p_1=0.7$ 时，计算得到次优量化算法的阈值集合 $\{0, 6, 7, 8, 9, 11, 12, 21\}$，那么可计算得到 x 为

$$x(j) = \begin{cases} 4, & 0 \leqslant j \leqslant 6 \text{ 或 } 11 \leqslant j \leqslant 20 \\ 3, & j = 7, 10 \\ 2, & j = 8, 9 \end{cases}$$

每个节点消耗的总能量为

$$E = E_c[T + x(T, M, p, p_0, p_1)] + E_t d^2 M \tag{6-32}$$

6.5.2 数值结果

在下面的数值范例中，对量化方案采用次优量化算法来评估能耗和检测性能。

1. 对于给定的 E_c、E_t 和 d 作为 T 的一个函数的能耗比较

给定 $E_c = 5\text{nJ/bit}$、$E_t = 0.2\text{nJ/(bit·m}^2\text{)}$、$d = 10\text{m}$、$p = 0.5$、$p_0 = 0.2$、$p_1 = 0.7$，使 T 从 5 变化到 100，使 M 从 2 变化到 5。图 6-9 给出了对于三种可能方案的所有解的每节点能耗与 T 之间的关系，图 6-10 将焦点放在除了中心化方案的子方案 1 之外的所有这些方案上，这显示出分布式方案具有最小的能耗。另一方面，中心化方案受 T 增加的影响最大，即对于它的两个子方案，能耗比其他方案的所有解增加得都更快。

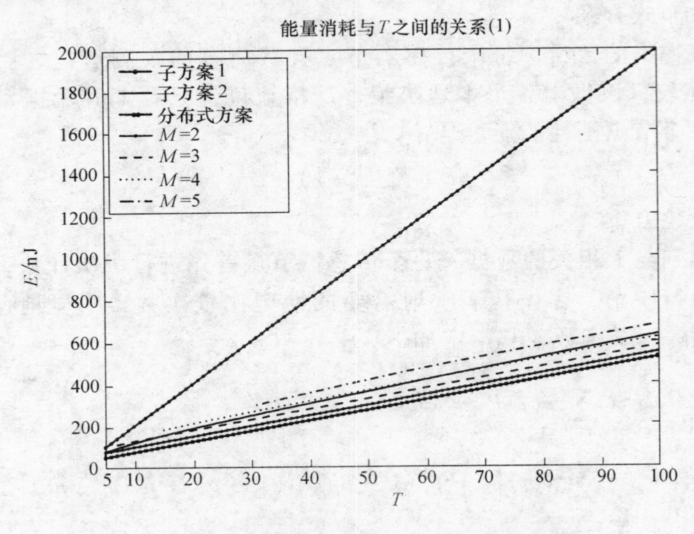

图 6-9　所有方案 E 和 T 之间的关系曲线

2. 对于给定的 T 作为 E_c、E_t 和 d 的一个函数的能耗比较

首先给定 $T = 10$、$M = 2$、$p = 0.5$、$p_0 = 0.2$ 和 $p_1 = 0.7$，之后，将 d 从 5m 变化到 50m。图 6-11 给出了对于具有不同 E_c 和 E_t 值的三种方案的每节点能耗与 d 之间的关系。之后使 T 改变为 50，使 M 改变为 4，所有其他参数保持不变，图 6-12 给出了改变后新的曲线。在这些图中，使用不同的 E_c 和 E_t 数值，并对中心化方案采用子方案 2 来检验研究下面的两个范例：

1）范例 1：$E_c = 5\text{nJ/bit}$，$E_t = 0.2\text{nJ/(bit·m}^2\text{)}$。

2）范例 2：$E_c = 20\text{nJ/bit}$，$E_t = 0.05\text{nJ/(bit·m}^2\text{)}$。

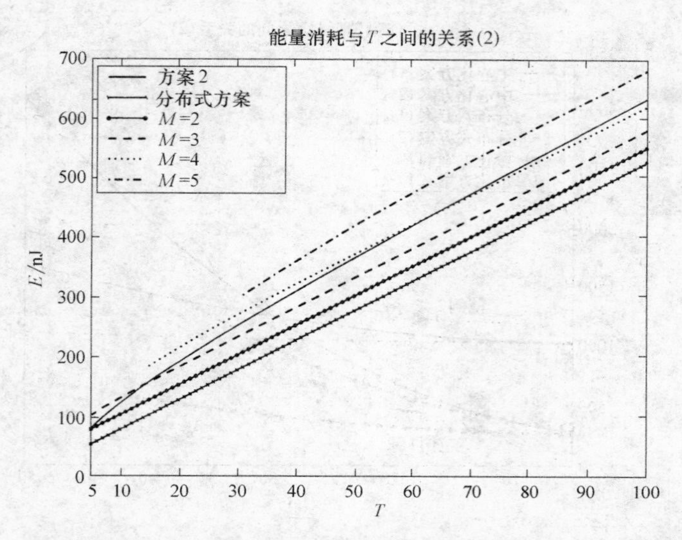

图 6-10　除子方案 1 之外所有其他方案的 E 与 T 之间的关系曲线

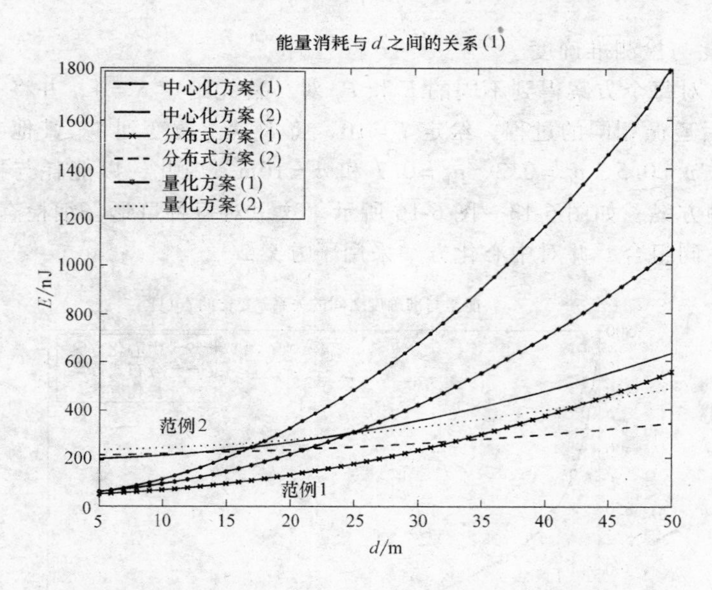

图 6-11　E 与 d（$T=10$，$M=2$）之间的关系曲线

正如所预料的，对于低 E_c—高 E_t 的情形（如范例 1），分布式方案执行性能最好，即它具有最低的能耗，而中心化方案具有最差的性能。另一方面，对于高 E_c—低 E_t 的情形（如范例 2），对于小的 d，中心化方案执行最好，但是其能耗随 d 的增加而快速增加，并最后超过其他两个方案的能耗增加。在这种情形中，对于较大的 d 值，分布式方案具有最优的性能。

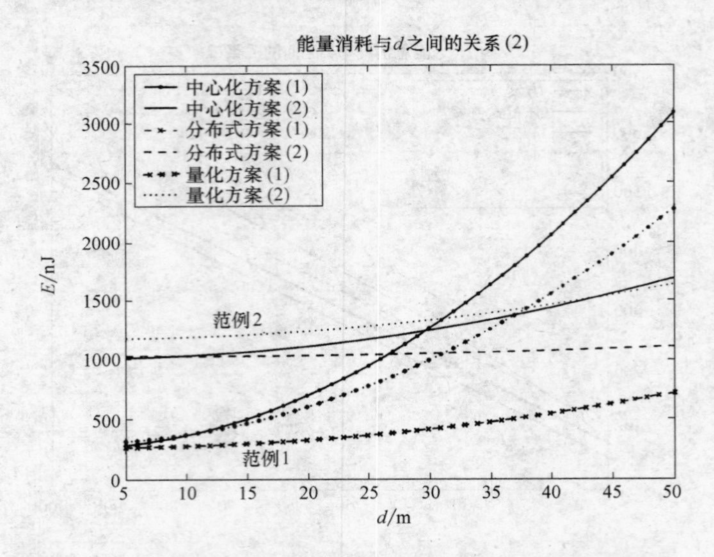

图 6-12　E 和 d（$T=50$，$M=4$）之间的关系曲线

3. 能耗与检测准确度

为了针对每个方案得到不同的 E 和 P_e 对，首先给定 $K=4$，并将 T 从 3 改变到 10。之后遵循相同的过程，给定 $T=10$，将 K 从 1 改变到 7。其他参数给定如下：$M=2$、$p=0.5$、$p_0=0.2$、$p_1=0.7$ 和 $d=10\text{m}$。由此，以能耗与检测准确度来比较三种方案，如图 6-13 ~ 图 6-16 所示。这里对每种情形仔细检查了 E_c 和 E_t 值的两种不同组合，并对中心化方案采用子方案 2。

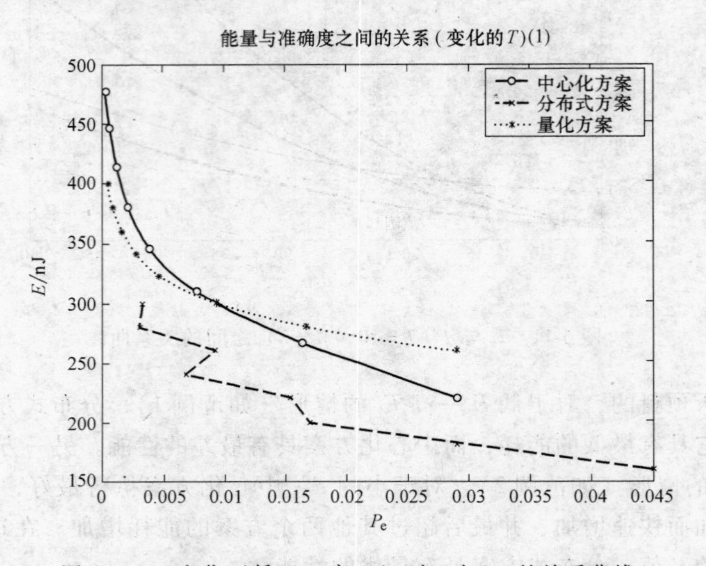

图 6-13　T 变化（低 E_c—高 E_t）时 E 与 P_e 的关系曲线

图 6-13 和图 6-15 给出了 $E_c = 5\text{nJ/bit}$ 和 $E_t = 0.2\text{nJ/(bit·m}^2\text{)}$ 的结果；图 6-14和图 6-16 给出了 $E_c = 20\text{nJ/bit}$ 和 $E_t = 0.05\text{nJ/(bit·m}^2\text{)}$ 的结果。

这表明，一般而言，对于低 E_c—高 E_t 的情形，为了获得相同的检测性能，分布式方案比其他两种方案消耗较少的能量；而对于高 E_c—低 E_t 的情形，中心化方案需要最少的能量。换句话说，考虑到能量和准确度之间的折中，对于低 E_c—高 E_t 的情形，分布式方案执行得最好；而对于高 E_c—低 E_t 的情形，当从传感器节点到控制中心的距离相对较小时，如 $d = 10\text{m}$，中心化方案性能最优。

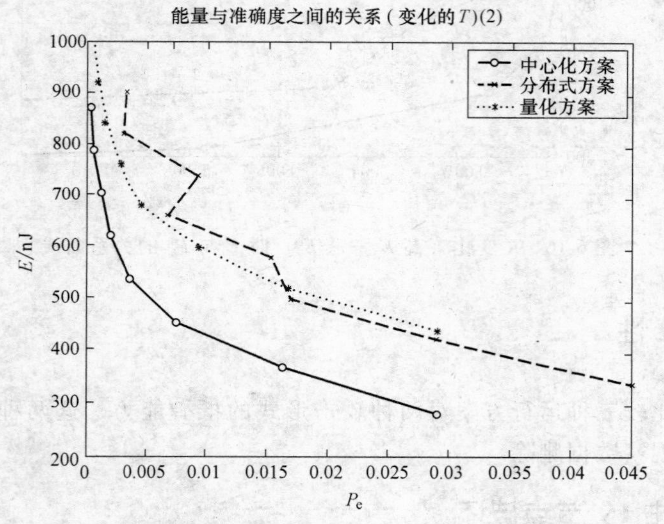

图 6-14　T 变化（高 E_c—低 E_t）时 E 与 P_e 的关系曲线

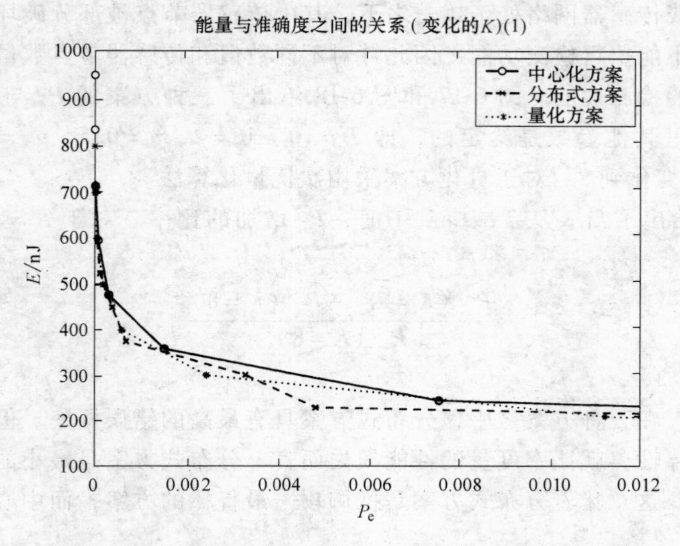

图 6-15　K 变化（低 E_c—高 E_t）时 E 与 P_e 的关系曲线

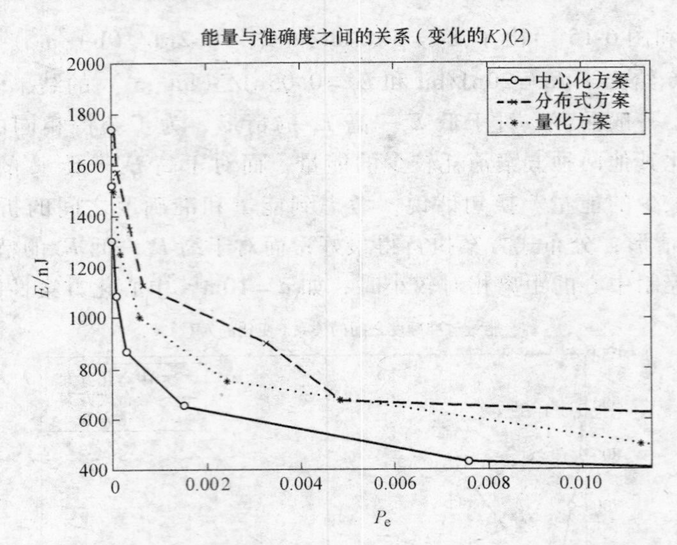

图 6-16　K 变化（高 E_c—低 E_t）时 E 与 P_e 的关系曲线

6.6　鲁棒性

本节将比较三种运行方案对两种攻击形式的抵御能力，这两种攻击形式是：节点破坏和观察数据删除。

6.6.1　攻击1：节点破坏

假定无线传感器网络处于攻击之下，其中传感器节点被部分破坏。被破坏的传感器节点不能执行检测功能，因此针对不同数值和传感器节点数量，深入考察这三种方案的检测性能。图 6-17 和图 6-18 给出了三种方案的 P_e 与 K 之间的关系曲线。这里其他参数是给定的，即 $T=10$、$M=2$、$p=0.5$、$p_0=0.2$ 和 $p_1=0.7$，K 从 1 变化到 8。对于量化方案采用次优量化算法。

表 6-1 给出了当 K 从 7 减少到 1 时，P_e 增加的比率。对于 $K=i$，增加的比率计算如下：

$$\frac{P_e\ (K=i)\ \ -P_e\ (K=8)}{P_e\ (K=8)}$$

式中，$i=1,\ 2,\ \cdots,\ 7$。

明显地，在三种方案之中，分布式方案具有最高的错误概率。但是，考虑到对攻击的鲁棒性，就比率度量的性能损失而言，分布式方案是最小的，中心化方案是最高的，这意味着分布式方案是抵御攻击最鲁棒的方案，而中心化方案是最弱的方案。

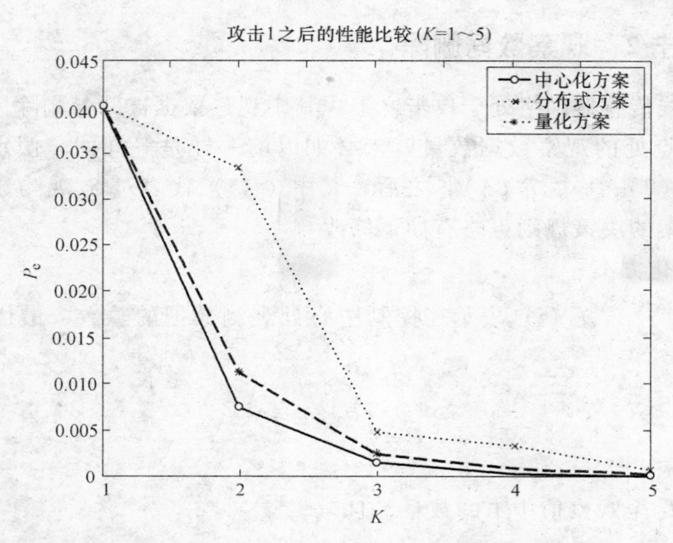

图 6-17　攻击之后三种方案的 P_e 与 K 关系曲线的比较（$K=1\sim5$）

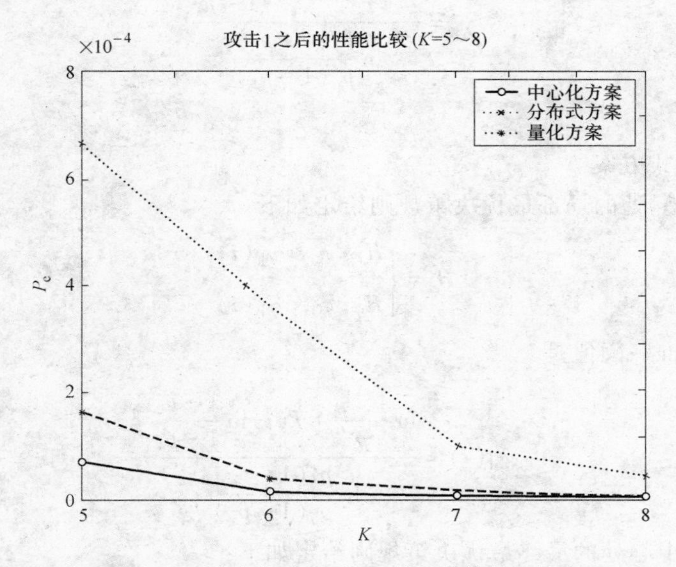

图 6-18　攻击之后三种方案的 P_e 与 K 关系曲线的比较（$K=5\sim8$）

表 6-1　攻击 1 之后 P_e 增加的比率

K	7	6	5	4	3	2	1
中心化方案	2	12	68	289	1512	7559	40 070
分布式方案	1.3	7.6	14.8	77.4	114.1	793.7	953.1
量化方案	2.3	11.3	53.3	189	810.3	3744.7	13 356

6.6.2 攻击 2：观察数据删除

假定无线传感器网络处于攻击之下，其中观察数据被部分删除。因此，在每个传感器节点处的观察数据数量就未必如以前一样是等同的。假定在攻击 $T=[T(1), T(2), \cdots, T(K)]$ 之后，其中 $T(i)$ 代表对 S_i 观测数值的攻击数量。三种方案的决策规则可略有如下修改：

1. 中心化方案

令 $T_s=\sum_{i=1}^{K} T(i)$ 表示在控制中心处观测数据的总数，最优决策规则给定如下：

$$\hat{H}=\begin{cases}H_1, & n \geqslant \gamma_s \\ H_0, & n<\gamma_s\end{cases} \tag{6-33}$$

式中，n 是 T_s 个观察值中 1 的数量，且

$$\gamma_s=\frac{\ln \frac{1-p}{p}+T_s \ln \frac{1-p_0}{1-p_1}}{\ln \frac{p_1(1-p_0)}{p_0(1-p_1)}}$$

是新的阈值。

2. 分布式方案

在节点 S_i 处的局部最优决策规则给定如下：

$$\hat{H}_i=\begin{cases}H_1, & n_i \geqslant \gamma_d(i) \\ H_0, & n_i<\gamma_d(i)\end{cases} \tag{6-34}$$

式中，S_i 的惟一阈值是

$$\gamma_d(i)=\frac{\ln \frac{1-p}{p}+T(i) \ln \frac{1-p_0}{1-p_1}}{\ln \frac{p_1(1-p_0)}{p_0(1-p_1)}}$$

在控制中心处的最终最优决策规则给定如下：

$$\hat{H}=\begin{cases}H_1, & \frac{P[b_1, b_2, \cdots, b_K \mid H_1]}{P[b_1, b_2, \cdots, b_K \mid H_0]} \geqslant \frac{1-p}{p} \\ H_0, & \frac{P[b_1, b_2, \cdots, b_K \mid H_1]}{P[b_1, b_2, \cdots, b_K \mid H_0]}<\frac{1-p}{p}\end{cases} \tag{6-35}$$

3. 量化方案

假定传感器节点简单地应用 T 为给定情形的量化算法，其中对于 S_i，$T=$

T（i）。而对于控制中心，最优决策规则可以等同于 T 情形的相同形式表述，如式（6-20）所示，其中 $P[q_1, q_2, \cdots, q_K \mid H_\alpha]$（$\alpha=0$，1）可略微改变为

$$P[q_1,q_2,\cdots,q_K \mid H_\alpha] = \sum_{n_1 \in N_1} \cdots \sum_{n_K \in N_K} \binom{T(1)}{n_1} \cdots \binom{T(K)}{n_K} p_\alpha^{n_1+\cdots+n_K}(1-p_\alpha)^{T_S-n_1-\cdots-n_K} \tag{6-36}$$

对于数值范例，给定 $K=4$、$p=0.5$、$p_0=0.2$ 和 $p_1=0.7$，并假定量化方案采用最优量化算法。假定在攻击之前 $T=[10, 10, 10, 10]$、$M=2$，在攻击之后有：

1）范例1：$T=[5, 7, 9, 10]$，$M=2$；

2）范例2：$T=[2, 3, 2, 1]$，$M=1$；

3）范例3：$T=[1, 1, 1, 1]$，$M=1$。

图6-19和图6-20给出了三种方案的检测性能比较。表6-2给出了对于观察数据删除，P_e 中增加的比率。由此，对于范例 i，P_e 增加的比率计算如下：

$$\frac{P_e(i)-P_e(T=10)}{P_e(T=10)}$$

式中，$i=1$，2，3。

类似于攻击1的情形，分布式方案是最鲁棒的。因为就比率而言，在三种方案中它取得最小的性能损失，而中心化方案是最弱的。

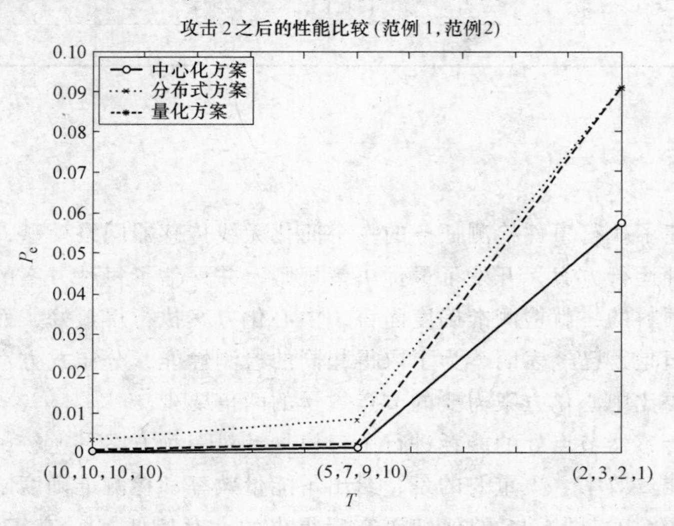

图6-19　攻击之后三种方案的 P_e 与 T 关系曲线的比较（范例1和范例2）

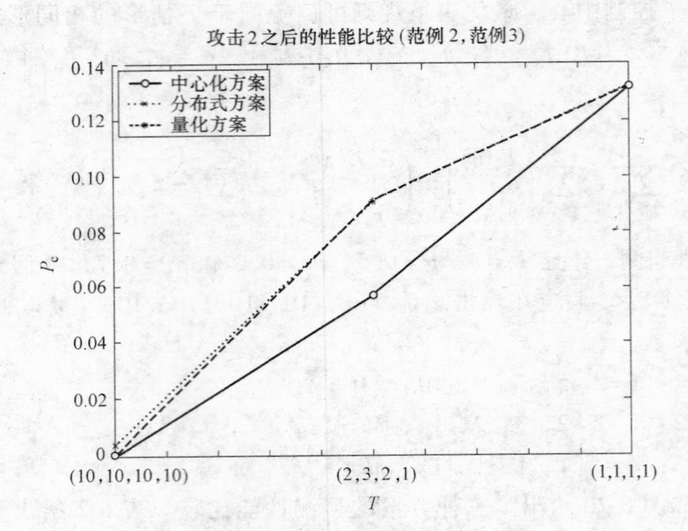

图 6-20　攻击之后三种方案的 P_e 与 T 关系曲线的比较（范例 2 和范例 3）

表 6-2　攻击 2 之后 P_e 中增加的比率

T	(5, 7, 9, 10)	(2, 3, 2, 1)	(1, 1, 1, 1)
中心化方案	3	189	440
分布式方案	1.4	26.5	39.1
量化方案	2.8	180.8	263.6

6.7　小结

本章构建了执行事件检测任务的一个简化无线传感器网络模型，在这个模型上实现了三种运行方案，开发了最优决策规则，并评估了每种方案的相应检测性能。正如所预料的，就检测准确度而言，中心化方案执行得最好，而分布式方案是最差的。但是，已经表明，为了取得相同的检测性能，分布式方案需要的传感器节点数量要比中心化方案需要的节点数量的两倍要少。

本章对传感器节点处的能耗进行了建模。针对三种方案，比较了作为系统参数的函数的能量效率。更重要的是，给出了能量效率和检测准确度之间的一个折中，这是对图 6-9 ~ 图 6-16 的仔细研究后得出的。对于低 E_c—高 E_t 的值，分布式方案具有最优的性能；对于高 E_c—低 E_t 值，就从传感器节点到控制中心的相对短距离而言，中心化方案是最优的，对于长距离，分布式方案是最优的。

进而，通过实现两类攻击，本章仔细检查了无线传感器网络模型的鲁棒性。对于这两类攻击，就比率而言，分布式方案显示出了最小的性能损失，而中心化方案具有最高的损失。

本章给出的这些结果都是基于简化的无线传感器网络模型的，许多后续的问题就自然地出现了。具体而言，需要研究一种更少约束的模型（如非二元数据、测量间的空间和时间相关），且需要考虑到控制中心的多跳路由。在那种情形中，需要链路度量指标，这些指标体现了检测性能和能耗度量。

参考文献

1. J.-F. Chamberland and V. V. Veeravalli, Decentralized detection in sensor networks, *IEEE Trans. Signal Process.* **51**(2):407–416 (Feb. 2003).
2. J. N. Tsitsiklis, Decentralized detection by a large number of sensors, *Math. Control Signals Syst.* **1**(2):167–182 (1988).
3. P. Chen and A. Papamarcou, New asymptotic results in parallel distributed detection, *IEEE Trans. Inform. Theory* **39**:1847–1863 (Nov. 1993).
4. Y. Zhu, R. S. Blum, Z.-Q. Luo, and K. M. Wong, Unexpected properties and optimum-distributed sensor detectors for dependent observation cases, *IEEE Trans. Autom. Control* **45**(1) (Jan. 2000).
5. Y. Zhu and X. R. Li, Optimal decision fusion given sensor rules, *Proc. 1999 Int. Conf. Information Fusion*, Sunnyvale, CA, July 1999.
6. I. Y. Hoballah and P. K. Varshney, Distributed Bayesian signal detection, *IEEE Trans. Inform. Theory* **IT-35**(5):995–1000 (Sept. 1989).
7. R. Niu, P. Varshney, M. H. Moore, and D. Klamer, Decision fusion in a wireless sensor network with a large number of sensors, *Proc. 7th Int. Conf. Information Fusion*, Stockholm, Sweden, June 2004.
8. P. Willett and D. Warren, The suboptimality of randomized tests in distributed and quantized detection systems, *IEEE Trans. Inform. Theory* **38**(2) (March 1992).
9. W. W. Irving and J. N. Tsitsiklis, Some properties of optimal thresholds in decentralized detection, *IEEE Trans. Automatic Control* **39**:835–838 (April 1994).
10. W. Shi, T. W. Sun, and R. D. Wesel, Quasiconvexity and optimal binary fusion for distributed detection with identical sensors in generalized Gaussian noise, *IEEE Trans. Inform. Theory* **47**:446–450 (Jan. 2001).
11. Q. Zhang, P. K. Varshney, and R. D. Wesel, Optimal bi-level quantization of i.i.d. sensor observations for binary hypothesis testing, *IEEE Trans. Inform. Theory* (July 2002).
12. V. Raghunathan, C. Schurgers, S. Park, and M. Srivastava, Energy-aware wireless sensor networks, *IEEE Signal Process.* **19**(2):40–50 (March 2002).
13. E. J. Duarte-Melo and M. Liu, Analysis of energy consumption and lifetime of heterogeneous wireless sensor networks, *Proc. IEEE GlobeCom Conf.*, Taipei, Taiwan, Nov. 2002.
14. W. Rabiner Heinzelman, A. Chandrakasan, and H. Balakrishnan, Energy-efficient communication protocol for wireless microsensor networks, *Proc. HICSS '00*, Jan. 2000.

15. C. Schurgers, V. Tsiatsis, S. Ganeriwal, and M. Srivastava, Optimizing sensor networks in the energy-latency-density design space, *IEEE Trans. Mobile Comput.* **1**(1) (Jan.–March 2002).
16. B. Krishnamachari, D. Estrin and S. Wicker, The impact of data aggregation in wireless sensor networks, *Proc. ICDCSW'02*, Vienna, Austria, July 2002.
17. D. Maniezzo, K. Yao, and G. Mazzini, Energetic trade-off between computing and communication resource in multimedia surveillance sensor network, *Proc. IEEE MWCN2002*, Stockholm, Sweden, Sept. 2002.
18. H. V. Poor, *An Introduction to Signal Detection and Estimation*, 2nd ed., Springer-Verlag, 1994.

第 7 章　使用传感器网络的移动目标跟踪

ASHIMA GUPTA、CHAO GUI 和 PRASANT MOHAPATRA
美国加州大学戴维斯分校计算机科学系

7.1　简介

电子系统最初开始时，目标跟踪就已经成为一个经典问题。在 1964 年，Sittler 给出了多目标跟踪（MTT）问题的一个形式化描述[17]。在关注监视（monitoring）的给定场所中，存在变化数量的目标。它们在随机的时间出现在场所中的随机位置，每个目标的移动遵循一条任意的但连续的路径，在场所中消失之前，目标会持续停留一段随机时间，系统在随机间隔采样目标位置。MTT 问题的目标是为每个目标找出在场所中的移动路径，传统的目标跟踪系统基于功能强大的传感器节点，能够在较大范围内检测并定位目标。人们也已经对使用分布式多传感器系统的跟踪方法进行了深入研究[2,5,14,15]。

使用传感器网络的目标跟踪最初是在 2002 年深入展开研究的[1,3,6,11~13,18,21,23,24]。随着集成检测能力的制造技术和无线通信技术的进展，微小的传感器微尘（mote）能够密集地部署于期望的场所，以形成大规模的无线传感器网络。传感器节点的数量是传统多传感器系统节点数量的 2~3 个数量级。另一方面，每个传感器微粒仅有有限的检测和处理能力。在这个模型中的一个目标跟踪系统可能具有以下 3 项优势：① 检测单元可能比较接近于目标，因此检测的数据将具有性质上更好的几何保真度；② 在无线传感器网络技术中的进展将保障这样一个系统的快速部署，即被检测的数据可在网络内部进行处理和分发，所以关于目标的最终报告是准确的和及时的；③ 采用传感器节点的密集部署，则关于目标的信息是同时由多个传感器产生的，因此包含冗余，这可用来增加系统的鲁棒性并增加跟踪的准确度。

目标跟踪传感器网络中同样存在挑战和困难：

1）进行跟踪需要多个传感器间的协作通信和计算，由单个节点产生的信息常常是不完全的或不准确的。

2）每个传感器节点具有非常有限的处理能力，基于复杂信号处理算法的传统目标跟踪方法可能不适合于传感器节点。

3）每个节点同样在能量源上具有严格的预算，每个节点不能总是活跃在检测和数据转发之中。因此，在每个节点中，用于数据处理和跟踪的所有网络协议应该考虑功率节省模式的影响。

对于目标跟踪传感器网络，跟踪方案应该由两个部件组成，第一个部件是确定目标当前位置的方法，包括定位以及路径（移动目标所取路径）跟踪；第二个部件涉及支持多个传感器节点间协作信息处理的算法和网络协议。这个部件的目标是，设计一个传感器网络节点之间协作的高效和分布式方案的技术。用于移动目标检测和跟踪的分布式算法是在各种资源的约束（特别是功率约束）之内设计的。

本章将给出使用传感器网络跟踪移动目标方法的深入全面研究，并组织如下：7.2 节将讨论不同的目标定位方法，将焦点集中在信息驱动的动态检测、使用二元传感器的跟踪和智能传感器跟踪上；7.3 节将研究传感器协作的支持协议，讨论分布式的组管理和跟踪树管理方案；最后，7.4 节将焦点集中在目标跟踪任务的必要架构支持方面，考虑到的问题是传感器的最优放置和节点的功率保留；结论性的评述将在 7.5 节给出。

7.2 目标定位方法

为了跟踪移动目标，最本质的问题是开发定位目标并跟踪它们移动性路径的算法。本节将讨论为跟踪移动目标提出的方法论。

7.2.1 传统的跟踪方法

传统的跟踪方法采用一个中心化的数据库或计算设施。随着网络中传感器数量的增加，就资源和定向到中心设施的网络流量方面，中心设施成为了瓶颈。因此，这种方法缺乏扩展性，且是不能容错的。传统跟踪方法的另一项突出特征是检测任务常常是由网络中任意一个节点在某一个时刻执行的，因此这些技术在那一个节点上是计算繁重的。

7.2.1.1 跟踪应用的信息驱动动态传感器协作

针对跟踪应用，人们提出一种信息驱动的动态传感器协作技术[24]。这种方法是一类传统方案，其中在一个传感器网络中用于协作的参与者是在给定计算和通信开销之下，通过动态优化数据的信息设施而确定的。对象和事件的检测、分类及跟踪，要求将在传感器节点间的数据进行汇聚，但是不是所有的传感器都有用信息，因此对拥有协作的最优数据的传感器进行基于信息的选择，将会节省功率和带宽开销。由此，就能避免洪泛，且跟踪报告会更准确。用于确定参与节点（谁应该检测以及信息必须传递到谁那里）的度量指标是：① 检测质量，包括检测分辨率、灵敏度和动态范围、丢失、误警以及响应时延；② 跟踪质量，包括跟踪错误、跟踪长度以及对抗检测间隙的鲁棒性；③ 扩展性，是就网络尺寸、事件数和活跃请求数而言的；④ 生存性，指容错；⑤ 资源利用，是就功率/带宽消耗而言的。

这里研究的焦点在跟踪阶段的传感器协作上，而不在检测阶段。假定存在一个主（leader）节点，它在任何时刻都是活跃的，且它选择并路由跟踪消息到下一个主（leader）节点。如果目标的当前状态是 x，每个新的传感器测量 z_j 将与当前估计 $p(x \mid z_1, \cdots, z_{j-1})$ 相结合，形成关于被跟踪目标的新的置信状态（目标状态的置信值），即 $p(x \mid z_1, \cdots, z_{j-1}, z_j)$。选择一个传感器 j，使 j 以最小的开销提供估计的最大改善的问题是以信息增益和开销来定义的一个优化问题，即

$$M[p(x|z_1,\cdots,z_j)] = \alpha\phi_{\text{utility}}[p(x|z_1,\cdots,z_j)] - (1-\alpha)\phi_{\text{cost}}z_j \tag{7-1}$$

式中，ϕ_{utility} 是信息可用性测量（如果传感器提供一个范围约束，有用性就能用该传感器离平均状态的距离来测量）；ϕ_{cost} 是通信和其他资源的开销，这些资源是以链路带宽、传输时延和剩余电池功率来表征的；α 是可用性和开销的相对权重。

跟踪协议的工作方法如下：一名用户发送一条查询，查询进入传感器网络，之后采用元知识（Metaknowledge）引导这条查询朝向潜在事件的区域发送。主节点产生对象状态的一个估计并确定下一个最优的传感器，判断的基础是传感器特性，例如传感器位置、检测形式以及它的预测贡献。之后它将这个状态信息转交给这个新近选择的主节点，新的主节点将其估计与以前的估计组合以推导一个新的状态，并选择下一个主节点。跟踪对象的这个过程继续进行，当前主节点使用一种最短路径路由算法周期性地将状态信息发回查询节点。

上面描述的跟踪过程可由下面的范例最好地加以说明，如图 7-1 所示：

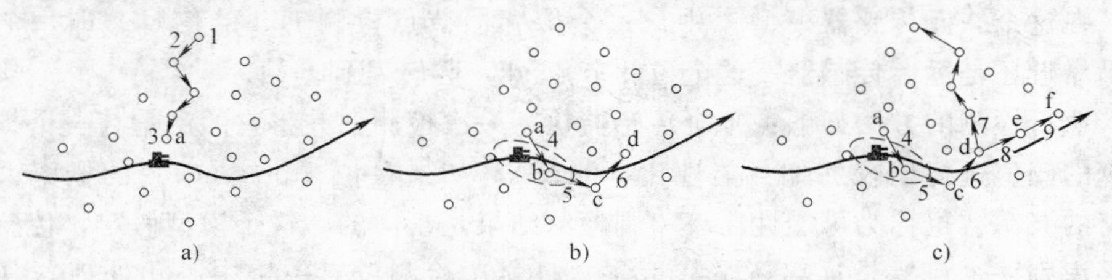

图 7-1　信息驱动传感器网络跟踪的示例步骤
a）步骤 1～3　b）步骤 4～6　c）步骤 7～9

1）用户发送一条查询，查询在节点 Q 进入传感器网络。

2）查询被导向潜在事件的一个区域。

3）当前主节点 a 计算对象状态的初始估计 x_a，在其所有邻居的传感器特性

基础上，在所有邻居间确定下一个最优的传感器 b，并将状态信息传递给 b。

4）节点 b 通过将其测量 z_b 与以前的估计 x_a 组合使用一个贝叶斯过滤器（$x_b = x_a + z_b$）而计算一个新的估计，它也计算下一个主节点 c，将这个状态信息传递给它。

5）节点 c 计算新的估计 $x_c = x_b + z_c$ 和下一个主节点 d。

6）节点 d 计算状态信息 $x_d = x_c + z_d$ 和下一个主节点 e，节点 d 也向查询节点 Q 发回当前的估计。

7）节点 e 计算 $x_e = x_d + z_e$，下一个主节点是节点 f。

8）节点 f 计算 $x_f = x_e + z_f$，下一个主节点是节点 e，它向查询节点发回当前估计，且这样的过程继续进行。

这种方法所作的主要假设是，网络中的每个节点能够本地估计向另外一个节点的检测、处理和通信数据的开销，并能够监视它的功率使用情况。

虽然由 Zhao 等人[24] 描述的算法就所用带宽而言是功率高效的（因为在任何给定时间仅有一些节点是在线的），但传感器的选择是一项本地决策。因此，如果不正确地选举第一个主节点，则将发生级联效应，且整体准确性受到影响。在主节点上它也是计算繁重的。这种方法仅适合于跟踪单个对象，7.3 节将讨论使用组管理方案对跟踪多个对象的扩展。

7.2.2　使用二元传感器进行跟踪

称之为二元传感器是因为它们典型地检测 1bit 的信息，这 1bit 能够用来表明目标是否① 在该传感器范围；② 从该传感器远离或靠近。

下面将讨论使用二元传感器进行目标跟踪问题的两种方法：第一种技术使用一种中心化的方法；第二种技术是一个分布式协议。

7.2.2.1　使用二元传感器网络跟踪移动对象

在这个二元传感器模型[1] 中，每个传感器节点检测 1bit 的信息，即一个对象是靠近还是远离传感器。这个位和节点 id 一起转发到基站。

执行检测的方法如下：每个传感器执行一次检测，并将它的测量与一个提前计算的阈值进行比较（如可能性比率测试）。如果在位（presence）的概率大于缺席的概率，也称为可能性比率，则检测结果是正向的。这个模型假定，传感器能够识别一个目标是远离还是靠近它，且之后检测位对一个中心化处理器（即传递到中心处理器）是可用的。模型也假定基站知道每个传感器的位置，且一个辅助二元传感器可用来与这个传感器一起工作，为的是发现目标的精确位置。

协议使用颗粒过滤方法，保留相同对象的多个拷贝，每个拷贝具有基于一个离散概率矢量的关联权重。采用每个传感器的读取方法，构造一组新的颗粒如下：

1）依据旧的权重，选择一个以前的位置。

2）选择一个可能的后续位置。

3）如果后续位置满足可接受标准，则将其添加到新的颗粒集合，并计算它的权重。

4）对权重进行归一化处理，使它们加起来的和为1。

目标移动方向的确定方法是，计算被跟踪对象速率的正交平面，下面进一步描述。

速率的正交平面将分离正的和负的凸轮廓：一个正的凸轮廓是将所有传感器包括在内的多边形，传感器记录正的方向，换句话说即目标正在靠近它们；类似的，负的凸轮廓是所有传感器的凸轮廓，检测到目标正在离开它们。如图7-2所示，对象速率的正交平面将这两个凸轮廓分离开。

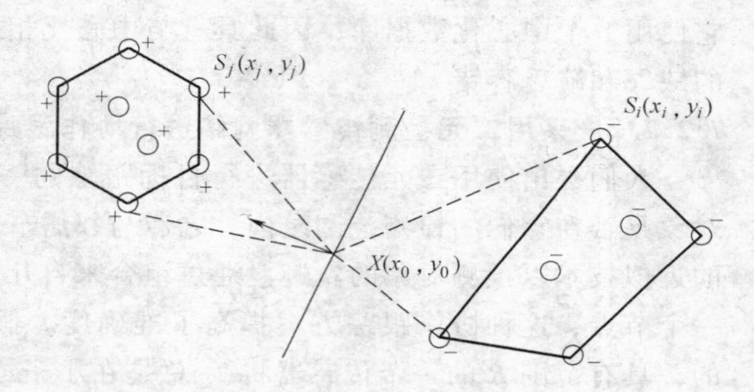

图7-2　关于确定移动方向的图解说明

在图7-2中，$X(x_0, y_0)$表示被跟踪对象的当前位置，$S_j(x_j, y_j)$代表目标正在靠近的传感器，$S_i(x_i, y_i)$代表目标正在远离的所有传感器。垂直于速率的斜线是隔离这两个凸轮廓的直线。在给定正的和负的凸轮廓（能够从传感器读数中确定）的情况下，可计算这个正交平面，表示为m_0。一旦知道m_0，就可计算速率矢量，且矢量的方向将是朝向正的凸轮廓。

这种方法保留通信和检测的能量。已经证明[1]，仅需处理少量比特数，但是不能确定精确位置，仅能知道目标的移动方向。使用这个算法的另一项缺陷是，不能区分具有平行速率且隔开恒定距离的多个轨迹。

为了确定对象的精确位置，这个模型可扩展如下：向每个节点添加另一个二元传感器，使用一个临近位来检测临近信息。假定检测距离是经过校准的，使在一个时刻至多有一个传感器检测一个对象，那么上面描述的协议可扩展如下：

if sensor S sees the object **then**

forall accepted particles P not within the range of S **do**

Let P' (newly generated particle by the previous protocol) = Intersection between the range of S and semi-line (PS);

Let $P_1 ... P_k$ = ancestors of P since the last time the object was detected;

for i = 1 to k **do**

$P_i = P_i - (P - P')/(k+1)$;

```
    end
  end
end
```

这个协议陈述的是，当一个对象被一个传感器节点检测到时，不在该节点范围内部的每个颗粒的祖先（ancestor）信息以正比的量偏移到这个对象上次被观察到的那么远的位置。

如前所述，就需要传输和处理的位而言，这是一种能量高效的方案。但是，它使用一个中心化数据库，因此具有与中心化相关联的所有弱点，主要是扩展性的缺失和缺乏容错。

7.2.2.2 采用二元检测传感器网络进行协作跟踪

人们提出使用二元传感器进行目标跟踪的一种分布式方法[13]。传感器确定对象是否在它们的检测范围之内，之后与邻居节点的数据相协调，并执行统计性的近似技术以预测对象的轨迹。通过组合来自几个节点的信息，而不是仅依赖于一个节点，这种协作跟踪方案提高了准确度。假定在环境中传感器是均匀分布的，具有范围 R 的一个传感器将① 总是在小于或等于（$R-e$）的距离上检测到一个对象；② 有时检测落在（$R-e$）和（$R+e$）之间距离范围的对象；③ 从来不检测位于范围（$R+e$）之外的对象，其中 $e=0.1R$，但可以是用户定义的。对象可以任意速度和方向移动，因此该对象的轨迹可线性近似于一系列的线段，沿这样的线段，该对象以恒定速度移动。这种近似法与实际路径的偏离程度将依赖于对象的速度和方向的改变而发生变化。每个节点记录对象在其范围内的时长，之后临接节点交换时戳和它们的位置。对于每个时间点，对象的估计位置计算为检测节点位置的加权平均。指派的权重正比于目标在一个传感器范围之内时长的一个函数，目标将仍然在目标路径较近传感器范围之内保持较长时间，在产生的点集合之上执行一个线拟合算法（最小平方回归）。通过对目标轨迹进行外插，预测对象路径，从而使能沿那条路径的节点异步唤醒。在这种技术中，假定节点知道它们的位置，且它们的时钟是同步的。注意，为了使这个算法正常工作，传感器节点的密度应该足够高，以使几个传感器的检测范围交叠，同样传感器也应该能够将目标从环境中区分开来。

可以使用许多不同的赋权方案，下面列出其中的三个：

1）对所有的读取操作指派相等的权重，这将产生最不精确的结果，即在实际目标路径及其检测路径之间较高的错误率。

2）启发式：$w_i=\ln(1+t_i)$，其中 t_i 是传感器侦听到对象的时长。这个方法的错误率较低，且这种方法给出了对象轨迹的较好近似。

3）指派的权重反比于到对象路径的估计垂直距离。使用式 $w_i=1/\sqrt{r^2-0.25[v(t_i-1/f)]^2}$，其中 r 是传感器半径，v 是估计的对象速度，t_i 是对象检测时长，f是传感器采样频率。这是最精确的方法，但要求估计对象的速率。就做出估计所要求的通信开销而言，其开销是巨大的。

因此第二种方法是最适合的。线拟合计算（line fitting computation）要求收集所有位置的估计值，以便在一个中心化的位置进行处理。为了最小化时延和带宽使用量，具有较多计算资源的一些节点被指定为到外部网络的网关。传感器网络逻辑上组织成根在每个网关的树，且每个节点从其子节点收集数据，并将之发送到最近的或最空闲的网关。这种算法对时间关键（time-critical）的应用非常适合。它能够使用陈旧数据，与新数据一起持续细化估计的路径。同样，因为它是一种协作方法，故它比那些基于单传感器的对象检测方法能提供更准确的结果，且在一个具体节点上在计算上不太复杂。

这个协议表明，节点密度越高，对轨迹的估计就越好。但是，这意味着必须使对象附近的所有节点保持清醒。在以检测对象的活跃节点表示的功率使用和估计精确度之间存在折中，因此一个比较密集的网络未必意味着打开对象附近的所有节点，而是为了做出一项可接受的估计，仅需要一定数量的节点就够了。同样，在这个协议中是没有办法检测多个目标的。这个协议也要求传感器能够在环境和被感知的现象之间明确地做出区分，即它可忽略任何干扰，然而这似乎是一个不现实的假定。

7.2.3　与特殊传感器有关的其他方法

许多跟踪方法使用特殊的传感器能力。一些方法针对一个特定应用作了裁减，而其他一些方法依赖于目标属性。这样的一种方法是智能传感器网络方法[8]，它使用具有高处理能力的传感器。在一个自配置和容错的网络中，配置具有板上处理能力和无线接口的传感器节点，可以一种功率高效的方式执行协作的检测任务。这个算法检测并跟踪一个移动的对象，并沿对象的预测轨迹提醒传感器节点。该算法是功率高效的，因为传感器节点之间的通信限于对象和它被预测路线的临近区域。

传感器节点是随机地分散于地理区域中的。这个算法假定每个节点知道它的绝对位置（通过 GPS）或一个相对位置。传感器必须能够从传感器读数中估计目标的距离。目标的存在是基于传感器读数进行检测的，如果传感器读数大于一个特定的阈值，那么检测是正向的。一旦发生正向检测，包含节点位置和节点到目标距离的一条 TargetDetect 消息就被广播到传感器网络。这个检测过程每秒都重复地进行。

使用三角方法，可确定对象的位置。已经检测到目标的一个节点等待两条不同的 TargetDetect 消息，并执行三角方法；或者接收到三条 TargetDetect 消息的一个节点执行三角方法，这两种方法都可定位对象的位置。下一步是轨迹估计。为了估计目标轨迹，在最小的两个时间间隔估计对象位置，并沿之画出一条直线。但是，较高数量的读数和曲线拟合算法能够提供一个较好的轨迹估计，因此需要提供一个较好的预测和更准确的传感器唤醒方法。

一旦确定轨迹，距离对象轨迹特定的垂直距离 d 范围内的节点就接收到一个提醒消息，其包含发送者的位置和描述直线轨迹的参数。在特定距离范围内的节点再次广播这条提醒消息。为了最大化提醒消息的传播范围，并防止对网络的洪泛，提醒消息传播的方向仅限于目标移动的方向，使用下面的技术可做到这点。接收到一条提醒消息的节点计算垂直于轨迹通过它自身的一条线，如图 7-3 所示。这条线将区分成两个区域，即 R_1 和 R_2。R_2 是运动的方向。因此，如果一个节点在特定距离之内且消息是从区域 R_1 的一个节点接收到的，则该节点转发提醒消息。E_1-E_2 定义对象轨迹。为了避免相同对象的多条提醒消息的产生(目的是为了保留带宽和功率)，在一个节点已经转发一条提醒消息之后，禁止该节点在某段时间内发送另一条提醒消息。

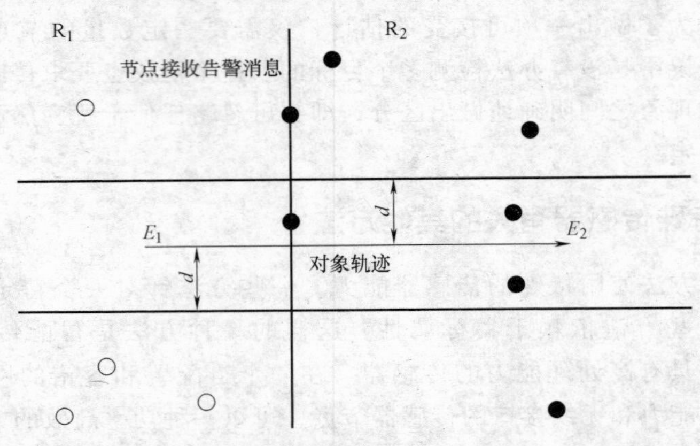

图 7-3 运动方向确定的图解说明

这个算法假定一个传感器知道或学习到传感器读数到距离的映射关系。它也假定网络密度达到这样的程度，即位于提醒消息必须在其内传播区域内的传感器网络子网，必须在它们自己之间（节点间）形成一个连通图。在一个稀疏网络中是不能传播提醒消息的。

该协议使用一种分布式方法进行目标跟踪，因此是灵活的和可扩展的。这种方法的另一项优势是传感器节点唤醒过程局限于对象及其被预测路线的临近范围，因此节省了通信能量。

注意，轨迹估计可能是不准确的，因为两个源发节点可能为相同对象推导出不同轨迹。该协议也没有处理多个目标的跟踪问题。7.3 节将讨论多目标跟踪问题。

7.3　支持分布式跟踪的协议

在中心化传感器阵列处理中，所有处理都发生在一个中央处理器内。与此相反，在一个分布式模型中，传感器网络将计算分布于传感器单元间。每个传感器单元从其环境中获取局部的、部分的和相对的路线信息。之后，网络基于其覆盖范围和检测方式的多样性，协作地确定一个相当精确的估计。

7.3.1　目标定位应用中用于跟踪初始化和维护的分布式组管理

在 Liu 等人[12]的文章中讨论了对象跟踪的一种分布式方法，它是 7.2 节讨论方法的扩展，增加了跟踪多个目标的能力。

这是一个基于集群的分布式跟踪方案，逻辑上将传感器网络分割成局部协作组，每个组负责提供一个目标的信息并跟踪它。能够联合地提供关于一个目标的最准确信息的传感器是最接近于目标的那些传感器，在这种情形中，于是形成一个组。局部区域必须随目标移动，因此随着节点退出和其他节点加入，组是动态的。

使用一种类似于 Zhao 等人[24]所描述的基于主节点的跟踪算法，记录检测大于阈值的所有传感器节点形成一个协作组，并选举一个主节点。在任何时间 t，每个组有一个惟一的主节点，它知道协作的地理区域，但不知道组的准确成员。主节点测量并更新它对目标位置的估计，称为“置信状态”。在新信息的基础上，主节点选择最能提供信息的传感器，并向它发送更新的信息。之后，在时间 $t+x$ 处，这个传感器成为主节点，其中 x 是通信时延。

主节点抑制其他节点的进一步检测，因此限制了功率耗散，同样防止了为相同目标产生多条踪迹。主节点初始化置信状态，并启动跟踪算法。

7.3.1.1　组形成和主节点选举

组的形成是基于到目标的地理临近性质的，形成方法如下：初始时，所有节点都处在检测模式，一旦一个节点做出一次检测，它向在其检测两倍范围（$2R$）内的所有其他节点发送可能性比率。关于目标，节点知道的仅有事情是目标在该节点的 R 距离之内，因此其他检测器节点可能在距离这个节点（距离目标为 R）的 $2R$ 距离之内。

检测目标的每个节点，检查并比较在一个时间段 t_{comm} 之内接收到的所有检测消息，其中 t_{comm} 设定为这样的一个值，它大于检测消息到达它们相应目的地需要的时间，但小于目标移动所需要的时间。依据检测消息的时戳，选举组主节点。一个传感器节点，如果它的消息时戳早于所有其他消息的时戳，或如果一个等同的时戳消息具有较低的可能性比率，则该传感器节点声明自已为主节点。

7.3.1.2　组管理

随着目标移动，必须打破原来的组，并动态地与新成员形成新组，因此组管理是该算法的一个关键方面。被选中的主节点将置信状态 $p(x_0 \mid z_0)$ 初始化为中心在其自身的位置、半径为 R 的一个均匀圆盘。置信状态随着每条后续测量得以细化，这个区域将以高概率包含目标。不同的算法用来计算抑制区域，定义为满足如下条件的区域，其中所有传感器节点形成这个组的成员。在这种情形中，识别出一个回归区域，它包含所有这样的传感器节点，它们以大于一个特定阈值的概率检测到目标。为了计算抑制区域，向这个区域添加一个边际余量 R。因此在初始情形中，抑制区域将是中心在主节点处半径为 $2R$ 的一个同心圆。

随着目标移动，以前没有检测到目标的节点可能开始检测到目标。这导致针对单个目标存在多条踪迹，换句话说，即踪迹竞争。因此，必须抑制这些节点，因为这个算法是仅为单节点跟踪的最优化而设计的。SUPPRESSION 消息用来最小化这个场景，并声明组成员关系。主节点向在协作区域中的所有其他节点发送一条 SUPPRESS 消息，告诉它们停止检测和加入组。主节点将为整个组执行检测。为了避免向新组中所有节点发送 SUPPRESSION 消息的额外负担，新组部分地与以前的组重叠，主节点仅向新的节点发送 SUPPRESS 消息。主节点也仅向现在不再是该区域的那些节点发送 UNSUPPRESS 消息。每个节点可能是下列四种状态中的任意一种状态：

1）检测：这个节点不是任何组的成员，它周期性地检测可能的目标。

2）主节点：这个节点执行检测，并更新踪迹和组。

3）空闲：这个节点属于一个协作组，但不执行任何检测。它被动地等待来自于主节点的一个可能切换。

4）等待超时：中间状态，等待来自于其他节点的潜在检测。

算法使用的另一个消息类型是 HANDOFF 消息，HANDOFF 消息用来将主节点关系切换到另一个节点。每条 HANDOFF 消息的组成如下：①置信状态；②发送者 ID；③接收者 ID；④一个标志，表明成功或丢失踪迹；⑤一个时戳。这种方案假定所有传感器节点都是时间同步的，且知道它们的一跳邻居关系。本章也将假定使用的路由协议将检测消息的传播范围限制在特定区域（为了避免洪泛整个网络）。

很明显，时间同步是这种方法正常工作的一个主要前提条件。考虑这样的情形，其中一些节点丢失一些检测消息，因为这些消息在 t_{comm} 窗口内没有到达，那么针对跟踪相同的对象将形成多个组。因为这些踪迹对应于相同的目标，它们就会发生冲突，因此就需要一个针对冗余路径的合并机制，这将在下面讨论。

7.3.1.3　分布式踪迹维护

该算法能够处理多目标跟踪，因为每个目标在任何给定时间点都由单个组跟踪，传感器网络由许多这样的组构成。如果踪迹隔得比较远，且协作区域没有重叠，那么多目标跟踪就是容易的。但是，不管是相同对象的还是不同对象的，多条踪迹都可能发生冲突。因此，需要一种机制仅处理这样一个场景，并据此执行踪迹维护。

每条踪迹被指派一个惟一的 ID，如以踪迹初始化的时戳表示。源自那个组的所有消息都被打上这个 ID 标签，每个节点现在能够跟踪记录它的多个成员关系。属于一个组以上，但在任何一个组中都不是主节点的一个节点，为了得到释放，将需要与 SUPPRESSION 消息一样多的 UNSUPPRESSION 消息。

如果一个主节点接收到具有与其自身不同 ID 的一条 SUPPRESSION 消息，那么便隐含着发生了一个组冲突。在这样一种情形中，该算法支持组合并，且在 SUPPRESSION 消息的时戳基础上应该放弃一条踪迹。每个主节点将在新收到的 SUPPRESSION（$t_{suppression}$）消息中的时戳与其自身的（t_{leader}）相比较，保留比较早的一个时戳，假定较早踪迹的置信状态将是更加细化的，因此是更加可靠的。因此，如果 $t_{suppression} < t_{leader}$，则主节点放弃它自身的踪迹，并中继新的 SUPPRESSION 消息到它的组，之后放弃领导关系。由此两个组合并成一个组，现在新的组主节点是联合组的主节点。如果 $t_{suppression} \geq t_{leader}$，则主节点的踪迹保留下来。

这个算法对于合并于相同目标的多个踪迹工作良好。如果两个目标相互靠得非常接近，则两个组合并成一个组，并将两个目标作为单个虚拟目标进行跟踪。一旦目标分离，目标之一将被重新检测作为一个新的目标，并将形成另一个组来跟踪它。

注意，如果两个目标相互靠得非常接近，那么描述的机制将不能在它们之间做出区分。

7.3.2　跟踪树管理

人们提出一种动态的基于护卫树的协作（DCTC）框架[21,22]。护卫树包括被检测目标周围的传感器节点，当目标移动时，该树逐步地调整自身以添加更多节点和裁减一些节点（见图 7-4）。当目标首次进入监视区，接近于目标的活跃的（不在睡眠模式）传感器节点将检测到目标。这些节点将相互协作，选择一个根并构建一棵初始护卫树。依赖于护卫树，从所有树上节点产生的关于目标的信息将被收集到根节点，该节点将处理收集到的信息，并产生关于目标位置和移动方向的更准确的报告。随着目标移动，位于移动路径上游的一些节点将飘移远离目标，并将从护卫树中剪裁掉。另一方面，位于预计的移动路径上的一些自由节点将很快需要加入到协作的跟踪之中，因为它们的正常状态处在功率节省模式之下，在目标实际到达之前，有必要将它们唤醒。这些问题将在 7.4.2 节详细讨论。随着依据目标的移动而护卫树要进一步地进行自身调整，树根将远离目标，

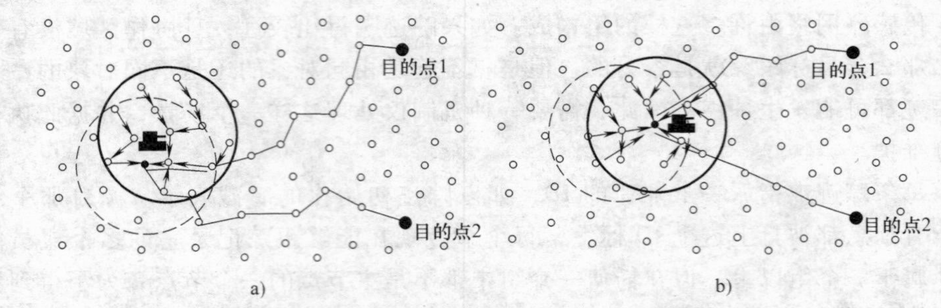

图 7-4　在 DCTC 方案中为护卫树添加和裁减节点

a）当前时间的护卫树　b）下一时间的护卫树

这引入了重新分配一个新的根并依此重新配置护卫树的需求。

如果移动目标的踪迹是提前知道的，且每个节点具有关于全局网络拓扑的知识，跟踪节点关于最优护卫树结构达成一致就是可能的。Zhang 和 Cao[21] 讨论提出了沿护卫树收集数据而最优化能耗的一种算法。在真实场景中，这个全局信息可能是得不到的，他们的文章给出了实际的解决方案。

7.3.2.1　初始树的构造

当一个目标首次进入监视区，能够检测到目标的传感器节点可相互协作来构造初始护卫树。首先，在初始节点间应该选举一个根节点，这是初始化过程的选举阶段。根节点的选举基于如下启发方法，即根是最接近于目标的，是树中节点的几何中心。每个节点 i 将需要向其邻居节点广播一条 election（d_i，id_i）消息，其中带有它到目标（d_i）的距离和它自身的 id。如果一个节点接收到任何选举消息的（d_j，id_j）都不小于（d_i，id_i），则该节点成为一个根候选节点。否则，放弃该节点，并选择具有最小（d_j，id_j）的邻居节点作为它的父节点。有可能出现多个根候选节点，因此就需要第二个阶段，其中使候选节点 i 在初始护卫树中向其他节点洪泛一条 winner（d_i，id_i）消息。当一个根候选节点 i 接收到一条具有较小（d_i，id_i）值的（d_j，id_j）消息时，它就放弃候选权。它将进一步将自己连接进入树，树根是具有最小（d_i，id_i）的候选者。

7.3.2.2　树扩展和裁减

对于每个时间间隔，依据目标的移动，护卫树的根添加一些节点并去除一些节点。为识别添加和去除哪些节点，人们提出了一种基于预测的方法[21]。该方法假定在给定目标的估计移动速度的情况下，可以预测目标在下一时间间隔的位置。如果目标移动方向不会频繁变化，则正确预测目标未来位置的几率就会较高。图 7-5 给出了被添加节点的

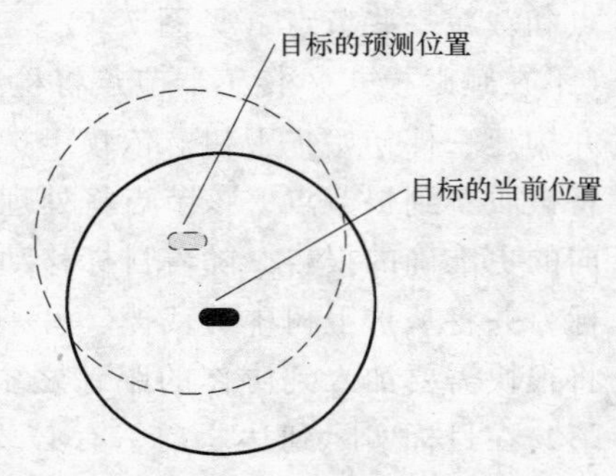

图 7-5　基于预测的扩展和裁减方案

集合和被去除节点的集合。

7.3.2.3　树重新配置

随着目标的移动，参与跟踪的节点持续发生改变。当目标移动远去时，越来越多的节点漂移远离根节点。因此，根应该由比较接近目标的一个节点替换，并据此需要对护卫树进行重新配置。这可能由一种简单的启发方法触发，即如果当前目标位置与根之间的距离变得大于一个阈值时，则树需要重新配置。重新配置阈值可设定为 $d_m + \alpha v_t$，其中 d_m 是指定触发重新配置最小距离的一个参数，v_t 是在时刻 t 目标的速率，α 是影响指定速率的一个参数。

触发重新配置之后，就可以使用序列化方案，该方案是基于网格结构的（这种结构常用于自由节点的功率节省模式）[19]。为了节省自由节点的功率，将网络分成许多网格。在每一个时刻，仅有一个节点被选作网格头（grid head），并持续地保持活跃状态。其他节点将处于功率节省模式。网格尺寸要小于传输距离，以使网格头能够形成一个连通的拓扑。

由 Zhang 和 Cao[21] 提出的这种序列化重新配置方案的主要思路可使用图 7-6 进行解释。假设新近选中的根在网络 g_0 中，重新配置过程开始于新的根向其网格中的节点广播 reconf 消息。新根也需要向邻接网格的头（即 g_1、g_2、g_3 和 g_4）发送 reconf 消息。之后，网格 g_0 中的节点全部将它们的父节点设定为新的根。同样邻接四个网格中的节点也被它们的网格头通知，并能够利用新根提供的信息调整它们的父节点。网格 g_5、g_6、g_7 和 g_8 的头不能直接从 g_0 的新根处接收到 reconf 消息，它们应该由 g_1、g_2、g_3 和 g_4 中的头加以通知。一个重复的过程可进一步调整在那四个边角网格中的树结构。

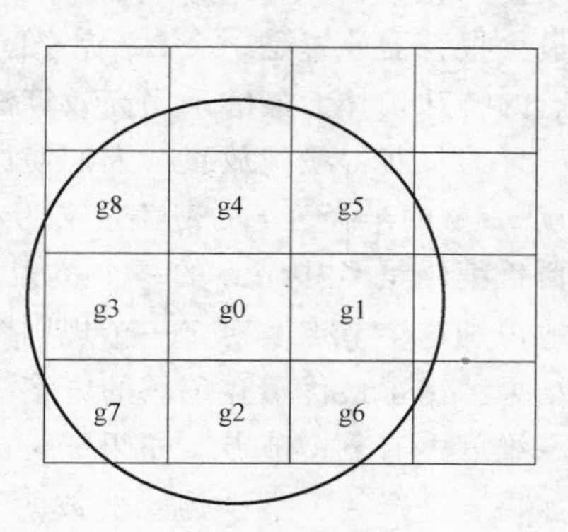

图 7-6　序列化树重新配置

7.4　分布式跟踪的网络架构设计

本节将讨论最优传感器部署策略（为的是以最少传感器数量确保最大的检测覆盖范围）以及传感器网络中的功率保留（这是任何传感器网络架构设计中的一个关键方面）。

7.4.1　目标跟踪的部署优化

设计目标跟踪传感器网络的一个重要问题是监视区内的传感器放置。首先，传感器应该完全覆盖监视区。在多数情形中，当检测到一个目标时，对于确定目标的位置，单个传感器节点是足够的了，因此应该确保区中的每个点被至少 k 个传感器节点所覆盖。Huang 和 Tseng[9] 说明了每个节点如何能够检查在其检测范围内的局部区是否满足 k 覆盖条件。进而，传感器节点的放置也能够影响目标局部化如何构造的方式。这个问题已在其他文献中有所讨论[4,25]。

Chakrabarty 等人[4] 已经分析研究了目标跟踪的传感器放置问题。基于一种网格方式的空间离散化，该文提供了目标局部化的一个改进问题模型。在一些应用（或系统）中，找到最接近目标估计位置的网格点而不是确定目标的准确坐标是合理的。在这样一个问题模型中，传感器的最优放置将满足要求，其中传感器场所中的每个网格点都由传感器的惟一子集所覆盖。在时间 t 报告一个目标的传感器集合以这种方式惟一地标识出在时间 t 目标的网格位置。因此，传感器放置问题可建模为 Rao 所描述报警器放置问题的一个特殊情形[16]。这个问题可描述如下：给定一个图 G（这作为系统的模型），人们必须确定在 G 的节点上如何放置“报警器”，以使任何单个节点故障都能被诊断。作者证明[16]，对任意图的最少报警器放置是一个 NP 完全问题。但是，人们也已证明[4]，对于如一组网格点的特殊拓扑，能够采用高效算法找到最小放置。

为了获得最优放置，人们使用了覆盖编码的概念[10]。对于图 G 中的一个节点 v，v 的半径为 r 的覆盖定义为在 G 中位于 v 的 r 跳之内的节点子集。G 的一个覆盖编码是 G 中节点的一个覆盖，使通过检查覆盖任何一个节点的节点而惟一地识别这个节点。对于一个规则图，例如一组网格点，在其他两项研究[4,10] 中的结果给出了最优覆盖编码的方案。令一个$(3, p)$网格表示一组三维网格点，在每一维度上有 p 个节点。如果 $p>4$ 且 p 是偶数，则需要的最少传感器数是 $p^3/4$；如果 p 是奇数，最少传感器数的下限也能够使用来自覆盖编码问题的结果推导出来。图 7-7 给出了在一个 13 × 13 的二维网格中传感器的最优放置方案。为了覆盖总数为 169 的网格点，需要的传感器最小数量是 65（传感器密度 = 0.38）。

7.4.2　目标跟踪的功率保留

就成本有效性而言，一个传感器网络要是可用的，则网络必须工作一定的时间，这个时间越长越好。典型情况下，无线传感器节点没有得到一个持续供电电源的连接，而是依赖于它们的电池进行供电。因此，为了在网络所提供信息的准确度方面没有任何显著损失的情况下延长网络的寿命，需要最小化功率使用模式。本节将描述用来获得最大功率效率的架构和协议支持问题。

7.4.2.1　在目标跟踪传感器网络中的功率保留和监视质量

本小节将讨论为了得到最大功率效率，跟踪阶段每个节点的睡眠—清醒模式（如 Gui 和 Mohapatra[7] 所描述的）。考虑监视大范围运行区的一个分布式传感器

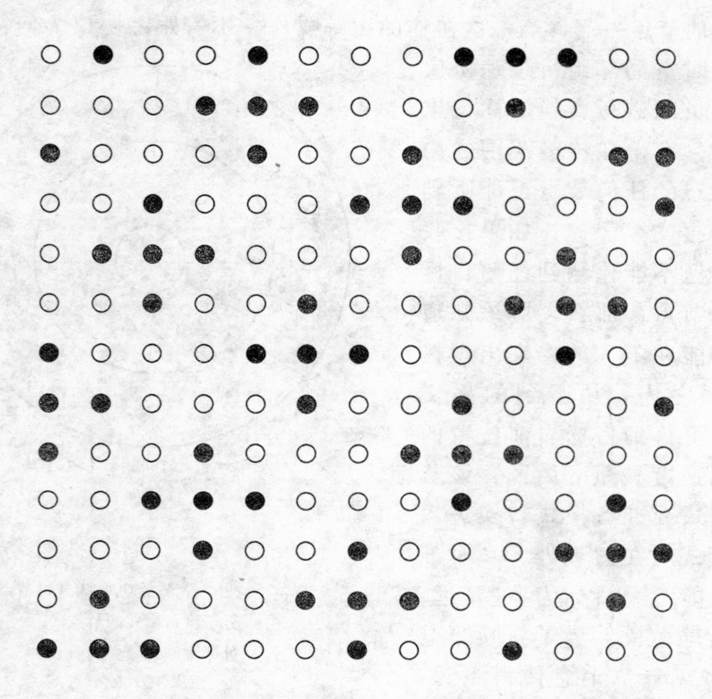

图 7-7　在 13 × 13 网格中传感器的最优放置

网络，网络运行有两个阶段：没有任何关注事件发生的监视阶段；对任何移动目标均响应的跟踪阶段。从一个传感器节点的角度看，当在其临近范围没有目标时，最初应该工作在低功率模式。但是，当一个目标进入它的检测范围或在更优化的方式下，当一个目标将要在短时间之内进入它的检测范围时，它应该退出低功率模式，并持续活跃一定的时间长度。最后，当目标经过并向远方移动时，该节点应该确定切换回到低功率模式。

直觉上来说，当一个节点在清醒时段检测到一个目标时，该节点应该进入跟踪模式并保持活跃。但是，可能的情况是，在其睡眠时段，一个目标经过它的检测范围，从而该目标通过传感器节点的范围而没有被该节点检测到。因此，必要的是，当一个目标向一个节点移动时，网络需要提前通知这个节点。

下面将讨论提前唤醒（PW）算法。每个传感器节点有四种工作模式，即等待、准备、准跟踪和跟踪。等待模式代表监视阶段的低功率模式。准备和准跟踪模式都属于准备和期待模式，在这两种模式中一个节点应该保持活跃。图 7-8 显示了围绕目标的类似逐层洋葱的节点状态分布。

在任何给定时间，如果以目标的当前位置为中心画一个圆圈，其中半径 r 是平均检测范围，落在这个圆圈内部的任何节点应该处于跟踪模式，节点活跃地与圆圈中的其他节点一起参与一次协作的跟踪操作。不管跟踪协议为何，跟踪节点都形成一个时空局部组，跟踪协议报文在组成员间进行交换。标记这些跟踪报文，使得在传输范围之内处于清醒状态的任何节点都能听到并识别这些报文。因此，如果接收到跟踪报文但不能检测到任何目标的任何一个节点，那么它应该知道一个目标可能在不久的将来出现在其检测范围之内。从听到的报文中，它也许可得到目标当前位置的估计和移动速度矢量。由此，该节点从等待模式或准备模式转换进入到准跟踪模式。在边界处，一个准跟踪节点可能距离目标为 $r+R$ 远，其中 R 是传输范围。为了将唤醒电波（wakeup wave）消息传得更远，节点应该传输一个准备报文。接收到一个准备报文的任何节点应该从等待模式转换进入到准备模式。准备节点可能距离目标远至 $r+2R$ 的距离。

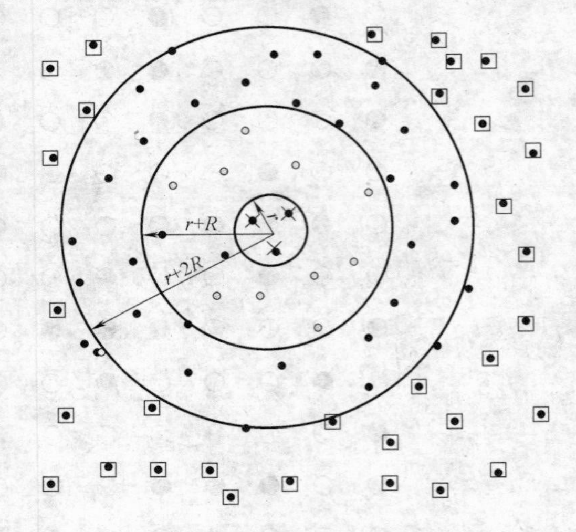

图 7-8　围绕目标的类似逐层洋葱的节点状态分布

图 7-9 给出了提前唤醒（PW）算法的状态转换图。如果一个跟踪节点确信它不再能够检测到目标，那么它转换进入准跟踪模式。进而，如果以后它确信它不再能够接收到任何跟踪报文，它就转换进入准备模式。最后，如果它确信它既不能收到跟踪报文也不能收到准备报文，它就转换回到等待模式。由此，当目标移动远离一个节点时，该跟踪节点逐渐地转换回到低功率监视阶段。本质上来说，PW 算法确保跟踪组随目标而移动。

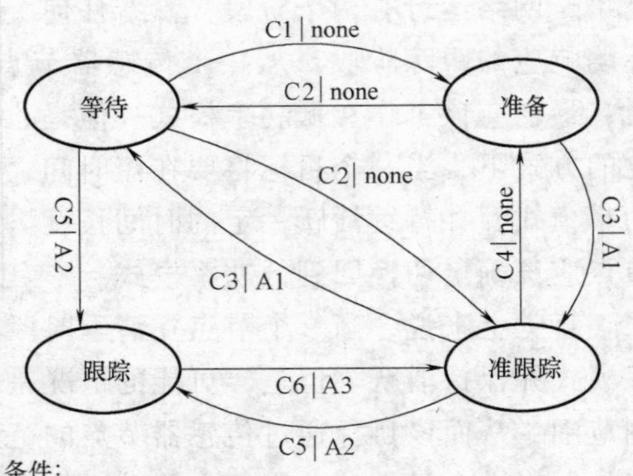

条件：
C1：听到一条"准备"报文　C2：听到一条"跟踪报文"
C3：确认不能听到"准备"报文或"跟踪"报文
C4：确认不能听到"准备"报文但能听到"跟踪"报文
C5：检测目标　C6：确认不能检测到目标
操作：
none：没有操作　A1：传输一条"准备"报文
A2：启动跟踪算法　A3：停止跟踪算法

图 7-9　PW 算法的状态转换图

7.4.3　使用层次网络、宽带传感器网络的目标跟踪

目标跟踪是一个普遍问题，能够应用到各种类型环境（敌对的、温和的、环境友好的或紧张的）中不同种类的目标上，例如，跟踪敌对环境（例如战场监视）中跟踪车辆，另一个例子可能是跟踪一个移动的火源。应用的这种多样性要求传感器节点在尺寸、处理能力、无线接口能力和支持多模式检测的检测能力等方面具有相应的多样性。例如，在战场监视中，知道车辆类型、车上装备和人员将是更加有帮助的。这个信息能够使用图像传感器得到，因此网络可由少量图像传感器和大量用于其他功能的低层次传感器组成。如果这个信息能够使用加密算法和认证技术以一种安全方式发送，那么将是人们所期望的。这些常常在常规传感器的能力范围之外，因为对内存和功率资源的高要求对于传感器节点是奇缺的。但是，如果使用异构的传感器节点，其中一些具有高的处理能力，其他的是低层次传感器，则能够获得相当程度的安全性。

由 Yuan 等人[20]探索研究的一种新颖方法，描述了针对一个异构宽带传感器网络使用层次化架构，为的是方便传感器节点之间的交互作用并提高能量效率。文中考虑了将配备全功能无线卡的一些较高能力的传感器节点（H 节点）与大量低能力传感器微粒（L 节点）组合到一个连网系统中的可能性。传感器可以组织成由少量 H 节点形成一个控制平面的高层，以及由可能是随机部署的 L 节点组成的低层，如图 7-10 所示。这些 H 节点形成数据传递的一个宽带骨干，它们能够配置专用的无冲突传输路径，同时最小化窃听和空闲侦听的可能。假定 H 节点具有可调节的足够大的无线传输范围 R' 使 H 节点能够相互通信，为了确保完全覆盖，H 节点以网格形式部署，理想情况下每个 L 节点都至少与一个 H 节点相关联。但是，一个 H 节点不需要知道与它关联的 L 节点。整个传感器网络分成许多小的区域。在如图 7-11 所示的 4 个 H 节点的网格部署中，单位方形传感器场分成 13 块，在 H 节点信息的基础上为每个区域构造一个 ID。

在运行阶段，L 节点周期性地醒来，为的是接收来自相关（父）H 节点的指令，并据此进行后续活动。如果一个 L 节点丢失与所有 H 节点的连接，那么它可使用传统传感器网络协议继续工作。这里假定所有 H 节点都是时钟同步的。L 节点的睡眠—清醒—活跃模式可描述如下。在每个周期的开始，所有 L 节点醒来接听 WAKEUP 消息。如果一个 L 节点接收到与它的区 ID 不匹配的一条 WAKEUP 消息，它将保持清醒以便接听进一步的指令。但是，如果一个节点确定它不能“扮演”指定指令中的“角色”，它将睡眠，直到下一个周期醒来。

一条 WAKEUP 消息是由一个 H 节点广播的，所以在其覆盖区中的所有 L 节点都能接收到。统计上而言，这总共有（$n\pi R/4$）个 L 节点。在节点收到具有区

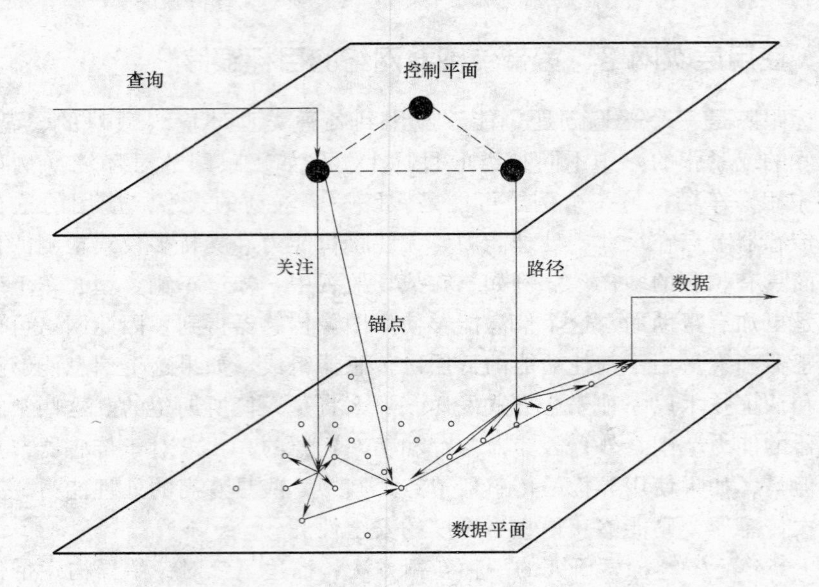

图 7-10 层次传感器网络架构

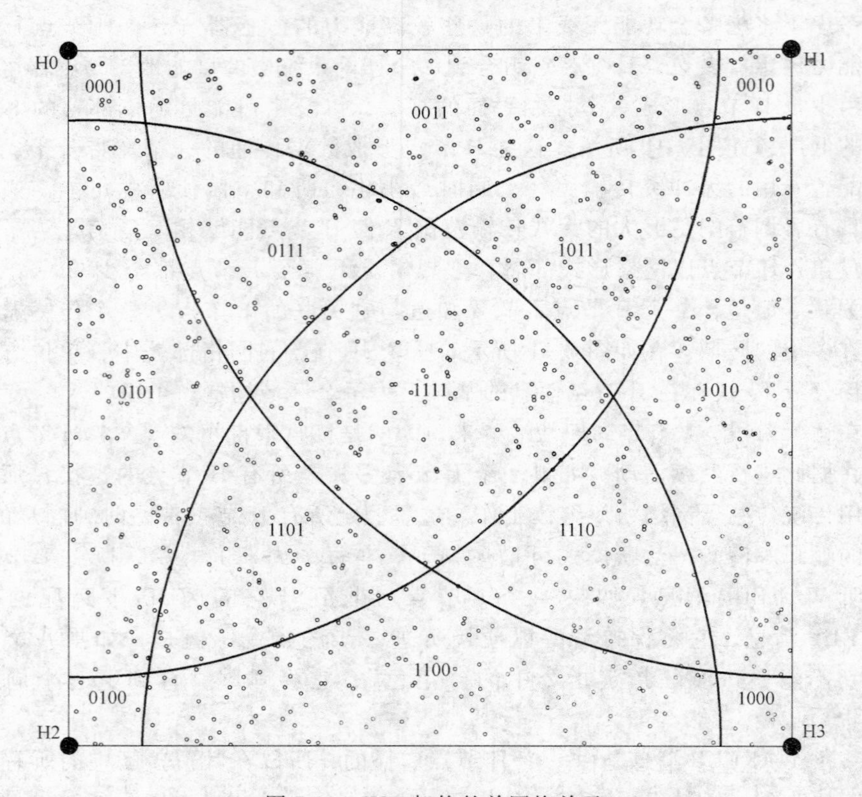

图 7-11 HSN 架构的单网格单元

ID 1101 的一条 WAKEUP 消息之后，仅有在那个区中的 L 节点将保持清醒状态。这种方法极大地降低了接听 INSTRUCTION 消息的 L 节点的数量。因此这个睡眠—清醒周期将降低由网络消耗的功率，由此增加了网络的寿命。

由一个传感器消耗的功率由检测能量和传输能量组成。在检测时为了最小化消耗的功率，理想情况下，传感器节点应该仅在关注事件期间打开，且仅有接近事件的那些传感器才能打开。仅在传感器具有某个外部引导信息使它们醒来的情况下，这才是可能的，在这种情形中外部引导信息就是前面描述的 HBSN 中的控制平面。H 传感器能够使用它们的检测能力识别感兴趣事件的区域，且仅唤醒在那个区中的那些 L 传感器。如果 H 传感器是具有范围 R 的二元传感器，且由传感器网络覆盖的整个区分成 n 个区域，那么这里假定均匀的事件分布，则在区域 i 中发生事件的概率正比于那个区域的面积，表示为 A_i。在一个区域中的传感器数量也正比于区域的面积。因此针对一个事件打开的传感器平均比率是 $P \propto \sum_i^n A_i^2 n$。如果感兴趣事件发生在恒定时间长度（由 β 给定），那么由检测电路消耗的能量表达式如下：$E_{\mathrm{HBSN}}^S \propto \beta \sum_i^n A_i^2 E_{\mathrm{ESAT}}$。

要考虑的下一个因素是传输能量。这里假定将使用一种 AODV 类的算法将信息从数据源的区域传输到锚点（anchor）区域。传输过程中典型的能量低效由如下因素导致：①空闲接听；②侦听；③冲突；④控制报文额外负担。但是，在这种方法中，使用一条 PATH 消息来预留从数据源区域到锚点区域的一条路径，因此就避免了冲突。同样，没有位于保留路径上的传感器节点切换到睡眠状态，因此避免了空闲接听和侦听的低效率。

7.5 小结

本章描述了使用无线传感器网络针对目标跟踪的各种方法。针对这项应用，使用传感器网络的主要优势是目标局部化的准确度增加、更好的容错和容易部署的能力。但是，就功率、检测和处理能力而言，每个传感器微粒具有有限的能力。因此，由于单节点没有提供这个信息的能力，完全的和准确的数据只有通过网络中传感器节点的协作才能得到。本章还讨论了用来执行目标协作和数据融合的许多方法，涉及从传统的中心化方法到更鲁棒的分布式方案。就成本有效性而言，仅当网络具有合理的长时间寿命条件时，目标跟踪的传感器网络方法才是可行的。理想情况下，无线传感器没有连接到一个持续电源，且仅能依靠它们的电池供电。因此，用于传感器协作和数据处理的所有通信和处理协议必须将焦点放在最大化功率效率之上。所以，最优传感器部署和支持传感器通信及数据融合的功率高效算法是任何传感器网络设计中的关键方面。本章讨论了许多目标局部化和跟踪方法，每种方法都需要考虑不同的折中。这里将焦点放在目标跟踪问题所要求的底层架构支持上，特别是部署和功率效率之上。功率利用率与数据通信组合起来是评估本章讨论的多数方案的主要度量指标。最后，本章还介绍了使用多模式异构传感器网络的概念和动机。这样的网络是功率高效的，并能够用于各种目标跟踪应用之中。

参考文献

1. J. Aslam, Z. Butler, V. Crespi, G. Cybenko, and D. Rus, Tracking a moving object with a binary sensor network, *Proc. ACM Int. Conf. Embedded Networked Sensor Systems* (*SenSys*), 2003.
2. Y. Bar-Shalom and X.-R. Li, *Multitarget-Multisensor Tarcking: Principles and Techniques*, Artech House, 1995.
3. R. R. Brooks, P. Ramanathan, and A. M. Sayeed, Distributed target classification and tracking in sensor network, *Proc. IEEE*, **91**(8) (2003).
4. K. Chakrabarty, S. S. Iyengar, H. Qi, and E. Cho, Grid coverage for surveillance and target location in distributed sensor networks, *IEEE Trans. Comput*. **51**(12) (2002).
5. C. Y. Chong, K. C. Chang, and S. Mori, Distributed tracking in distributed sensor networks, *Proc. American Control Conf*., 1986.
6. M. Chu, H. Haussecker, and F. Zhao, Scalable information-driven sensor querying and routing for ad hoc heterogeneous sensor networks, *Int. J. High Perform. Comput. Appl.* **16**(3) (2002).
7. C. Gui and P. Mohapatra, Power conservation and quality of surveillance in target tracking sensor networks, *Proc. ACM MobiCom Conf*., 2004.
8. R. Gupta and S. R. Das, Tracking moving targets in a smart sensor network, *Proc VTC Symp*., 2003.
9. C. F. Huang and Y. C. Tseng, The coverage problem in a wireless sensor network, *Proc. ACM Workshop on Wireless Sensor Networks and Applications* (*WSNA*), 2003.
10. M. G. Karpovsky, K. Chakrabaty, and L. B. Levitin, A new class of codes for covering vertices in graphs, *IEEE Trans. Inform. Theory* **44** (March 1998).
11. J. Liu, M. Chu, J. Liu, J. Reich, and F. Zhao, Distributed state representation for tracking problems in sensor networks, *Proc. 3rd Int. Symp. Information Processing in Sensor Networks* (*IPSN*), 2004.
12. J. Liu, J. Liu, J. Reich, P. Cheung, and F. Zhao, Distributed group management for track initiation and maintenance in target localization applications, *Proc. Int. Workshop on Information Processing in Sensor Networks* (*IPSN*), 2003.
13. K. Mechitov, S. Sundresh, Y. Kwon, and G. Agha, *Cooperative Tracing with Binary-Detection Sensor Networks*, Technical report UIUCDCS-R-2003-2379, Computer Science Dept., Univ. Illinois at Urbaba — Champaign, 2003.
14. L. Y. Pao, Measurement reconstruction approach for distributed multisensor fusion, *J. Guid. Control Dynam*. (1996).
15. L. Y. Pao and M. K. Kalandros, Algorithms for a class of distributed architecture tracking, *Proc. American Control Conf*., 1997.

16. N. S. V. Rao, Computational complexity issues in operative diagnosis of graph based systems, *IEEE Trans. Comput.* **42**(4) (April 1993).
17. R. W. Sittler, An optimal data association problem in surveillance theory, *IEEE Trans. Military Electron.* (April 1964).
18. Q. X. Wang, W. P. Chen, R. Zheng, K. Lee, and L. Sha, Acoustic target tracking using tiny wireless sensor devices, *Proc. Int. Workshop on Information Processing in Sensor Networks* (*IPSN*), 2003.
19. Y. Xu, J. Heidemann, and D. Estrin, Geography informed energy conservation for ad hoc routing, *Proc. ACM MobiCom Conf.*, 2001.
20. L. Yuan, C. Gui, C. Chuah, and P. Mohapatra, Applications and design of hierarchical and/or broadband sensor networks, *Proc. BASENETS Conf.*, 2004.
21. W. Zhang and G. Cao, Dctc: Dynamic convoy tree-based collaboration for target tracking in sensor networks, *IEEE Trans. Wireless Commun.* **11**(5) (Sept. 2004).
22. W. Zhang and G. Cao, Optimizing tree reconfiguration for mobile target tracking in sensor networks, *Proc. IEEE InfoCom.*, 2004.
23. W. Zhang, J. Hou, and L. Sha, Dynamic clustering for acoustic target tracking in wireless sensor networks, *Proc. 11th IEEE Int. Conf. Network Protocols* (*ICNP*), 2003.
24. F. Zhao, J. Shin, and J. Reich, Information-driven dynamic sensor collaboration for tracking applications, *IEEE Signal Proces. Mag.* (March 2002).
25. Y. Zhou and K. Chakrabarty, Sensor deployment and target localization in distributed sensor networks, *ACM Trans. Embedded Comput. Syst.* **3** (Feb. 2004).

第8章　现场收集数据的无线传感器网络

ENRIQUE J. DUARTE-MELO 和 MINGYAN LIU
美国密歇根大学安娜堡分校电子和计算机工程系

8.1　简介

自从20世纪90年代中期以来，促使无线网络产生的技术已经经历了快速发展。就形状、尺寸、功率效率等而言，天线、无线接收发器和处理器已经得以极大提高。这方面的进展，与微型传感器领域中划时代的进步一起，已经允许具备了无线连网能力的小型、廉价、能量高效和可靠的传感器快速地成为现实。

这些无线传感器的发展促进了日益流行的无线传感器网络的概念，它成为了大量研究的主题，且这些研究使广泛的应用成为可能。这些应用范围广泛，包括科学数据收集、环境灾难监视、协助大型库房管理货单、入侵检测和监视以及战场监控。无线传感器网络理想地适合于这些应用，原因是它们的快速和廉价部署（如相对于有线解决方案而言）。它们能够容易地部署（如空运）到以其他方式通过地面不可能进入的区域。这些传感器（如果制作为可生物降解的）的低成本、低能量特性也使它们可容易地进行处理。

在参考文献中人们已经深入研究了这些应用中的许多应用。例如，人们能够在几项研究[1~5]中找到环境监视应用，其中无线传感器网络用于如洪水检测和污染研究等目的；在家中或实验室中将无线传感器用作一个较大型“智能”环境（可在参考文献［6~9］中找到）。其他应用场景包括栖息地监控[10]、保健[11]和汽车盗窃的检测及监控[12]。

本章将讨论焦点放在称为现场收集的应用之上，并考虑在这样的应用中出现的许多设计和性能问题。具体而言，一个现场收集无线传感器网络是部署于一个现场（1D、2D或3D）之上的传感器节点网络，目的是对关于现场的一组给定参数（如温度）进行空间和时间测量。这个网络内部的节点可作为源（对特定参数进行测量的传感器节点）和/或中继（本身不进行测量的传感器节点，它从源或其他中继接收数据，并将数据传递给其他节点）。这些节点的放置可能是确定性的或随机的。典型地，存在一个或多个目的地或目的节点（被测量的数据的目的地是这样的节点），这些节点也经常称作收集器，它们可能位于检测现场的内部或外部。在一个现场收集传感器网络中，通信模式是多到一（多到少）类型，其中被检测的数据最后在收集器收集。在一个给定时刻，传感器们在它们相应的位置进行测量。之后，通过一系列的传输和重传，数据被中继到收集器，其中数据被处理并放在一起，形成那一特定时刻现场的一个快照。之后重复这个过程，随着传感器随时间进行周期性的测量，在收集器处形成快照的一个序列。不失一般性，在讨论的后面部分，将假定存在单个收集器/目的节点，它作为所有收集数据的目的地。

在这种类型的网络中，出现了与设计和性能相关的许多研究问题和挑战。它们包括分布式数据压缩、分布式数据传播、协作信号处理和能量高效连网。本章将详细研究与这样的网络相关联的两个性能方面，并提供最近研究和结果的综述。在以下两个方面存在可获得界限的特别关注问题：第一个方面涉及网络的寿命，是能量效率的一个直接指标，这是网络持续运行多长时间的一项测量指标，并受限于个体传感器的能量约束；第二个方面涉及网络的吞吐量，是所用通信和连网策略有效性的一个直接指标，这是网络能够多快将数据传递到收集器的一项测量指标，并受限于在物理层、MAC 层和网络层所用的技术。两项性能限制受大量因素的影响，包括网络架构以及所用的数据压缩方案。

后续小节形式化地定义了这些度量指标，介绍了许多模型（这些模型将上述的一些因素考虑在内），并深入挖掘讨论了相应的结果。本章的目的是给出现有模型和结果的一个相当完全的轮廓。但是，必须指出的是，这是具有大量参考文献的一个快速发展的研究领域，新的思路和结果会不断出现。结果，这项综述是本领域中有选择的代表性研究工作的汇集，并不意图包罗万象。

本章结构组织如下：8.2 节将详细讲解网络寿命度量；8.3 节将讲解网络吞吐量的结果（这两节首先单独研究数据传播，之后将数据压缩考虑在内）；8.4 节将讨论这个领域中的开放问题；8.5 节将对本章做出小结。

8.2　能量约束施加的寿命限制

一个网络的寿命典型地定义为直到一定数量（或百分比）的传感器节点用光能量的时间。因此，在一个现场采集传感器网络的上下文中，寿命取决于但不限于如下因素：初始能量、网络尺寸、传感器部署、收集器的位置、采样/测量间隔、数据率、传输功率和范围以及使用的路由策略。

值得指出的是，在许多情形中，以时间单位测量网络的寿命没有准确地俘获网络运行的能量效率。例如，如果一个网络以另一个网络一半的次数进行测量（因此在相同时间内产生一半多的快照），人们会发现前者就时间方面要持续较长时间。但是，这并不意味着前者的设计或运行比后者是更加能量高效的方式，只是更经常使用而已。在这样的情形中，人们应该在有关数据源的完全相同假定和模型之下比较寿命度量指标。另外，与其询问网络能够持续多长时间，不如更加相关的询问在预先确定的节点数用光能量之前，网络能够传递（到收集器）的数据总量（或快照）。另一种类的“总数据”度量指标本质上以每单位能量传递的比特数（或快照数）来评估能量效率。下面的讨论将使用两种定义来深入研究网络的能量效率。

为了更加详细地讨论寿命，首先必要的是，先概述所采用的网络模型。下面描述的模型是在许多研究中使用的基本寿命模型。根据需要，在后面将指出模型的变形和扩展。

8.2.1 模型和假定

下面是网络模型中使用的一组假定：

1）网络是在有限面积的一个二维现场部署的。这个假定主要是为了方便讨论，它并不阻止将分析应用到较高维度。

2）存在单个收集器，位于现场内或现场外。假定收集器具有充足的功率和能量。

3）现场中的每个节点可能既是一个数据源又是一个中继。当进行测量时，将每个样本量化并编码成位。在周期间隔进行测量，也可能使用数据压缩。最后，所有这些测量都抽象成一个数据源的形式，该数据源以一定速率产生数据。

4）到达在一个固定距离远的一个接收者，将需要定量的功率。在这个距离之内，假定所有的传输都是成功的，因此这个假定没有考虑信道中的随机性。

5）节点具有可任意调节的传输功率和范围，即它们能够使用准确的最小必要功率到达一个接收节点，也假定它们具有充足的功率以定向传输方式到达网络中的每个其他节点和收集器。这些假定最大化了能够加以考虑的路由集合。如将要指出的，在许多情形中这些假定是可以更加宽松的。

6）当传输、接收和检测时，节点要消耗能量，但在空闲时间不消耗能量。

这些假定整体上形成一组理想化的条件，基于这些假定所做出的寿命估计一般而言是在一个真实网络中可取得的实际寿命的上限。

8.2.2 基本数学框架

在上述假定之下，人们形成将如下因素考虑在内的一个数学框架：可用于每个节点的初始能量；网络布局；传输、接收和检测的能量开销；为了试图最大化网络寿命（或网络能够收集的数据量），而在将数据传输到收集器的过程中考虑所有可能的路由策略。

为了取得这个目标，可建立一个典型的线性规划如下：

$$\max_{f} t \tag{8-1}$$

$$\text{s. t.} \sum_{j \in M} f_{i,j} + f_{i,C} = \sum_{j \in M} f_{j,i} + r_i t, \ \forall i \in M \tag{8-2}$$

$$\sum_{j \in M} f_{i,j} e_{tx}^{i,j} + f_{i,C} e_{tx}^{i,C} = \sum_{j \in M} f_{j,i} e_{rx} + r_i t e_S < E_i, \ \forall i \in M \tag{8-3}$$

$$f_{i,j} \geqslant 0, \ \forall i, j \in M \tag{8-4}$$

$$f_{i,i} = 0, \ \forall i \in M \tag{8-5}$$

$$f_{C,i} = 0, \ \forall i \in M \tag{8-6}$$

这个线性规划将被称作 P1。这里 M 表示网络中所有节点的集合；C 表示收集器；$f_{i,j}$ 也称作流，表示所有的数据中 i 通过委托经 j 路由的数据量；r_i 表示在节点 i 以 bit/s 表示的数据产生速率；$e_{tx}^{i,j}$，e_{rx} 和 e_S 分别表示从节点 i 传输到节点 j、在接收中的以及检测和处理过程中使用的能量总量（以 bit/J 表示）；$e_{tx}^{i,C}$ 是将数据从节点 i 传输到收集器的每位能耗；E_i 是节点 i 可用能量的初始量。这个公式也经常看作是一个流体流量模型。

目标函数［见式（8-1）］是网络的寿命，定义为直到网络中第一个节点死亡的时间。这个目标是在所有流上最大化的，即它是在每个节点的路由选择之上由其他节点路由的数据量而最大化的。式（8-2）是流保留约束条件，它强制在节点 i 检测的数据量加上由节点 i 接收的数据量，等于从节点 i 发送到其他节点和收集器的数据量。式（8-3）是能量约束，它隐含着网络仅在第一个节点死亡之前是运行的。最后，约束条件式（8-4）~式（8-6）确保不存在负的数据流。一个节点不会向自己传输数据，且没有考虑以相反方向流动的数据，即从收集器到传感器（或等价地说，一旦数据到达收集器，它们就停留在那里，且不会返回到现场之中）。

观察这些式子，人们能够得到，这里表达的寿命概念仅与产生的数据总量有关（即对于所有 i 的 $r_i t$）。它没有暗示数据传输速率或完成所有传输所用时间量的任何事情（即没有约束条件），因此这个寿命的概念隐含着节点具有无穷传输容量，以及一个节点可多快地进行传输是没有条件约束的，或在不产生干扰的条件下，多个传输和接收能够同时发生。当然这是一个理想的场景。

解释这个寿命概念的另一种方式是将之看作网络的正常运行寿命，其中它简单地是网络产生（和传递）多少数据的指示，而不是网络需要多少时间进行数据传递，只要人们假定无论何时一个节点没有介入传输、接收和检测行为，它就消耗零能量。遵循这个解释，可将干扰考虑在内，使这些传输完成后接着是一定的调度［时间分片（timeshare）］。最优化不提供这样的调度，它仅提供传输到每个节点的数据总量。推导一项任意的调度、实现这样的流指派和满足干扰要求（这点将进一步讨论）是需要额外工作的。本质上而言，通过采用正常运行寿命的概念，允许传输可在时间上顺序地发生。

这个基本公式，可改进成对各种场景进行建模。例如，在其目前形式的流保留式（8-2）隐含着在节点处的零缓冲和没有数据融合的状态。该式可容易地修改，方法是从右手侧（RHS）减去一个合适的量，这个量代表缓冲的数据或作为融合结果而去除的数据。类似地，式（8-3）也可修改，完成对如下场景建模，其中节点以一个固定功率传输或在其传输范围上有一个功率上限。

人们也许会疑惑，如果网络寿命定义为当所有节点（而不仅是第一个节点）用光能量时网络停止工作的时长，则线性规划结果将如何不同。注意，为了通过P1而最大化寿命，不同节点的能耗必须均衡到最大的可能程度。无论何时只要充分的能量均衡是可行的，则运行P1将产生这样一种解决方案，其中所有节点在同一时间死亡。由此可知，实际上这两种定义是不可区分的。这可被证明是有效的，在如下场景中，所有节点以相同的初始能量开始，节点均匀分布在一个现场内，传感器节点之间的距离相比于它们和收集器之间的距离是小的，这是在许多应用中所关注的情形。但是能量均衡并不总是可行的，其中一个范例是，除了一个节点之外，所有其他节点都是群集在一起靠近收集器的，而单个节点是孤立的，并且远离收集器。在这种情形中，单个节点将在其他节点之前用光能量。

8.2.3 对框架所做的改动

一些较早的关于使用线性规划（LP）确定网络的寿命或设计一个更加能量高效的路由算法的研究包括 Chang 和 Tassiulas[13] 的文章以及 Bhardwaj 和他的同事们[14,15] 的文章。下面将比较详细地讨论来自这些研究的结果。

Chang 和 Tassiulas[13] 采用非常类似于 P1 的一种线性规划，其中在一个流保留约束条件和一个能量约束条件之下，网络寿命得以最大化。其区别是它们使用的能量模型[13] 没有包括接收数据中用掉的能量，因此能量约束如下：

$$\sum_{j \in M} e_{i,j} f_{i,j} \leqslant E_i, \quad \forall i \in M \tag{8-7}$$

式中，$e_{i,j}$是将数据从节点 i 传输到节点 j 每位用掉的能量。作者们也形成分布式算法[13] 来确定路由模式，这接近于由线性规划产生的解决方案。这些算法分成流重定向算法和流增强算法，前者简单地从在每个节点处的每个流中重定向一部分数据，其传输方式的结果是每个节点的最小寿命将不会减少。

另一方面，流增强算法是依据某个开销定义的，开始计算到目的地节点的最短开销路径，之后在这条路径上的流开始增加。流增加之后，重新计算最短开销路径，且重复这个过程。这个算法的性能取决于开销函数，它包括传输用掉的能量、节点的剩余能量和初始能量作为输入，正如 Chang 和 Tassiulas[13] 所建议的方式。由那些作者们[13]提出的基本开销函数是 $c_{i,j}=e_{i,j}^{x_1}E_{\mathrm{res}_i}^{-x_2}E_i^{x_3}$，其中 E_{res_i} 是节点 i 的剩余能量。通过调节 $\{x_1, x_2, x_3\}$ 的值，可以得到相同族的不同开销函数和增强算法。两个特殊范例是 $\{x_1, x_2, x_3\}=\{0, 0, 0\}$，它简化到了最小跳路径和 $\{x_1, x_2, x_3\}=\{1, 0, 0\}$ 这对应于最小传输能量路径。

为了考虑如下情形，对相同方法的线性规划进行了修改，这些情形是：当仅有单个功率等级可用时的情形和当存在多个功率等级可用时的情形。Chang 和 Tassiulas[13] 提出了局部算法，当考虑单个功率等级时，该算法收敛到最优解决方案，并证明在后一情形中算法接近于最优。

Bhardwaj 和 Chandrakasan[15] 使用一种类似的线性规划方法，它是受角色指派的思想启发的。这种思路的核心点是将一组角色指派到节点，将数据中继到收集器。传感器的可能角色是检测、中继或融合。例如，由两个节点和一个收集器组成的一个网络，其中仅有第一个节点进行检测，则网络的可能角色指派是

$$f_1: 1\rightarrow C$$

$$f_2: 1\rightarrow 2\rightarrow C$$

在 f_1 中，节点 1 具有源的角色，而 C 是收集器；在 f_2 中，节点 1 具有源的角色，节点 2 具有中继的角色。

之后，可定义一个协作策略，其中不同角色指派使用总时间的一部分。例如，f_1 和 f_2 可以分派为每个策略使用总时间的一半时间。为了最大化寿命，人们将简单地需要找到一组分数值，在约束条件下（包括非负分数和总能量约束），可最大化网络寿命。Bhardwaj 和 Chandrakasan[15] 证明这个角色指派公式等价于一个网络流问题㊀。将其变换为一个网络流公式，产生一个非常类似于 P1 的线性规划。与 P1 的主要区别是，Bhardwaj 和 Chandrakasan[15] 考虑了数据融合的可能性，如在 8.2.5 节将要讨论的。

在另一篇相关文章中，Bhardwaj 等人[14] 通过简单的非构造性证明，确定传感器网络寿命的一个上界。具体而言，首先假定在固定位置存在单个源和单个目的/收集器，而任意数量的中继节点可能放置在任意位置，它们的作用是协助从

㊀ 角色指派方法本身有其限制，即随着节点数量的增加，可行角色指派的数量指数增加，如那些作者们所指出的那样[15]，这使之对大型网络是不现实的。

源到目的的数据传输。自然地，这些中继应该沿连接源和目的的一条直线放置，这可确定最优的中继或跳的数量以及它们之间的最优距离，并将从源到目的传输固定数据量所用能量总量最小化。从这个构造法中产生的网络寿命直接提供了在一个固定位置具有单个源的传感器网络寿命的一个上界。之后，这项结果一般化为如下情形：源以一致概率位于沿一条线的某个地方的情形，以及源以一致概率位于一个方形区域内部某个地方的情形。在所有这些情形中，结果都是以上界的形式表示的。

如前所述，寿命的一个比较通用的定义目标是一定百分比节点的死亡时间，而不是第一个节点的死亡时间。这启发了 Shi 等人[16]的研究工作，他们寻找这样一个公式，即最大化第一个节点死亡之前的时间也最大化所有节点死亡之前的时间。为了取得这个目标，他们[16]试图最大化一组节点用光能量之前的时间，同时最小化这个集合的尺寸。因此将网络中的节点分类为不同集合，直到在集合中不存在节点之前都重复这个过程。这个问题称为词典最大—最小节点寿命问题[16]。这个问题是通过带有参数化分析的一个序列线性规划求解的，这个规划的结果是一个排序的网络寿命矢量 $[t_1, t_2, \cdots, t_n]$，和一个对应的传感器集合 $\{S_1, S_2, \cdots, S_n\}$，其中 t_i 是第 i 个节点集合 S_i 用光能量的时间。Shi 等人[16]也提供了确定一个流路由调度的算法，它基于从序列线性规划中计算出的矢量，取得词典序列（Lexicographic）最大—最小最优节点的寿命矢量。

8.2.4 不依赖于特定网络布局的一种方法

P1 的特性是，得到的结果特定于一个特殊的网络布局（即网络中每个节点的精确位置）。但是，在许多应用中，节点的放置是随机的，而不是得到完全控制的。在这样的情形中，所知道的是部署概率分布，而不是节点的精确位置。由此就出现了下面的问题，即为了获得未知网络布局但知道部署分布的网络的寿命估计，是否能够建立类似于 P1 的一个公式。

这里作者们[17]通过假定一个非常密集的传感器网络，而建立这样一个公式。可以认为，随着节点密度增加，节点分布可由一个连续密度函数 $\rho(\sigma)$ 以逐步增加的准确性进行描述，其中 $\sigma=(x, y)$ 表示检测现场内的任意一点。类似地，一个能量密度 $e(\sigma)$ 对现场中的能量总量（以每单位面积的焦耳数表示）进行建模，源产生数据的速率由一个信息密度函数 $i(\sigma)$ 进行建模（以每单位面积单位时间的比特数表示）。这些函数一般而言是相关的。

使用这些定义，得到下面的连续线性规划：

$$\max_f t\int_{\sigma\in A} i(\sigma)\,\mathrm{d}\sigma \sim \max_f t \tag{8-8}$$

$$\text{S.t.} \int_{\sigma' \in A} f(\sigma, \sigma')\mathrm{d}\sigma' + \int_{\sigma' \in C} f(\sigma, \sigma')\mathrm{d}\sigma' = \int_{\sigma' \in A} f(\sigma', \sigma)\mathrm{d}\sigma' + i(\sigma)t \quad \forall \sigma \in A \tag{8-9}$$

$$\int_{\sigma' \in A} f(\sigma, \sigma')p_{tx}(\sigma, \sigma')\mathrm{d}\sigma' + \int_{\sigma' \in C} f(\sigma, \sigma')p_{tx(\sigma, \sigma')}\mathrm{d}\sigma' + \int_{\sigma' \in A} f(\sigma', \sigma)p_{rx}\mathrm{d}\sigma' + t\epsilon_S[\sigma, i(\sigma)] \leqslant e(\sigma), \quad \forall \sigma \in A \tag{8-10}$$

$$f(\sigma, \sigma') \geqslant 0, \quad \forall \sigma, \sigma' \in A \cup C \tag{8-11}$$

$$f(\sigma, \sigma') = 0, \quad \forall \sigma = \sigma' \tag{8-12}$$

$$f(\sigma, \sigma') = 0, \quad \forall \sigma \in C, \forall \sigma' \in A \tag{8-13}$$

这个线性规划将被称作 P2。这里 A 是节点在其中部署的区域，C 是目标们位于的区域（这可能是单个点）。式（8-8）~式（8-13）是式（8-1）~式（8-6）的连续等价式。注意这里的流 f（σ，σ'）表示从位置 σ 到 σ' 传输的数据量（具有比特每平方单位面积的单位）。假定已知 i（σ），则最大化寿命 t 等价于到时间 t 时最大化传递数据的总量，如在目标函数［见式（8-8）］中所表明的那样。

应用 P1 和 P2 之间的一个主要区别是，P2 不依赖于一个特定的部署布局，而仅依赖于部署的分布。产生的目标函数值接近于在理想条件下一个随机部署网络（在所有可能部署实现上的平均）的期望寿命。

明显地，连续线性规划是不能直接求解的。人们[17]提出离散化密度函数并求解生成的离散线性规划，最后导致产生点的网格，其中节点、信息和能量密度是集中的，并求解类似于 P1 的一个线性规划（使用这些网格点）。因此结果是网格网络的寿命估计，该网络是通过合适地对密度函数离散化产生的。值得指出的是，虽然最终公式是相同的，但这种方法以密度函数作为输入，而不以特定的节点位置作为输入。

已经通过数值试验表明[17]，这种方法的结果极其近似于通过从随机产生的拓扑上执行 P1 的大量结果进行平均得到的结果，即使对于节点密度不是非常高的情形也是如此。图 8-1 是这种近似的一个范例，其中如目标函数式［见式(8-8)］所示。在第一个传感器死亡之前，计算出发送到收集器的总比特数。在一个 500m×500m 的现场部署一个网络，通过改变该网络网格中点的数量，可以得到结果。可看到，网格越精细，近似就越逼近。人们[17]也讨论了当网格没有准确地反映部署情况时，线性规划的稳定性和鲁棒性以及结果会如何不同。

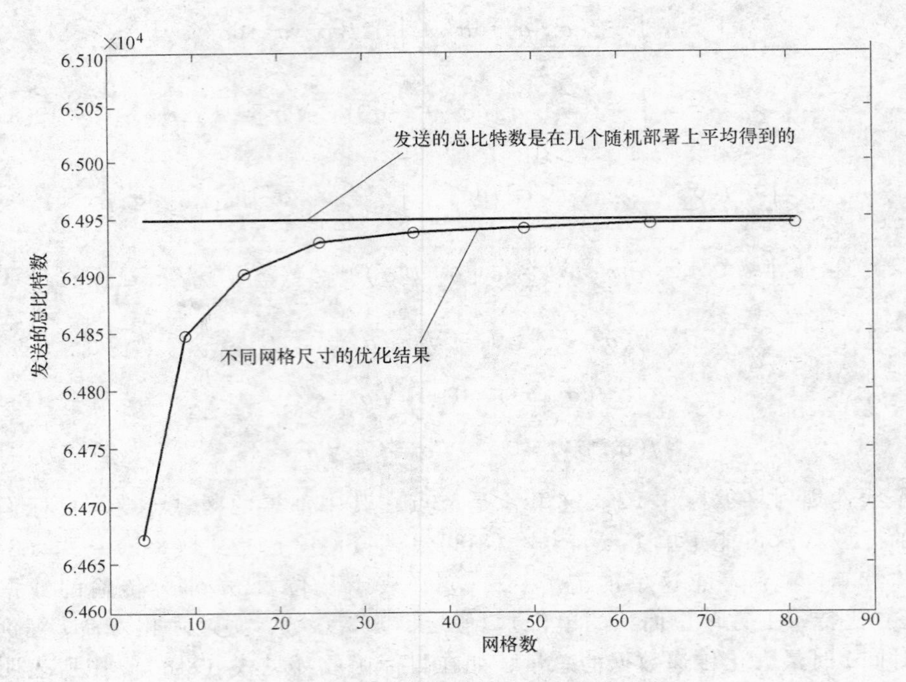

图 8-1 比特总数与网格点数之间的关系

8.2.5 数据压缩的使用

在前面的整个讨论中，假定网络中的传感器节点以一个提前确定的速率产生数据㊀。同时，将无线传感器网络和一般无线自组织网络区分开的主要性质之一是网络内处理和数据压缩能力。在一个现场采集传感器网络中这特别是现实情况，因为由邻居传感器实施的测量以及在不同时间上由相同传感器实施的测量是相关的，特别当节点密度高时尤其如此。对于高度能量约束的传感器，利用这个相关性不仅是期望的而且是必要的，因为这能降低需要传输的数据量。下面看一看数据压缩能否在以前列出的框架中正确地进行建模，以及当使用数据压缩时能否推导出网络寿命。

如前面提到的，Bhardwaj 和 Chandrakasan[15] 提出对网络寿命的线性规划（P1 类型的）的修改，为的是提高允许数据融合的可能性。这是通过一个多商品流规划完成的，其中没有融合的流和每个融合的流都以一种商品表示。采用这项改进，假定数据融合（如节点的标识以及压缩的量都能融合）规则是提前已知的，以使它们能够添加到约束集合之中。因此，在这种方法之下，数据融合是提

㊀ P1 和 P2 中的信息密度可能潜在的也是时间的函数，但它们仍然需要是提前确定的函数。

前确定的，而不是优化出来的。

在另一项工作中，作者们[18]将数据压缩的一种方法结合到由 P1 表示的框架之中，并提出使用一种 Slepian-Wolf[19]类型的分布式数据压缩。其目标是，在所有可能的路径之上，以及在所有可能的节点速率组合之上，最大化能够由网络传递的快照数确定。假定采用单个收集器，则这种方法形成下面的线性公式：

$$\max_{n} n$$

$$\text{S. t.} \sum_{j \in M} f_{i,j} + f_{i,C} = \sum_{j \in M} f_{j,i} + nR_i, \quad \forall i \in M \tag{8-14}$$

$$\sum_{j \in M} f_{i,j} e_{tx}^{i,j} + f_{i,C} e_{tx}^{i,C} + \sum_{j \in M} f_{j,i} e_{rx} + nR_i e_x \leqslant E_i, \quad \forall i \in M \tag{8-15}$$

$$\sum_{i \in S} R_i \geqslant H_{\mathrm{d}}(S \mid S^C), \quad \forall S \subseteq S_{\circ} \tag{8-16}$$

$$\sum_{i=1}^{M} f_{i,C} = n \sum_{i=1}^{M} R_i \tag{8-17}$$

$$f_{i,j} \geqslant 0, \quad \forall i, j \in M \cup \{C\} \tag{8-18}$$

$$f_{i,j} = 0, \quad \forall i \in M \tag{8-19}$$

$$f_{C,i} = 0, \quad \forall i \in M \tag{8-20}$$

这个公式称作 P3，其中 n 是传递到收集器的快照数量。多数约束条件如前面的公式一样保持不变，主要的不同是添加了约束条件［见式（8-16）］，其中 R_i 是第 i 个节点的速率（以每快照比特数表示），H_{d}（·）表示微分熵，$S_{\circ} = \{X_1, \cdots, X_M\}$ 和 X_i（$i=1, \cdots, M$）是节点 i 进行的采样。这个约束条件确定了速率的所有可能组合的区域。不幸的是，这个公式不再是一个线性规划，且其求解需要相当多的计算时间。作为一个范例，图 8-2 显示出 8 个检测节点的一个小型线性规划的最优速率指派。改变额外中继的数量，结果将显示出不同百分比中继的情形。

在 Critescu 等人[20]的文章中，也联合考虑了数据压缩和传播，其中路由和速率指派是联合确定的，目标是最小化开销和/或最小化传输单个快照中消耗的能量，而不是最大化网络的寿命（因此在那项研究[20]中，能量均衡不是一个问题）。其中假定是单个目的和一棵树形的通信结构，并比较了两种压缩策略：Slepian-Wolf 和联合熵编码。

在 Slepian-Wolf 模型的情形中，表明最短路径树总是最优的。它同样证明，当使用最短路径树时，将由节点使用的最优速率的准确确定可基于从每个节点到收集器的传输开销。具体而言，假定以具有最低开销的一个节点开始，以具有最

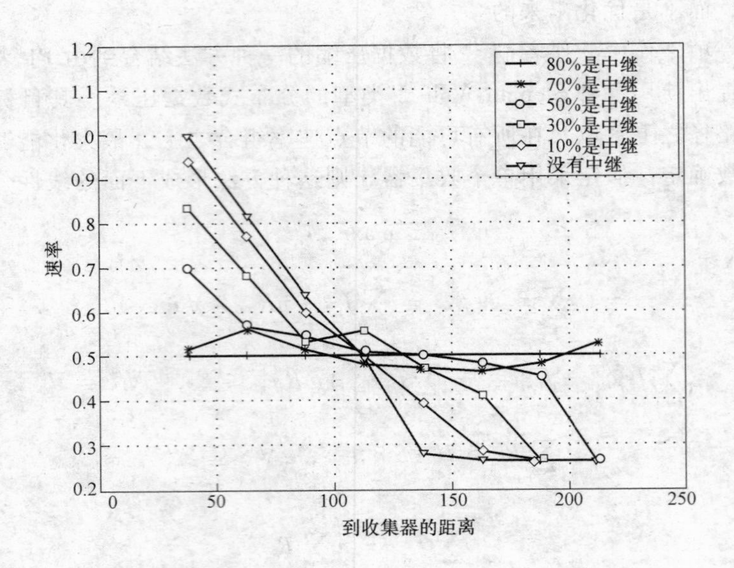

图 8-2　作为到收集器距离一个函数的最优速率

大开销的一个节点终止，为节点作上 1 ~ N 的标记，并以 $H(X_i)$ 表示在节点 i 所取量化采样的熵。那么节点 1 的速率应该是 $H(X_1)$，节点 2 的速率是 $H(X_2 \mid X_1)$，节点 3 的速率是 $H(X_3 \mid X_1, X_2)$ 等。结果，这种方法具有一个简单的通信结构，但却是复杂的编码过程（因为使用 Slepian-Wolf 模型要求所有的节点具有测量间相关性结构的知识，其中测量是由网络中的节点进行的）㊀。为了克服这个限制，Critescu 等人[20]进一步指出，如果人们假定相关性随距离增加而减少，那么一个给定节点的速率主要受其最近邻居们的影响。依据这项观察判断，作者们提出了一种分布式算法，它首先使用 Bellman-Ford 算法确定最短路径树，之后通过在较近邻居关系中的节点间交换关于相关性的信息，确定由每个节点使用的速率。随着邻居关系数量变得较大，通过这个算法得到的解接近于最优。

相比而言，使用联合熵编码模型可产生较简单的编码但比较复杂的通信结构。这是因为作为另一个节点中继的一个节点在给定接收数据的情况下，要对它的数据进行编码。因此，能够取得的数据压缩量取决于数据所走的路径。另一方面，最短路径未必最大化能够取得的压缩量。不幸的是，对于这种情形，没有多项式时间的算法可确定最优路由路径。

㊀ 这项观察同样适用于由这里作者们撰写的文章[18]中使用的方法，其中的压缩模型也假定是 Slepian-Wolf 模型。

8.3 网络和通信架构施加的吞吐量限制

这里关注的第二项性能度量是数据能以多快的速率进行传递。这受限于许多物理层和网络层方案以及网络的整体架构和组织结构（如扁平的还是层次化的）。它也受到用来描述衰减、干扰和衰落等因素的影响。

从单个节点的角度看，存在两种常见的度量数据传递方式。它可由每节点每秒网络能够传递的比特数度量，称为每节点吞吐量。它也可由每节点每秒比特·米的数量来度量，称作每节点传递容量（最初由 Gupta 和 Kumar[21] 定义）。类似地，能够定义网络吞吐量和网络传递容量，它是相应每节点量的和。在后面的讨论中，较简单的吞吐量（传输容量）术语将经常用来指代每节点或网络吞吐量（传输容量）。以后将会看到，当使用数据压缩时，在现场采集的上下文中，使用每秒快照数比使用每秒比特数更合适。

值得指出的是，这两个度量之间的关系。在不能控制从源到目的地的距离（或由模型或假定确定）的情形中，吞吐量和传输容量在测量网络效率和有用性方面是等价的，它们相差一个恒定的倍数（如平均路径长度）。另一方面，如果人们能够控制从源到目的地的距离，则最大化传输容量不同于最大化吞吐量，前者更有意义。这是因为吞吐量的概念在测量网络的有用性方面是不充分的，如当两个放置遥远的节点，在它们之间可能不会取得非常高的吞吐量（相比于相互靠近放置的两个节点）（原因如干扰等），但被传递的数据穿越了一个较长的距离，表示网络完成了较多的工作。这是不会被吞吐量度量俘获到的。

Gupta 和 Kumar[21] 的重要工作首次揭示了一个随机网络中的每节点传递容量㊀是 Θ （$1/\sqrt{n\lg n}$） bit·m/s。8.3.2 节将给出这项工作的比较详细的讨论。这项工作引出了许多其他研究工作，包括如下种类的研究，如定向天线的情形[22]和存在移动性的情形。对于后一种情形，Grossglauser 和 Tse[23] 证明，当考虑节点移动性时，通过一种特殊类型的两阶段报文中继，Θ （1） 的每节点吞吐量是可能的。这表明当利用移动性时，吞吐量可能会独立于 n，虽然随之而来的是没有边界的时延。最近，人们已经证明[24]，在可取得的吞吐量和移动性中存在的时延之间存在一个本质上的关系，其中两者可互为折中。因为这里的关注焦点在采用多到一通信模式的静态现场采集网络之上，所以下面将不再进一步讨论这些研究工作。

下面将讲解应用于多数后续讨论的基本网络模型和假定，讨论将局限于全向

㊀ 根据 Knuth 的表示法，$f(n)=\Theta[g(n)]$ 指 $f(n)=O[g(n)]$ 和 $g(n)=O[f(n)]$ 。

天线的情形。8.3.2 节将讨论来自这三项研究的主要结果[21,25,26]，其中假定不同的物理层特性。这些研究都适用于如下场景，其中源和目的地是随机选择的，形成了多条一到一的通信流，这不同于基本的现场采集模型。但是，因为这些研究对于吞吐容量概念是基本情形，则在8.3.3 节之前（该节将详细研究多到一通信的更具体情形）给出一个更一般的场景是有帮助的，以便将这个概念纳入讨论范围。8.3.4 节将讨论在给定质量（或扭曲）测量的快照下，数据压缩如何影响吞吐量（不是以原始位表示，而是以快照表示）。这里讲到的多数吞吐量研究都是存在性研究，即它们证明，存在通过某种信道共享或调度算法，用之可获得一定的吞吐量。8.3.5 节将讲解一些研究工作，其中将推导可能接近可获得吞吐量的实际算法。

8.3.1 基本模型和假定

首先陈述适用于多数后续讨论的一个初步公共假设集合（由不同研究采用的额外假设将在讨论过程中介绍）:

1）网络由 n 个随机部署的节点组成，一旦部署节点就保持静态。检测现场是具有单位面积的二维现场。

2）所有 n 个节点都使用全向天线，并以固定功率 P 传输数据。应该指出的是，在一般情况下，P 是 n 的一个函数。在下面综述的一些工作中，并不假定固定的每节点传输功率，而是假定所有节点的总传输功率是固定的。

3）一个节点不能同时传输和接收，且它在一个时刻仅能接收一条传输。所有干扰均被看作噪声。

4）节点 j 接收来自节点 i 的一条传输的功率由两个传播模型之一确定。在传播模型 A1 之下，接收的功率是 $P/x_{i,j}^{\alpha}$，其中 $x_{i,j}$ 是节点 i 和 j 之间的距离，α 是路径损失的一个正的常数。在传播模型 A2 之下，接收的功率是 $P/(1+x_{i,j})^{\alpha}$。A1 典型地考虑一个远场传播模型，其中它非常准确地描述了在长距离上接收的功率。当距离变得非常短时，这个模型表现出对接收信号的功率放大（即当 $x_{i,j}$ 低于 1 时），这显然不能反映现实。A2 避免了这个放大效应，同时在长距离上保持了非常类似于 A1 的效果。

5）当使用 A1 时，从节点 i 到节点 j 的一次传输将被看作是成功的，如果有

$$\frac{P/x_{i,j}^{\alpha}}{N+(1/G)\sum_{k=1,k\neq i}^{k=n} P/x_{k,j}} \geqslant \beta \tag{8-21}$$

式中，N 是环境噪声；G 是处理增益；β 是 SNR 阈值。

当使用 A2 时，相同的传输将被看作是成功的，即

$$\frac{P/(1+x_{i,j})^{\alpha}}{N+(1/G)\sum_{k=1,k\neq i}^{k=n} P/(1+x_{k,j})^{\alpha}} \geqslant \beta \tag{8-22}$$

这些在参考文献［21］中普遍称作物理模型。其中也介绍了一个协议模型[21]，即假定一个固定的传输距离 r 和一个固定的干扰距离 Δ。如果 $x_{i,j} \leqslant r$，那么从节点 i 到节点 j 的一次传输是成功的；对于任何其他传输节点 k，$x_{i,j} > r(1+\Delta)$（见图 8-3）。这个模型被证明[21]等价于 A1，其中人们可选择这两个参数的合适值，使由协议模型允许的所有同时传输都满足式（8-21）。

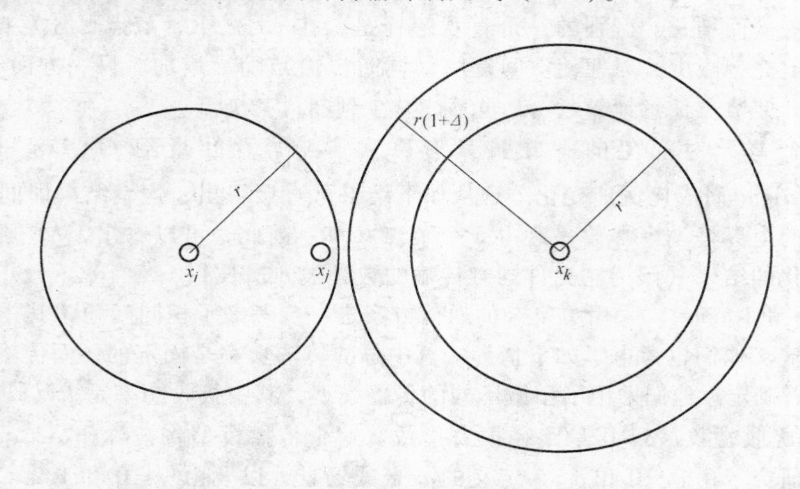

图 8-3　传输距离 r 和干扰距离 Δ

8.3.2　一些一对一通信的结果

在 8.3.1 节给出的模型之下，本节首先在如下一个场景中考虑吞吐量和传输容量，这个场景由多条一对一通信连接组成，其中每条连接的源和目的地都是随机选择的。结果是，当网络尺寸 n 趋向无穷时，可获得的吞吐量或传输容量高概率地以渐近线形式出现。

这个问题首先是由 Gupta 和 Kumar[21] 在传播模型 A1 和额外假定之下考虑的，这个额外假定是每个节点具有 Wbit/s 的最大传输速率。可以发现在这些假定之下，每节点传输容量是 $\Theta(1/\sqrt{n\lg n})$ bit·m/s。这个传输概率是当传输功率 P 是维持连接性所需要的最小功率时取得的。Gupta 和 Kumar[21] 也证明，将信道细分或使用群集不能提高可获得的每节点传输容量。在协议模型之下，相同的结果成立。

得到上界的关键是确定空间复用的水平。注意在两种传播模型之下，关于多少个同时传输可以发生并成功是存在一个限制的。如下事实允许同时传输的数量随 n 而增加，这个事实是功率降低到维护连接所需要的最小功率和接收功率为 $P/x_{i,j}^2$。

如果人们使用A2，而不是A1，情况会如何呢？Arpacioglu和Haas[26]在A2和额外假定下考虑了相同问题，这个额外假定是节点在一个时刻可接收一个以上的传输（这项松弛的假定应该仅增加传输容量）。注意这个假定在小距离上更加现实，其中功率不应该在接收者处被放大。已经证明，在这个模型之下，同时传输的数量受约束于独立于n的一个常量（小于这个常量），而不是如在A1之下的情形随n而增长。区别的一个直观解释是，在A1之下，节点可任意接近，P可快速地充分减少，以便使空间复用（同时传输）随n增加。另一方面，在A2之下，即使节点任意地靠近，P也不能减少到超过某个点。

这个差异对产生的吞吐量具有巨大影响，吞吐量随$\Theta(1/n)$而不是$\Theta(1/\sqrt{n\lg n})$而成比例地变化。这从如下结果可直接得出，这个结果即同时传输的数量的上界是一个常数，这由n个节点共享。因此，可以看出，A1倾向于产生更优化的结果（因为它允许同时传输的数量随n增长）。

Xie和Kumar[25]采用更复杂的通信方案进一步考虑了相同问题，其中使用了协作传输。他们也考虑了如下情形：其中总的传输功率是固定的，而传输速率由传输功率确定。他们采用了稍微不同的传播模型，其中接收功率是$P\ (e^{\gamma x_{i,j}}/x_{i,j}^{\delta})$，$\gamma \geqslant 0$是吸收常数，$\delta > 0$是路径损失指数。这个传播模型将被称作A3。他们[25]也深入研究了由$\gamma > 0$和$\delta > 3$定义的高衰减场景，以及由$\gamma = 0$和$1/2 < \delta < 1$定义的低衰减场景。已经证明，对于信道有高衰减的网络，多跳操作是最优的；当低衰减时，对于单源—目的地对而言，采用干扰消除的一致多阶段中继是最优的。在高衰减情形之下，多跳是最优的事实证实了Gupta和Kumar[21]的结论。

8.3.3 一些多对一通信的结果

如前所述，现场采集无线传感器网络的一个突出特征是，流量模式是多对一类型的，其中数据从不同传感器汇聚到一个收集器。

当遵循前面列出的模型，并假定收集器不能在一个时刻从一个以上的节点接收数据时，收集器立刻成为单点瓶颈。作者们[27]在协议模型（或等价的传播模型A1）和每个节点的最大传输速率为Wbit/s的假定之下研究了这个问题。这篇文章表明，这个网络的每节点吞吐量随$\Theta(1/n)$成比例变化。上界是简单的，原因是收集器不能同时接收多个传输。但是，与每个传感器直接向收集器传输的情形不同，一般而言，在一个多跳场景中，准确的W/n吞吐量是得不到的。人们也已经证明[27]，使用负载感知的路由，可取得的吞吐量是没有采用负载感知的路由可取得吞吐量的近两倍。来自这项研究[27]的一个重要观察结果是，在多对一通信的情形中，较大的传输距离（在模型A1之下，这是较高传输功率P的结果）产生较高的吞吐量。特别地，可取得的每节点吞吐量是$\Theta[1/nf(r,\Delta)]$，其

中 r 是传输范围，$f(r,\Delta)$ 是随 r 而减少的一个函数。这与多个一对一情形是正好相反的，其中较高的吞吐量是在最低可能的传输范围内得到的。虽然这里[27]仅考虑传播模型 A1，但值得指出的是，在传播模型 A2 之下，相同的结果同样成立。这是因为，在这种情形中吞吐量的限制是完全由收集器处形成的瓶颈决定的。

一个令人感兴趣的问题是，在这些假定之下，能否通过使用群集提高吞吐量。前面提到，在多个一对一的情形中，使用群集是没有任何优势的。人们已经证明，通过假定群集头能够在一跳内到达收集器和在两个层之间不存在干扰[27]，使用群集可取得上界 W/n。

El Gamal[28]研究了一个类似的多对一通信问题，同时探索协作传输方案能够提高由本章作者们得到的吞吐量结果。除了协作的附加假定之外，El Gamal[28]不再假定传输的固定速率 W，而是采用一个总的传输功率约束。这里的主要思路是采用一个两阶段传输，其中源首先使用它的一些功率向一定数量的附近节点传输，之后这些节点以一种协作方式将数据传输到收集器。每个源都遵守这项操作。在 A1 模型之下，人们已经发现，每节点吞吐量可提高到 Θ（$\lg n/n$）。同样这个结果高度依赖于接收功率是 $P/x_{i,j}^{\alpha}$ 的假定。随着邻居们变得任意靠近，源能够以相同传输功率增加链路容量和它的邻居数。因此得到了提升的吞吐量。

人们已经证明，通过简单使用总功率约束，而不是固定传输范围的假定，为了得到 Θ（$\lg n/n$）的吞吐量，实际上不需要使用协作[29]。简单地注意一下，采用固定功率，链路容量随 n 增长，一旦节点间的距离足够小，人们就能够利用网络的多跳操作获得相同结果。这个结果同样受限于如下事实，即当处理短距离时，假定接收功率是 $P/x_{i,j}^{\alpha}$ 不是很现实的。

8.3.4 数据压缩的效果

到目前为止，所讨论的一直是测量网络能够多快和多远地以位方式传递它的数据。如前面论证过的，当不同传感器进行的测量之间存在足够的相关性时，数据压缩能够有效地降低需要发送的原始数据量。这当然不会影响网络以位方式传递数据的速度，但是它确实改变了网络的整体效率。类似于寿命研究，对于现场采集目的，在存在数据压缩的情况下，吞吐量以快照/s 数测量比 bit/s 测量要好得多。这也将要求引入一个质量度量，例如失真，且问题将是研究网络能够多快地传递预定质量的快照。

从前面给出的结果已经知道，每节点吞吐量（以 bit/s 度量）随网络尺寸增加而减少。但是，由于增加的相关性，人们也许期望需要发送的比特数随 n 的增长也同样减少。那么主要问题将变为，压缩量是否充分地抵销降低的吞吐量，以使随 n 增长，而每秒快照数保持常数。

Scaglione 和 Servetto[30]撰写的文章是在一个传感器网络中考虑联合数据压缩和路由的首批研究之一，其中通信模型是多对多的，其目标是允许所有传感器能够重构现场的一个快照。Marco 等[31]以每秒快照数针对采用数据压缩的多对一现场采集场景研究了网络吞吐量。通过假定传感器使用相同的标量量化器和熵编码，并通过采用前面给出模型 A1 的基本模型，他们证明通过压缩得到的节省不足以抵销降低的吞吐量。因此，现场的相继快照传递之间需要的时间随网络尺寸增长到无穷也增长到无穷。

这个结论是来自 Marco 等人[31]给出的一项令人吃惊的结果，即虽然当 n 增加时，每个节点需要传输的比特数趋近于零，但网络需要传递的总比特数仍然趋近于无穷。这个结果与网络总吞吐量是一个常数（与 n 无关）一起，给出了主要结论[31]。

8.3.5　实际算法

前面的讨论围绕当网络变得非常密集时，推导网络吞吐量或传输容量的增长规律的问题。这些是渐近结果，不能直接应用到固定尺寸的一个特定网络上。下面将综述一些研究工作，它们试图在一个给定网络中推导可得到的最大吞吐量。这种最大化典型地将研究目标定位在为每个节点构造可行的传输调度和速率，以使整体网络吞吐量最大化。

如已经看到的，取得较高吞吐量的一个主要限制因素是干扰，这要求传输调度避免相互干扰的同时传输。Jain 等人[32]通过冲突图（Conflict Graphs）对干扰建模。为了生成一个冲突图，首先建立一个连通图，其中顶点代表节点，边代表节点之间的链路（节点之间是否存在一条连接可由传输范围和功率的假定来确定）。之后，连通图映射成一个冲突图。首先，如果在连通图中它们代表的连接相互干扰，连通图中的连接映射成冲突图中的顶点，之后在冲突图中添加连接两个顶点的一条边。

连通图用来生成一个线性规划，该线性规划最大化朝向目的地的信息流。生成的流将提供路由信息，冲突图用来确定应该使用的调度。如 Jain 等人[32]指出的，这种方法的一个重要限制是给定一个网络和所有的源—目的地对，得到最优吞吐量是 NP-hard 的。事实上，逼近最优吞吐量是 NP-hard 的。作者们执行了使用一个付出参数的试验[32]，用来确定为了更加靠近最优解需要投入多少付出。

Coleri 和 Varaiya[33]使用一种类似方法确定传输调度。主要区别是在这种方法中采用了一项简化，通过将冲突图从原始树网络映射到一个线性规划，从这个冲突图中确定调度。求解这个较简单的线性规划情形，解可用来作为对原始问题的一个近似。

Coleri 和 Varaiya[33]提出的协议使用这个调度生成一种时分多址（TDMA）方

案。作者们认为，一种调度方法比一种基于冲突的方法更适合于无线传感器网络。基于冲突的方法在侦听信道中浪费了许多能量，并因此减少了网络的寿命，而且寿命并不是仅有的优势。作者们表明，当使用一种调度方法时，其他性能度量指标（例如时延）将得以改善。

8.4　开放问题

前面已经综述了有关现场采集传感器网络寿命和吞吐量性能的许多研究和结果，但仍然有许多开放问题。这些问题中的一些问题是与采用更一般假设开发模型或采用更准确地反映实际场景的假设开发模型相关的。一些问题涉及能够近似最优结果的实际算法，最与本章相关的这些问题的一个问题子集将在下面讨论。

1. 传播模型假定

人们已经给出了在两个不同传播模型之下的结果，这两个模型是 A1 和 A2。如已经指出的，假定接收功率是 $P/x_{i,j}^{\alpha}$，并不能准确地对增长的网络密度场景进行建模，原因是节点之间逐步缩短的距离在这个模型之下会产生功率放大。将功率修改为 $P/(1+x_{i,j})^{\alpha}$ 将对结果产生极大影响。开发另外的传播模型，并在更准确的传播模型之下研究在前面讨论的场景，也许会产生对优势和劣势更加深刻的理解。

2. 寿命吞吐量折中

作者们的这项综述将寿命和吞吐量研究作为独立的问题进行论述，而事实上这两个问题是紧密相关的。在某些情形中，能够观察到这两者之间折中的一些定性特征。例如，最大化寿命的路由选择也许在网络中产生降低吞吐量的瓶颈，但是吞吐量和寿命如何相关仍然是悬而未决的问题。人们高度期望的是，能够合适地特征化并量化这项折中。更广义地说，解决不同性能度量（不限于寿命和吞吐量）之间的折中仍然是一项关键挑战。

3. 去中心化算法

8.2 节给出了得到一个网络寿命上界的不同方法，但是关于开发实际算法的结果是相对有限的，这些算法可能取得或接近取得这些界限。同样的问题存在于吞吐量研究之中。非常有意思并且人们高度期望的是，能够采用这些理论研究中的一些结果，并使用它们来引导实际 MAC 和网络层算法的高效设计。

4. 层次化架构

群集的概念已经过人们广泛的研究，直觉上将其看作在大规模传感器网络中处理扩展性问题的一种方式。但是，虽然人们已经提出许多群集协议[34,35]，但特征化网络性能的多数研究仍集中在扁平架构上。客观上需要对一个层次化架构性能进行更透彻地研究，以使得产生更高效的协议。

5. 网络内处理和协作的建模

因为传感器是高度能量约束和处理能力约束的器件，网络内处理和协作（包括分布式信号处理和数据压缩）正快速成为传感器功能的组成部分。这增强了传感器网络的性能，但也正是这种性能使建模更加困难，如在前面讨论中所看到的那样。良好抽象和模型是另一项研究挑战。

8.5 小结

就现场采集无线传感器网络的性能而言，本章综述了最近的研究和成果，其中给予特别关注的是这种网络的寿命和吞吐量限制。本章基于许多相关文章，与对应结果的详细讨论一起，给出了每种情形中的不同模型和方法。本章也简要地讨论了一些开放研究问题。

致谢

本项工作得到了 NSF 项目 ANI-0112801、ANI-0238035 和 CCR-0329715 的资助。

参考文献

1. J. Agre and L. Clare, An integral architecture for cooperative sensing networks, *IEEE Comput. Mag.*, (May 2000).
2. T. Imielinski and S. Goel, Dataspace: Querying and monitoring deeply networked collections in physical space, *Proc. ACM Int. Workshop on Data Engineering for Wireless and Mobile Access* (*MobiDE*), Seattle, WA, 1999.
3. C. Jaikaeo, C. Srisathapornphat, and C. Shen, Diagnosis of sensor networks, *Proc. IEEE Int. Conf. Communications* (*ICC*), Helsinki, Finland, June 2001.
4. P. Bonnet, J. Gehrke, and P. Seshadri, Querying the physical world, *IEEE Pers. Commun.* (Oct. 2000).
5. N. Bulusu, D. Estrin, L. Girod, and J. Heidemann, Scalable coordination for wireless sensor networks: Self-configuring localization systems, *Proc. Int. Symp. Communication Theory and Applications* (*ISCTA*), July 2001.
6. G. D. Abowd and J. P. G. Sterbenz, Final report on the interagency workshop issues for smart environments, *IEEE Pers. Commun.* (Oct. 2000).
7. I. A. Essa, Ubiquitous sensing for smart and aware environment, *IEEE Pers. Commun.* (Oct. 2000).
8. C. Herring and S. Kaplan, Component-based software systems for smart environments, *IEEE Pers. Commun.* (Oct. 2000).
9. E. M. Petriu, N. D. Georganas, D. C. Petriu, D. Makrakis, and V. Z. Groza, Sensor-based information appliances, *IEEE Instrum. Meas. Mag.* (Dec. 2000).

10. A. Cerpa, J. Elson, M. Hamilton, and J. Zhao, Habitat monitoring: Application driver for wireless communications technology, *Proc. ACM SigComm Conf.*, Costa Rica, April 2001.
11. J. M. Kahn, R. H. Katz, and K. S. J. Pister, Next century challenges: Mobile networking for smart dust, *Proc. Int. Conf. Mobile Computing and Networking* (*MobiCom*), Seattle, WA, 1999.
12. G. J. Pottie and W. J. Kaiser, Wireless integrated network sensors, *Commun. ACM* **43**(5) (2000).
13. J. Chang and L. Tassiulas, Energy conserving routing in wireless ad-hoc networks, *Proc. Annual Joint Conf. IEEE Computer and Communication Societies* (*InfoCom*), Tel-Aviv, Israel, March 2000.
14. M. Bhardwaj, T. Garnett, and A. P. Chandrakasan, Upper bounds on the lifetime of sensor networks, *Proc. IEEE Int. Conf. Communications* (*ICC*), Helsinki, Finland, June 2001.
15. M. Bhardwaj and A. P. Chandrakasan, Bounding the lifetime of sensor networks via optimal role assignments, *Proc. Annual Joint Conf. IEEE Computer and Communication Societies* (*InfoCom*), New York, June 2002.
16. Y. Shi, Y. T. Hou, and H. D. Sherali, *On Lexicographic Max-Min Node Lifetime Problem for Energy-Constrained Wireless Sensor Networks*, Technical Report, Bradley Dept. ECE, Virginia Tech, Sept. 2003.
17. E. J. Duarte-Melo, M. Liu, and A. Misra, An efficient and robust computational framework for studying lifetime and information capacity in sensor networks, *ACM Kluwer MONET* (special issue on energy constraints and lifetime performance in wireless sensor networks) (2004).
18. E. J. Duarte-Melo, M. Liu, and A. Misra, A computational approach to the joint design of distributed data compression and data dissemination in a field-gathering wireless sensor network, *Proc. 41st Annual Allerton Conf. Communication, Control, and Computing*, Allerton, IL, Oct. 2003.
19. D. Slepian and J. Wolf, Noiseless coding of correlated information sources, *IEEE Trans. Inform. Theory*, **IT-19**: 471–480 (July 1973).
20. R. Cristescu, B. Beferull-Lozano, and M. Vetterli, On network correlated data gathering, *Proc. Annual Joint Conf. IEEE Computer and Communication Societies* (*InfoCom*), Hong Kong, March 2004.
21. P. Gupta and P. R. Kumar, The capacity of wireless networks, *IEEE Trans. Inform. Theory*, (March 2000).
22. C. Peraki and S. D. Servetto, On the maximum stable throughput problem in random networks with directional antennas, *Proc. 4th ACM Int. Symp. Mobile Ad Hoc Networking and Computing* (*MobiHoc*), Annapolis, MD, June 2003.
23. M. Grossglauser and D. Tse, Mobility increases the capacity of ad-hoc wireless networks, *Annual Joint Conf. IEEE Computer and Communication Societies* (*InfoCom*), Anchorage, AK, April 2001.
24. A. El Gammal, J. Mammen, B. Prabhakar, and D. Shah, Throughput-delay trade-off in wireless networks, *Proc. Annual Joint Conf. IEEE Computer and Communication Societies* (*InfoCom*), Hong Kong, March 2004.
25. L. Xie and P. R. Kumar, A network information theory for wireless communication: Scaling laws and optimal operation, *IEEE Trans. Inform. Theory* **50** (May 2004).

26. O. Arpacioglu and Z. Haas, On the scalability and capacity of wireless networks with omnidirectional antennas, *Proc. Int. Workshop on Information Processing in Sensor Networks* (*IPSN*), Berkeley, CA, April 2004.

27. E. J. Duarte-Melo and M. Liu, Data-gathering wireless sensor networks: Organization and capacity, *Wireless Sensor Networks* (special issue on computer networks) **43** (2003).

28. H. El Gamal, On the scaling laws of dense wireless sensor networks, *IEEE Trans. Inform. Theory* (in press).

29. A. Chakrabarti, A. Sabharwal, and B. Aazhang, Multi-hop communication is order-optimal for homogeneous sensor networks, *Proc. Int. Workshop on Information Processing in Sensor Networks* (*IPSN*), Berkeley, CA, April 2004.

30. A. Scaglione and S. D. Servetto, On the interdependence of routing and data compression in multi-hop sensor networks, *Proc. Int. Conf. Mobile Computing and Networking* (*MobiCom*), Atlanta, GA, 2002.

31. D. Marco, E. J. Duarte-Melo, M. Liu, and D. Neuhoff, On the many-to-one transport capacity of a dense wireless sensor network and the compressibility of its data, *Proc. Int. Workshop on Information Processing in Sensor Networks* (*IPSN*), Palo Alto, CA, April 2003.

32. K. Jain, J. Padhye, V. N. Padmanabhan, and L. Qiu, Impact of interference on multi-hop wireless network performance, *Proc. 9th Annual Int. Conf. Mobile Computing and Networking* (*MobiCom*), San Diego, CA, Sept. 2003.

33. S. Coleri and P. Varaiya, Pedamacs: Power efficient and delay aware medium access protocol for sensor networks, *Proc. IEEE Global Communications Conf.* (*GlobeCom*), Dallas, Texas, July 2004.

34. W. R. Heinzelman, A. Chandrakasan, and H. Balakrishnan, Energy-efficient communication protocol for wireless microsensor networks, *Proc. Hawaii Int. Conf. System Sciences* (*HICCS*), Maui, HL, Jan. 2000.

35. A. Manjeshwar and D. P. Agrawal, Teen: A routing protocol for enhanced efficiency in wireless sensor networks, *Proc. Int. Workshop on Parallel and Distributed Computing Issues in Wireless Networks and Mobile Computing in Conjunction with the International Parallel and Distributed Processing Symposium* (*IPDPS*), San Francisco, CA, April 2001.

第9章　无线传感器网络的覆盖和连通性问题

AMITABHA GHOSH[⊖]和 SAJAL K. DAS
美国德克萨斯大学阿林顿分校计算机科学和工程系

9.1　简介

自20世纪90年代中期以来，无线传感器网络[33,34]已经激发了人们无穷的研究兴趣。无线通信和微机电系统（MEMS）中的进展使低成本、低功率、多功能、微型传感器节点的研发成为可能，这些节点能够检测环境、执行数据处理，并在短距离上无干扰地相互通信。一个典型的无线传感器网络由数千个传感器节点组成，它们在人们关注的地理区域之上随机地或依据某个预定的统计分布而进行部署。一个传感器节点本身具有严格的资源约束，例如低电池功率、有限的信号处理、有限的计算和通信能力以及少量内存，因此它仅能检测有限的环境部分。但是，当一组传感器节点相互协作时，它们能够高效地完成非常大型的任务。部署无线传感器网络的主要优势之一是它的低部署成本，以及不需要一个混合的有线通信骨干网，这样的通信骨干网经常是不可行的或经济上不适合的。

无线传感器网络支持宽范围的应用[2]，这包括军事和战场中的安全监视，监控以前没有观测的环境现象、智能家庭和办公室、改善的保健、工业诊断以及更多的应用。例如，一个传感器网络可以部署在一个遥远的岛屿，以监视野生动物栖息地和动物行为[25]，或部署在一个火山的喷发口，以测量温度、压力和地震活动。在这许多应用中，环境可能是恶劣的，其中人类介入是不可能的，因此传感器节点将是随机部署的或从空中洒落的，并在没有任何电池替换的情况下数月或数年内保持无人照管的状态。因此，能量消耗，或一般而言，资源管理对这些网络是至关重要的。

传感器节点以变化的节点密度散落在一个检测现场之中。典型的节点密度可能从3m远1个节点到高达20个节点/m^3。每个节点有一个检测半径（在这个半

⊖　当前地址：美国洛杉矶南加州大学电子工程系（amitabhg@ usc. edu）。

径内它能够检测数据）和一个通信半径（在这个半径内它能与另一个节点通信）（后面将讨论检测和通信的模型[52]），这些节点中的每个节点将从环境采集原始数据，执行本地处理，可能以最优方式相互通信以执行邻居间的数据或决策融合（汇聚）[23]。之后以多跳形式将那些融合的数据路由回到数据目的地，它常常称为基站，基站通过因特网或卫星连接到外部世界。因为几个方面的因素，单个节点测量经常是错误的，所以协作信号和信息处理（CSIP）[49]的需要是至关重要的。这里假定一个传感器网络访问散落在不同传感器节点的信息越多，则它越可能提供关于底层随机过程的更加可靠和正确的信息。

部署一个高效传感器网络的一个重要方面是找到最优的节点放置策略。在大型检测现场部署节点，要求高效的拓扑控制[35]。节点可由人工放置在预定的位置或从飞机上丢下。但是，因为在多数实际环境中传感器是随机散落的，所以找到可抑制节点故障并提供高度区域覆盖[20]的一个随机部署策略是困难的，该策略要满足最小化成本、降低计算和通信开销。区域覆盖的概念可看作传感器网络中 QoS 的一个度量指标，因为它旨在检测现场每个点如何良好地被检测范围所覆盖。一旦节点部署于检测现场，它们就形成一个通信网络，随着时间推移，该网络可能发生动态变化，这取决于地理区域的拓扑、节点间隔、剩余电池电量、静态和移动障碍物、噪声的存在以及其他因素。该网络可被看作一个通信图，其中传感器节点作为顶点，任何两个节点之间的一条通信路径表示一条边。

在一个多跳传感器网络中，通信节点由无线媒介连接，这条连接经常是不可靠的和不安全的。这些链路可由无线、红外或光媒介形成。虽然红外通信是不需要许可的、廉价的和鲁棒地对抗来自电子设备干扰的，但它要求发送者和接收者之间具备视距条件。“智能微尘”[21]是基于光媒介通信的一个自治检测、计算和通信系统，它也需要视距条件。多数用于节点间通信的当前硬件基于射频（RF）电路设计，其中保障无线通信链路的安全是人们的巨大担忧，原因是潜在的恶意用户和窃听者们能够修改并破坏数据报文、在网络中插入恶意报文或发起拒绝服务（DoS）攻击。因此，为传感器网络设计合适的认证协议和加密算法就是非常重要的，这也是一项具有挑战性的任务，其特别的原因是前面提到的苛刻的资源约束。

因为它们显著地影响总体能耗，所以路由协议和节点调度也是无线传感器网络的其他两个重要方面。在考虑时延、能耗、鲁棒性和通信开销的情况下，路由协议主要涉及发现源到目的地的最优路由路径。如洪泛和流言（gossiping）的常规方法，由于在整个网络中发送冗余信息，浪费了宝贵的通信和能量资源。另外，这些协议既非资源感知的，也非资源适应的。挑战存在于设计成本高效的路由协议[37,39]，这样的协议可使用资源适应的算法，在一个无线传感器网络中高效地传播信息。另一方面，最优功率消耗的节点调度要求识别网络中的冗余节点[40]，这些节点在不活动的时间是可以关闭的。

本章将主要讨论与无线传感器网络中区域覆盖和网络连通性相关的节点部署问题。9.2节将介绍覆盖和连通性的概念，并以不同应用场景陈述它们的重要性；9.3节将描述用于检测、通信、覆盖和其他功能的不同模型，也将介绍一些数学表示，并将描述应用于移动传感器网络的一些适合的移动性模型；9.4节将基于暴露路径，描述覆盖算法；9.5节将就部署策略的目标、假定、复杂性以及在实际场景中的用途，描述各种部署策略并比较这些策略；9.6节将基于节点冗余性讨论其他技术，这些技术用来优化覆盖并确保连通性；9.7节将给出所做工作的一个总结，并讨论开放研究问题和挑战。

9.2　覆盖和连通性

最优资源管理和确保可靠的QoS是自组织无线传感器网络中的两个最基本要求。传感器部署策略在提供较好的QoS中扮演一个非常重要的角色，这与检测现场中每个点如何良好地被覆盖的问题是相关的。但是，由于苛刻的资源约束和不友好的环境条件，设计一个高效的部署策略是不简单的（这样的策略将最小化成本、降低计算、最小化节点到节点的通信，并提供高度的区域覆盖），而同时维护一个全局连通的网络也是不简单的。因为关于一个检测现场的拓扑信息可用的很少，且这样的信息在存在障碍物的情况下随时间而变化，所以也会出现挑战。

许多无线传感器网络应用要求执行某些功能，这些功能可以区域覆盖指标进行度量。在这些应用中，定义高效覆盖的精确度量是必要的，它将影响整体系统性能。

从历史角度来说，已经由Gage[12]定义了三种类型的覆盖：

1）地毯式覆盖：为的是取得传感器节点的一个静态分配，这使出现于检测现场中目标的检测率最大化。

2）壁垒覆盖：为的是取得传感器节点的一个静态分配，这使穿透壁垒而不被检测到的概率最小化。

3）扫视覆盖：在一个检测现场之上，移动许多传感器节点，以使它解决最大化检测率和最小化每单位面积漏检数量之间的一个平衡。

本章将主要集中讨论地毯式覆盖，其中目标是以策略方式部署传感器节点的，使依据底层应用的需要，取得一个最优的区域覆盖。这里，值得指出的是，区域覆盖的问题与解析几何中传统的美术馆问题（AGP）[30]相关。AGP寻找确定放置于一个多边形环境中最少的摄像机数量，使环境中的每个节点都被监视。类似地，覆盖问题基本上是处理放置最少量的节点，以使在前面提到的资源约束、存在障碍物、噪声和变化的拓扑的条件下，监测现场中的每个点都被最优地覆盖。

在进一步讨论之前，首先介绍覆盖度的概念。以最简单的术语来说，监测现场中一个特定点的覆盖度可与监测范围覆盖那个点的传感器数量相关。人们已经观察到并假定，不同应用将要求监测现场中不同程度的覆盖。例如，一项军事监视应用将要求较高程度的覆盖，因为它希望一个区域被多个节点同时监视，以使即使一些节点不能工作时，这个区域的安全性也将不会被破坏，因为其他节点将仍然继续工作。而一些环境监视应用，例如动物栖息地监视或一座建筑物内部的温度监视，仅需要低程度的覆盖。另一方面，一些特定应用也许需要一个框架，其中一个网络中的覆盖度可以动态配置。这种应用的一个范例是入侵检测，其中直到威胁或侵入行为成为现实或发生之前，受限区域常常以中等程度的覆盖进行监视。在这个点，在可能的威胁位置，网络将需要自配置并增加覆盖度。具有高覆盖度的一个网络将明显地对节点故障具有较强的抑制性。因此，在应用之间，覆盖要求是变化的，并在开发新的部署策略时应该将这点牢记在心。

与覆盖一起，在无线传感器网络中连通性的概念是同等重要的。如果一个传感器网络建模为一个图，其中传感器节点作为顶点，任何两个节点之间的通信链路（如果存在）作为一条边，那么一个连通的网络，这里指底层图是连通的，即任何两个节点之间存在单跳或多跳通信路径，路径由图中的连续边组成。类似于覆盖度的概念，这里也将引入网络连通度的概念，即一个传感器网络具有 k 连通性或是 k 节点连通的，如果任意（$k-1$）个节点的去除不会使底层通信图不连通。后面将从图论角度出发，给出 k 连通性和 k 覆盖的形式化定义。像单点覆盖一样，单节点连通性对于许多传感器网络应用是不够的，因为单个节点的故障将使这个网络不再连通。应该指出的是，一个传感器网络的鲁棒性和吞吐量都直接与连通性相关。

在无线传感器网络中，区域覆盖和连通性不是不相关的问题，因此一个最优传感器部署策略的目标是具有一个全局连通的网络，而同时具有最优化覆盖。通过最优化覆盖，如底层应用要求的那样，部署策略将确保检测现场中的最优区域被传感器覆盖到。通过确保网络是连通的，它同样确保检测到的信息被传输到其他节点，并可能传输到一个中心化的基站。在这里，基站为应用作出有价值的决策。

9.3 数学架构

本节将介绍基本的数学架构，它适用于无线传感器网络的检测模型、通信模型、覆盖模型、移动性模型和基于图论的网络连通性模型。这些将在后续内容之中用来描述和分析关于覆盖和连通性的现有算法，并给出未来研究方向。

9.3.1 检测模型

每个节点都有一个检测梯度，它的半径虽然理想地可扩展到无穷大，但随着距离的增加而逐渐地减小。在 P 点处，一个传感器 s_i 的灵敏度 S 常常建模为[26]

$$S(s_i, P)=\frac{\lambda}{[d(s_i, P)]^{\gamma}} \tag{9-1}$$

式中，λ 和 K 是正的传感器相关参数；$d(s_i, P)$ 是传感器和点之间的欧几里德距离（Euclidean distance）。典型情况下，γ 的值依赖于环境参数，并在 2～5 之间变化。因为灵敏度快速地随距离增加而降低，所以要为每个传感器定义最大检测范围。常规情况下，假定采用二元检测模型，依据这个模型，一个传感器能够从落在其检测范围内部的所有点检测，它不能检测在其检测范围之外的任何点。因此，依据这个模型，每个传感器的检测范围局限在半径为 R_s 的一个圆盘之内。在一个异构传感器网络中，不同类型传感器的检测半径也许是变化的，但在本章，为了简化覆盖算法的分析，假定所有节点是同构的，且所有这些传感器的最大检测半径都是相同的，即 R_s。

这个二元检测模型能够扩展为一个更现实的模型，并以概率项来表示[52]，如图 9-1a 所示。定义一个量 $R_u < R_s$，使得在小于或等于（$R_s - R_u$）的距离上，传感器检测到对象的概率是 1，而在大于或等于（$R_s + R_u$）的距离上的概率是 0。在区间（$R_s - R_u$，$R_s + R_u$）中，存在一定的概率 p，对象将被传感器检测到。量 R_u 是传感器检测中不确定性的一个度量指标，这个概率性检测模型反映了如红外和超声波传感器等设备的检测行为。

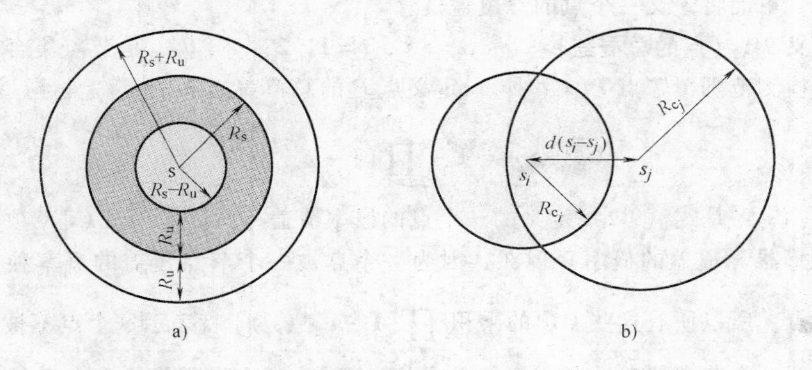

图 9-1　概率性的检测模型和通信模型

a）概率性的检测模型　b）通信模型

9.3.2 通信模型

类似于检测半径，为每个传感器 s_i 定义一个通信半径 R_{c_i}（见图 9-1b）。如果 s_i 和 s_j 之间的欧几里德距离小于或等于它们的最小通信半径，即 $d(s_i,\ s_j)\leqslant\min\{R_{c_i},\ R_{c_j}\}$，那么两个传感器能够相互通信。基本上而言，这意味着具有较小通信半径的传感器落在其他传感器的通信半径之内。能够相互通信的这样两个节点称为一跳邻居。依赖于个体传感器的剩余电池电量，通信半径也许会发生变化。本章假定所有节点的通信半径都是相同的，以 R_c 表示。

9.3.3 覆盖模型

依赖于检测范围，一个个体节点将能够感知检测现场的一部分。由概率检测模型，可以定义一个传感器 s_i 对一个点 $P(x_i,\ y_i)$ 的概率性覆盖的概念，即

$$c_{x_iy_i}(s_i)=\begin{cases}0, & R_s+R_u\leqslant d(s_i,\ P)\\ \mathrm{e}^{-\gamma a^{\beta}}, & R_s-R_u<d(s_i,\ P)<R_s+R_u\\ 1, & R_s-R_u\geqslant d(s_i,\ P)\end{cases} \tag{9-2}$$

式中，$a=d(s_i,P)-(R_s-R_u)$；γ 和 β 是当一个对象位于距离传感器一定距离内时度量检测概率的参数。

落在传感器（R_s-R_u）范围内的所有点称为 1 覆盖的，落在区间（R_s-R_u，R_s+R_u）内部的所有节点具有随距离增加而呈指数减少的覆盖值，并小于 1，如式（9-2）中观察到的那样。（R_s+R_u）之外，由这个传感器检测的，所有点具有 0 覆盖。但是，一个点也许同时被多个传感器所覆盖，每个传感器贡献一定的覆盖值。下面将定义一个点的总覆盖概念[52]。

定义 9-1（点的总覆盖） 令 $S=\{s_i,\ i=1,\ 2,\ \cdots,\ k\}$ 是节点集合，这些节点的检测范围覆盖点 $P(x_i,\ y_i)$。定义点 P 的总覆盖如下：

$$C_{x_iy_i}(S)=1-\prod_{i=1}^{k}[1-c_{x_iy_i}(s_i)] \tag{9-3}$$

因为 $c_{x_iy_i}(s_i)$ 是式（9-2）定义的一个点的概率覆盖，所以 $1-c_{x_iy_i}(s_i)$ 项是该点不被传感器 s_i 覆盖的概率。现在，因为一个点被一个节点覆盖的概率独立于另一个节点，所以所有这些 k 项的乘积 $\prod_{i=1}^{k}[1-c_{x_iy_i}(s_i)]$ 将表示这个点不被这些节点中任意一个节点覆盖的联合概率。因此，1 减去这个乘积将给出点 P 被其邻居传感器联合覆盖的概率，并定义为它的总覆盖。明显地，一个点的总覆盖在区间［0，1］之间。

9.3.4　无线传感器网络的图论观点

9.3.4.1　几何随机图

在数年中，几种自然现象已经使用不同的图论抽象进行了建模，更具体而言，人们使用的是随机图。理解这些图的结构性质提供了对底层物理现象宝贵的深入理解。本节将给出与图论相关的一些概念，它涉及覆盖和连通性的概念表示。

在前面一些小节中描述的特定检测、通信和覆盖模型之下，几何随机图（GRG）的结构提供了对无线传感器最接近的类似物。与建立一个自组织传感器网络相关的许多概率性特征（如在一个检测现场中随机地散落节点并通过不同路径的同时进行信息路由）激发了连网技术团体（networking community）中对GRG的研究。而且，人们在实践中观察到，由于空间复用，一个传感器网络不能太密集。具体而言，当一个特定节点传输时，在其传输半径之内的所有其他节点为了避免冲突和损坏数据，必须保持静默。本章将考虑一般的GRG模型$G(n, r, l)$，其中，不将图的顶点限制在一个单位方形之内。假定依据一个概率分布函数（pdf），顶点分布在一个d维空间中，每一维都具有长度l；且如果任意两个顶点之间的欧几里德距离小于通信半径，则它们之间存在一条边。在这个一般GRG模型中，取决于n、r和l的相对数值，节点密度n/l^2可收敛到零、收敛到一个常数$c>0$或当$l\to\infty$时发散。因此，这个模型适合于稀疏和密集的通信网络。接下来将提供GRG的一个形式化定义。

定义9-2（几何随机图）　将一般几何随机图定义为$G(n, r, l)=(V, E)$，其中顶点总数为n，依据pdf f，分布于d维空间$[0, l]^d$中，形成V中的节点；在任意两个节点u和v之间存在一条边$(u, v)\in E$，如果它们之间的距离小于r，则对某个$0<r\leq l$，有$d(u, v)<r$。

来自GRG的一些结果可用来研究自组织无线网络中的连通性。例如，如果假定一个通信图是在无线网络之上归纳产生的，那么对于所有传感器，使通信图连通的最小传输范围等于在GRG之上建立的最小生成树的最长欧几里德边（Euclidenedge）[31]。

来自GRG的这些可使用连续渗透理论（continuum percolation theory）[3]进行分析。在连续渗透理论中，节点是依据泊松密度λ分布的。这个理论的主要结果声明，存在λ的一个有限的正值（比如λ_c，称为临界密度），使得在图中发生一个相转换。这意味着当节点密度越过特定的阈值λ_c时，自组织网络的可检测性变为1，即在传感器网络内部移动的对象能够以几乎等于1的概率被检测到。

9.3.4.2　图连通性

前面已经介绍了覆盖度和连通性的概念，这里以图中节点度和连通性给出那些概念的形式化定义[45]。

定义 9-3（节点度）　令 $G(V, E)$ 是一个无向图，顶点 $u \in V$ 的度 $\deg(u)$ 定义为 u 的邻居数，G 的最小节点度定义为 $\delta(G) = \min_{\forall u \in G}\{\deg(u)\}$。

定义 9-4（*k* 节点连通性）　如果对于每对节点，存在连接它们的单跳或多跳路径，则称一个图为连通的；否则这个图称为不连通的。如果对任何一对节点，存在至少连接它们的 k 条相互独立（节点不交）的路径，则称一个图为 k 连通的。换句话说，不存在（$k-1$）个节点的集合，它们的去除将导致图不连通或产生一个平凡图（单个顶点）。

定义 9-5（*k* 边连通性）　以一种类似的方式，k 边连通性的概念定义为，每对节点之间至少存在 k 条边不交的路径。换句话说，不存在（$k-1$）条的集合，它们的去除将产生一个不连通的图或一个平凡图。

可以证明[45]，如果一个图是 k 节点连通的，则它也是 k 边连通的，但反之未必成立。本章将使用术语连通性表示节点连通性。在图 9-2 中，给出了一个 3 连通图和一个不连通图。

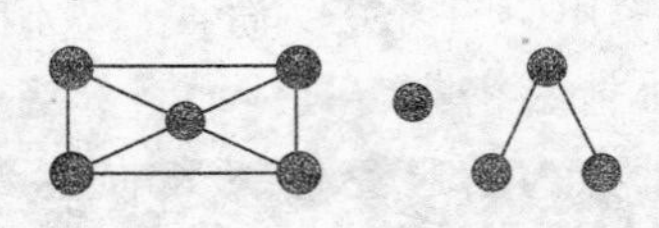

图 9-2　一个 3 连通图和一个不连通图

将这些图的连通性定义映射到无线传感器网络场景，如果每个节点对之间存在单跳或多跳通信路径，则称由传感器节点形成的通信图是连通的。如果至少 k 个其他节点落在每个节点的传输范围 R_c 之内，则传感器网络将是 k 连通的。在相关参考文献中已经从不同角度，针对传感器网络中的连通性问题提出了方法。确保连通性的一种方式是向传感器指派不同的传输距离，从而使网络是连通的。人们将这个问题定义为临界传输范围（CTR）指派问题[36]，针对同构传感器网络的情形可陈述如下：给定部署于区域 A 中的节点总数（N），指派给所有传感器的传输范围最小值是多少才能确保网络的全局连通性。

现在准备描述用来确保最优网络覆盖和连通性的各种技术。在后面的内容中，将这些方法分为三个主要种类，并就它们的目标、假定、算法复杂性和实际应用性方面进行分析如下：

1）基于暴露路径的覆盖；

2）基于传感器部署策略的覆盖；

3）其他策略。

9.4　基于暴露路径的覆盖

使用暴露路径，求解无线传感器网络中的覆盖问题的方法基本上是组合优化问题。在陈述覆盖问题中存在两种优化观点：最坏情形覆盖和最好情形覆盖。

在最坏情形覆盖中，这个问题常常处理如下：试图寻找通过检测区域的一条路径，使沿那条路径移动的一个对象将具有被节点们发现的最低可观测性。因此，检测移动对象的概率将最小。寻找这样的一条最坏情形路径是重要的，因为如果在检测现场中存在这样一条路径，用户就能改变节点的位置或添加新的节点以增加覆盖范围并因此增加可观测性。求解最坏情形覆盖问题的两个著名方法是最小暴露路径[26]和最大破坏路径[24,27]。

另一方面，在最好情形覆盖中，目标是寻找具有最高可观测性的一条路径，因此沿那条路径移动的一个对象将最可能被节点们检测到。找到这样一条路径对某些应用是有用的，这些应用包括在区域中要求得到最优覆盖，以及对安全性具有最高关注度的那些应用；或在穿越传感器现场时，倾向于最大化来自节点的某个预定的效益函数的那些应用。后一种应用的一个范例是，由太阳能供电的自治机器人，它穿越在光检测传感器网络中，为的是在一定时间帧中积累最多的光能。通过使用最优覆盖路径，由太阳能供电的机器人能够在其有限时间内得到最大量的光能。求解最好情形覆盖的两种方法是最大暴露路径[42]和最大支撑路径[27]。下面将描述计算最坏情形和最好情形覆盖路径和算法的几种方法，其中的算法使用暴露的概念推导出分析性的结果。

9.4.1 最小暴露路径：最坏情形覆盖

在传感器网络中，暴露直接与区域覆盖问题相关。它是一个检测现场如何良好地被传感器覆盖的一个度量指标。非形式化地陈述就是，可将暴露定义为观察到一个目标在检测现场中运动的期望平均能力。最小暴露路径提供了传感器网络中最坏情形覆盖的宝贵信息。首先解释暴露的概念，它定义为在一定时间区间[28,42]内，一个检测函数（反比于离开传感器的距离）沿两个指定点之间的一条路径的积分。

定义 9-6（暴露） 在时间区间 $[t_1, t_2]$，在一个检测现场中沿一条路径 $p(t)$ 移动的对象的暴露定义为如下积分：

$$E(p(t),t_1,t_2) = \int_{t_1}^{t_2} I(F,p(t)) \left| \frac{\mathrm{d}p(t)}{\mathrm{d}t} \right| \mathrm{d}t \tag{9-4}$$

式中，检测函数 $I(F, p(t))$ 是在路径上一个点处最近的传感器或检测现场中所有传感器的灵敏度度量值。

在第一种情形中，称之为最近的传感器场强度，定义为 $I_C(F,P(t)) = S(S_{\min},P)$，其中灵敏度 S 是由式（9-1）给定的，$S_{\min}$ 是最接近点 P 的传感器。在后一种情形中，称之为所有的传感器场强度，定义为 $I_A(F, P(t)) = \sum_1^n S(s_i, P)$，其中 n 个活跃传感器 $s_1, s_2, \cdots, s_n$ 依据它们离点 P 的距离远近

贡献一定数值的灵敏度。在式（9-4）中，量$|dp(t)/dt|$是路径的一个弧度元素。如果路径以参数化坐标定义为$p(t)=(x(t),y(t))$，那么

$$|dp(t)/dt|=\sqrt{[dx(t)/dt]^2+[dy(t)/dt]^2} \tag{9-5}$$

由式（9-4）给定的暴露的这个定义，使其成为依赖于路径的一个数值。给定检测现场中的两个端点A和B，它们之间如图9-3a所示的不同路径将可能具有不同的暴露数值。最小暴露路径的问题是在检测现场中寻找一条路径$p(t)$，使积分值$E(p(t), t_1, t_2)$最小。下面将描述计算最小暴露路径的一些策略。

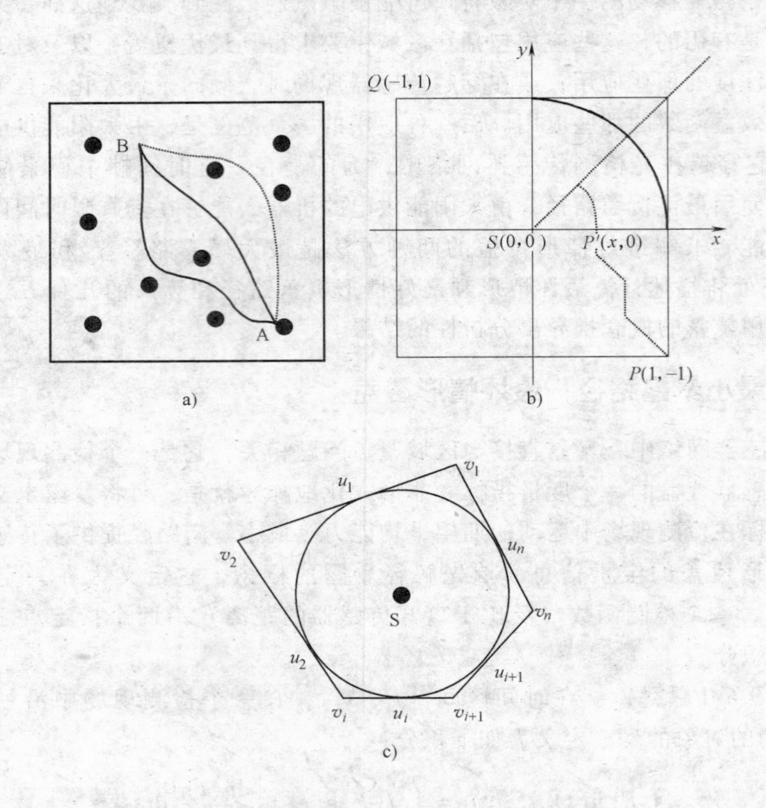

图9-3　A和B之间的不同路径具有不同的暴露（图9-3a）、一个方形检测现场中单个传感器的最小暴露路径（图9-3b）以及在由凸多边形限制的一个检测现场中单个传感器的最小暴露路径（图9-3c）

作为一个范例，如图9-3b所示，可以证明[28]，在一个检测现场［限制在区域$|x|\leqslant 1$，$|y|\leqslant 1$之内，并在（0，0）处仅有一个传感器］中的两个给定点P（1，－1）和Q（－1，1）之间的最小暴露路径由三段组成：①从P到（1，0）的一条直线段；②从（1，0）到（0，1）的1/4圆；③从（0，1）到Q

的另一条直线段。证明的基础在于如下事实，即由于在点式曲线上的任何点比沿方形边的直线段上的任何点都更接近于传感器，所以在前种情形中的暴露就是更多的。同样，由于点式曲线的长度比线段的长度要长，在两种情形中假定时长相同的情况下，当一个对象沿点式曲线移动时，点式曲线将产生更多的暴露。计算表明，在图9-3b中沿1/4圆的弧的暴露是π/2。

这种方法可以如下方式扩展到更一般的场景：当检测区域是一个凸多边形 v_1，v_2，…，v_n 传感器位于所画圆的中心，如图9-3c所示，则在点 v_i 和 v_j 之间定义多边形的两条曲线如下：

$$\Gamma_{ij}=\overline{v_iu_i}\circ\overbrace{u_iu_{i+1}}\circ\overbrace{u_{i+1}u_{i+2}}\circ\cdots\circ\overbrace{u_{j-2}u_{j-1}}\circ\overbrace{u_{j-1}v_j}$$

$$\Gamma'_{ij}=\overline{v_iu_{i-1}}\circ\overbrace{u_{i-1}u_{i-2}}\circ\overbrace{u_{i-2}u_{i-3}}\circ\cdots\circ\overbrace{u_{j+1}u_j}\circ\overbrace{u_jv_j}$$

式中，$\overline{v_iu_i}$是从点 u_i 到 v_i 的直线段；$\overbrace{u_iu_{i+1}}$是在两个连续点 u_i 和 u_{i+1}之间所画圆上的弧；∘ 表示连接；所有的 ± 运算都是模 n 的。可以证明，顶点 v_i 和 v_j 之间的最小暴露路径是 Γ_{ij}或 Γ'_{ij}中具有较小暴露的那个。

接下来，在许多传感器的场景之下，扩展前面的两种计算最小暴露路径的方法。为了简化，通过使用一个 $m\times n$ 网格[28]，这个问题可从连续域变换到一个容易处理的离散域。最小暴露路径就限制在连接一个网格方块的任意两个连续顶点之间的直线段。这种方法将网格变换为一个边带权的图（edge-weighted graph），并使用 Dijkstra 的单源最短路径算法（SSSP）或 Floyd-Warshal 的所有节点对最短路径算法（APSP）计算最小暴露路径。SSSP 的算法复杂度由网格生成过程决定，具有时间复杂度 O（n），其中 n 是网格点的总数。另一方面，APSP 算法的复杂度由最短路径计算过程决定，具有时间复杂度 O（n^3）。

基于变分（variational calculus）（由 Euler 和 Lagrange 提出）的不同方法已经用来[42]为单个传感器情形中的最小暴露路径寻找一种确定形式的表达式。下面将讲述变分的基本原理，并简要地介绍 Veltri 等人[42]的文章中的方法，为最小暴露路径推导一种分析性的解法。非形式化的描述是，变分是求解一类最优化问题的方法，它寻找一个函数（y），使某个积分函数（J）达到极值。变分的基本定理描述为如下[11]：

定理 9-1 令 $J[y]$ 是定义于函数集合 $y(x)$ 之上，具有形式 $J[y]=\int_b^a F(x,y,y')\mathrm{d}x$ 的一个函数，在 $[a,b]$ 中具有连续的一阶导数，并满足边界条件 $y(a)=A$ 和 $y(b)=B$。对于一个给定函数 $y(x)$，$J[y]$ 具有极值的必要条件是 $y(x)$ 满足欧拉-拉格朗日（Euler-Lagrange）方程，即

$$\frac{\partial F}{\partial y}-\frac{\mathrm{d}}{\mathrm{d}x}\left(\frac{\partial F}{\partial y'}\right)=0 \tag{9-6}$$

假定在点 P 处传感器的灵敏度由 $S(s_i, P)=1/d(s_i, P)$［式（9-1）中 $\lambda=1$ 和 $\gamma=1$］给定，则两个任意点 A 和 B 之间的最小暴露路径使用式（9-6）以极坐标表示为式 $\rho(\theta)=a\mathrm{e}^{\{[\ln(b/a)]/c\}\theta}$，其中常数 a 是从传感器 s_i 到 A 的距离，b 是从传感器 s_i 到 B 的距离，c 是由∠ASB 形成的角度，如图 9-4a 所示。在这种情形中的函数 F，经变换 $x=\rho\cos\theta$ 和 $y=\rho\sin\theta$ 之后，由 $F=(1/\rho)\sqrt{\rho^2+(\mathrm{d}\rho/\mathrm{d}\theta)^2}$ 给定。

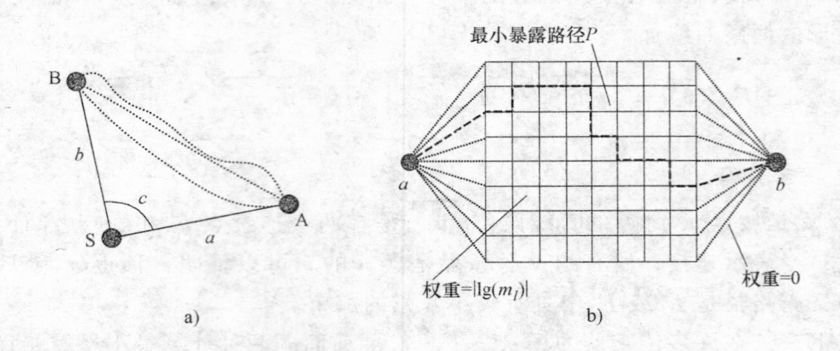

图 9-4　单个传感器场景中的暴露路径（图 9-4a）和非授权穿越问题（图 9-4b）

对于多传感器的情形，可应用采用 Voronoi 图的一种基于网络的近似算法[42]。在这种方法中，网格点沿 Voronoi 边放置，且作为相同 Voronoi 单元部分的网格点通过一条边连接起来，这样一条边的权重由两点之间单个传感器最小暴露路径权重所确定。为了找到拓扑信息，每个节点交换一组消息，并在局部化的基于 Voronoi 的近似算法中使用拓扑信息计算最小的暴露路径。

除了计算最小暴露路径的方法外，非授权穿越（unauthorized traversal，UT）问题也是相关的。它在给定 n 个传感器部署于检测现场中的条件下找到一条路径 P，它具有检测到一个移动目标的最小概率。依据 9.3.3 节描述的覆盖模型，在一个点 u 由传感器 s 检测一个目标的失败概率是 $1-c_{\mathrm{u}}(s)$。如果关于一个目标存在与否的决策是使用数值融合或决策融合的方法由一组协作的传感器做出的，那么可以由 $D(u)$ 替换 $c_{\mathrm{u}}(s)$，其中 $D(u)$ 是使用数值融合或决策融合得到的一致目标检测概率。因此，在路径 P 中检测一个移动目标的失败净概率 $G(P)$ 给出如下：

$$G(P)=\prod_{u\in P}[1-D(u)]\Rightarrow \lg G(P)=\sum_{u\in P}\lg[1-D(u)] \tag{9-7}$$

下面简短地描述在 UT 算法中计算一条最小暴露路径的方法。该算法将传感器现场分成精细的网格，并假定目标仅沿网格移动。那么在这个网络上寻找最小

暴露路径就是找到一条最小化 $|\lg G|$ 的路径 P。

考虑两个连续的网格点 v_1 和 v_2，令 m_l 表示检测一条沿 v_1 和 v_2 之间线段 l 运动的目标的失败概率，那么有 $\lg m_l = \sum_{u \in P} \lg[1 - D(u)]$。每条线段 l 被指派一个权重 $|\lg m_l|$，两个虚拟点 a、b 和来自这两个点之间的具有 0 权重的线段添加到网格点上，如图 9-4b 所示。因此这个配置中的最小暴露路径是寻找从 a 到 b 的最小权重路径，这可使用 Dijkstra 最短路径算法加以识别。

9.4.2　最大暴露路径：最优情形覆盖

前面，通过将最大暴露路径与检测现场中的最高可观测性相关介绍了最大暴露路径的概念。本节将进一步解释这个概念，并讲述计算这样一条路径的一些方法。在一个检测现场中两个任意点 A 和 B 之间的一条最大暴露路径是满足如下条件的一条路径：若遵循这条路径，则总的暴露［如式（9-4）中定义的积分］是最大的，可将其解释为具有最优情形覆盖的一条路径。人们已经证明[42]，寻找最大暴露路径是 NP-hard 的，因为它等价于在一个无向加权图中寻找最长路径，这个问题已知是 NP-hard 的。但是，在如下约束条件下，即对象速度、路径长度、暴露数值和穿越所需时间都受限的条件下，存在取得接近最优解的几种启发式方法。给定这些约束条件，在最后期限之前能够到达目的地的任何有效路径都包含于一个椭圆之内，路径的起点和终点作为椭圆的焦点，这极大地降低了寻找最优暴露路径的搜索空间。下面将简短地描述每种启发式方法[42]。

1. 随机路径启发式方法

这是近似计算最大暴露路径的最简单的启发式方法。在这种方法中，依据如下规则生成一条随机路径：在某个时间，从源 A 到目的地 B 的最短路径上选择一个节点，在其他时间选择一个随机点。在最短路径上选择节点是因为时间约束，选择随机节点是为了收集更多的暴露路径。这种方法不依赖于网络拓扑，而且在计算上是不太高的。

2. 最短路径启发式方法

在这种方法中，首先计算两端点 A 和 B 之间的一条最短路径，其假定存在一定的拓扑知识。之后，为了取得最大暴露，对象必须沿着特定路径以最大速度移动，并停在具有最高暴露的点上。但是，也许不会产生一个良好近似，其原因是不允许探索其他路径（也许具有更大的覆盖）。

3. 最优点启发式方法

这种方法在椭圆之上放置一个网格，寻找到 A 和 B 中每个网格点的最短路径。接下来，计算具有公共网格点的两条路径的总暴露，给出最大暴露的路径是最优暴露路径，最优路径的质量取决于网格的颗粒度。这种方法在计算上是代价高昂的。

4. 调整的最优点启发式方法

通过考虑由多条最短路径组成的路径，这种方法改善了最优点启发式方法。通过执行一次或多次路径调整，例如重复性地移动、添加或删除最短路径上的一个节点，可以找到最优解。

9.4.3 最大破坏路径：最坏情形覆盖

9.4.1 节中，在单个传感器以及多传感器场景下，讨论了在一个检测现场中寻找一条最小暴露路径的几种方法。可以观察到，寻找一条最小暴露路径等价于寻找一条最坏情形覆盖路径，后者提供了关于检测现场中节点部署密度的宝贵信息。非常类似于寻找最坏情形覆盖路径的一个概念是最大破坏路径[27]。通过一个检测现场，起始于 A 终止于 B 的最大破坏路径是这样一条路径，对于路径上的任何点 P，从 P 到最近传感器的距离都是最大的。Voronoi 图的概念[29]（它是来自解析几何的一个众所周知的结构）可用来在一个检测现场中寻找一条最大破坏路径。在二维空间中，一组离散点（也称为场所）的 Voronoi 图将平面分成一组凸多边形，使得在多边形内部的所有点仅对一个点是最近的。在图 9-5a 中，10 个随机放置的节点将有边界的矩形区域分成 10 个凸多边形，称为 Voronoi 多边形。如果它们的多边形共享一条公共边，那么任何两个点 s_i 和 s_j 相互称为 Voronoi 邻居。节点 s_i 的 Voronoi 多边形的边是连接 s_i 及其 Voronoi 邻居的线段的垂直等分线。

因为从构造过程看来，Voronoi 图中的线段最大化到最近场所的距离，则最大破坏路径一定落在沿 Voronoi 的边上。如果没有，那么从 Voronoi 边偏离的任何其他路径将会更接近于至少一个传感器，因此提供更大的暴露。已经说明端点 A 和 B 之间的最大破坏路径将落在沿 Voronoi 的边上，现在描述寻找这样一条路径的算法。首先使用一种基于地理位置的方法来确定节点位置，基于节点位置信息构造一个 Voronoi 图。之后，通过为每个顶点生成一个节点，一条边对应于 Voronoi 图中的每条线段构造一个加权的无向图 G。每条边赋予等于来自最近的传感器最小距离的一个权重，之后使用宽度优先搜索（BFS）算法检查从 A 到 B 的一条路径的存在性，之后使用二叉搜索在 G 中最小边权重和最大边权重之间寻找最大破坏路径。应该指出的是，最大破坏路径不是惟一的。可以证明，算法的最坏时间复杂度由 $O(n^2\lg n)$ 给定。对于稀疏网络，最坏时间复杂度是 $O(n\lg n)$。

另外，最大破坏路径算法找到的一条路径使得在任何给定时间，其暴露都不大于它试图最小化的某个特定数值。另一方面，最小暴露路径不会将目标放在一个特定时间的暴露之上，而是试图最小化在网络中整个时间区间所获得的暴露。

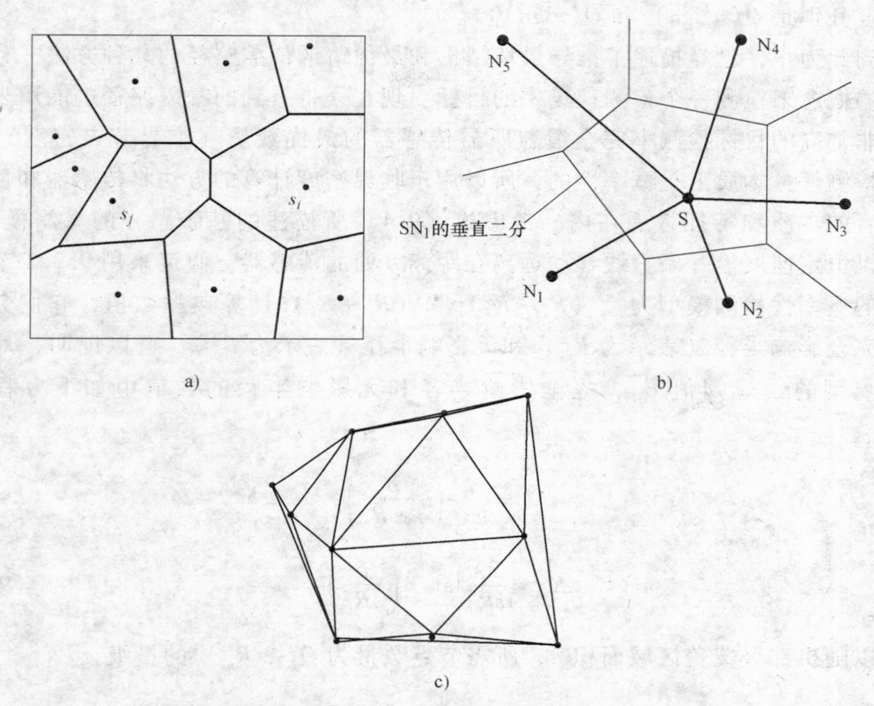

图 9-5　10 个随机部署节点的 Voronoi 图（图 9-5a）、节点 S 的 Voronoi 多边形（它是通过画出连接 S 及其邻居的连线的垂直等分线而构造的）（图 9-5b）以及相同节点集的 Delaunay 三角形（图 9-5c）

9.4.4　最大支撑路径：最优情形覆盖

通过一个检测现场，起始于 A 终止于 B 的一条最大支撑路径是使那条路径上的任意点 P 从 P 到最近传感器的距离是最小的一条路径。这类似于最大暴露路径的概念，但是区别在于如下事实，即一个最大支撑路径算法找到在任意给定时间时刻的一条路径，使得在这条路径上的暴露不小于某个应该最大化的特定数值。相反，最大暴露路径不将目标放在任意特定时间，而是放在考虑一个对象穿越过程中所用的总时间上。

在检测现场中的一条最大支撑路径通过以 Voronoi 图的对偶，即 Delaunay 三角形划分（见图 9-5b）替换 Voronoi 图，其中底层图的边被指派等于 Delaunay 三角形划分中对应线段长度的权重（Delaunay 三角形划分[29]是图顶点的一个三角形划分，它使每个 Delaunay 三角形的外接圆不包含任何其他顶点）。类似于前面描述的最大破坏路径方法，这个算法也使用宽度优先搜索检查一条路径的存在性，并应用二叉搜索寻找最大支撑路径。这个算法的最坏情形复杂度和平均情形

复杂度分别是 $O(n^2\lg n)$ 和 $O(n\lg n)$。

到此为止，已经描述了推导最坏情形和最优情形覆盖路径的几种方法，利用暴露的概念来检测一个检测现场中的目标。现在，将看到的暴露路径也能用来寻找以非常高的目标检测率完全覆盖所需传感器的最优数量（临界节点密度）[1]。因为检测任务本质上是概率性的，所以用于临界密度计算的方法将传感器和目标这两者的本质和特征考虑在内。考虑式（9-4）所描述的基于路径的暴露模型，目标以恒定速度沿一条直线移动远离在距离 δ 处的传感器。假定采用 9.3.1 节中描述的概率性检测模型为量（R_s-R_u）和（R_s+R_u）计算典型数值，它们分别称为完全影响半径（表示为 R_{ci}）和无影响半径（表示为 R_{ni}）。可以证明，对于一个典型的暴露阈值 E_{th}，完全影响半径和无影响半径的数值由如下方程给定[1]：

$$E_{th}=\frac{\lambda}{vR_{ci}}\left(\frac{\delta}{\delta+R_{ci}}\right) \tag{9-8}$$

$$E_{th}=\frac{2\lambda}{vR_{ni}}\tan^{-1}\left(\frac{\delta}{2R_{ni}}\right) \tag{9-9}$$

为了以随机部署覆盖区域面积 A，所需节点数量为 $O(A/R_{ni}^2)$ 的量级。

9.5 基于传感器部署策略的覆盖

覆盖问题的第二种方法是寻找传感器部署策略，该策略最大化覆盖并维持一个全局连通的网络图。针对取得一个最优的传感器网络架构（它最小化开销、提供高的检测覆盖、可抑制随机的节点失效等），人们已经研究了几种部署策略。在某些应用中，节点的位置可提前确定，因此能够手工放置或使用移动机器人部署，而在其他情形中，需要回退到随机部署方法，例如从一架飞机上撒落节点。但是，随机放置不能确保完全覆盖，因为这种方法本质上是随机的，因此经常导致在检测现场中的某些区域的节点密集，而其他区域根本没有节点。由于将这点考虑在内，一些部署算法就试图在初始随机放置之后寻找新的最优传感器位置，并将传感器移动到那些位置，从而取得了最大化的覆盖。这些算法仅适用于移动传感器网络。在混合传感器网络中人们也进行了研究，这种网络中的一些节点是移动的，一些节点是静态的。人们也提出了一些方法，这些方法在一个初始部署之后检测覆盖漏洞，并试图通过移动传感器治愈或去除那些漏洞。应该指出的是，一个最优部署策略不仅应该产生一个提供足够覆盖的配置，而且应该满足如节点连通性和网络连通性的某些约束条件[32]。

如在简介中提到的，传感器部署问题是与解析几何中的传统美术馆问题

(AGP)[30]相关的。AGP寻找确定可放置于一个多边形环境中的最少摄像机数量，使整个环境得以被监控。以一种类似的方式，一个最优部署策略试图在最优位置部署节点，使被传感器覆盖的面积最大化。下面将简短地描述针对静态、移动和混合传感器网络的几种传感器部署算法，这些算法的目标是提供最优的检测现场结构。

9.5.1　不精确的检测算法

Dhilon等人[9]提出了一种网格覆盖算法，即不精确的检测算法（IDA），该算法确保每个网格点以一个最小的置信水平被覆盖。作者们通过在一个网格上部署最少量的传感器（它们传输最少量的数据），而考虑一个传感器网络的最低限度观点。这个模型为每对网格点（i，j）指派两个概率值p_{ij}和p_{ji}，其中p_{ij}是在网格点j处的一个目标被在网格点i处的一个传感器检测到的概率，P_{ji}是在网格点i处的一个目标被在网格点j处的一个传感器检测到的概率。在没有障碍物的情况下，这些数值是对称的，即$p_{ij}=p_{ji}$。从这点可知，产生了一个漏失概率矩阵$\boldsymbol{M}$，其中$m_{ij}=(1-p_{ij})$。障碍物被建模为静态物体，如果一个障碍物出现于两个网格点（i，j）的视距中，则p_{ij}的值设为0（见图9-6）。

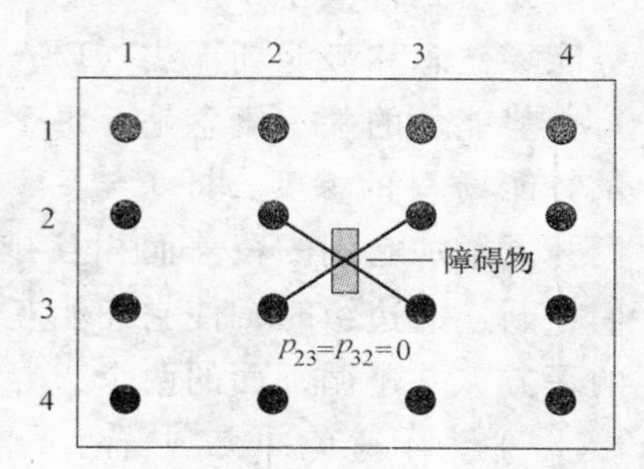

图9-6　在视距静态障碍物建模之下为每对网格点（i，j）指派两个概率数值（p_{ij}和p_{ji}）

由Dhilon等人[9]描述的算法采用三项输入：①$\boldsymbol{M}$、$\boldsymbol{M}^*$和$\boldsymbol{M}_{\min}$，其中$\boldsymbol{M}$是如上所述的漏失概率矩阵；②$\boldsymbol{M}^*=(\boldsymbol{M}_1,\boldsymbol{M}_2,\cdots,\boldsymbol{M}_N)$，使$\boldsymbol{M}_i$是一个网格点$i$不被传感器集合整体㊀覆盖到的概率；③$\boldsymbol{M}_{\min}=1-T$，是任意一个网格点允许的漏失概率的最大值。算法是重复性的，并使用一种贪婪的启发式方法来确定某个时刻一个传感器的最优放置。当达到传感器数量的一个预设上界或取得网格点的足够覆盖时，算法终止。

算法的时间复杂度是$O(n^2)$，其中n是传感器现场中网格点的总数。通过将个体网格点漏失概率中的改变量相加，该算法试图评估一个额外传感器的总体影响。但是，算法对障碍物的建模取决于障碍物是否出现于目标和传感器之间的视距内，这种条件适用于如红外摄像机，但不适用于不需要视距条件的传感器，如声学和温度传感器。同样，因为假定对地形完全了解，故该算法不是非常适合于

㊀　一个点的整体或总的传感器覆盖的概念在式（9-3）中已表述。

杂乱的环境，如建筑物内部，这是因为在那些场景中对障碍物建模会变得极其困难。

9.5.2　势能场算法

与静态传感器网络相反，移动传感器网络中的节点能够在检测现场中移动，这样的网络能够从初始配置开始进行自我部署。节点们将散开，这将使检测现场中的覆盖最大化，同时还可维持网络连通性。人们已经提出使用移动自治机器人的一种基于势能场的部署方法，这种方法将区域覆盖最大化[18,32]。Poduri 和 Sukhatme 增强了这种方案，使每个节点至少有 K 个邻居。使用移动机器人的势能场技术是首次于 1986 年引入的[22]。下面将描述 Poduri 和 Sukhatme[32] 提出的势能场概念和势能场算法（PFA）。

势能场的基本概念是，每个节点受到一个力 $\boldsymbol{F}$（一个矢量）㊀，它是一个标量势能场 U 的梯度，即 $\boldsymbol{F}=-\nabla U$。每个节点受到两种力：①$\boldsymbol{F}_{\text{cover}}$，它导致节点们为了增加它们的覆盖而相互排斥；②$\boldsymbol{F}_{\text{degree}}$，它约束节点的度，方法是当节点们在断连的边缘时，使它们相互吸引。将这些力建模为反比于一对节点之间距离的平方，并遵循下面的两个边界条件：

1）为了避免冲突，当两个节点之间的距离接近于 0 时，$\|\boldsymbol{F}_{\text{cover}}\|$ 趋于无穷。

2）当邻居之间的临界距离接近通信半径 R_c 时，$\|\boldsymbol{F}_{\text{degree}}\|$ 趋于无穷。

以数学的术语描述，如果 $\|\boldsymbol{X}_i-\boldsymbol{X}_j\|=\Delta x_{ij}$ 是两节点 i 和 j 之间的欧几里德距离，那么 $\boldsymbol{F}_{\text{cover}}(i,j)$ 和 $\boldsymbol{F}_{\text{degree}}(i,j)$ 可表示为

$$\boldsymbol{F}_{\text{cover}}(i,j)=\frac{-K_{\text{cover}}}{\Delta x_{ij}^2}\frac{x_i-x_j}{\Delta x_{ij}} \tag{9-10}$$

$$\boldsymbol{F}_{\text{degree}}{}^{㊁}(i,j)=\begin{cases}\dfrac{-K_{\text{degree}}}{(\Delta x_{ij}-R_c)^2}\dfrac{x_i-x_j}{\Delta x_{ij}}, & \text{对于临界连接}\\ 0, & \text{其他}\end{cases} \tag{9-11}$$

在初始配置中，所有节点聚集在一个地方，因此每个节点都有 K 个以上的邻居，这里假定节点总数 $\geqslant K$。之后，直到仅剩 K 个邻居之前，它们由 $\boldsymbol{F}_{\text{cover}}$ 开始相互排斥，在这个点连接数达到一个临界水平，为确保 K 连通性，在以后的时间点这些连接是不应该断开的。每个节点使用 $\boldsymbol{F}_{\text{cover}}$ 继续排斥它的所有邻居，但随着节点和它的邻居之间临界距离的增加，$\|\boldsymbol{F}_{\text{cover}}\|$ 减小，$\|\boldsymbol{F}_{\text{degree}}\|$ 增加。最后，在某个距离 ηR_c（其中 $0<\eta<1$），净力 $\|\boldsymbol{F}_{\text{cover}}+\boldsymbol{F}_{\text{degree}}\|$ 变为 0，在这个

㊀ 黑体符号 $\boldsymbol{X}$ 表示矢量，$\|\boldsymbol{X}\|$ 表示矢量的数值。

㊁ 此处原书似有误，原书为"F_{cover}。"——译者注

点，每个节点和其邻居们达到一个平衡，检测现场变成由节点们均匀覆盖。在以后的时间点，如果一个新的节点加入网络或一个现有节点不能工作，则节点们需要重新配置以满足平衡指标。

9.5.3 虚拟力算法

类似于 Poduri 和 Sukhatme[32] 描述的势能场方法，人们提出了基于虚拟力的一种传感器部署算法[50,52]，其目的是在一个初始随机部署之后增加覆盖范围。因为一个随机部署不能保障有效的覆盖，所以在一个随机部署之后修改传感器位置的方法就是有用的。本节将简短地描述虚拟力算法（VFA）。

一个传感器受到三种力，但其本质上不是吸引力就是排斥力。在 VFA 模型中，障碍物产生排斥力（$\boldsymbol{F}_{iR}$），优先覆盖的区域（要求高度覆盖的敏感区域）产生吸引力（$\boldsymbol{F}_{iA}$），其他的传感器则取决于距离和方向，产生吸引力或排斥力（$\boldsymbol{F}_{ij}$）。在两个传感器之间定义一个距离阈值 d_{th}，用来控制它们可相互靠得有多近。类似地，为所有网格点定义一个覆盖阈值 c_{th}，使在任意给定网格点一个目标被检测到的概率大于这个阈值。在这个算法中描述的覆盖模型由式（9-2）和式（9-3）给定。在一个传感器 s_i 上的净力是所有三种力的矢量和，即

$$\boldsymbol{F}_i = \sum_{j=1,j\neq i}^{k} \boldsymbol{F}_{ij} + \boldsymbol{F}_{iR} + \boldsymbol{F}_{iA} \tag{9-12}$$

$\boldsymbol{F}_{ij}$项以极坐标幅度和方向可表示为

$$\boldsymbol{F}_{ij} = \begin{cases} (w_A(d_{ij} - d_{th}), \alpha_{ij}), & d_{ij} > d_{th} \\ 0, & d_{ij} = d_{th} \\ (w_R/d_{ij}, \alpha_{ij} + \pi), & \text{其他} \end{cases} \tag{9-13}$$

式中，d_{ij}是传感器 s_i 和 s_j 之间的距离，α_{ij}是从 s_i 到 s_j 线段的方向，w_A 和 w_R 分别是吸引力和排斥力的度量。VFA 算法是一种中心化算法，算法是在一个族头（cluster head）中执行的。节点随机地放置在检测现场中之后，对于所有网格点，算法按照式（9-3）的定义计算总覆盖。之后，对于所有 i，计算由所有其他传感器、障碍物和首选覆盖区域施加在一个传感器 s_i 上的虚拟力。接下来，取决于实际的净力，族头计算新的位置并发送到传感器节点，这些节点执行到指定位置的一次移动。

对于一个 $n \times m$ 网格，其中部署了总数为 k 的传感器，VFA 算法的计算复杂度是 $O(nmk)$。算法的效率取决于量 w_A 和 w_R 的数值。可忽略的计算时间和传感器的一次重定位是它的两个主要优势。但是，这个算法没有提供为了避免冲突而重新定位传感器的任何路由规划。

9.5.4 分布式自扩散算法

与势能场和基于虚拟力的方法一起，人们已经为移动传感器网络提出一种分布式自扩散算法（DSSA）[16]，该算法最大化覆盖并维持节点分布的均匀性。人们定义覆盖为每个节点覆盖面积的和与被检测现场总面积的比，将均匀性定义为节点间距离局部标准差的平均。在均匀的分布式网络中，节点间距离几乎是相同的，因此能耗是均匀的。DSSA 假定初始分布是随机的，且每个节点知道它的位置。类似于 VFA，DSSA 使用取决于节点间分隔距离和局部电流密度（μ_{curr}）的电子力。在算法开始，每个节点的初始密度等于它的邻居数量。该算法定义期望密度的概念为，当节点均匀部署时，覆盖整个面积所需要的节点平均数。它由 $\mu(R_c)=(N\pi R_c^2)/A$ 确定，其中 N 是传感器数量，R_c 是通信范围。DSSA 按步骤执行，并将在时间步 n 处第 j 个节点作用于第 i 个节点的力建模为

$$f_n^{i,j}=\frac{\mu_{\text{curr}}}{\mu^2(R_c)}(R_c-|p_n^i-p_n^j|)(p_n^i-p_n^j)/(|p_n^i-p_n^j|) \tag{9-14}$$

式中，p_n^i 表示在时间步 n 处第 i 个节点的位置。依赖于来自邻居关系的净力（net force），节点能够确定它的下一移动位置。当一个节点在一段时间段内移动无穷小的距离或当节点在两个相同位置之间来回移动时，算法停止。

9.5.5 VEC、VOR 和最小最大算法

Wang 等人[44]使用 Voronoi 图描述了移动传感器的三种分布式自部署算法（VEC、VOR 和最小最大算法）。传感器在现场中部署之后，该算法定位覆盖漏洞（没有被任何传感器覆盖的面积区域），并计算新的位置，其中通过将传感器从密集群集区域移动到稀疏区域，将增加覆盖。Voronoi 图，如 9.4.3 节所解释的，由 Voronoi 多边形组成，使得在一个多边形内部的所有点最接近于落在该多边形内部的传感器，如图 9-7a 所示。一旦构造了 Voronoi 多边形，则在多边形内部的每个传感器检查可能的覆盖漏洞的存在性。如果发现这样的一个漏洞，则为了降低或去除覆盖漏洞，传感器依据某种启发式方法移动到新的位置。下面将解释启发式方法。

基于矢量的算法（VEC）将传感器从密集覆盖的区域推到稀疏覆盖的区域。当两个传感器相互靠得太近时，它们产生一个排斥力。当任意两个传感器均匀地分布在检测现场中时，d_{av} 是这两个传感器之间的平均距离，则传感器 s_i 和 s_j 之间的虚拟力将它们相互远离 $[d_{\text{av}}-d(s_i,s_j)]/2$ 的距离。在一个传感器的检测范围完全覆盖它的 Voronoi 多边形的情形中，仅有另一个传感器应该移开 $d_{\text{av}}-d(s_i,s_j)$ 的距离。除了传感器之间的相互排斥力外，边界也产生力，将太靠近

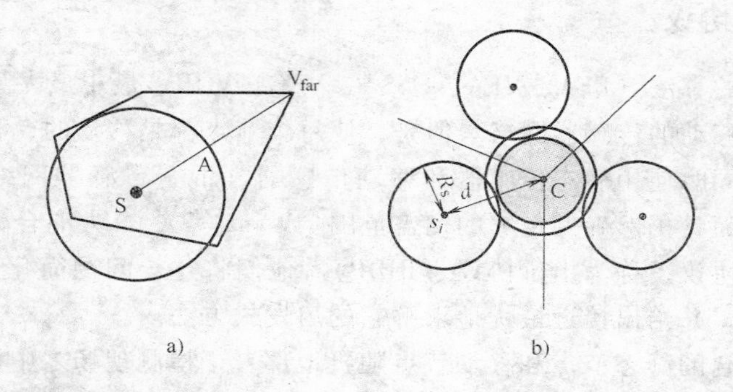

图 9-7　VOR 算法将一个传感器向最近的 Voronoi 顶点 V_{far}移动（图 9-7a）以及传感器 s_i 估计的出价（bid）是中心在 C 的带阴影的圆的面积（图 9-7b）

边界的传感器推到边界内部。如果 $d_b(s_i)$ 是一个传感器 s_i 离它的最近边界的距离，那么排斥力将它朝向区域内部移动 $d_{av}/2-d_b(s_i)$ 的距离。在实际移动到新的位置之前，每个传感器计算它的移动是否将增加它在 Voronoi 多边形内部的局部覆盖。如果不能，该传感器将不移动到目标位置；反之，则它实施一个移动调整方案，并移动到它的目标位置和新位置之间的中点位置。

基于 Voronoi 的算法（VOR）是一个贪婪的算法（greedy algorithm），它将传感器拉向它们的局部最大覆盖漏洞。如果一个传感器在其 Voronoi 多边形内部检测到一个覆盖漏洞，那么它将向它的最远 Voronoi 顶点 V_{far}移动，使从它的新位置 A 到 V_{far}的距离等于检测范围（见图 9-7a）。但是，一个传感器的最大移动距离受限于移动距离，最多是通信范围的一半，因为由于通信范围的限制，Voronoi 多边形的局部视图也许是不正确的。VOR 也实施如 VEC 中的移动调整方案，并另外地实施一种振荡控制方案，这种方案限制传感器在连续的移动轮次中移动到相反方向的次数。

最小最大算法非常类似于 VOR，但在一个传感器的 Voronoi 多边形内部将这个传感器移动到一个点，使离其最远 Voronoi 顶点的距离最小化。因为将一个传感器移动到它最远的 Voronoi 顶点也许会导致如下情形，即原来靠近的顶点现在变成一个新的最远顶点，所以这个算法定位每个传感器，使没有顶点是离该传感器最远的。作者们定义了最小最大圆的概念，其圆心是新的目标位置。为了寻找这个最小最大圆，找到任何两个 Voronoi 顶点和任意三个 Voronoi 顶点的所有外接圆，具有最小半径、覆盖所有顶点的一个外接圆就是最小最大圆。这个算法的时间复杂度是 Voronoi 顶点数量的立方量级。

9.5.6 出价协议

前面描述的算法（PFA、VFA、DSSA、VEC、VOR、最小最大算法）处理的所有节点都是移动的传感器网络。但是，使每个节点都是移动的，存在相关的高开销。相反，同时使用静态传感器和移动传感器（混合传感器网络）就能够取得一个平衡，而且仍然确保足够的覆盖范围。Wang 等人[43]为混合传感器网络描述了这样一个协议，称为出价协议（BIDP）。他们将这个问题简化到 NP-hard 的集合覆盖问题，并给出接近最优地求解它的启发式方法。

最初，混合的静态节点和移动节点随机地部署于检测现场之中。接下来，静态传感器计算它们的 Voronoi 多边形，并使用它们的多边形找到覆盖漏洞，同时请求移动传感器移动到漏洞位置。如果找到一个漏洞，那么一个传感器选择最远 Voronoi 顶点的位置作为移动传感器的目标位置，并计算出价为 $\pi\ (d-R_s)^2$，其中 d 是传感器和最远 Voronoi 顶点之间的距离，R_s 是检测范围（见图 9-7b）。之后，静态传感器寻找一个最近的移动传感器，该传感器的基本价格（每个移动传感器都有一个关联的基本价格，初始化为 0）小于静态传感器的出价，并向这样的一个移动传感器发送一条出价消息。移动传感器从其邻接静态传感器接收所有这样的出价，并选择最高的出价，且移动去消除那个覆盖漏洞。被接受的出价成为这个移动传感器新的基本价格。这种方法确保当一个传感器的离开会在其原始位置产生一个更大的漏洞时，该传感器不会移动去消除覆盖漏洞。作者们也结合一种自检测算法，确保没有两个移动传感器移动去消除相同的覆盖漏洞。他们同样采用 VEC 中描述的移动调整方案，即如果传感器的移动能够确保更大的覆盖，则将传感器推开相互远离。

9.5.7 递进的自部署算法

Howard 及其同事们[17,19]给出了移动传感器网络的一种贪婪的和递进的自部署算法（ISDA），其中在一个时间仅将一个节点部署到未知环境中。每个新节点使用以前部署节点收集的信息，确定它的最优部署位置。该算法确保最大覆盖，但同时确保每个节点保持与另一个节点的视距。概念上来说，该算法类似于基于先驱的方法[46]，但这里占位图是从实际传感数据中构建的，并将之进行分析以寻找自由空间和未知空间之间的先驱节点。下面将重点讲述这个算法的四个阶段。

1. 初始化阶段

在这个阶段，节点被指派三种状态之一：等待、活跃或部署。例外情况是，单个节点作为一个锚点，并提前部署。

2. 目标选择阶段

在这个阶段，在以前部署传感器的基础上，为下一个将被部署的节点选择一个最优位置。使用占位网格[10]（见图9-8b）的概念作为形成全局图的第一步。每个单元被指派一种状态：自由（已知不包含障碍物）、被占（已知包含一个或多个障碍物）或未知。但是，不是所有的自由空间都代表有效部署位置，因为节点具有有限尺寸，且接近一个被占单元的一个单元可能是不可达的。因此，占位网格被进一步处理，为的是构造一个配置网格（见图9-8c）。在一个配置网格中，单元是自由的，在一定距离内的所有占位网格单元也是自由的。一个单元是被占的，在一定距离内的一个或多个占位网格单元都是被占的。所有其他单元被标记为未知。一旦构建这个全局图，则目标选择阶段基于一定的策略选择一个位置。

3. 目标求解阶段

接下来，在目标求解阶段这个新的位置被指派给一个等待的节点，并产生到达目标的一个规划，在配置网格上应用一个距离变换（也称为洪泛填充算法），生成一个可达性网格（见图9-8d）。因此，可达性单元集合是自由配置单元集合的一个子集合，后者顺次是自由占位单元集合的一个子集合。目标单元被指派距离0（被选作将被部署下一节点的最优位置的单元），与目标单元邻接的单元被指派距离1，距离2指派给它们的邻接单元等，但是不通过被占或未知单元传播距离，因此对于每个节点到目标的距离以及目标能否到达的状态就确定下来了。

4. 执行阶段

在这个阶段，活跃节点被顺序部署到它们的相应目标位置。节点们终结于以“康茄线（conga line）”移动，具体而言即当主节点向前移动时，直接位于其后的节点前进一步替换它的位置，这个节点顺次被它后面一步的节点替换等。

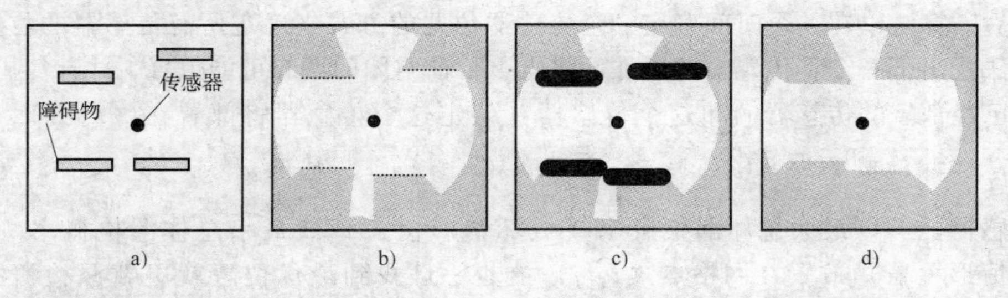

图9-8　具有障碍物和单个传感器的环境（图9-8a）、占位网格（黑色单元是被占的，灰色单元是未知的，白色单元是自由的）（图9-8b）、配置网格（黑色单元是被占的，灰色单元是未知的，白色单元是自由的）（图9-8c）以及可达性网格（白色单元是可达的，灰色单元是未知的）（图9-8d）

9.5.8　整数线性规划算法

Chakrabarty 等人[4]使用整数线性规划算法（ILPA）对覆盖的最优化问题建模，并将传感器现场表示为一个二维或三维网格。给定具有不同范围和开销的多种传感器，作者们给出了最小化开销的策略、传感器数量的编码理论界限，并提出了以期望覆盖放置传感器的方法。他们在检测现场中最大化覆盖的方法是有所不同的，即该方法确定一个部署策略，使每个网格点被传感器的惟一子集所覆盖。以这种方式，在一个特定时间报告一个目标的传感器集合就惟一地标识了在那个时间目标的网格位置。

9.5.9　不确定性感知的传感器部署算法（UADA）

到此为止讨论的多数传感器部署算法中，传感器的最优位置是为最大化覆盖确定的。但是，当传感器被散布、散播或空投时，传感器位置就存在固有的不确定性。因此，对于检测现场中的每个点，一个传感器仅以一定的概率位于那个点。Zou 和 Chakrabarty[51]给出了当不知道准确位置时，传感器高效放置的两种算法。

传感器位置被建模为遵循高斯分布的随机变量。令期望的传感器位置(x, y)取均值，并分别在x和y维取σ_x、σ_y作为标准差。假定这些偏差是独立的，则计算一个传感器实际位置的联合分布$p_{xy}(x', y')$。那么，对于假定将部署在(x, y)的一个传感器，检测到一个网格点(i, j)，则传感器的不确定性可以条件概率$c_{ij}^*(x, y)$来建模。因此，由于在(x, y)处传感器在网格点(i, j)的漏检概率可计算为$m_{ij}(x, y) = 1 - c_{ij}^*(x, y)$。由此，由于一组已经部署的传感器$L_S$，网格点$(i, j)$的联合漏检概率由$m_{ij} = \prod_{(x, y) \in L_S} [1 - c_{ij}^*(x, y)]$给定。之后，算法以在一个时间确定一个传感器位置的方式来确定所有传感器的位置。算法找出下一个将传感器部署在网格点上目前空闲的所有可能位置，并计算出由于已经部署的传感器们和这个传感器［假定这个传感器将部署在(x, y)上］的总体漏检概率为$m(x,y) = \sum_{(i,j) \in \text{Grid}} m_{ij}(x, y) m_{ij}$。基于$m(x, y)$的值，当前传感器能够以最大总体漏检概率（最坏情形覆盖）或最小总体漏检概率（最优情形覆盖）放置在网格点(i, j)上。一旦找到最优位置就更新漏检概率，且在每个网格点都以最小置信水平覆盖之前，这个过程将一直继续。对于一个$m \times n$网格，在算法部署传感器的第一阶段，其中计算条件概率和漏检概率的时间复杂度是$O[(mn)^2]$；算法部署传感器的第二阶段的计算复杂度是$O(mn)$。

9.5.10　部署算法的比较

在前些节中讨论的各种传感器部署策略都依赖于底层应用要求和传感器网络的本质，这些策略具有不同的假定和目标。其中一些策略适用于移动传感器网络，而一些其他的策略仅适用于静态传感器网络。另一些（十几种）算法工作在静态节点和移动节点的混合场景之下，因此就算法可适用性、复杂性和几个其他因素而言，这些算法是不同的。本节将在策略目标、优势、劣势、性能、计算复杂性和适用性的基础上比较这些传感器部署策略，将这些比较汇总在表9-1中。

表9-1　传感器部署策略比较

算法	网络和目标	优势	劣势	性能
IDA[9]	静态的；最小化传感器数量和通信流量	针对每个网格的最小置信水平；允许对障碍物和优选区域进行建模	假定了解完全的地形知识，假定传感器检测是相互独立的	在障碍物和优选覆盖的情形中，性能优于随机部署；时间复杂度为 $O(n^2)$，其中 n 是网格点的数量
PFA[22,32]	移动的；为了最大化覆盖，同时维持至少 k 连通性，将移动节点从一个初始配置重新部署	在没有全局图情形下，具有良好的覆盖；不需要中心化控制，是局部化的；因此是可扩展的	计算代价高昂，并假定每个节点能够检测其邻居们的准确相对距离和存在性	性能优于随机部署，但比瓦形网络(tiled network)（节点以瓦形模式部署的网络，例如六边形、三角形）的性能要差
VFA[50,52]	移动的；为了增强覆盖，从初始随机放置重新部署移动节点	一次性的时间计算和传感器位置确定；允许对障碍物和优选区域进行建模	族头中心化的和额外的计算能力；中心定位节点，没有路由规划；取决于虚拟力参数的效率；离散坐标系统	性能优于随机部署。对于部署 k 个传感器的 $n \times m$ 网格，时间复杂度为 $O(nmk)$
DSSA[16]	移动的；为最大化覆盖并维持均匀性，从一个初始随机部署将节点散开	分布式自扩散算法	每个节点应该知道它自己的位置；不对障碍物和优选覆盖区域进行建模	就均匀性、部署时间和节点到达它们的最终位置所穿越的平均距离而言，性能优于仿真的退火法[41]（形成组合问题的一种优化技术的基础）

（续）

算　法	网络和目标	优　势	劣　势	性　能
VEC、VOR、最小最大[44]	移动的；通过重新定位移动传感器，降低或去除覆盖漏洞	分布式算法；因为通信和移动是局部的，所以可扩展到大型部署	在初始群集部署上，体现出差的性能和低的通信范围	如果初始部署是随机的，而不是群集的，则性能较好；在通信范围不够的情形中，性能不好
BIDP[43]	混合的；通过重新定位移动节点，降低或去除覆盖漏洞，并最小化开销	分布式协议；通过使用静态节点和移动节点的一个组合提供开销均衡	没有障碍物建模；性能取决于移动传感器与静态传感器的比例	当移动传感器的百分比增加时，覆盖增加；但是，伴随而来的是，发生重复的漏洞消除问题和传感器平均移动距离的增加问题
ISDA[17,19]	移动的；为最大化覆盖并保持视距条件，在一个未知环境中部署移动节点	递进的和贪婪的算法；不依赖于先验的环境模型；从实际检测数据中构建全局图	花费较长时间；使之对大型网络扩展是困难的	覆盖范围随部署传感器数量增加而线性增加；最坏情形的时间复杂度为 $O(n^2)$，其中 n 是部署传感器的数量
ILPA[4]	静态的；为监视和目标跟踪提供最大的网格覆盖，同时最小化传感器的开销	目标能够从检测到目标的传感器子集中惟一地得以辨识	高的计算复杂性使之不适合于大规模部署；依赖于完美的二元检测模型	计算上代价非常高
UADA[51]	静态的；在不精确的检测和地形性质的约束条件下，确定传感器的最小数量及其传感器的位置	每个网格点以最小置信水平被覆盖；将传感器位置建模为随机变量	假定传感器检测是独立的；计算上代价高	对于一个 $m \times n$ 网格，算法第一阶段的时间复杂度为 $O[(mn)^2]$，第二阶段的时间复杂度为 $O(mn)$

9.6 其他策略

到目前为止，前面的讨论主要关心保障检测现场最优覆盖的算法。但是，如前所述，一个传感器网络也需要是连通的，使节点们检测到的数据能够通过多跳通信路径传输到其他节点，并可能传输到一个基站，在这里能够做出智能决策。因此，对于一个覆盖算法同样重要的是确保网络的连通。本节将讨论一些技术，它们确保一个检测现场的覆盖和连通性，而同时降低冗余性并增加整体网络寿命。

可以想象，一个典型无线传感器网络将由以高密度部署的大量能量受限的节点组成。在这样一个网络中，有时不期望所有节点都同时处于活跃状态，因为这将导致存在检测冗余和过度的报文冲突。同样，使所有节点同时保持活跃将以非常快的速率耗散能量，并将降低整体系统寿命。因此，重要的是关闭冗余节点，并最大化连续监控、传输或接收功能的时间间隔。节点调度能够在一个传感器网络中控制活跃节点的密度，这已经是许多研究的工作重点。一种最优的调度方案确保在任何给定的时间点仅有一个节点子集是活跃的，同时满足与覆盖和连通性相关的下面两项要求：

1）工作节点集合监控的区域面积不小于被所有节点集合监控的区域面积。

2）即使在关闭冗余节点之后，网络连通性也是维持的。

Zhang 和 Hou[48] 基于覆盖和连通性的某些优化条件为大规模传感器网络提出一种去中心化的和局部化的密度控制算法［最优地理密度控制（OGDC）］。他们深入研究了覆盖和连通性之间的关系，并证明如果通信范围至少为检测范围的两倍（$R_c \geqslant 2R_s$），则区域的完全覆盖会保障网络的连通。OGDC 算法试图将所有节点的检测区域重叠最小化，并寻找一个节点调度方案。该算法将一个交叉点的概念定义为两个节点检测圆的交点（见图 9-9a），并证明为了以最小重叠来覆盖两个节点范围的一个交叉点，仅应该使用另外一个节点，且这三个节点的中心应该形成一个等边三角形，边长为$\sqrt{3}R_s$。如图 9-9a 所示，节点 A 和 B 有两个交叉点。为了最优地覆盖那个交叉点，应该放置另一个节点 C，使这三个节点的中心形成一个等边三角形△ABC。而且，为了覆盖两个节点范围的一个交叉点，该交叉点的位置是固定的（即使 x_1 固定），则应该仅使用一个圆盘㊀就能做到，且 $x_2 = x_3 = (\pi - x_1)/2$。

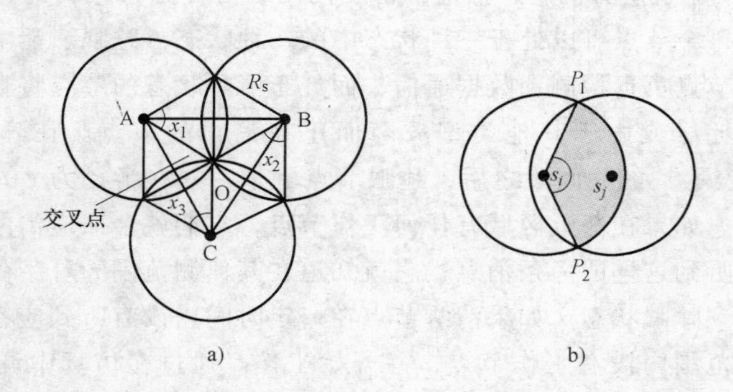

图 9-9　为最小化重叠得到的传感器的最优位置（图 9-9a）及资助（sponsored）扇区（图 9-9b）

㊀　参见 9.3.1 节，了解一个圆盘的定义。

Tian 和 Georganas[40] 提出了一种自调度方案，利用节点的冗余性，该方案能够降低总体能耗并增加系统寿命。他们的方法基于资助权（sponsorship）指标，依据这个指标，每个节点仅使用局部邻居关系信息，以确定是将自己关闭还是打开。下面将定义资助权的概念和算法。

定义 9-7（资助节点） 令 $N(i)$ 表示节点 s_i 一跳邻居的集合。如果邻居们的检测区域的并集是节点 s_i 检测区域的一个超集，则节点 s_i 被它的一跳邻居所资助。如果将节点 s_i 的检测区域表示为 $S(i)$，则资助权指标是 $\cup_{j \in N(i)} S(j) \supseteq S(i)$。

定义 9-8（资助扇区） 令节点 s_i 与它的一个一跳邻居 s_j 的检测区域分别交于点 P_1 和 P_2，如图 9-9b 所示。由半径 s_iP_1、半径 s_iP_2 和内部弧 $\overparen{P_1P_2}$ 包围的区域称为由节点 s_j 产生的节点 s_i 的资助扇区。扇区的中心角表示为 $Q_{j \to i}$，它落在区间 $120 \leqslant \theta_{j \to i} \leqslant 180$ 之间。

Gao 等人[13] 证明，为了覆盖节点 s_i 的整个检测区域，需要 3～5 个一跳邻居。

由 Tian 和 Georganas[40] 描述的算法由两个阶段组成：自调度阶段和检测阶段。在自调度阶段，每个传感器广播它的位置和节点 id，并侦听来自邻居们的通告消息，以得到它们的位置信息。之后，它计算由其邻居们产生的资助扇区，并检查它们资助扇区的并集是否能够覆盖它自身的检测区域。如果是，它决定将自己关闭。但是，如果所有节点同时做出决策，则可能出现盲点。为了避免这样的一种情形，每个节点等待一个随机时间段，同时也将其状态消息广播到其他节点。节点们以这种方式进行自调度，因此降低了能耗，同时维持了原始的覆盖区域。

Ye 等人[47] 基于侦测机制，描述了密度控制的一种分布式局部化算法。在他们的算法中，每个节点可以处于三种状态中的一种状态：睡眠、清醒（wake up）或工作。工作节点负责检测和数据通信，而处于清醒状态的节点将自身准备好以替换由于能量耗尽或由于其他类型故障而正在消亡的节点。在睡眠指数分布（以唤醒率 λ 表示）的时间段之后，睡眠节点醒来，并在半径为 r 的范围内广播一条侦测消息。如果在邻近区域有任何工作节点，它们就会回应清醒节点。如果这个清醒节点听到这样的一条消息，它就知道在其侦测范围 r 内存在一个工作节点，并再次回到睡眠状态。如果清醒节点在一定时间内没有听到应答消息，它就假定在其侦测范围内没有工作节点，并开始工作。通过在仿真中调整参数 λ 和 r，作者们表明，可以取得最优的节点密度，同时确保每个区域至少被 k 个工作节点所监控。这个算法是完全分布式的和局部化的，邻居拓扑发现不是必要的。每节点的计算和内存额外负担也是可忽略的，并与邻居的数量无关。

Shakkottai 等人[38] 考虑了一个不可靠的无线传感器网格网络，其中在单位面积上放置 n 个节点。定义 $r(n)$ 为每个节点的传输半径，$p(n)$ 为在某个时间 t

时节点是活跃的概率，作者们发现网格网络覆盖单位平方面积并确保活跃节点是连通的必要和充分条件具有 $p(n)r^2(n) \approx \lg(n)/n$ 的形式。这个结果表明，当 n 很大时，每个节点可能是高度不可靠的，传输功率可以较小，但仍然能够维持连通性和覆盖。作者们也证明，随机网格的直径（即从任意活跃节点到另一个活跃节点所要求的最大跳数）在 $\sqrt{n/\lg n}$ 的量级上。这点的一个推论是，任何节点对之间的最短跳路径几乎与节点之间的直线路径相同。最后，作者们推导出活跃节点连通（没有必要确保覆盖的要求）的一个充分条件，并证明如果 $p(n)$ 足够小，则连通性并不意味着覆盖。

9.7 小结

本章讨论了覆盖和连通性的重要性（它们是在无线传感器网络中确保高效资源管理的两个基本因素），并综述了各种方法和协议（它们最优化地覆盖检测现场，同时维持全局网络的连通性）。已经看到，暴露路径可看作在检测现场中移动目标可检测性好坏程度的度量指标。在识别稀疏和密集覆盖区域方面，最小最大暴露路径、破坏路径和支撑路径为应用提供了关键信息。同时也讨论并比较了静态传感器网络、移动传感器网络和混合传感器网络的几种节点部署算法，并观察到如下现象：依赖于覆盖要求、拓扑信息、障碍物存在与否以及其他变量，这些算法在目标、假定和复杂性方面会有所变化。在讨论其他策略的小节中，描述的节点调度方案使用资助扇区的概念，确保较长的网络寿命，并保障在整个网络间一致均匀的电池功率耗散。这样做就意味着需要更好的资源管理。

但是，在相关参考文献中存在的工作没有解决与覆盖和连通性相关的理论界限的一些问题。虽然 Zhang 和 Hou[48] 提供了一个理论结果，证明了如果通信范围至少为检测范围的两倍，那么区域完全覆盖保障连通的网络，但一定百分比覆盖情况下节点数量的概率界限仍然没有得以解决。这个领域的未来研究将提供如下概率界限的深邃洞察结果，即在给定节点数量的条件下，人们能够取得的最好覆盖的概率界限。这个问题可形式化描述为，给定节点总数 N 和一个矩形检测现场 $A=ab$，人们以什么样的概率能够保障 $p\%$ 的覆盖，同时在网络上确保 k 度连通。这是一个组合优化问题，可使用统计技术和整数线性规划求解。

在混合传感器网络中的节点部署（要求人们触及静态传感器和移动传感器数量之间的平衡问题）涉及基于开销/性能的一个目标函数的优化，因此是具有挑战性的。这里讨论了一种方法[43]，最初是在一个检测现场中部署固定数量的静态节点和移动节点，之后要求静态节点寻找局部覆盖漏洞，并请求移动传感器重新定位到目标位置，从而降低或去除那些漏洞，由此增加区域覆盖。但是，这种方法存在一个缺陷，原因就是它仅部署固定数量的移动节点。

为了克服这个缺陷，人们[14]考虑了混合传感器网络，在其中最初部署固定数量的静态节点，使用 Voronoi 图的结构确定性地寻找存在于整个网络中覆盖漏洞的准确数量，之后动态地估计额外的移动节点数量。为了最大化总体覆盖，需要这些移动节点部署并重新定位到漏洞的最优位置。这种方法部署固定数量的静态节点和变化的、估计数量的移动节点，它能够在可控开销之下提供最优覆盖。混合传感器方法是非常有吸引力的方法，原因是它允许人们选择底层应用要求的覆盖程度以及给出需要部署的额外移动节点数量优化的一个机会。人们[15]还给出了寻找次优最小连通传感器覆盖的分布式算法，使整个检测现场使用次优数量的传感器进行覆盖。在另一项研究[5,7]中，基于覆盖和数据报告时延之间的折中，以最大化网络寿命为最终目标，提出了一种新颖的保留能量的数据采集策略。其基本思路是，基于由用户或应用指定的期望检测覆盖，在每个数据报告轮次中仅选择最少数量 k 个传感器作为数据报告器。除了能量保留之外，这样的最少数据报告器的选择也降低了流量数据流的量，因此避免了流量拥塞和信道干扰。这里所提方案的仿真结果表明，用户指定百分比的监控区域能够仅使用 k 个传感器就完成覆盖。它也表明，传感器可以小的折中保留大量的能量，且网络密度越高，在没有任何额外计算开销的情况下，能量保留率就越高。在相关的一项关于在无线传感器网络中高效资源管理的研究工作中，为了延长一个网络的寿命，人们提出了能量节省和时延适应的数据采集的两阶段群集方案。

关于在混合传感器网络中优化算法以及在时延和数据采集策略之间的折中评估的进一步研究，可提供在检测现场中优化资源的宝贵信息，并帮助回答与覆盖和连通性理论界限相关的问题。

致谢

这项工作得到了 NSF 项目 IIS-0326505 的资助。

参考文献

1. S. Adlakha and M. Srivastava, Critical density thresholds for coverage in wireless sensor networks, *Proc. IEEE Wireless Communications and Networking Conf. (WCNC'03)*, New Orleans, LA, March 2003, pp. 1615–1620, Louisiana, Mar. 2003.
2. I. Akyildiz, W. Su, Y. Sankarasubramaniam, and E. Cayirci, Wireless sensor networks: A survey, *Comput. Networks* **38**(2):393–422 (2002).
3. L. Booth, J. Bruck, and R. Meester, Covering algorithms, continuum percolation and the geometry of wireless networks, *Annals Appl. Probability* **13**(2):722–741 (May 2003).
4. K. Chakrabarty, S. S. Iyengar, H. Qi, and E. Cho, Grid coverage for surveillance and target address in distributed sensor networks, *IEEE Trans. Comput.* **51**(12):1448–1453 (Dec. 2002).
5. W. Choi and S. K. Das, in S. Phoha and T. La Porta, eds., *An Energy-conserving Data*

Gathering Strategy Based on Trade-off between Coverage and Data Reporting Latency in Wireless Sensor Networks, Sensor Network Operations, IEEE Press, 2004.

6. W. Choi and S. K. Das, A framework for energy-saving data gathering using two-phase clustering in wireless sensor networks, *Proc. Mobile and Ubiquitous Systems: Networking and Services Conf., Mobiquitous'04*, Boston, Aug. 2004, pp. 203–212.
7. W. Choi and S. K. Das, Trade-off between coverage and data reporting latency for energy-conseving data gathering in wireless sensor networks, *Proc. 1st Int. Conf. Mobile Ad Hoc and Sensor Systems, MASS'04*, Ft. Lauderdale, FL, Oct. 2004.
8. T. Clouqueur, V. Phipatanasuphorn, P. Ramanathan, and K. K. Saluja, Sensor deployment strategy for target detection, *Proc. 1st ACM Int. Workshop on Wireless Sensor Networks and Applications* (*WSNA'02*), Atlanta, GA, Sept. 2002, pp. 42–48.
9. S. S. Dhilon, K. Chakrabarty, and S. S. Iyengar, Sensor placement for grid coverage under imprecise detections, *Proc. 5th Int. Conf. Information Fusion* (*FUSION'02*), Annapolis, MD, July 2002, pp. 1–10.
10. A. Elfes, Occupancy grids: A stochastic spatial representation for active robot perception, *Proc. 6th Conf. Uncertainty in AI*, Cambridge, MA, July 1990, pp. 60–70.
11. S. V. Fomin and I. M. Gelfand, *Calculus of Variations*, Dover Publications, Oct. 2000.
12. D. W. Gage, Command control for many-robot systems, *Proc. 19th Annual AUVS Technical Symp.* Reprinted in *Unmanned Syst. Mag.* **10**(4):28–34 (Jan. 1992).
13. Y. Gao, K. Wu, and F. Li, Analysis on the redundancy of wireless sensor networks, *Proc. 2nd ACM Int. Conf. Wireless Sensor Networks and Applications* (*WSNA'03*), San Diego, CA, Sept. 2003 pp. 108–114.
14. A. Ghosh, Estimating coverage holes and enhancing coverage in mixed sensor networks, *Proc. 29th Annual IEEE Conf. Local Computer Networks* (*LCN'04*), Tampa, FL, Nov. 2004, pp. 68–76.
15. A. Ghosh and S. K. Das, A distributed greedy algorithm for connected sensor cover in dense sensor networks, *Proc. 1st IEEE/ACM Int. Conf. Distributed Computing in Sensor Systems* (*DCOSS'05*), Marina del Rey, CA, June–July 2005, pp. 340–353.
16. N. Heo and P. K. Varshney, A distributed self-spreading algorithm for mobile wireless sensor networks, *Proc. IEEE Wireless Communications and Networking Conf.* (*WCNC'03*), New Orleans, LA, March 2003, pp. 1597–1602.
17. A. Howard, M. J. Matari, and G. S. Sukhatme, An incremental self-deployment algorithm for mobile sensor networks, *Autonomous Robots* special issue on intelligent embedded systems **13**(2):113–126 (2002).
18. A. Howard, M. Mataric, and G. Sukhatme, Mobile sensor network deployment using potential fields: A distributed scalable solution to the area coverage problem, *Proc. 6th Int. Symp. Distributed Autonomous Robotic Systems* (*DARS'02*), Fukuoka, Japan, June 2002, pp. 299–308.
19. A. Howard and M. J. Mataric, Cover me! A self-deployment algorithm for mobile sensor networks, *Proc. IEEE Int. Conf. Robotics and Automation* (*ICRA'02*), Washington DC, May 2002, pp. 80–91.
20. C.-F. Huang and Y.-C. Tseng, The coverage problem in a wireless sensor network, *Proc. 2nd ACM Int. Conf. Wireless Sensor Networks and Applications* (*WSNA'03*), San Diego, CA, Sept. 2003, pp. 115–121.

21. J. M. Kahn, R. H. Katz, and K. S. J. Pister, Next century challenges: Mobile networking for smart dust, *Proc. 5th Annual ACM/IEEE Int. Conf. Mobile Computing and Networking* (*MOBICOM'99*), Seattle, WA, Aug. 1999.
22. O. Khatib, Real-time obstacle avoidance for manipulators and mobile robots, *Int. J. Robotics Res.* **5**(1):90–98 (1986).
23. M. M. Kokar, J. A. Tomasik, and J. Weyman, Data vs. decision fusion in the category theory framework, *Proc. 4th Int. Conf. Information Fusion* (*FUSION'01*), Montreal, Australia, Aug. 2001.
24. X.-Y. Li, P.-J. Wan, and O. Frieder, Coverage in wireless ad-hoc sensor networks, *IEEE Trans. Comput.* **52**:753–763 (2003).
25. A. Mainwaring, J. Polastre, R. Szewczyk, D. Culler, and J. Anderson, Wireless sensor networks for habitat monitoring, *Proc. 1st ACM Int. Workshop on Wireless Sensor Networks and Applications* (*WSNA'02*), Atlanta, GA, Sept. 2002, pp. 88–97.
26. S. Megerian, F. Koushanfar, G. Qu, G. Veltri, and M. Potkonjak, Exposure in wireless sensor networks: Theory and practical solutions, *Wireless Networks* **8**(5):443–454 (2002).
27. S. Meguerdichian, F. Koushanfar, M. Potkonjak, and M. Srivastava, Coverage problems in wireless ad-hoc sensor networks, *Proc. IEEE InfoCom* (*InfoCom'01*), Anchorage, AK, April 2001, pp. 115–121.
28. S. Meguerdichian, F. Koushanfar, G. Qu, and M. Potkonjak, Exposure in wire less ad-hoc sensor networks, *Proc. 7th Annual Int. Conf. Mobile Computing and Networking* (*MobiCom'01*), Rome, Italy, July 2001, pp. 139–150.
29. A. Okabe, B. Boots, K. Sugihara, and S. N. Chiu, *Spatial Tessellations: Concepts and Applications of Voronoi Diagrams*, 2nd ed., Wiley July 2000.
30. J. O'Rourke, *Art Gallery Theorems and Algorithms*, Oxford Univ. Press, Oxford, UK, 1987.
31. M. Penrose, The longest edge of the random minimal spanning tree, *Annals Appl. Probability* **7**(2):340–361 (May 1997).
32. S. Poduri and G. S. Sukhatme, Constrained coverage in mobile sensor networks, *Proc. IEEE Int. Conf. Robotics and Automation* (*ICRA'04*), New Orleans, LA, April–May 2004, pp. 40–50.
33. G. J. Pottie, Wireless sensor networks, *Proc. Information Theory Workshop*, June 1998, pp. 139–140.
34. G. J. Pottie and W. Caiser, Wireless sensor networks, *Commun. ACM* **43**(5):51–58 (May 2000).
35. P. Santi, *Topology Control in Wireless Ad Hoc and Sensor Networks*, Wiley, May 2005.
36. P. Santi and D. M. Blough, The critical transmitting range for connectivity in sparse wireless ad hoc networks, *IEEE Trans. Mobile Comput.* **2**(1):25–39 March 2003.
37. R. C. Shah and J. M. Rabaey, Energy aware routing for low energy ad hoc sensor networks, *Proc. IEEE Wireless Communications and Networking Conf.* (*WCNC'02*), Orlando, FL, March 2002.
38. S. Shakkottai, R. Srikant, and N. Shroff, Unreliable sensor grids: Coverage, connectivity and diameter, *Proc. IEEE InfoCom* (*InfoCom'03*), pages 1073–1083, San Francisco, CA,

March 2003.

39. C. Shurgers and M. B. Srivastava, Energy efficient routing in wireless sensor networks, *Proc. Military Communications Conf.* (*MilCom'01*), Vienna, VA, Oct. 2001.
40. D. Tian and N. D. Georganas, A coverage-preserving node scheduling scheme for large wireless sensor networks, *Proc. 1st ACM Int. Workshop on Wireless Sensor Networks and Applications* (*WSNA'02*), Atlanta, GA, Sept. 2002, pp. 32–41.
41. P. J. M. van Laarhoven and E. H. L. Aarts, *Simulated Annealing: Theory and Applications*, Reidel Publishing, Kluwer, 1987.
42. G. Veltri, Q. Huang, G. Qu, and M. Potkonjak, Minimal and maximal exposure path algorithms for wireless embedded sensor networks, *Proc. 1st Int. Conf. Embedded Networked Sensor Systems* (*SenSys'03*), Los Angeles, Nov. 2003, pp. 40–50.
43. G. Wang, G. Cao, and T. LaPorta, A bidding protocol for deploying mobile sensors, *Proc. 11th IEEE Int. Conf. Network Protocols* (*ICNP'03*), Atlanta, GA, Nov. 2003, pp. 80–91.
44. G. Wang, G. Cao, and T. LaPorta, Movement-assisted sensor deployment, *Proc. IEEE InfoCom* (*InfoCom'04*), Hong Kong, March 2004, pp. 80–91.
45. D. B. West, *Introduction to Graph Theory*, 2nd ed., Prentice-Hall, Aug. 2003.
46. B. Yamauchi, A frontier-based approach for autonomous exploration, *Proc. IEEE Int. Symp. Computational Intelligence in Robotics and Automation* (*CIRA'97*), Monterey, CA, June 1997, pp. 146–156.
47. F. Ye, G. Zhong, S. Lu, and L. Zhang, Peas: A robust energy conserving protocol for long-lived sensor networks, *Proc. 10th IEEE Int. Conf. Network Protocols* (*ICNP'02*), Paris, Nov. 2002, pp. 200–201.
48. H. Zhang and J. C. Hou, Maintaining sensing coverage and connectivity in large sensor networks, *Proc. Int. Workshop on Theoretical and Algorithmic Aspects of Sensor, Ad Hoc Wireless and Peer-to-Peer Networks* (*AlgoSensors'04*), Florida, Feb. 2004.
49. F. Zhao, J. Liu, J. Liu, et al. Collaborative signal and information processing: An information-directed approach, *Proc. IEEE* **91**(8):1199–1209, (2003).
50. Y. Zou and K. Chakrabarty, Sensor deployment and target localization based on virtual forces, *Proc. IEEE InfoCom* (*InfoCom'03*), San Francisco, CA, April 2003, pp. 1293–1303.
51. Y. Zou and K. Chakrabarty, Uncertainty-aware sensor deployment algorithms for surveillance applications, *Proc. IEEE Global Communications Conf.* (*GLOBECOM'03*), Dec. 2003.
52. Y. Zou and K. Chakrabarty, Sensor deployment and target localization in distributed sensor networks, *Trans. IEEE Embedded Comput. Syst.* **3**(1):61–91 (2004).

第10章　无线传感器网络的存储管理

SAMEER TILAK 和 NAEL ABU-GHAZALEH
美国纽约宾汉顿大学托马斯·华生工程与应用科学学院计算机科学系
WENDI B. HEINZELMAN
美国纽约罗彻斯特大学电子和计算机工程系

10.1　简介

无线传感器网络（WSN）在公众、科学、军事和工业应用检测的范围内具有颠覆性的未来发展远景。但是，许多靠电池运行的传感器具有如有限的能量、计算能力和存储容量的约束，因此为了最大化数据覆盖和网络的有用寿命，协议必须设计成能够高效地处理这些有限的资源。

存储管理是开始吸引人们注意力的一个传感器网络研究领域。对存储管理的需要主要源于这样的一类传感器网络，在这样的网络中，由传感器采集的信息不能实时地中继传输到观测人员。在这样的应用中，数据必须存储（至少暂时地存储）于网络内，直到后来由观测人员将其收集（或直到数据不再有用）。这种类型应用的一个范例是科学监控，在其中部署传感器为的是收集一种现象的详细信息，以便用于以后的回放和分析。另一个范例是，传感器收集数据，这些数据以后被来自用户动态生成的查询所访问。在这些类型的应用中，数据必须存储于网络中，因此除了能量之外，存储成为了一项主要资源，这些资源确定网络的有用寿命和覆盖范围。

在拥有相关应用和系统特征知识的情况下，能够确定传感器网络存储管理的一组目标如下：①为了最大化覆盖/数据保留，而最小化存储尺寸；②最小化能量；③支持在被存储数据上执行高效查询［注意在到达—返回方法中，所有数据必须发送给观测人员，查询执行是简单地将数据传递到观测人员而已］；④在受约束的存储之下，提供高效的数据管理。为了满足这些要求，人们已经提出几种存储管理的方法，多数方法都涉及这些不同目标间的折中。

一种基本存储管理方法是在收集数据的传感器本地缓冲数据。但是，这样一种方法没有利用邻接传感器间数据的空间相关关系来降低存储数据的整体尺寸（使数据融合成为可能的性质[11]）。在另一方面，协作存储管理能够提供优于一种简单缓冲技术的如下优势：

1）更高效的存储允许网络在没有耗尽存储空间的情况下，继续较长时间地存储数据。

2）负载均衡是可能的。如果数据产生的速率在传感器上是不均匀的（如在一个局部化事件导致邻接传感器更大胆地收集数据的情形中），那么一些传感器可能用光存储空间，而在其他传感器上空间仍然是有空闲的。在这样一种情形中，重要的是，传感器协作取得存储的负载均衡，以避免或延迟由于本地存储不够而造成数据丢失。

3）网络的动态、局部化重新配置是可能的（如基于估计的数据冗余和当前资源状况，调整传感器的采样频率）。

因此，协作存储经常能够更好地满足存储管理的目标。

本章将综述传感器网络存储管理中的问题和机遇。通过综述要求存储管理的传感器网络应用，首先推导出存储管理的需求。之后，讨论应用特征和各种资源约束如何影响存储管理技术的设计。应用特征定义什么样的数据是有用的以及数据最终将如何被访问，这些特征对于存储协议设计具有重大的隐含意义。另外，硬件特征确定系统的能力以及存储协议的能量效率。本章还将综述闪存（传感器网络中流行的存储技术）的特征，并将存储开销与计算和通信的开销进行比较，以便使用当前技术为后续的折中处理而分析建立基本的数据操作开销。之后，作为案例分析，还将讨论火柴盒（matchbox）文件系统的设计和实现，该系统支持基于微尘的应用。

10.2　存储管理的动机：应用种类

本节将通过描述要求有效使用存储资源的两个应用类，明确存储管理问题的动机。一般而言，无论何时数据没有实时中继到网络之外的观测人员时，就要求存储；直到数据被收集或丢弃（或者不再有用，或者献出空间或者压缩以为更重要的数据腾出空间）之前，数据必须被传感器存储。下面的两种应用说明这样的要求出现的不同情形。

10.2.1　科学监控：回放分析

在科学监控应用中，部署传感器网络是用来收集数据的。这些数据不是人们实时关注的，人们收集这些数据用于以后的分析，以提供某个正在发生现象的一种理解。考虑一个野生动物跟踪传感器网络，科学家们可以用来理解一个物种的社会行为和迁徙模式。假定传感器部署于一座森林之中，并收集关于附近动物的数据。在这样的一个应用中，就观测人员访问数据的日程而言，传感器也许不知道任何信息。而且，在传感器处的数据产生速率可能是不可预测的，因为这取决于被观测的活动，且传感器密度也是不均匀的[5]。观测人员将希望网络保留收集到的数据样本，且收集时间应该较小，这是因为观测人员也许在非常长的时间内不在传感器的范围内。这样一个网络的范例是 ZebraNet（斑马网）项目[13]。

科学家（观测人员）通过在被监控栖息地周围驾车收集数据，当他们经过传感器的范围时，从这些传感器接收信息。另外，数据可能以一种多条路径的方式朝向观测人员由传感器进行中继。但是，数据“请求”模型是有限的（以一种已知方式进行收集）。关于数据访问模式的这个信息可被利用，如数据可能存储于更接近观测人员的传感器处。数据的长期可用性允许融合或压缩，这比实时数据采集传感器网络取得的结果要更加显著高效。

这种情形也发生于如下传感器网络中，即当网络变得分隔开时，传感器接近实时地报告它们的数据。例如，在一个偏远生态微型传感器网络[22]中，对稀有或濒危植物实施远程图像监视。这个项目的目标在于提供重要事件的近实时监控，例如授粉昆虫的巡视接触和吃草动物将之消化，以及监控许多天气条件和事件。传感器放置在不同栖息地中，从低矮的灌木到茂密的热带森林。其环境条件可能是严酷的，如一些地方频繁地结冰。在这样的应用中，由于极端物理环境条件（如深度结冰）的结果，可能发生网络分隔（中继节点变得不可用）。应该记录在断开期间发生的重要事件，并在一旦重新建立连接的情况下进行事件汇报。这种情况下就需要有效的存储管理，以在不丢失数据的情况下最大化能够容忍的分隔时间。

10.2.2 增强的真实感：多名观测人员动态查询

考虑如下一个传感器网络，它部署于军事场景中，收集关于附近活动的信息。数据由士兵（帮助实现任务目标或避免危险源）和指挥官（评估任务进度）进行动态查询。被查询的数据是关于敌方活动的实时数据和长期数据（如回答一个问题，如供应运输线在哪里）。因此，数据必须存储在传感器处，以支持时间上延长的长时间段上（例如数天甚至数月）的查询。人们可以想象类似应用，在其中传感器网络可部署于其他环境中，使用实时以及最近或甚至历史性的数据，回答有关环境的问题。数据在传感器处存储，并用来（也许以协作的方式）回答查询。

除了高效地使用数据存储，允许传感器网络保留更多和较高分辨率的数据之外，在这种应用中的一个问题是，数据的有效索引和检索问题。虽然数据可按内容寻址（如搜索关于一种特定类型车辆的信息），但因为观测人员不知道数据存储在哪里，或甚至存在何种数据，所以查询可能是非常低效的。而且，数据也许被不同观测人员多次访问。人们期望的是数据的高效索引和检索。

10.3 预备知识：设计考虑、目标和存储管理组件

前面描述的应用提供了对所讨论问题范围的深入理解，这些问题是为了取得高效的存储管理必须要解决的。本节将更直接地描述这些问题。首先列出影响存储管理设计的因素，之后讨论这样一个系统的设计目标。同时也将存储管理问题分成不同组件，这些组件需要高效的协议才能正常运行。

10.3.1 设计考虑

能量是所有无线微型传感器网络的一项宝贵资源，当传感器处的电池能量耗光时，这个节点就不再有用（即死亡）了。因此，保留能量是渗透传感器网络设计和运行各方面的一项主要关注点。对于存储受限应用，存在另一个有限资源，即在传感器处的可用存储。一旦用光可用存储空间，传感器就不再能够收集并本地存储数据，用光存储空间的传感器也就不再有用。因此，传感器网络的有用性受两项资源的约束：可用能量和可用存储空间。为了延长网络的有用寿命，有效的存储管理协议必须均衡这两项资源。

这两项有限的资源（存储和能量）在本质上是不同的。具体而言，存储是可再分配的，而能量是不可再分配的。通过删除或压缩数据，节点可释放一些存储空间。而且，在其他节点的存储是可以利用的，但这是以传输数据的开销换来的。最后，存储的使用要消耗能量，但是当前存储设备比无线通信设备消耗较少能量。

存储和能量之间的折中是复杂的，传感器可与附近的传感器交换它们的数据，这样的交换允许附近传感器利用所存储数据中的空间相关性来减少总体数据尺寸。另一项副作用是存储负载能够得到均衡，即使数据产生速率或存储资源不能均衡的情况下也能做到这点。但是，在数据收集阶段的传感器间交换数据要消耗较多能量，因为在当前技术中，存储的开销显著地小于通信的开销。在表面上看来，本地存储数据是能量最高效的方案。但是，交换数据用掉的额外能量可由存储较少量数据的能量得以平衡，且更重要的是以当回答查询或中继数据到观测人员时所用较少能量花销得以平衡。

上述讨论与数据收集和存储相关。存储问题的另一方面是如何支持观测人员对数据的查询，即索引—检索问题。在一个推动传感器部署的应用中［科学监控和分隔（partitioning）］，数据将被一次中继给一名可能已知的观测人员。对于这些应用，如果观测人员的方向是已知的，则可进行优化存储。当实施协作存储时，数据能够向观测人员移动，使与存储相关的数据交换实际上是没有代价的。

但是，在第二种应用类型中，可能发生来自未知观测人员的动态数据查询。这个问题逻辑上类似于对等系统中的索引和检索。

10.3.2 存储管理目标

在前面讨论的基础上可以知道，存储管理方面必须平衡如下目标：

1）最小化存储数据的尺寸。因为传感器具有有限的可用存储（当前最新传感器具有存储容量大约 4 Mbit 的闪存），所以最小化需要存储的数据尺寸会产生得到改进的覆盖/数据保留性能，原因是网络能够较长时间地继续存储数据。而且，如果数据尺寸较小，则查询执行就变得更加高效。

2）最小化能耗。多数传感器是由电池供电的，因此能量是稀有资源，这就要求存储管理尽可能像能量管理一样高效。

3）最大化数据保留/覆盖。收集数据是网络的一个主要目标。如果存储是受约束的，则必须高效地执行数据再分配；在某些情形中，如果不再有可用的存储空间来存储新的数据，则已经存储的一些不太重要的数据就需要被删除。管理协议应该以可接受的分辨率试图保留相关的数据，其中相关性和可接受的分辨率是与应用相关的。

4）实施高效的查询执行。不管查询是动态产生的还是静态的（如数据一次性地中继到观测人员处），存储管理都会影响查询执行的效率。例如，查询执行效率能够通过有效的数据放置和索引得以提高。查询执行效率可以将被请求数据传递到观测人员处所要求的通信额外负担和能耗这两个指标进行测量。

10.3.3 存储管理组件

将存储管理问题分解为如下组件：①存储管理的系统支持；②协作存储；③索引和检索。这些组件的每一个组件都有需要考虑的独特设计空间，且为了从能量和存储效率的角度改善这三个组件中的每个组件，人们都已经进行了一些先期研究。而且，这些组件中的每个组件都展示出了上述设计目标中的折中。后面将重点讨论存储管理这些组件每一个组件中的问题和争论，并且将描述建议提出的解决方案。

10.4 存储的系统支持

因为传感器上有限可用的能量，所以能量效率是传感器设计所有方面的一个主要目标。本节将讨论的焦点是与存储最相关的系统设计问题，它包括硬件和传感器网络文件系统的设计。

10.4.1　硬件

对于台式计算机和笔记本计算机来说，磁盘（硬盘）是最广泛使用的永久存储设备。但是，供电、尺寸和成本因素导致硬盘不适合于微型传感器节点。紧缩（compact）闪存是传感器网络中存储的最有前景的技术，因为相比于磁盘，它们具有卓越的功率耗散性质。另外，它们的价格已经大幅度下降，并且它们比磁盘具有较小的外形因素。

作为研究案例，考虑 Berkeley 微尘系列[27]、MICA-2（见表 10-1）、MICA2DOT和 MICA 节点，MICA 节点的特征是具有 4Mbit 串行闪存，用于存储数据、测量数据和其他用户定义的信息。TinyOS[10] 支持微型文件系统，该系统管理这个闪存/数据日志部件。串行闪存器件具备支持超过 100000 次测量数据读取的能力，当写数据时这个器件消耗 15mA 的电流。表 10-1 给出了 MICA-2 微尘[27] 主要硬件部件的能量特性。

表 10-1　MICA-2 部件的能量特性

部　件	电　流	能率周期（Duty Cycle）（%）
处理器		
完全运行	8 mA	1
睡眠	8μA	99
无线		
接收	8 mA	0.75
传输	12 mA	0.25
睡眠	2μA	99
日志内存		
写	15 mA	0
读	4 mA	0
睡眠	2μA	100

10.4.2　文件系统案例研究：火柴盒

传统文件系统（如 FFS[17] 和日志结构的文件系统[24]）不适合于传感器网络环境。它们是为磁盘设计并调整而进行优化的，这些磁盘具有不同于闪存的运行特性，后者（闪存）典型地用于传感器的存储中。例如，传统文件系统采用更智能的映射和调度技术来降低寻找时间，因为这是磁盘访问中的主要开销。另外，这些文件系统支持大范围的复杂操作，这使它们不适合于资源受约束的嵌入式环境。例如，典型的文件系统支持层次化文件归档、安全（在一些情形中以访问权限和数据加密表示）和并发读/写支持。最后，传感器存储磁盘访问模式不是典型的传统文件系统类型的工作负载。新的技术约束、低（容量）资源和不同应用需求，要求针对传感器网络应用进行新文件系统的设计。

TinyOS[10]操作系统的一个部件是正在开发的微型文件系统，称为火柴盒(matchbox)[6,7]。火柴盒是专门为基于微尘的应用而设计的，并具有如下设计目标：

1）可靠性：火柴盒以下面的两种方式提供可靠性。

① 数据损坏检测：火柴盒为检测错误而维护 CRC。

② 元数据更新是原子的，因此文件系统对于故障（例如断电）是有恢复力的。数据丢失仅限于故障时间内正在写的文件。

2）低（容量）资源消耗。

3）满足技术约束：一些闪存具有必须满足的约束条件，如内存位置能够写的次数是受限的。

这些设计目标转换为非常简单的文件系统。火柴盒以一种无结构的方式存储文件（作为一个字节流），它仅支持顺序化的读和只以附加方式进行的写。当前设计的目标不在于提供安全性、层次化文件系统支持、随机访问或并发读/写访问。火柴盒的典型客户端是 TinyDB[15]、数据日志应用的通用传感器工具和存储程序的虚拟机。

火柴盒将闪存分成区（多数情况下为 128KB)，之后将每个区分成页。每页的尺寸为 264B，包括 256B 的数据和 8B 的元数据。它使用一个位图跟踪空闲页。

当前，文件系统和传感器网络应用都在演化。传感器网络应用提供与传统应用中不同的工作负载。可以相信，随着这些应用的成熟并被人们较好地理解，文件系统的设计将演化到支持这些标准应用的阶段。文件系统的演化可能包括文件存储方式的改变（扩展字节流视图)，并支持实时流数据的一个新的文件操作集合（扩展只以附加方式进行的写操作)。

不幸的是，现有的协作存储管理研究没有考虑协作存储与文件系统的交互。研究不同数据变换如何能被火柴盒所支持，将是有意思的事情。例如，在存储管理协议存储约束条件中，陈旧数据将被得体地降级处理[4]。采用只以附加方式进行的写操作，删除中间结果数据也许要求重写许多（甚至大部分）现有数据，这也许导致将只以附加方式进行的写操作扩展到其他技术或修改应用本身。还有，这种操作在闪存寿命（回顾一下，一个给定内存位置仅能写一定次数）和能耗上的隐含意义值得研究人员深入探索。而且，当设计传感器文件系统时，文件系统设计人员应该考虑协作存储的要求。

10.5 协作存储

存储管理协议的一个主要目的是在不丢失样本的情况下，高效地利用可用存储空间，以能量高效的方式继续最长可能时间地收集数据。本节将描述人们提出的协作存储管理协议，并讨论这些不同方法中重要的设计折中。

10.5.1　协作存储设计空间

存储管理方法可分类如下：

1．本地存储

这是最简单的方案，其中每个传感器本地存储它的数据。在存储阶段，这个协议是能量高效的，原因是它不需要数据通信。即使存储能量较高（因为需要存储所有数据），但根据技术的当前状态，就能量耗散而言，存储开销还是小于通信开销的。但是，这个协议是存储低效的，因为数据没有融合，且冗余数据存储于邻接节点间。而且，如果数据产生或可用的存储在传感器间的分布是不同的，则本地存储不能平衡存储负载。

2．协作存储

协作存储指节点们协作的任何存储方法。它能够提供优于一种简单缓冲技术的如下优势：①较高效的存储允许在没有耗尽存储空间的情况下，网络能够较长时间地继续存储数据；②负载均衡是可能的［如果可用的存储在网络上的分布是变化的，或数据产生速率在传感器上是不均匀的（如在一个局部化的事件导致邻居传感器们更大胆、快速地收集数据的情形中），一些传感器可能会耗尽存储空间，而在其他传感器上仍然有可用的空间］在这样一种情形中，重要的是，传感器们协作取得存储的负载均衡，以避免或延迟由于不足的本地存储而产生的数据丢失；③网络动态的、局部化的重新配置（如在估计的数据冗余和当前资源的基础上调整传感器的采样频率）是可能的。

重要的是考虑协作存储相对于本地存储的能量含义。协作存储要求传感器们交换数据，导致在存储节点消耗能量。但是，因为协作存储能够汇聚数据，所以将这个数据存储到一个存储器件中所用的能量就会降低。另外，一旦与观测人员的连接建立，则在收集阶段将存储的数据中继到观测人员的过程中，就需要较少的能量。

10.5.2　协作存储协议

在协作存储领域内，人们已经提出了许多协议，这样的一种协议是基于群集的协作存储（CBCS）协议[26]。CBCS仅在附近传感器间使用协作，即具有相关数据的最高可能性并且协作要求最少量能量的那些传感器间协作。人们没有考虑更广范围的协议，原因是协作开销可能变得不可能，这是因为在当前技术之下，通信的能量开销显著高于存储的能量开销。后面将具体描述CBCS操作。

在CBCS中，群集是以分布式的基于连通性的或基于地理位置的方式形成的，几乎任意一跳的群集算法都可以形成。每个传感器将其观测数据周期性地发送给选举出的群集头（CH）。之后，CH 汇聚所观测的数据并存储汇聚后的数据。仅有 CH 需要存储汇聚后的数据，因此产生低的存储空间要求。群集周期性地轮转，为的是均衡存储负载和能量使用。注意，仅有 CH 在其担任群集头期间需要保持它的无线是打开的，同时一个群集成员除了当它有数据要发送之外，它可关闭它的无线通信。这会产生高的能量效率，因为如果保持无线打开状态，就长期而言，空闲电源消耗很多的能量。而且，这种技术降低了群集成员不必要的报文接收，不必要的报文接收也会消耗大量能量。

在 CBCS 期间的操作可看作一个连续的轮次序列，即直到存在一个观测者或基站，且到达返回阶段能够开始时为止，才停止连续的轮次循环。每个轮次由两个阶段组成。第一个阶段称为 CH 选举阶段，每个传感器将其资源向它的一跳邻居们宣告。在这个资源信息的基础上，依据群集协议选择 CH，之后其他节点将它们连接到附近的 CH。第二个阶段称为数据交换阶段，如果一个节点连接到 CH，则将其观测数据发送到这个 CH，否则本地存储它的观测数据。

在 CBCS 中使用的 CH 选举方法是基于传感器节点特性的，例如可用存储、可用能量或到“期望”观测者位置的临近距离。CH 选择的指标标准可能是任意复杂的，这里给出的试验使用可用存储作为指标标准，通过在每一轮次重复群集选举而完成 CH 轮转。群集轮转的频率会影响协议的性能，这是因为由于消息交换，群集形成是存在额外负担的。因此，群集轮转应该在如下情况下完成，即对于均衡存储或能量是足够频繁的，但不应该频繁到使群集轮转的额外负担是不可接受的程度。

10.5.3 协作的传感器管理

使用群集方法（如用于 CBCS 的一种方法）可支持协作，能够用于冗余控制，为的是降低由传感器实际产生的数据量。具体而言，每个传感器具有实际发生现象的一个局部视图，但考虑到其他传感器可能报告相关信息，该传感器是不能评估它的信息重要性的。例如，在一项应用中，3 个传感器形成的三角形就足够覆盖并检测一个现象，10 个传感器处于一个相应位置执行检测功能，并将这个信息进行本地存储，或将之发送到群集头以进行协作存储。通过协作，群集头能够将冗余度通知节点们，允许传感器交替以三角形覆盖这个现象。协作能够以小的额外负担（如采用 CH 选举）低频率、周期性地执行。类似于 CH 选举，节点们交换描述它们报告行为的元数据，且假定执行某种应用特定的冗余估计，以调整采样速率。

作为协作的一个结果，可能取得由每个传感器产生的数据样本数的显著降低。这里指出这个降低代表由融合汇聚取得的降低部分。例如，在一个定位应用中，采用在一定位置的10个节点检测一个入侵者，仅需要3个节点就够了。协作允许节点们实现协作，并调整它们的报告数量，使得在每个周期仅有3个传感器产生数据。但是，一旦数值在群集头处进行组合处理，则这3个样本仍然能够融合为入侵者（intruder）的估计位置。

协作可与本地存储或协作存储一起使用。在协作的本地存储（CLS）中，传感器们周期性地进行协调，并调整它们的采样调度以降低整体冗余度，由此降低将被存储的数据量。注意，传感器们继续在本地存储它们的数值读数。相对于本地存储（LS），CLS导致较小的总体存储要求和存储数据中的能量节省，这也导致了较小的和更加能量高效的数据收集阶段。

类似的，协调协作存储（CCS）使用协调来调整本地采样速率。类似于CBCS，数据仍然发送到群集头，并在那里实施融合。但是，作为协调的结果，传感器能够调整它的采样频率或数据分辨率以匹配应用要求。在这种情形中，将数据发送到群集头的能量得以降低，原因是产生了数据的较小尺寸，但数据的整体尺寸并没有得到降低。

下面将讨论CLS和CCS的一些试验结果，并将这些技术与它们非协调性的对应技术（LS和CBCS）进行比较。

10.5.4　试验评估

使用ns-2仿真器对所提存储管理协议进行了仿真[19]，使用基于CSMA的MAC层协议和350m×350m的一个传感器现场，每个传感器的传输范围为100m。下面考虑3种传感器密度（50个传感器、100个传感器和150个传感器）随机部署的情况，将现场分成25个区（每个区是70m×70m，确保在这个区中的任何传感器都在另一个传感器的范围内），每个场景的仿真时间设定为500s，每个点代表在5个不同拓扑上的平均结果。在相应协议中，每100s执行一次群集轮转和协调。

假定传感器具有恒定的采样速率（设定为每秒一次采样）。除非另外声明，否则将融合比率设定为0.5的常数值。对于协调协议，使用这样一个场景，其中存在的冗余平均为数据尺寸的30%，它是使用协调能够去除的数据百分比。数据尺寸的这个降低量代表使用融合可能的降低部分，采用融合后全部数据都在群集头处，并能够以较高效率进行压缩。

10.5.4.1　存储—能量折中

图10-1a给出了针对如下四种存储管理技术，作为传感器数量（50个、100个和150个传感器）的一个函数的每节点使用的平均存储量。这四种存储管理技术是：①本地存储（LS）；②基于群集的协作存储（CBCS）；③协调本地存储

(CLS)；④协调协作存储（CCS）。在 CBCS 中，融合比率设定为 0.5。LS 的存储空间消耗独立于网络密度，且大于 CBCS 和 CCS 的存储空间消耗（大约正比于融合比率）。CLS 存储要求在这两种方法的存储要求之间，因为 CLS 能够使用协调降低存储要求（假定协调产生的提高量均匀分布于 20% ~40% 之间）。注意在数据交换之后，CBCS 和 CCS 的存储要求大略是相同的，因为在群集头的融合能够将数据精简到最小尺寸，而不管协调是否发生。

令人惊奇的是，在协作存储的情形中，存储空间消耗随密度的增加而稍稍地有所减少。虽然这是违反直觉的，但考虑到它是由于随着密度增加，在交换阶段过程中观察到的较高报文丢失造成的，所以随着密度增加，冲突的概率也增加。这些报文丢失的原因是由于使用基于竞争的不可靠 MAC 层协议造成的。在 CBCS 和 CCS 之间存储空间消耗的可忽略差异也是在两种协议中观察到的冲突数量略微差异的产物。能够使用一种可靠的 MAC 协议［如 IEEE 802.11 中的协议（它使用四次握手）］或基于预留的一种协议（如 LEACH[9] 采用的基于 TDMA 的协议）来降低或去除由于冲突导致的报文丢失（以增加通信开销的代价获得）。不考虑冲突的影响，人们能够清楚地看出，相比于本地存储协议，协作存储节省了大量的存储空间（正比于融合比率）。

假定闪存的传递能量为 0.055J/MB，在无线的情形中，假定传输功率为 0.0552W，接收功率为 0.0591W，空闲功率为 0.00006W。图 10-1b 给出了网络密度函数各协议的消耗能量，其中以焦耳为单位。

x 轴代表不同网络密度的协议：L 和 C 分别代表本地缓冲和 CBCS。L-1、L-2 和 L-3 分别代表使用本地缓冲技术针对 50 个传感器、100 个传感器和 150 个传感器的结果。其中将能量条分成两个部分：前能量（这是存储阶段消耗的能量）和后能量［这是数据收集阶段（将数据中继给观测者）消耗的能量］。对于协作存储，在存储阶段消耗的能量较高，这是由于在邻居节点间的数据通信（在本地存储中是没有的）和群集轮转的额外负担造成的。CCS 比 CBCS 消耗较少能量是协调导致数据尺寸减少的结果。但是，CLS 具有比 LS 更高的能量开销，因为它要求用于协调的开销具有高昂的通信量。这项开销随网络密度的增加而增长，原因在于这里的协调功能实现要求每个节点广播它的更新报文并从所有其他节点接收更新报文。

对于存储技术和所用的通信技术而言，通信的开销要超过存储的开销。结果，在协作存储过程中额外通信的开销也许并不能被存储需要的能量降低所抵消（除非以非常高的压缩比进行压缩）。这项折中是通信开销与存储开销比率的一个函数，如果这个比率在未来可能下降（如由于使用红外通信或极低功率的 RF 无线通信），相比于本地存储协作存储就是更加能量高效的。相反，如果比率上升，协作存储就变得不太有效。

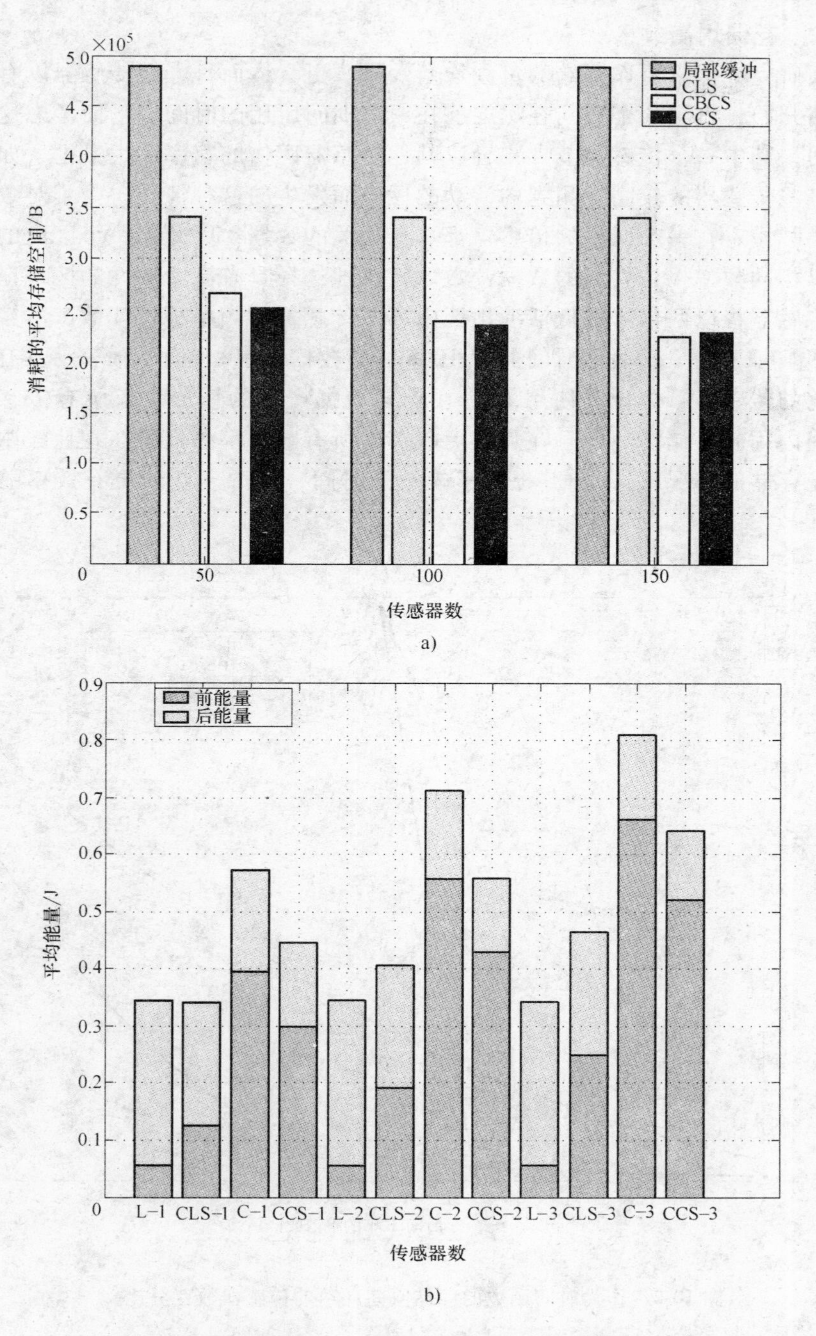

图 10-1 本地存储（LS）、基于群集的协作存储（CBCS）、协调的本地存储（CLS）和协调协作存储（CCS）之间的比较
a）存储空间与网络密度之间的关系　b）能耗与网络密度之间的关系

10.5.4.2 存储均衡效果

本项研究将探索协作存储的负载均衡效果。更具体而言，指传感器以有限的存储空间开始，直到这个空间耗尽之前在跟踪期间所用的时间。下面考虑这样的一项应用，其中一个传感器节点集合以其他传感器两倍的速率产生数据，如作为对靠近一些传感器的较高观测到的活动的反应而发生的这种情况。为了对数据相关性建模，假定在一个区中的传感器都具有相关的数据，因此在一个区内的所有传感器以相同频率报告它们的数据读数。随机地选择具有高活动性的区，在那些区内的传感器将以两倍于在低活动性区内那些传感器的频率报告读数。

在图 10-2 中，x 轴表示时间（以 100s 的整数倍表示），而 y 轴表示没有剩余存储空间的传感器百分比。使用 LS，在均匀数据产生的情形中，所有传感器在相同时间内用光存储空间，且在那之后收集的所有数据都丢失了。在比较中，在没有用光存储的情况下，CBCS 提供了较长的时间，这源于它的更有效率的存储方法。

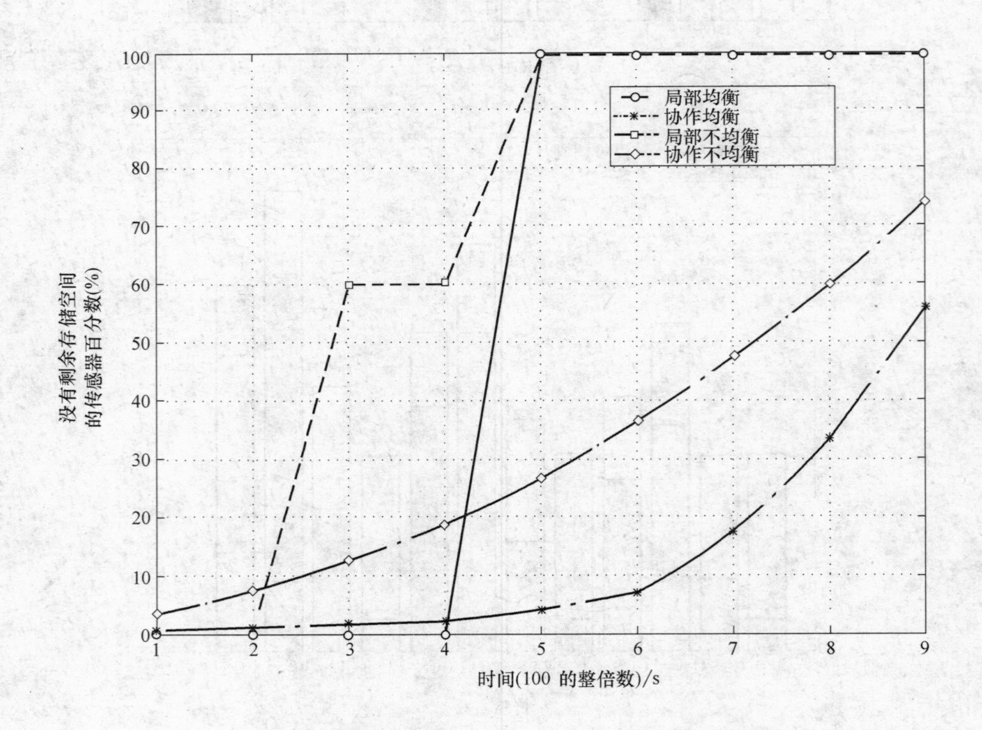

图 10-2 作为时间函数的存储空间耗尽的传感器数百分比

不均匀的数据产生情形突出了 CBCS 的负载均衡能力。使用 LS，以高速率产生数据的传感器快速地耗尽了它们的存储空间，可以观察到传感器的两个子集在不同时间耗尽了它们的存储空间。在比较中，CBCS 具有更长的均值传感器存储耗尽时间，这源于它的负载均衡属性。随着传感器逐步地消耗它们的资源，将网络寿命扩展到比 LS 更长的时间。

从存储管理角度来看，传感器网络的覆盖区域取决于事件产生速率、融合属性和可用存储空间。如果融合的数据尺寸独立于传感器数量（或随之缓慢增加），则区的密度与存储资源的可用性相关。因此，存储资源的可用性和它们的消耗在一个传感器网络内部可能是变量。这论证了，为了提供长的网络寿命和有效的覆盖，在区之间需要负载均衡。这将是未来研究的一个专题。

通过利用来自于附近传感器的数据的时间和空间相关性，协作存储降低了存储要求。而且，协调存储先验地利用传感器数据中的空间冗余，因此不仅降低了存储要求，而且降低了数据通信和检测硬件中的能耗，其中检测硬件在满足如下条件的节点上是可以关闭的，这些节点在当前时段没有被指派检测数据的任务。利用数据中的相关性来管理存储空间的另一种方法是接下来描述的多分辨率技术。

10.5.5 基于多分辨率的存储

很多现有的研究，例如定向扩散[12]、以数据为中心的存储（Data-Centric Storage，DCS）[21]、TAG[16]和 Cougar[2]，都将研究焦点放在当关注的特征已知时的网络融合和查询处理上。例如，DCS 在已知位置存储命名事件以降低查询额外负担。因为事件是低层次传感器观测值的零散分布，所以它们不是存储密集的，因此 DCS 不解决管理有限存储空间的问题。TAG 假定拥有融合运算符的知识。最近，Ganesan 等人[4]提出了一种网内基于小波的概要技术，并伴随这些概要结果逐步老化，为的是支持数据密集的应用，其中所关注的特征是提前不知道的，且网络是具有存储约束和通信约束的。通过提供一个丢失性的、逐渐降级的存储模型，他们的系统试图支持数据密集科学应用中原始传感器数据（低层次观测数据）的存储和搜索。这项研究工作的关键因素是基于小波的空间时间数据概要（构造多分辨率的数据概要）、层次化分解的分布式存储结构、向下钻取（drill-down）查询和数据概要的逐渐老化，下面将简短地描述这些特征的每个特征。

10.5.5.1 多分辨率概要

作者们提出使用基于小波的数据求和技术，它以两个步骤执行，即时间概要和空间概要。

时间概要由每个传感器节点本地完成，使用例如时间序列分析的技术寻找其自身信号中的冗余。时间概要仅涉及计算，不需要通信。

空间概要涉及构造一个层次结构并使用空间时间概要技术，再次在每个层次对数据求和。同样，在较低层的数据能够在较高层以较大的空间尺寸但以较高的压缩（因此丢失是更严重的）进行求和。

10.5.5.2 向下钻取查询

向下钻取查询背后的基本思路是非常直观的。在网络上以多分辨率对数据求和。请求是在层次结构的最高层注入的，最高层具有非常大量的空间时间数据最粗糙和最高度压缩的摘要（summary）。在这个概要上处理这条查询，给出一个近似答案或到网络部分的指针，这部分网络将非常可能给出更准确的答案，因为它具有这个子区域的更详细视图。之后，如果需要，更进一步的查询可定向到这个区域。这个过程递归地逐步实施，直到用户对结果的准确度表示满意或遇到层次结构的叶子节点为止。明显地，随着向下钻取处理，结果的准确度（查询质量）就得以提高，因为在较低层的查询会得到更精确的数据。

层次化概要和向下钻取查询一起以高效方式解决搜索数据中面临的挑战。在描述如何计算数据概要之后，现在讨论另一个挑战性问题，该问题处理分布式方式存储空间的分配和回收。

10.5.5.3 老化问题

在存储受约束的网络中，一个挑战性的问题是一个数据概要可存储多久。数据概要存储的时间长度称为数据概要的年龄。令 $f(t)$ 为用户定义的一个单调减少的老化函数，代表在网络中随着数据的老化用户乐意接受的误差。作者们论证，典型情况下，相关领域专家能够提供这种函数。作为一个范例，用户也许乐意接受对一周之久陈旧数据的 90% 查询准确度，但对一年之久的数据仅接受 50% 的准确度。将瞬间质量差异表示为 qdiff (t)，它代表在一个给定时间 t 时用户定义的老化函数和可获得的查询准确度。寻找在不同分辨率处的数据概要年龄，即 Age_i，使最大瞬间质量差异最小化，老化问题可定义如下：

$$\text{Min}_{0 \leqslant t \leqslant T}[\text{Max}(\text{qdiff}t)] \tag{10-1}$$

其约束条件如下：

1）向下钻取的约束条件：如果在较高层不存在一个数据概要的概要，则在较低层保留该数据概要是没有用的，因为在那种情形中，向下钻取查询将不会定向到这个较低层。

2）存储的约束条件：对于每一层次的数据概要，每个节点都有可用的有限存储空间。

作者们提出了三种老化策略，即无所不知的、基于训练的和贪婪的策略，并评估了它们的性能。

10.6 索引和数据检索

在存储管理中讨论的最后一项挑战是数据的索引和检索。在第一种应用类型

（科学监控/分隔定位）的情形中，数据是在到达返回过程中一次中继到观测者的。因此，对于这种类型的应用，索引和检索不是一个重要问题。不仅如此，存储尺寸的降低也导致就时间和能量而言更加高效的检索。而且，如果通过偏向更接近观测者的传感器，且已知观测者的期望位置，则提高检索性能就是可能的。

在第二种应用模型（更接近现实）中，索引和检索是更加重要的问题，其中数据能够被动态地查询和被多个观测者查询。这样的网络本质上是以数据为中心的，观测者经常以与拓扑不相关的属性或内容命名数据。例如，一名指挥官会对敌方坦克的移动进行关注。传感器网络的这个特性类似于许多对等端到对等端（P2P）环境[1]，P2P 也是以数据为中心的。这样的一个模型与传统的以主机为中心的应用（如 telnet）形成对比，传统应用中，端用户与在另一端的特定端主机通信。下面首先综述数据索引和检索的 P2P 方案，之后表明传感器网络的性质极大地改变了折中问题，并引入不同的解决方案。

10.6.1 设计空间：P2P 网络中的检索

在 P2P 网络中，数据索引和检索问题已经以几种方式得以解决。这些方法可以就数据放置而分类如下：

1）结构化的：数据放置在特定位置（如使用关键字上的散列法），使检索更加高效[20,25]。使用这种方法，搜索数据的一个节点能够使用这个结构计算出到哪里查找数据。但是，这个结构要求大量的数据通信，可能并不适合于传感器网络。而且，相关数据可能存储在许多不同位置，这会使查询变得低效。

2）无结构的：数据不被强制存储到特定位置[23]。在这样的情形中，搜索数据是困难的，原因是数据可能存在于任何地方；在最坏的情形中，用户必须执行随机搜索。复制方法可改善检索的性能[3]，但对于一个传感器网络环境而言可能是代价高昂的。

对于无结构的网络而言，P2P 解决方案就索引支持方面而言是不同的。去中心化的网络不提供索引，中心化的网络提供一个中心索引结构，混合中心化网络提供层次化的索引，其中每个超级节点保持跟踪被它管理的节点上的数据。

虽然这些方法间的优劣在 P2P 解决方法中作了研究，但它们如何应用于传感器网络还是不明确的。具体而言，P2P 网络存在于因特网上，其中的资源没有像传感器网络中那样几乎都是有限的，要求大量数据移动或代价高昂的索引的解决方案可能都是低效率的。同样不清楚的是，为了便利常见查询的执行，应该索引什么样的关键字或属性。最后，导致昂贵查询洪泛的解决方案也将是低效的。后面将研究现有工作如何应用到传感器网络中的索引和检索。

10.6.2 以数据为中心的存储：地理位置散列表

在 P2P 系统的上下文中，分布式散列表（DHT）是一种去中心化结构的 P2P

实现。典型情况下，这些 DHT 提供如下简单的但功能强大的接口：Put（data d, key k）操作，它基于数据项的关键字 k 存储给定的数据项 d；Get（key k）操作，该操作能够用来检索匹配给定关键字 k 的所有数据项。

地理位置散列表（GHT）系统为传感器网络中的数据中心存储（DCS）实现一个结构化的 P2P 解决方案[21]。即使 GHT 提供等价于结构化 P2P 系统的功能性，它仍需要解决几项新的挑战。特别地，在传感器网络中移动数据是代价高昂的。而且，作者们将目标定为保持相关数据是靠近的，所以可使查询能够更加集中和高效。

在接下来的内容中，将描述在资源受到约束的传感器网络中 GHT 如何将物理连接性结合到以数据为中心的操作中。在深入讨论基于 GHT 以数据为中心存储的细节之前，首先综述三种规范的数据传播方法以及它们的近似通信开销，并展示以数据为中心存储的用途[21]。

10.6.2.1 规范的方法

数据传播方法的主要目标是以一种高效的方式从传感器网络中抽取相关数据。下面是取得这个目标的三种不同的基本方法。假定传感器网络有 n 个节点。

1）外部存储（ES）。检测到一个事件时，相关数据发送到基站。ES 对于每个事件到达基站需要 O（$\sqrt{n}$）的开销，对于在基站处（外部）产生的查询需要零开销，对于在传感器网络内部（内部）产生的查询需要 O（$\sqrt{n}$）开销。

2）本地存储（LS）。在检测到一个事件时，传感器节点本地存储事件信息。因为必须洪泛一条查询，所以 LS 对查询传播产生 O（n）的开销，报告事件产生 O（$\sqrt{n}$）的开销。

3）以数据为中心的存储（DCS）。在网络内部存储命名（named）数据。存储事件要求 O（$\sqrt{n}$）的开销，查询和事件响应要求 O（$\sqrt{n}$）的开销。

假定传感器网络检测 T 种事件类型，并将检测到的事件总数以 D_{total} 表示，Q 表示查询事件类型数，D_Q 表示每个被查询事件检测到的事件数，而且假定查询总数为 Q 次查询（每种事件类型一次）。表 10-2 给出了三种规范方法的近似通信开销。总开销指在网络中发送报文总数的开销，而节点通信开销数字表示由任意特定传感器节点发送报文的最大数量。

表 10-2 不同规范方法的比较

方法	总开销	节点通信开销
外部存储	$D_{\text{total}}\sqrt{n}$	D_{total}
本地存储	$Q_n + D_Q\sqrt{n}$	$Q + D_Q$
以数据为中心（概要）	$Q\sqrt{n} + D_{\text{total}}\sqrt{n} + Q\sqrt{n}$	$2Q$

从这个分析中，明显的是没有哪种方法在所有环境下都是最优的。如果事件被访问的频率高于产生它们的频率（由外部观测者访问），外部存储也许是一个良好的选择。另一方面，当事件更加频繁地产生、访问不频繁地发生时，本地存储就是一个合适引人的选择。DCS 落在这两个选项中间，并在如下情形中是首选的：网络是大型的，且检测到大量事件，但查询较少。接下来的内容将提供实现细节，并讨论 GHT。

10.6.3　GHT：地理位置散列表

GHT 是传感器网络的一种结构化方法，使在不要求查询洪泛的情况下基于内容的索引数据成为可能。GHT 也提供存储利用的负载均衡能力（假定相当均匀的传感器部署）。通过将一个关键字 k 散列到地理坐标，GHT 实现一种分布式散列表。如上所述，GHT 以如下方式支持 Put（data d，key k）和 Get（key k）。在 Put 操作中，数据（事件）随机散列到一个地理位置（x，y），而在相同关键字 k 上的一个 Get 操作散列到这个相同位置。在传感器网络的情形中，传感器可能是随机部署的，且地理散列函数是不知道拓扑的。因此，一个传感器节点也许不存在于由散列函数给定的精确位置。同样，确保 Get 和 Put 操作之间的一致性是至关重要的，即这两个操作将相同的关键字映射到相同的节点。Put 操作通过将散列事件存储在最接近于散列位置的节点做到这点，Get 操作能够同样从最接近散列位置的节点检索一个事件。当然，这个策略确保 Get 和 Put 操作之间的期望一致性。

GHT 使用贪婪的周边无状态路由（GPSR）[14]。GPSR 是一个地理路由协议，它仅使用位置信息将报文路由到任何连接的目的地。它假定每个节点知道其自身的位置以及它的所有一跳邻居的位置。它有两种路由算法：贪婪转发和周边转发。

在贪婪转发中，在接收到目的地为 D 的一条报文时，节点 X 将报文转发到它的邻居，该邻居是节点 X 所有邻居（包括节点 X）中最接近 D 的。直觉上来说，一条报文在每次转发时都会移动靠近到目的地的一个位置，并最终到达目的地。当然，当 X 没有任何一个邻居比它自身更靠近 D 时，在这种情形中，贪婪转发就不能工作了。那么 GPSR 就切换到它的周边模式。

在周边模式中，GPSR 使用如下的右手规则：在节点 X 的一条边上接收到一条报文时，则在 X 的入边中反时针方向的下一条边上转发该报文。GPSR 计算网络连通图的一个平面子图，之后将右手规则应用到这个图。

10.6.3.1　GPSR 与 GHT 的交互作用

GPSR 提供将报文传递到位于指定坐标的一个目的地节点的能力，而 GHT 要求将一条报文转发到最接近目的地节点的一个节点的能力。GHT 定义一个家乡节点（home node）为最靠近散列位置的节点；GHT要求具有将一个事件存储在家乡节点的一种能力。

假定散列一个事件的给出位置（X_1，Y_1）（作为给定事件是需要被存储的节点坐标的），在位置（X_1，Y_1）处不存在节点，那么GHT将那个事件存储在它的家乡节点H处。所以，节点H在接收到目的地（X_1，Y_1）的一条报文时，将切换到GPSR的周边路由模式（因为将没有比它自身更靠近目的地的邻居）。通过应用周边路由，报文将在穿越整个周边之后最终返回到H。那么H将判定它是给定事件的家乡节点，之后将存储这个事件。到此为止所描述的GHT和GPSR之间的交互作用对于静态传感器、理想的无线通信和没有考虑传感器节点故障的情形工作良好。但是，当数千传感器被投放在一个不友好的环境中时，人们几乎不能假定存在这些理想条件。

GHT确保鲁棒性（对节点故障和拓扑改变的抑制能力）和扩展性（通过网络上的负载均衡）如下：在面临节点故障和拓扑改变时，它使用一种新颖的周边刷新协议取得鲁棒性，它使用结构化的复制执行负载均衡，由此得到扩展性。下面将简短地描述这两种技术。

10.6.3.2　周边刷新路由

GHT需要解决两个挑战：家乡节点故障和拓扑改变（如节点添加）。一个家乡节点周期性地发起一条周边刷新消息，该消息穿越指定位置的整个周边。在周边上的每个节点，接收到这个事件时，首先将其本地存储，之后在一个定时器的帮助下在一定时长内标记给定事件和家乡节点之间的关联关系。如果这个节点接收到来自相同家乡节点的任何后继的刷新消息，它就重置定时器并将家乡节点与事件重新关联。但是，如果它没有接收到刷新消息，它就假定这个事件的家乡节点已经出现故障，并发起选举一个新的家乡节点的一条刷新消息。GHT以这种方式从家乡节点故障中得以恢复。

作为拓扑改变的结果，某个新节点H_1现在也许比当前家乡节点H更靠近目的地。当前家乡节点H发起刷新消息时，H_1将收到这条消息。因为H_1比H更靠近目的地（根据家乡节点的定义），H_1重新发起刷新消息，之后该消息通过周边的所有节点（包括H），最后返回H_1。据此周边上的所有节点更新它们的关联关系和定时器，指向H_1。GHT以这种方式解决拓扑改变的问题。

10.6.3.3　结构化的复制

如果许多事件散列到相同节点位置，那么这个节点就可能成为一个热点（hot spot）。结构化复制是GHT均衡负载并降低热点效应的方式，基本思路是在地理上分解成层次结构并复制家乡节点而不是复制数据本身。例如，一个节点不将数据存储在层次结构的根处（事件的家乡节点），而是将数据存储在最近的镜像节点（家乡节点的复制之一）处。对于检索事件，查询仍然将目标朝向根节点，但是之后根节点将查询转发到镜像节点。

10.6.4　传感器网络的图嵌入问题

GHT 使用 GPSR，这是仅基于位置信息而路由报文的一个地理路由协议。传感器网络的图嵌入（GEM）是传感器网络中不使用地理信息的一项基础设施，这种设施用于节点到节点路由、以数据为中心的存储和信息处理[18]。GEM 内嵌一个环状树到网络拓扑之中，并以这样一种方式标记节点，构造一个 VPCS（虚拟极坐标空间）。VPCR 是运行于 VPCS 之上的一个路由算法，且不需要地理信息，它提供了不依赖于地理信息构建一致关联的能力。

10.6.5　传感器网络中特征属性的分布式索引

GHT 的目标是检索高层次的、精确定义的事件。原始 GHT 实现限于报告一个特定的高层事件是否发生。但是，作为对更复杂查询的响应，原始 GHT 不能高效地定位数据。传感器网络中特征属性的分布式索引（DIFS）试图扩展原始结构，以便高效地支持范围查询。范围查询是这样的查询，其中仅期望得到一定范围内的事件。在 DIFS 中，作者们提出一种分布式索引，该索引给出低的平均搜索和存储通信要求，同时在参与节点间可均衡负载[8]。下面将描述高层事件的概念，并讨论能够由端用户提出的一些区间查询范例。

10.6.5.1　高层事件

一个高层事件可定义为传感器值自身的组合测量。例如，一名用户也许查询动物平均速度或热区域中的峰值温度。用户经常能够对这些值添加时间约束，如查询在最近 1h 内的动物平均速率。另外，用户也许也结合一个空间维度，如寻找一个区域，该区域的平均温度要大于某个阈值。一些端用户也可能对查询各种事件间的关系感兴趣。在时间域查询的一个范例是，温度增加超过一个阈值的事件之后是否接着会检测到一头大象。当然，所有这些类型能够组合使用，可提出更复杂的查询。DIFS 假定所有传感器存储原始传感器读数，而仅有一个传感器子集作为索引节点，以方便搜索。注意 DIFS 运行于 GHT 之上，以一种高效方式支持上述范围查询。因为读者已经熟悉 GHT，所以首先描述索引的基于四叉树（quad-tree-based）的方法，接着描述 DIFS 架构。

10.6.5.2　简单的四叉树方法

这种方法是以如下方式工作的，即构建一个空间分布的四叉树直方图，该图汇总它们代表区域内的活动。一个根节点维护四个直方图，描述在四个等尺寸象限每个象限（它的子节点）中的数据分布。向下钻取的方法可用于这棵树之上，在子节点上的数据概要是更详细的。但是，在那个情形中，因为根节点必须处理所有查询（查询以自顶向下方式移动经过树），所以也可能证明根节点是一个瓶颈。同样，每次发生一个新事件时，为了更新直方图，在层次结构中向上传播数据从能量角度来看可能会产生问题。DIFS 为了解决这些问题，扩展了这种单纯的方法。

10.6.5.3 DIFS 架构

类似于四叉树实现，DIFS 使用直方图构造一个索引层次结构。不同于四叉树方法的是，每个子节点具有 bfact 个父节点而不是单个父节点，其中 $bfact = 2^i$，$i \geq 1$。同样，一个子节点在其直方图中维护的数值范围是其父节点所维护数值范围的 bfact 倍。关键点是，为确保能量—存储的负载均衡，索引节点知道的数值范围反比于该节点覆盖的空间长度。因此，不是仅有一个查询入口点（如在单纯四叉树方法中的情形），搜索可在树中的任意节点开始。查询入口点的选择可依据于空间长度以及查询中提到的数值范围。

另一个重要功能是索引节点选择，它是在地理受限散列函数的帮助下完成的。一个给定传感器现场递归地分成矩形象限，象限正比于在索引层次结构中的层数。给定一个源位置、要散列的一个字符串和一个有界矩形，这个散列函数的输出是在给定有界矩形内部的一对坐标。注意，在 GHT 情形中，散列函数可能产生传感器现场中的任意位置，而不是有界矩形内部的任意位置。直觉上而言，一个节点将一个事件转发到满足下列条件的第一个本地索引节点，该索引节点具有最窄的空间覆盖，但有最宽的数值范围。之后，这个节点将事件转发到具有较宽空间覆盖但较窄数值范围的父节点，这个转发过程可递归地实施。

10.7 小结

本章考虑了传感器网络中的存储管理问题（其中数据存储于网络中），讨论了需要这种存储的两类应用：①离线科学监控：其中数据是离线收集的，并周期性地由一名观测者采集用于以后的回放（playback）和分析；②增强的现实应用：其中数据存储于网络中，并用于回答来自于多个观测者动态产生的查询。在这样的存储受约束的网络中，传感器不仅受限于可用能量，而且受限于存储。而且，人们期望的是高效的以数据为中心的数据索引和检索，特别对于第二种应用类型更是如此。

人们已经识别出在存储受限传感器网络中存在的目标、挑战和设计考虑。将挑战组织成三个领域，就识别出的目标而言，每个领域都结合一个惟一的设计/折中空间，并拥有以前存在的研究基础和协议基础：

1）存储的系统支持：就硬件、应用和资源限制而言，传感器的存储不同于传统的永久存储。照此，硬件和必要的文件系统支持都显著地不同于传统系统在这方面的支持。

2）协作存储：通过利用附近传感器之间的空间相关性以及降低冗余/调整采样周期的方法，能够最小化存储要求。这样的技术要求在附近传感器间进行数据交换（和关联的能量开销）。就能量而言存在一个复杂折中：本地缓冲可能在数据收集阶段节省能量，但在索引和数据检索过程中却不能节省能量。而且，实际网络中取决于较稀缺的资源，需要考虑均衡存储和能量。

3）索引和检索：最后的问题类似于P2P网络中的索引和检索问题，但是它在数据类型和通信的高开销方面存在不同（要求最优的查询，并限制不必要的数据移动）。本章讨论了在这个领域中的现有解决方案。

多数现有的研究都独立于其他方面而解决该问题的不同方面。可以认为在每个领域中仍然存在设计空间的大量未探索领域，但是这些领域交叉区域的问题看来是最具挑战性的。就人们所知而言，这些问题还没有得到解决。

参考文献

1. S. Androutsellis-Theotokis, A survey of peer-to-peer file sharing technologies, 2002; available on the Web at http://www.eltrun.aueb.gr/whitepapers/p2p_2002.pdf.
2. P. Bonnet, J. Gehrke, and P. Seshadri, Towards sensor database systems, *Lecture Notes in Computer Science*, 1987, 2001.
3. E. Cohen and S. Shenker, Replication strategies in unstructured peer-to-peer networks, *Proc.* 2002. *ACM SigComm'02 Conf.*, Aug. 2002.
4. D. Ganesan, B. Greenstein, D. Perelyubskiy, D. Estrin, and J. Heidemann, An evaluation of multi-resolution storage for sensor networks, *Proc. 1st Int. Conf. Embedded Networked Sensor Systems*, ACM Press, 2003, pp. 89–102.
5. D. Ganesan, S. Ratnasamy, H. Wang, and D. Estrin, Coping with irregular spatio-temporal sampling in sensor networks, *Proc. ACM Computer Communication Review* (*CCR*) *Conf.*, 2004.
6. D. Gay, Design of matchbox, the simple filing system for motes, 2003; available on the Web at http://www.tinyos.net/tinyos-1.x/doc/matchbox.pdf.
7. D. Gay, Matchbox: A simple filing system for motes, 2003; available on the Web at www.tinyos.net/tinyos-1.x/doc/matchbox-design.pdf.
8. B. Greenstein, D. Estrin, R. Govindan, S. Ratnasamy, and S. Shenker, Difs: A distributed index for features in sensor networks, *Proc. 1st IEEE Int. Workshop on Sensor Network Protocols an Applications* (*SNPA 2003*), 2003.
9. W. Heinzelman, *Application-Specific Protocol Architectures for Wireless Networks*, PhD thesis, Massachusetts Institute of Technology, 2000.
10. J. Hill, R. Szewczyk, A. Woo, S. Hollar, D. E. Culler, and K. S. J. Pister, System architecture directions for networked sensors. *Proc. 8th Int. Conf. Architectural Support for Programming Languages and Operating Systems*, ACM Press, 2000, pp. 93–104.
11. C. Intanagonwiwat, D. Estrin, R. Govindan, and J. Heidemann, *Impact of Network Density on Data Aggregation in Wireless Sensor Networks*, Technical Report TR-01-750,

Univ. Southern California, Los Angeles, Nov. 2001.

12. C. Intanagonwiwat, R. Govindan, and D. Estrin, Directed diffusion: A scalable and robust communication paradigm for sensor networks, *Proc. 6th ACM Int. Conf. Mobile Computing and Networking* (*MobiCom'00*), Aug. 2000.
13. P. Juang, H. Oki, Y. Wang, M. Martonosi, L. S. Peh, and D. Rubenstein, Energy-efficient computing for wildlife tracking: Design tradeoffs and early experiences with ZebraNet, *Proc. 10th Int. Conf. Architectural Support for Programming Languages and Operating Systems*, ACM Press, 2002, pp. 96–107.
14. B. Karp and H. T. Kung, Gpsr: Greedy perimeter stateless routing for wireless networks, *Proc. 6th Annual Int. Conf. Mobile Computing and Networking*, ACM Press, 2000, pp. 243–254.
15. S. Madden, *The Design and Evaluation of a Query Processing Architecture for Sensor Networks*, PhD thesis, Univ. California Berkeley, 2003.
16. S. Madden, M. Franklin, J. Hellerstein, and W. Hong, Tag: A tiny aggregation service for ad-hoc sensor networks *Proc. OSDI*, 2002.
17. M. K. McKusick, W. N. Joy, S. J. Leffler, and R. S. Fabry, A fast file system for UNIX, *Comput. Syst.* **2**(3):181–197(1984).
18. J. Newsome and D. Song, Gem: Graph embedding for routing and data-centric storage in sensor networks without geographic information, *Proc. 1st ACM Conf. Embedded Networked Sensor Systems* (*SenSys 2003*), 2003.
19. Network simulator; available on the Web at `http://isi.edu/nsnam/ns`.
20. S. Ratnasamy, P. Francis, M. Handley, R. Karp, and S. Shenker, A scalable content addressable network, *Proc. ACM SigComm Conf., 2001*, 2001.
21. S. Ratnasamy, B. Karp, S. Shenker, D. Estrin, R. Govindan, L. Yin, and F. Yu, Data-centric storage in sensornets with ght, a geographic hash table, *Mobile Network Appl.* **8**(4):427–442(2003).
22. A remote ecological micro-sensor network, 2000; available on the Web at `http://www.botany.hawaii.edu/pods/overview.htm`.
23. M. Ripeanu, I. Foster, and A. Iamnitchi, Mapping the gnutella network: Properties of large-scale peer-to-peer systems and implications for system design, *IEEE Internet Comput. J.* **6**(1) (XXXX).
24. M. Rosenblum and J. K. Ousterhout, The design and implementation of a log-structured file system, *ACM Trans. Comput. Syst.* **10**(1):26–52(1992).
25. I. Stoica, R. Morris, D. Liben-Nowell, D. R. Karger, M. F. Kaashoek, F. Dabek, and H. Balakrishnan, Chord: A scalable peer-to-peer lookup protocol for internet applications, *IEEE/ACM Trans. Networking* **11**(1):17–32(2003).
26. S. Tilak, N. Abu-Ghazaleh, and W. Heinzelman, Storage management issues for sensor networks; available on the Web at `www.cs.binghamton.edu/~sameer/CS-TR-04-NA01`.
27. Crossbow Technology Inc; `http://www.xbow.com`.

第11章　传感器网络的安全

FAROOQ ANJUM 和 SASWATI SARKAR
美国新泽西州皮斯卡塔韦镇 Telcordia Technologies 公司应用研究部门
美国费城宾夕法尼亚大学工程与应用科学学院电子与系统工程系

11.1　简介

传感器网络已经日渐成为正统科学关注的主题。基于应用，这些网络的规模可能从数十个变化到数千个廉价的无线传感器节点。这些传感器的主要特征是低成本、小尺寸、密集部署、有限的移动性和受限于电池功率的寿命。另外，就存储、计算、内存和通信能力而言，传感器节点也具有有限的资源。传感器网络的典型架构涉及将所有产生的数据转发到成为目的节点单个收集点的传感器节点。

传感器网络应用的潜在领域包括健康监控、危险环境中的数据获取、军事行动和国家防卫。考虑如下范例，其中来自于雪城大学（Syracuse University）的研究人员正为在塞内卡河（Seneca River）进行安装传感器网络的一个项目工作，为的是建造一个最大的水下监控系统。传感器节点预期以每10min一次的频率收集如下数据：温度、氧气、浊流、光、盐含量、磷、铁、硝酸盐、亚硝酸盐、氨和其他物质。收集的数据最终传递到雪城大学的一台主计算机，并发布在网络上。这个信息使科学家们能够评估水是否适合于消费、水生物和娱乐的用途。一些研究人员和公司正在进行几个类似项目，希望将传感器网络用于国家安全。

但是，明显的是必须对这种网络的安全方面给予关注。由于运行在一个不友好的环境中，传感器易于受到许多威胁，解决这些威胁要求各种形式物理的、通信的和加密的保护。例如，试图攻击塞内卡河的恐怖组织在实施任何攻击之前，将必须试图攻破传感器网络。保护这些传感器网络将必须采用多方面的策略。将考虑焦点放在如下方面是必要的，如通过加密传感器节点发送出的信息而保护这个信息，在系统中检测恶意用户，在检测到恶意事件之后如果可能就恢复事件。例如，入侵者可能攻破现有传感器，之后使用这些被攻破的传感器节点发送病毒，其攻击目标是上述主计算机。这些“坏”传感器也试图以不必要的数据更新压垮网络，使之耗尽传感器网络中的资源，如带宽、能源。

考虑到传感器网络和自组织网络之间的相似性，如使用无线链路以及存在的多跳通信，逻辑上出现的一个问题是针对无线自组织网络提出的安全方案对传感器网络的适用性问题。为什么这些方案不适合传感器网络的一个非常重要的原因是与传感器节点关联的苛刻能量约束。这两个网络之间存在许多其他方面的差异，作为这些差异的结果，为在自组织网络中提供安全通信而提出的解决方案也许并不总适合于传感器网络。

1）如前所述，能量是基本的资源约束，这是因为电池技术方面的进展仍然落在后面。它们的寿命通常受限于微小电池的寿命，如当全功率运行时，Berkeley MICA 微尘仅可持续运行大约 2 周时间。将这点与如下事实一起考虑，即在传感器部署于它们的电池不能替换的许多情形中，可看到保留功率的重要性。因此，如果传感器网络要持续运行数年时间，那么多数时间无线接口运行在睡眠模式下（这意味着不活跃状态，由此节省能耗）就是至关重要的。

2）在一个传感器网络中的节点是密集部署的，即两个节点之间的距离经常小于数米。因此，传感器网络可能由数十～数千个节点组成。因为节点是小型的，且制造成本廉价，所以这也使之成为可能，因此大量这样的网络能够用来覆盖一个范围较大的地理区域。

3）传感器具有有限的计算能力和存储资源，传输的每位数据与执行 800～1000 条指令消耗相等的功率[54]，这种器件的应用范围也受限于功率和天线约束。由于岩石、草、树、灌木和其他障碍物的影响，低位放置的传感器有时具有有限的视距。

4）对于这样的网络，应排除基于公开密钥算法的原语操作（即不能使用这种方法），这是对这种算法相关计算复杂性的考虑所决定的。

5）传感器节点更容易出现故障。

6）这些网络典型地部署于不友好的区域，其中传感器节点更易于被敌方俘获和利用。典型情况下，无人照管的事实也许意味着攻破它们是更加容易的。采用防误用损坏的节点来解决这个问题，将导致成本的增加。

7）虽然人们期望绝大多数传感器节点部署是静态的，但在这样的网络中并不排除移动性。例如，放置于人类、车辆以及其他主体或物体上的数据收集和控制节点从平台（节点部署于其上）继承移动性（即随平台移动）。

8）这些网络也允许特定的通信模式。在一个传感器网络中的多数通信都涉及一个目的，具体而言，在节点和目的（请求数据或响应）之间或从目的到所有节点（信标、查询或重新编程）[3]。在一些情形中，目的也许需要与多个节点同时通信。另外，传感器网络可能也允许局部通信，为的是允许邻居们可相互发现并进行协作。

9）虽然传感器的位置在许多应用中是固定的，但因为节点故障和物体通过传感器现场，网络拓扑可能频繁地发生变化。

本章将讨论焦点放在与传感器网络中确保安全相关的研究问题上。本章组织结构如下：11.2 节将评述在传感器网络中可用的资源；11.3 节，将深入探讨与在传感器网络中提供安全通信相关的各种问题；11.4 节将给出一个小结。

11.2　资源

与传感器关联的资源主要是处理和功率资源。目前微处理器的处理能力以一种指数速率提高，但电池和能量存储技术确是以一个非常低的速率在提高。所以对于传感器网络，能量效率是一个关键问题，特别考虑到在这样的网络中的节点上更换或对电池充电是困难的前提之下。例如，微尘（motes）配备有运行于 4MHz 的一个 8bit 中央处理单元（CPU）、128KB 的程序存储器、4KB 的随机访问存储器（RAM）、512KB 的串行闪存和两个 AA 电池。处理器仅提供对一个最小的类似精简指令集计算机（RISC）指令的支持，不提供对可变长度移位/循环移位或乘法的支持。通信的峰值速率是 40kbit/s，通信范围可达 100ft[㊀]。为了在有限能量预算的前提下延长它们的寿命，制造的传感器常常具有有限的处理、通信和内存能力。

在一个传感器器件中，无线接收发器是主要的能量消耗者[36]。空闲时消耗的能量是不可忽略的，并已经证明为传输和接收消息时所用能量的 50% ~ 100%[37,38,46]。注意无线接收发器必须被供电，这样才能使之能够接收每条进入报文，以确定这个报文应该被接受还是被转发。虽然多数这样的报文都被简单地丢弃了，但却消耗了大量能量。在通信过程中消耗的能量比计算消耗的能量幅度大几个数量级[41]。对于空闲功率消耗，当前一代的无线（RFM 公司，http://www.rfm.com，用于 Berkeley 微尘中）使用的功率比传输功率小 1 个或几个数量级。在这方面人们仅能期望在未来性能得以提升。

传感器节点的能力可扩展到如下描述的一个（较宽）范围，即从智能微尘传感器[48]（仅具有 8KB 程序和 512B 的存储器，处理器具有 32 个 8bit 通用寄存器、4MHz 速度和 3.0 V 电压）到 MIPS R4000 处理器，后者具有超过一个数量级的超强能力。但考虑到与这种器件关联的功率、能量和相关通信约束以及计算约束，排除了在其中使用密码学目的的非对称原语操作。例如，Deng 等人[27]表明，在一个如 Motorola MC68328（可将之看作处于能力的中间段上）的处理器上，1024bitRSA 加密（签名）操作的能耗大约为 42mJ（840mJ），这远远高于 128bitAES 加密操作耗费的能量，后者大约为 0.104mJ。为了在 900m 的距离上传输一个 1024bit 的数据块，发现 RSA 加密需要大约 21.5mJ，基于 AES 加密需要

㊀ 1ft = 0.3048m。——编辑注

这个能量的一半。这是针对一个需要约 10mW 供电的 10kbit/s 系统测量的。人们也已经证明，对称密钥加密和散列函数比数字签名的处理要快 2 ~4 个数量级。

传感器网络主要应用在信息获取领域[10,11]。给定这个应用领域的情况下，针对传感器网络人们已经提出了两种通信模型：基于群集的模型和 P2P 模型。在基于群集的模型[10]中，可静态地和/或动态地形成多个群集。为了管理或控制群集，对于每个群集都存在一个群集头（CH）。CH 选举和维护操作，要求使用安全的消息交换。在 P2P 模型[12]中，所有节点是同构的，因此具有相同的能力。因此，在不依赖于专有设备作为 CH 的情况下，每个传感器可与任意一个其他传感器通信。在这些模型的每个模型中，可假定存在单个或多个传感器将数据传递到数据的目的地。

11.3 安全

具有有限处理能力、存储、带宽和能量的传感器网络要求采用特殊的安全方法。就可用性、机密性、认证、完整性和非抵赖（nonrepudiation）方面，传感器的硬件和能量约束在自组织网络的安全要求之上添加了难度。可用性确保除了拒绝服务攻击外网络服务的存活性，机密性确保某些信息从不泄漏给非授权实体，完整性保障被传递的消息从不被破坏，认证使一个节点能够确保对等端节点的身份是它正与之通信的实体，非抵赖确保一条消息的源发者不能否定发送过这条消息[11]。

本节将讨论传感器网络中的各种安全相关的问题：首先将焦点放在传感器网络中可能存在的不同攻击之上；之后处理数据加密和认证专题；接下来探讨传感器网络中的密钥管理专题；再之后，讲解传感器网络中的入侵检测专题；路由、安全融合和实现是本节讨论的最后三个专题。

11.3.1 对传感器网络的攻击

无线传感器网络可能部署于不友好的环境中，其中攻击者能够① 窃听和重放被传输的信息；② 攻破网络实体，并强制它们的行为发生异常；③ 通过获得多个网络实体的身份而冒充这些实体。本节将探讨在传感器网络中可能会发生的问题。Wood 和 Stankovic[15]研究考察了传感器网络中的拒绝服务攻击，作者们强调了一个重要的和众所周知的事实，即在设计过程中必须将安全构建在系统之内，而不是后来再强加安全功能。后一种方法在许多情形中是失败的，人们已经给出了说明这点的范例。由作者们[15]探讨的一些攻击类型如下：

1. 篡改

这也许是物理俘获和导致攻破的结果。建议节点对篡改以失败—完成的方式做出反应，方法是清除密码学和程序内存。这隐含着传感器节点是防篡改的，但防篡改增加了这种节点的成本。伪装或隐藏节点是防止物理俘获和导致篡改的其他建议防卫手段。传感器的远程管理也是有帮助的，即如果被认证的用户感觉到传感器已经被攻破，那么该用户能够清除该传感器上的密码学密钥和信息。

2. 干扰

因为传感器节点将不能通信，所以这种情况被容易地检测到。一种建议的防卫手段是扩频通信，但这增加了成本、功率和设计复杂性。所以对于传感器网络这可能是不可行的。在这种情形中，基于干扰的类型有不同的策略。如果干扰是永久存在的，那么节点能够使用较低的占空比，并通过节约使用能量而试图使寿命长于敌方。对于暂时干扰，可使用其他方案，例如使用基于优先级的方案发送重要消息，在系统节点间协作存储和转发这种重要消息，或通知基站存在这样的一个事件。如果干扰是局部化的，那么围绕被影响区域的节点们在映射并汇报该区域的有关方面协作运行，这将允许通信旁路被影响区域。使用路径（通过避免被干扰区域）、接口（通过使用不同技术，例如光、红外线等）和频率（通过在不同频率上传输）方面的冗余看来是解决干扰的一种有用方法。当然，这并不意味着攻击者不能阻塞冗余手段，如通过阻塞所有频率。

3. 链路层攻击

在这种情形中，攻击手段试图攻破遵循的媒体访问控制协议。例如，就攻击者花费的能量而言，在传输的数个位产生一个冲突可产生中断整个报文的一种非常有效的方式，这能够由使用错误纠正码（和试图“最大努力传递”的协议）部分地解决。但是，当面临偶然性错误而非恶意错误时，这些码工作效果最好，而且这些码的使用导致额外的处理和通信负担。这种方法的一个变种可能导致不公平性，即在使用信道方面一些节点不遵循建议的规则访问信道。例如，如果在检测到一个冲突之后，MAC 协议提供随机回退，而一个恶意节点可能选择忽略这种机制并立刻传输，这将导致对其他节点的不公平。

Newsome 等人[55]深入研究了传感器网络中的 Sybil 攻击[56]。在这种情形中，单个恶意节点冒充担当大量节点的身份，它是通过假冒其他节点或声称假的身份而做到这点的。当使用单个物理设备时，这是能够完成的。作者们以给出 Sybil 攻击不同类型的分类而开始展开讨论，并解释了对传感器网络各种特征方面的可能 Sybil 攻击，例如融合、投票、公平资源分配和不端行为检测。在融合的情形中，为了显著地影响计算的融合，使用 Sybil 攻击的一个恶意节点能够发送多个假的传感器读数。类似地，通过使用多个假的身份，依赖于投票的方案（如恶意行为检测方案）可能受到严重的影响。资源的公平分配同样被这些攻击破坏。

对抗 Sybil 攻击的一种方法是资源测试[56]，这种方法假定每个物理实体在某个资源方面是有限的。身份的验证涉及测试每个实体具有的被测试资源与期望从每个物理设备得到的量相等，这里一些可能的资源是计算、存储和通信。不幸的是，由于资源限制，这种方法不适合于传感器网络[55]。例如，攻击者可能部署这样一个物理设备，该设备具有的能力是正常传感器节点能力的几个数量级倍数，因此针对传感器网络将需要新的防御措施[55]。由 Newsome 等人[55]提出的防御措施包括无线资源测试、随机密钥预分布的密钥集合验证、注册和位置验证。在无线资源测试的情形中，一个节点可为它的每个邻居指派一个不同的信道，它们在该信道上进行数据传输，之后该节点能够随机地选择一个信道进行侦听。如果被指派信道的邻居是惟一的，那么该节点就能听到这个消息。当然，具有多个接口的一个攻击者能够挫败这种防御。位置验证（其中由网络验证每个设备的物理位置）也能用来挫败 Sybil 攻击，通过检查不同身份实体处于不同物理位置能够做到这点。在随机密钥预分布的情形中，一个节点的密钥是与其身份关联的。与一个伪随机函数相结合的声称 ID 的一个单向散列，给出该节点期望拥有密钥的索引。如果这不能得以验证，那么声称的 ID 被拒绝。这是解决 Sybil 攻击，同时利用传感器节点上密钥存在的一种有前景的方法。后面将考察密钥管理以及加密/认证。采用一个中心权威将节点的身份进行注册可能是另一种方法，虽然这种方法要承受如下缺陷，如一名攻击者向中心权威维护的列表中添加假身份。Karlof 和 Wagner[4]也考虑了传感器网络中在路由上下文中对网络层的攻击，将在 11.3.5 节考察在路由上的这些攻击。

11.3.2 数据加密/认证

传感器网络部署产生典型地适合于数据收集的通信。在这种情形中，节点可能周期性地收集数据，之后将其转发到一个基站或目的地。环境监控是这样一个活动的范例，其中包括监控某个现场或植物内部的温度、辐射或化学活动。另外，这种网络中的通信也可能源于一名观测者就所关注的信息而查询网络。在这样一种情形中，拥有这个信息的源节点以一个答案做出应答。这种情形的一个范例是对象跟踪系统，其中一名观测者就一个对象的出现或行为而查询网络。注意这些查询典型地是以洪泛方式传播的，除非观测者知道它所寻找答案的准确传感器才不采取这种方式。

现在，考虑到使用无线链路进行通信，这就使窃听非常容易，则重要的是确保任意两个传感器节点之间的通信安全。如果不采取保障措施，那么对于入侵者而言，对网络发起各种攻击就是非常容易的，例如注入假数据、侦听并修改传输的数据或重放陈旧的消息。通信机制将必须确保被传递的数据是安全的。取得这个目标的标准方法是加密由传感器传输的数据。另外，为了保障数据源就是声称的发送者，同样必要的是提供认证机制。需要的另一个安全属性是与数据新鲜度相关的，数据新鲜度提供数据是最近产生的一项保障，并确保敌方不能重放陈旧消息。考虑传感器网络随着时间发送消息，如果这项保障缺失，那么敌方就能够重放陈旧的测量数据，因此导致网络混乱，该网络的核心是测量随着时间推移的各种数值。注意，这里讨论的不同提案都是基于使用对称密码学原语操作的。

SPINS[3]考虑的情形是多数通信涉及基站，即一个中心基站作为惟一信任的点，其中所有节点仅相信基站和它们自己，因此两个传感器节点是不直接通信的。它将关注焦点放在基于 RC5 块加密的能量高效加密和认证机制方面，考虑的其他加密方法是 AES、DES 和 TEA[26]。SPINS 解决资源约束的传感器网络中的安全通信问题，它引入两个低层次安全构造块，即 SNEP 和 μTESLA。SNEP 在节点和目的之间提供数据机密性、两方数据认证、完整性和新鲜性；μTESLA 为数据广播提供认证。为了代码重用，所有密码学原语构造于单个块加密基础之上，且也由于有限的程序内存才采用这种方法。但它也遵循如下原则，即对于不同密码学原语，不重用相同的密码学密钥的建议（因为这可能导致原语之间任何潜在交互存在的弱点），这样对于加密和 MAC 操作就使用不同的密钥。SPINS 的主要思想是证明在不强调通用适用性的情况下，通过仅使用对称密码学方法，采用非常有限的计算资源的安全可行性。目标无线网络是同构的和静态的网络。

SNEP 使用计数模式的块加密方法，为了节省能量，计数是不随每条消息发送的。当相应参与方不同步时，这可能导致问题。为了解决这个问题，作者们提出了一个计数交换协议，即当计数不同步时，将由关注的参与方使用这个协议解决不同步问题。注意，计数模式提供了优势，例如语义安全，这确保入侵者没有关于明文的信息，甚至当相同明文的多个加密传输时也是如此。进一步来说，在这种情形中，密码学算法仅在加密模式中用于接收者和发送者。当考虑如 AES 的算法时，就性能而言这是一个优势。

通信各方共享一个主密钥，使用一个伪随机函数可从其推导独立的密钥。推导出四个密钥，两个加密密钥和两个 MAC 密钥，不同的密钥用于通信的每个方向，之后被传输的数据使用加密密钥以计数模式进行加密。MAC 也与每条信息相关联，MAC 是在加密的数据和计数器上计算的，MAC 中的计数器数值防止陈旧消息的重放。另外，部分消息排序也是由使用计数器提供的。使用的 MAC 算法是 CBC-MAC，因为这种算法允许 RC5 块加密重用。

SPINS 的另一个组件是 μTESLA，μTESLA 在传感器网络中为广播通信提供认证。使用单 MAC 密钥确保这种通信的安全是不可能的，原因是所有接收者和发送者都将必须共享这个 MAC 密钥，因此一个接收者不能就声称的发送者是谁做出承诺。

节点必须进行相同消息的多次传输，每次使用一个不同密钥加密，这是一种低效率的方案。因此作者们将所提协议构建于 TESLA[40]协议之上，使之对于传感器网络是经得起检验的。TESLA 应用单向密钥链的概念，其中密钥使用一个单向散列函数相关联，如图 11-1 所示。将时间分成区间，在区间 i 使用的一个密钥在区间 $i+1$ 被揭示。而且，在区间 i 和 $i+1$ 揭示的密钥通过一个单向散列函数联系起来，其中在区间 $i+1$ 揭示的密钥的一个散列等于在区间 i 揭示的密钥。对称密钥的这种延迟揭示提供了认证广播报文需要的必要非对称性。初始报文使用一个数字签名在 TESLA 中被认证。标准 TESLA 具有每个报文大约 24B 的额外负担，原因是前一区间的 TESLA 密钥要在当前区间的每个报文中揭示。TESLA 在资源匮乏的传感器节点上占用很多的通信和内存资源。

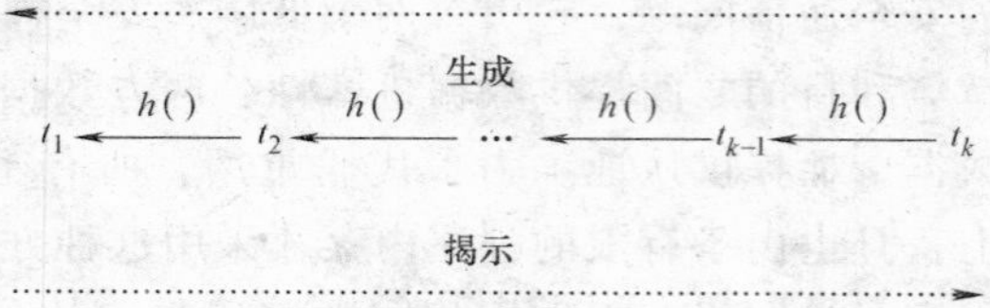

μTESLA 针对传感器网络解决了 TESLA 的问题，并且仅使用对称机制，密钥也仅在每个区间揭示一次。考虑到在一个传感器节点中存储一个单向密钥链是代价高昂的，μTESLA 限制被认证发送者的数量。当然，对传感器节点的一项要求是宽松的时间同步，这是因为将时间分成了区间。施加这项要求的原因是，区间在对称密钥的使用和揭示中是至关重要的。第二项劣势是直到当密钥被揭示的下一个时间区间，才需要在一个缓冲中存储报文。接收到一个密钥揭示的节点检查密钥的正确性（使用与前一个区间揭示密钥的散列关系），之后使用密钥认证存储在缓冲中的报文。如果在一个区间中揭示密钥的报文丢失，那么传感器节点将必须等待并继续缓冲报文，直到揭示下一个区间的密钥被揭示为止。

图 11-1 TESLA［使用一个单向函数产生密钥，如以所示的顺序进行散列，之后它们加以使用产生的反序，每个密钥对应于每个时间区间，$h()$ 表示单向函数］

SPINS[3] 假定个体传感器是不被信任的，因此设计密钥配置，使一个节点的攻破（compromise）不会扩散到其他节点。每个节点都与基站共享一个主密钥，任何节点到节点的通信都必须通过基站认证。

11.3.3 密钥管理

当采用密码学方案（如加密或数字签名）保护路由信息和数据流量时，总是要求一项密钥管理服务。对于任意两个实体之间的安全通信，这两个实体应该拥有一个秘密数值或密钥。能够建立安全通信的可能方式是涉及实体共享一个密钥（对称密钥系统）或涉及实体拥有不同密钥（非对称系统）。密钥管理是这样的过程，其中那些密钥分布到网络的节点上，以及如果需要如何进一步更新、清除等。这里需要考虑如下因素：

1）有限的能源供应，这限制了密钥的寿命。电池替换可能导致设备重新初始化并清除密钥。

2）甚至对于为非对称密码学算法保持变量，传感器节点的工作内存都可能是不够的（如 RSA 具有至少为 1024bit 的密钥尺寸）。

3）使用计算高效的方法。

4）在部署之后不能预先确定邻居且不能对邻居赋以绝对的信任。

5）很少且昂贵的基站。

由于如下因素，如这种网络的未知的和动态的拓扑，用于通信的无线链路难以预测的变化以及缺乏物理保护，所以以传统因特网方式建立管理用于加密的密钥的一个基础设施是不可能的。考虑到这些约束的一种实际解决方法是，在传感器部署之前将密钥分发给传感器。因此，在部署之前，在这些节点上具有一些秘密信息，它们需要使用这个信息建立安全通信基础设施用于运行过程之中。在传感器网络安全中，一个重要挑战是协议的设计，该协议从一个传感器集合中启动建立安全通信基础设施，这些传感器节点可能被预初始化一些秘密信息，但相互之间没有先验的直接联系。启动协议必须不仅使新部署的传感器网络具有安全的基础设施，而且允许以后时间部署的节点安全地加入网络。当前，在传感器网络中启动密钥的最实际方法是使用预部署密钥法，其中在部署传感器节点之前，将密钥装载到传感器节点。人们提出了几个基于预部署密钥的方案，包括基于使用所有节点共享一个全局密钥的方法[5]、每个节点与基站共享惟一密钥的方法[3]以及基于概率性密钥共享的方法[6,14]。忽略概率性密钥共享的最后一种方法，则有两个可能的选项：

1）对整个网络使用单个密钥；

2）成对共享，其中每个节点与网络中的每个其他节点都有一个独立的密钥。

从安全观点来看，方案 1 是存在问题的，因为攻破单个节点将破坏整个网络的安全。在这样的情形中为了确保安全，将涉及撤销和再生成密钥，但这对于网络却不是一个吸引人的选项，因为它是与通信相关的能耗会带来问题（除了再生成密钥过程要求认证外，再生成密钥的目的是为了防止攻击者远程地再生成密钥或清零密钥）。成对秘密共享（方案 2）避免这个问题，但之后对每个传感器节点上需要的存储量施加了极大的需求，这使之对于大型网络是一种不现实的方案。这种方案也使向一个已部署系统添加更多节点是困难的，因为这涉及与所有已部署节点重新生成密钥。将密钥装载到传感器的过程也必须考虑在内。

Basagni 等人[5]考虑由防篡改节点（这些节点也称为“卵石（pebbles）”）组成的传感器网路。因此，即使当节点们落入敌方之手，密钥也不会被攻破。在部署之前，所有节点都以单个对称密钥进行初始化，这之后会节省存储和搜索时间，之后这单个密钥可用来推导用于保护数据流量的密钥。推导是以阶段方式发生的：在第一个阶段节点们组织成群集；在第二个阶段群集头（CH）组织成一个骨干，并从这些群集头中概率性地选择一个密钥管理器。密钥管理器确定在下一周期中用来加密数据的密钥，并将这个密钥以一种安全方式（基于从单个系统范围的密钥推导出的一个单向链）通过节点的CH分发给网络中的节点。在确定CH和密钥管理器中，该协议考虑如传感器节点的能力的数个因素。每次协议运行时，选择一个密钥管理器，这增加了安全性。就存储要求而言，使所有节点共享单个密钥是高效的。而且，因为建立额外的密钥不要求通信，所以这也提供了高效的资源使用。这种方法的问题是，如果单个节点（特别如果它是CH）被攻破，那么整个网络的安全性就会瓦解。由于通信的额外负担，所以刷新密钥也是代价高昂的。同样在SPINS[3]中，每个传感器节点与基站共享一个秘密密钥，因此一个被攻破的传感器能够被入侵者用来攻破网络的安全（从预置密钥中确定密钥的一个衡量因素是用来确定新密钥的函数的效率。它是真正随机的吗？或存在概率特性的提示，它能帮助一名攻击者确定以后将被使用的一个密钥吗？能多大程度地信任密钥管理器?)。

为了解决与网络中所有节点共享单个密钥相关联的这些缺陷，Eschenaueer和Gligor[14]首次提出一种概率性密钥共享方法。下面讲述的提议是就安全性方面对基本方案的改进，提出的改进集中在三个方面：密钥池结构[24,29]；密钥选择阈值[6]；路径密钥建立协议[6,42]。在这种情形中，随机地从一个巨大池中选择一组密钥，并在部署之前安装到每个传感器节点。因此，一对节点将以某个概率共享密钥，结果这些方案提供防御节点俘获的网络灵活性，这是因为一个节点具有非常少的部署于其上的密钥。因此，不需要考虑防篡改的节点（但需要注意，在一些情形中（如军事部署），非防篡改节点是不可接受的）。考虑到与防篡改节点相关的问题（如成本和复杂性），这是一项优势。

在概率性密钥共享中，在部署之前每个传感器装载一个或多个密钥，这些密钥是随机地从一个密钥池中选择的。在部署之后，假定对于两个传感器节点出现一个共同密钥，则在这对传感器之间就能够建立一条安全链路。这种方案的缺陷如下：

1）在多跳之上的通信要求每一跳的解密和再加密，因此传感器节点不能仅中继报文，而且也将必须以密码学算法处理所有进入报文。这就增加了传感器的工作负载和时延。

2）在不共享公共密钥的传感器之间或远距离的传感器之间建立一条安全信道是一件繁琐的事情。

当两个节点需要发现任何公共密钥时，它们就要执行一个共享密钥发现协议。两个节点发现它们是否共享一个公共密钥的最简单方法是使每个密钥关联一个标识符，之后一个节点能够传输代表那个节点上存在密钥集合的标识符列表。当然，结果就是敌方也许不知道真实密钥，但通过窃听将知道一个给定节点上密钥的标识符。如果这是令人担忧的，那么可以使用另一种方法，该方法使用节点上的每个密钥加密一个随机数，并与被加密的数据一起传输这个随机数。接收到这个传输时，节点能够为发现公共密钥而搜索它们自身的密钥集合。之后，这些声称的验证可基于挑战—应答协议进行。因此，这个阶段涉及一项通信的额外负担。在参考文献 [6，29] 中考虑的通信额外负担是针对密钥路径长度小于3而言的。

密钥池中密钥的数量是根据如下选择的，使任意两个随机选中的节点都将以一定的概率共享至少一个密钥。但是，因为很有可能每个节点上密钥的随机选择，在任意两个给定节点之间不存在共享的公共密钥。在这样一个情形中，需要找到所关注节点之间共享公共成对密钥的一条节点路径。如果表示网络的图是连通的，则这就是可能的。之后，这对节点可使用这条节点路径交换一个密钥，可采用该密钥建立直接链路。这可取得系统中每对节点之间成对共享密钥所提供的相同效果，但是以较低开销为代价的。当然，考虑到连通模型是概率性的，这个图就可能不是全连通的，因此使一些节点对不能安全地相互通信。在最小化发生这个事件的方法中，参数的合理选择是重要的。Eschenaueer 和 Gligor[14] 表明，对于10000个节点的网络，为了以非常高的概率建立任意两个成对节点之间的连通性，从100000个密钥的池中抽取密钥，必要的是在每个传感器节点上仅分布250个密钥。在这种情形中通过添加更多节点的网络扩展也不是问题。

Eschenaueer 和 Gligor[14] 通过利用称为控制器节点的一个特殊节点来处理密钥取消，这个节点包含存在于一个给定传感器节点上的密钥标识符列表。现在，当检测到一个节点被攻破时，存在于那个节点上的整个密钥集合将必须被取消。这是通过控制器节点安全地广播单条取消消息完成的，该消息中包含对应于将被取消密钥的密钥标识符列表。接收到这条消息时，在验证消息的真实性之后，每个节点将必须删除相应的密钥。

Chan 等人[6] 提出了三种随机密钥预分布方案：

1）q 复合随机密钥预分布方案：在小规模攻击之下取得较好的安全性，在面临大规模攻击时，以脆弱性的增加作为折中条件。

2）多路径密钥再增强方案：为了以高的概率攻破任意通信，攻击者必须攻破许多节点。

3）随机成对密钥方案：甚至当一些节点被攻破时，确保网络也是安全的。在不牵扯基站的情况下，使邻居之间节点到节点的相互认证和基于法定数量的节点取消密钥成为可能。

方案1，即 q 复合方案中，为了形成一条安全链路，该方案要求在任意两个传感器节点之间共享公共密钥至少要达到一个阈值，这与 Eschenaueer 和 Gligor[14] 提出的方案相反。为了使任意两个传感器节点安全地通信，后者要求单个公共密钥。增加阈值使采用给定密钥集合的一名攻击者攻破链路的难度指数性地增加。同时，为了使两个节点以某个概率建立一条安全链路，则减小密钥池的尺寸就是必要的。但这是有问题的，因为它允许攻击者通过攻破更少量节点得到密钥池中较大比例的密钥。在通信过程中使用的实际密钥可以是所有共享密钥的一个散列。其他操作细节类似于 Eschenaueer 和 Gligor[14] 的方案，作者们确实解决了选择一个合适尺寸密钥地的问题，他们也研究了被攻破节点对确保未被攻破节点之间安全通信的影响。

方案 2，由这里的作者们提出，是一个多路径再增强方案。这是一种通过多条不相交路径建立链路密钥而增强一条已建立链路安全性的方法。在这种情形中，一个节点产生 j 个随机数值，并在不同的路径上将每个随机数值路由到相应的节点。计算出的链路密钥是这 j 个随机数值的 XOR（异或）。作者们证明，这种方案提供在 Eschenaueer 和 Gligor[14] 所提基本方案上的显著改进，但对于 q 复合方案几乎没有影响。

方案 3，由这里的作者们提出的，是随机成对方案。在这种情形中，它是与每个节点的自身 ID 一并提供的。每个节点也采用一定数量的密钥初始化，使每个密钥仅与另外一个节点共享。每个节点的密钥环不仅包含密钥而且包含共享相同密钥的另一个节点的 ID。在部署之后，节点广播它的节点 ID。这个信息由节点的邻居们使用，在它们的密钥环中搜索以验证它们是否与广播节点共享一个公共成对密钥。之后执行一次密码学方式的握手，从而能使节点们相互验证密钥知识。这种方案对于对抗节点俘获是非常灵活的，基于节点的密钥取消和防节点复制也由这种方案提供。这种方案的一个缺陷是不能扩展到大型网络中。

密钥预分布方案（KPS）[29] 和基于网格的方案[24] 将无结构的密钥池改变为一个结构化的密钥池。结构化的密钥池是由多个密钥空间形成的。在每个密钥空间中，密钥空间结构使用 Blundo 等人[43] 提出的群组密钥方案。Chan 等人[6] 和 Zhu 等人[42] 使用 k 条密钥路径来建立一个成对密钥。后一种群组[42] 使用一个秘密共享方案。

Zhu 等人描述 LEAP[7]（局部化的加密和认证协议），这是传感器网络的一个密钥管理协议，设计用来支持网络内处理，同时提供类似于由成对密钥共享方案的那些安全性质。在作者们的研究[7] 中，每个节点生成一个群集密钥，并使用它与每一个邻居共享的成对密钥将群集密钥分发给它的直接邻居们。考虑到不同群集是高度重叠的，每个节点在转发消息之前必须实施一个不同的密码学密钥。LEAP 也包括基于使用单向密钥链用于节点间流量认证的一个高效协议。在这种情形中，为支持网络内处理，每个节点同时维护一个个体密钥、一个成对密钥和一个群集密钥。虽然这种方案提供加密消息的确定安全性及其消息广播，但启动阶段的代价是非常高昂的。而且，在每个节点上的存储要求也是少量的，因为每个节点必须建立并存储许多成对和群集密钥，且这个数量与节点所具有的实际邻居数量成正比。最后，这种方案对于外部攻击是鲁棒的，但容易受到内部攻击，其中一个敌对方仅需要攻破单个节点来注入假的数据即可实施攻击。

另一种方法采用基于群集的通信模型。在这种情形中，可使用一种基于群集的密钥管理[5]方案，根据这种方案，群集头（CH）在其自身群集中维护并分发密钥。这种方案的问题如下：

1）每个 CH 是群集的单故障点。

2）相对于其他节点，CH 的能量将更快地耗尽。

3）不同群集间的密钥管理可能诱发大量额外负担。

为了在传感器间均衡能耗，CH 的角色[13]能够轮转。注意这也将产生额外负担。

因为在存在问题的网络中考虑三种类型的数据，所以 Slijepcevic 等人[35]考虑三种不同安全等级。网络中的每个节点具有一组初始主密钥，在任意给定时间，其中一个主密钥是活跃的，之后每个安全等级需要的密钥从主密钥推导得到。对于第一个等级，其中消息是不频繁的，则使用主密钥；对于第二等级的安全性，网络分成六边形蜂窝。

在一个蜂窝中的所有成员共享一个惟一的基于位置的密钥。属于蜂窝间边界区域的节点存储它们所属蜂窝的密钥，并允许流量通过。模型要求传感器节点能够发现它们的准确位置，这允许它们组织成蜂窝，并产生一个基于位置的密钥。第三等级的安全使用将焦点放在计算额外负担的较弱加密方法上。作者们假定传感器节点是防篡改的，因此主密钥集合和伪随机产生器（预装到所有传感器节点）不能通过攻破一个节点而泄漏。

11.3.4　入侵检测

必要的是，不仅将重点放在高效机制的设计（它能够最小化入侵机率）上，而且将重点放在试图检测入侵的机制（当它们发生时）上。检测的这个问题并不是特定于传感器网络的。事实上，对于有线网络，人们已经进行了透彻的研究；对于无线移动网络，正在吸引大量研究人员的关注。将系统的实际行为与不存在任何入侵的正常行为比较，是用来检测入侵的典型方法。因此，一个基本假定是能够特征化系统的正常行为和异常行为。

作为研究结果，检测入侵有两种主要技术：异常检测和签名（滥用）检测。异常检测本质上处理在给定正常行为模式的情况下，揭示行为的异常模式。为了特征化正常行为，它也许隐含使用大量“训练集合”。如果能够准确地特征化正常行为，那么这项技术将能够检测以前未知的攻击方式。因为这种检测法会出现高概率的误警，在当前商业系统［为有线（wired）系统设计的］中这种技术是以有限形式使用的。

签名检测依赖于未授权行为已知模式的具体使用。在网络通信的上下文中，这些技术依赖于嗅探报文，并使用嗅探的报文确定流量是否由恶意报文组成。例如，监测系统能够监视并定向端计算机系统的错误格式的报文或病毒。因此，在嗅探报文之后，如果在分析过程中发现任何这样的报文或报文集合，则可得出结论，即目的地正在遭受攻击。基于签名的技术在没有太多误警的情况下，检测攻击是有效的。因为它的低误警率和成熟性，基于签名的检测是如今运行的入侵检测系统的主流。这项技术的一个缺陷是它不能检测签名未知的新的攻击方式，而且检查报文的细节将产生资源使用消耗。这如前所述，资源在传感器网络中是一个重要因素。因此，必须最小化报文被嗅探和分析的位置数量，所以出现的一个相关问题是在哪里放置嗅探和分析软件模块，后面的内容将它称为入侵检测系统（IDS）模块。这个问题由这里的作者和另一项研究中的其他人[60]得以解决。在这样的网络中以混杂模式监控也许是不实际的，因此那项研究[60]确实提出了不需要混杂模式监控的方案。这里的思路是将整个传感器网络分成群集，之后考虑 CH 和单个目的地，为的是确定最小节点数量，称为最小割集。所有通信必须通过这个割集才能进行，期望 IDS 模块放置在割集中的节点上，如图 11-2 所示。

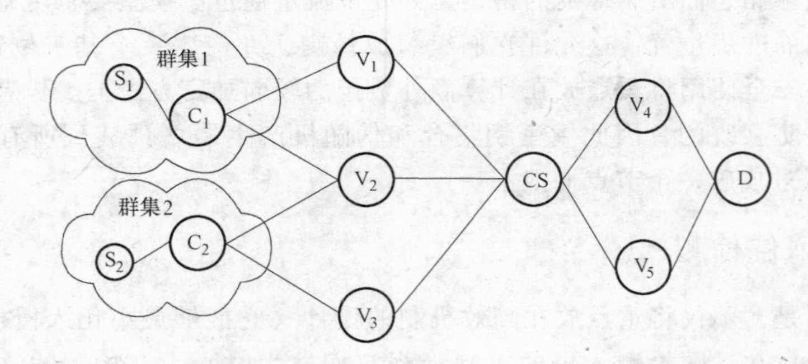

图 11-2 传感器节点分成群集使用群集头确定一个割集且 IDS 模块放置在构成割集的节点上（本图中，节点 S_1 和 S_2 是入侵者，C_1 和 C_2 分别是群集 1 和群集 2 的群集头，D 是目的地。群集头能够通过多条路径将恶意报文转发到目的地，但是所有路径具有共同的节点 CS。割集是 {CS}、{V_1，V_2，V_3} 和 {V_4，V_5} 等。这里，CS 是最小割集。为了取得 100% 的检测，在 CS 上激活 IDS 就足够了）

传感器网络中故障节点的高效跟踪是另一项研究中的焦点[18]。假定所有节点具有强大的和可调节的无线接口，它能以可扩展的距离传输数据。下面给出在一个被信任环境中跟踪故障节点的算法，该算法允许基站确定是否来自一个节点区域的测量数据已经停止（因为在那个区域的所有节点已经被破坏）或是否报告不再发送（作为一些节点故障的结果）。该算法要求将网络的拓扑信息传递到基站，之后基站负责跟踪故障节点的身份。作者们没有解决被攻破节点的问题。

Kumar 等人[44]考虑了如下问题，其中给定一个将被保护的区域，考虑到这个网络必须持续运行特定的时间长度，为了确保该区域中的每个点被 k 个传感器覆盖，必须确定将要部署的传感器数量，这有助于对入侵者进行分类和跟踪。

11.3.5 路由

Karlof 和 Wagner[4]的讨论焦点放在了无线传感器网络中的路由安全上，并展示说明了当前针对这些网络提出的路由协议是不安全的，因为这些协议没有在设计时将安全作为目标。作者们提出了无线传感器网络中安全路由的威胁模型和安全目标，给出了主要路由协议的详细安全分析，描述了将挫败任何合理安全目标的针对这些协议的实际攻击，并讨论了传感器网络中安全路由协议的应对措施和设计考虑。作者们考虑了对传感器网络的各种攻击，例如欺骗、改动或重放路由信息；选择性转发；目的漏洞攻击；Sybil 攻击；虫洞；“Hello”洪泛；应答欺骗。这些攻击是直观的，因此将不再解释它们。之后作者们研究了这些攻击对路由协议的影响，例如 TinyOS 信标；定向扩散；GPSR 或 GEAR 使用的地理路由；最小开销转发；基于群集的协议，LEACH、TEEN 和 PEGASIS；谣言路由；能量保留拓扑维护协议。

Deng 等人[16,17]针对传感器网络提出了一种容忍入侵的路由协议。这种方法不将研究焦点放在检测入侵上，而是试图设计一种能够容忍入侵的路由协议。这是通过利用这种网络中从任意传感器节点到目的的可能冗余路径完成的。结果，作者们证明恶意节点的影响可限制在其直接临域中的少量节点。作者们利用各种机制（如加密通信），仅允许基站广播信息（使用一个单向散列链进行认证）保护路由协议不受攻击。通过允许每个传感器节点仅与基站共享一个密钥，并在基站处执行与构建路由表相关的所有计算，来解决资源约束问题。作者们[17]也考虑了他们所提协议的实现问题。11.3.7 节将详细考虑其实现。

Tanachiwiwat 等人[33]监控静态传感器节点的行为。他们提出了称为 TRANS（位置感知传感器网络的信任路由）的一种路由协议。作者们应用信任的概念来选择一条安全路径并避免不安全的位置。每个节点负责计算其邻居的信任值，之后在路由中旁路错误行为节点的区域。

Deng 等人[59]针对传感器网络考虑一种多路径路由策略。他们考虑两个攻击集合，其中①入侵者的目的在于隔离基站；②通过探听目的地为基站的数据流量推断基站位置。多路径路由策略是设计用来防护对抗第一集合的攻击的。之后作者们提出了如逐跳群集加密/解密和发送速率控制的策略，以防止从流量分析中推断基站位置。

11.3.6 汇聚

传感器网络由数千个传感器组成（这些传感器能够产生大量数据）。但是，在许多情形中，返回从每个传感器收集的所有原始数据可能是不必要的，且是低效率的。相反，信息能够在网络内部处理并汇总，仅有累计信息发送到目的，如图 11-3 所示。这将确保通信资源的高效使用，这里的资源包括低带宽链路以及与传输和接收数据相关联的能量。但是人们必须考虑许多因素，如开发高效信息处理和汇聚技术以及节点放置的决策，节点们将执行这个汇聚功能。

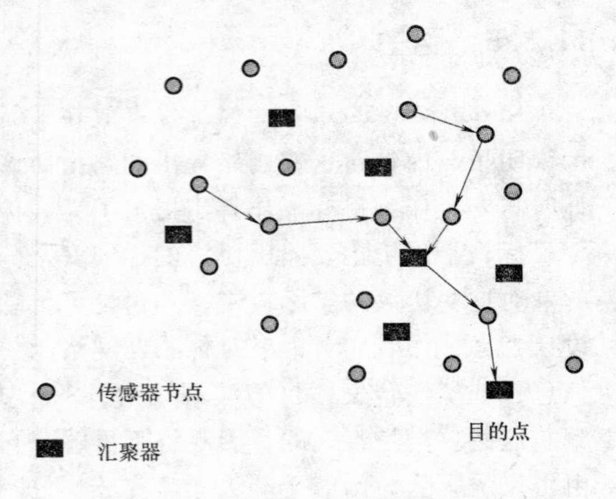

图 11-3 使用传感器节点的汇聚过程

在这个领域中人们已经完成了一些研究工作[49~53]，除了 Hu 和 Evans[51]之外，所有这些工作都假定每个节点是诚实的（不会产生欺骗行为）。考虑传感器网络面临的安全威胁，重要的是研究在各种条件下这些技术的性能，如攻破传感器节点、攻破执行算法的节点以及恶意绕过处理和汇聚的技术。人们也考虑了在这种网络中汇聚过程中的安全问题[30~32,51]，接下来将考虑这些内容。

Pryzdatek 等人[30]解决了传感器网络中的安全计算和汇聚问题。他们假定每个传感器节点具有惟一 ID，并与汇聚器和目的共享一个密钥。作者们假定仅有汇聚器被攻破。通过伪造与原始数据（各种传感器向汇聚器提供）不一致的结果，被攻破汇聚器可能进行欺骗。下面提出的方案可解决这个问题，其中没有考虑原始数据本身被伪造或捏造的情形。在这项研究中，作者们仅考虑隐秘的攻击，其中攻击者的目标是使家乡服务器接受假的汇聚结果，这些结果是与真实结果非常不同的。因此，这也排除了如拒绝服务式的攻击，这样的攻击被认为是可检测的攻击。那些作者[30]遵循的方法是汇聚—提交—证明。在第一步，汇聚器从传感器收集数据，汇聚器验证每个传感器读数的真实性，之后被认证者提交收集的数据。最后，汇聚器将汇聚结果和提交传输给服务器，并依据交互的证据协议向服务器证明报告的结果是正确的。使用这个框架，之后作者们提出安全地计算数量（如中值、最小和最大数值）的协议、不同元素的数量和平均值。因此，使用统计技术和交互证据，确保被汇聚的结果是真实数值的一个良好近似，这样问题就可得以解决。作为一个结果，即这种方法不适用于非数值数据的信息（它们不遵从统计技术）。

分别通过在一个分隔密钥池上的概率性密钥共享和交织的每跳认证，人们也考虑了当少量节点被攻破时，防护捏造事件的攻击[31,32]。当攻击者成功攻破一些节点且被攻破节点数量大于阈值时，则整个网络的安全保障就不存在了。

Ye等人[31]提出了一种称为统计沿路过滤（SEF）的方案，作者们考虑了多个传感器检测一个信号的场景。攻击者能够抑制关于已发生事件的报告（伪否定㊀）并报告实际没有发生的事件，这里作者们仅将焦点放在伪否定上。除了目的之外，任何传感器都可能被攻破，因此能够篡改原始数据。多个检测传感器在它们之间选举一个主节点，每个节点以从一个全局密钥池中随机抽取的一定数量密钥进行初始化。但是，注意这个全局密钥池是分成群组的，一个节点从单个群组中随机得到它的所有密钥。假定目的节点具有所有群组中所有密钥的知识，其他节点将从这个密钥池中随机抽取的少量密钥进行初始化。

多个检测传感器处理一个信号，选举这些传感器中的一个传感器为主控，称为刺激中心（CoS），并负责代表这个群组汇总并产生一个合成报告。每个检测节点使用它的一个密钥产生报告的一个加密MAC，每个报告具有多个与之关联的MAC，中间转发节点能够检测不正确的MAC并沿路过滤假的报告。目的节点验证每个MAC的正确性，并清除剩余的假报告。给定群组的阈值数量T，刺激中心具有来自每个群组的一个密钥，收集MAC并将它们附加到报告之上，这多个MAC作为报告就是合法的证据。具有不足数量MAC的一个报告将不会被转发。一个转发节点检查报文是否具有来自不同群组的T个MAC，如果没有，它就丢弃这个报文。通过使用密钥id，节点进一步检查它是否有任意一个密钥。如果它有一个密钥，它就检查MAC是否匹配。如果MAC不匹配，该报文就被丢弃。如果它没有其中的密钥，它就转发这个报文。所以，甚至在没有正确MAC的情况下，一些报文被转发也是有可能的，原因是转发节点不具有对应的密钥。因此，最后的检查是由目的节点完成的，它有所有密钥。SEF具有的额外负荷是大约每报文14B，并能够在10个转发跳内丢弃80%～90%注入的假报告。

Zhu等人[32]将研究焦点放在检测和过滤假数据报文之上，检测和过滤地点在基站或到基站的路上。节点以惟一id以及密钥信息进行初始化，这允许它与其他节点建立成对密钥。相对于报告源和基站之间的通信方向，每个节点具有与之关联的上行和下行的其他节点。一个报告是由形成一个群集的一定数量节点的每个节点产生的，这些报告中的每个报告都定向到群集头，并包含两个MAC，其中一个MAC使用节点与基站共享的密钥，另一个MAC使用与关联节点共享的密钥。群集头从其群集成员收集所有报告，并与各个MAC一起将它们向基站转发。每个转发节点验证由其关联节点计算出的MAC、去掉MAC、计算一个新的

㊀ 伪否定，原文为false negatives，原书似有误，这里应为真实否定。——译者注

MAC，并向基站转发这个报告。如果 MAC 验证失败，那么就丢弃报文。最后，当报告到达基站时，在接受这个报告之前，基站验证由报告源节点附加的 MAC。

Hu 和 Evans[51]假定一个路由层次结构，其中每个节点有一个父节点，节点将其读数传输到这个父节点。报告包含数据读数、节点 id 和一个 MAC。MAC 的计算是使用仅有节点和基站已知的一个密钥完成的。父节点将存储这条消息和它的 MAC，直到密钥由基站告知。如果 MAC 不匹配，那么父节点将发起一个报警。除了存储消息外，父节点在向其父节点（第一个节点集的祖父节点）发送一个报告之前，父节点也等待一个特定时间。父节点必须等待从其所有子节点收集报告。在消息到达基站的一个阶段之后，基站揭示由各节点使用的密钥，以便生成 MAC。为了使这条广播消息的认证成为可能，基站使用 μTESLA。这个协议具有很多缺点，如在各节点之间需要时间同步（宽松的）、为了传输到达各个节点要求有一台功能强大的基站、不能抵御攻破一个子节点和一个父节点的攻击、产生的额外通信以及需要一个路由层次结构。

11.3.7　实现

本节将深入探讨传感器节点实现相关的细节。一个 MICA 微尘是传感器节点的代表，它是一个小型传感器/执行器单元，有一个 CPU、电源、无线模块和几个可选的检测模块。CPU 是一个 4MHz 8bit Atmel ATMEGA103 CPU，具有 128KB 指令内存、4KB 数据内存和 512KB 闪存。当活跃时，CPU 在 3V 电压时消耗 5.5mA 能源。消耗的这个能源大约比 CPU 睡眠时的两个数量级略小一点。无线模块运行在 916MHz 频率上，在单个共享信道上具有 40kbit/s 带宽，范围大约为数十米。无线模块在接收模式下消耗 4.8mA（在 3 V 电压下）能源，在传输模式下消耗 12mA 能源，在睡眠模式下消耗 5μA 能源。在一个可选传感器板上，能够安装一个温度传感器、磁强计、加速度计、传声器、测深器和其他检测器件。这个器件由两节 AA 电池供电，它在 3V 时提供大约 2850mAh 能源[4]。在活跃模式中，依赖于一对 AA 电池，个体节点仅能持续 100～120h（4～5d）。另一方面，当微尘在睡眠模式中时，它们仅消耗活跃模式中消耗能量的 0.1%。事实上，试验数据表明，在 1% 占空周期上，微尘能够持续运行 1 年以上[45]。

Slijepcevic 等人[35]使用 Rockwell WINS 传感器节点[57]提供了概念证明的一个实现。每个节点具有运行在 133MHz 的一个 Intel StrongARM 1100 处理器、128KB SRAM、1 MB 闪存、一个 Conexant DCT RDSSS9M 无线模块、一个 Mark IV 地音探测器（geophone）和一个 RS232 外部接口。使用传输功率为 1mW 或 10mW 或 100 mW，无线模块具有 100kbit/s 的带宽。为了发送一个 128bit 的数据块，无线模块要消耗 1.28μJ 的能量。作者们考虑使用 RC6，并表明采用 32 轮次加密数据块要消耗 3.9μJ 的能量，采用 22 轮次加密数据块要消耗 2.7μJ 的能量。

在 SPINS[3] 中，应用是使用 SNEP 和 μTESLA 机制在传感器节点上实现的。已经表明，相比于花费在发送或接收消息上的能量，花费在安全上的能量是可忽略的[3]。因此，这意味着在每报文基础上，加密和认证所有传感器读数是可能的。当然，这是基于它们使用 10kbit/s 链路的。所使用的试验平台也影响了这些数值。

Deng 等人[17] 在 MICA 传感器微尘上实现一个容忍入侵的路由协议，即 INSENS。这些微尘使用一个 Atmel ATMEGA128 微控制器，使用的无线模块具有 19.2kbit/s 的带宽，使用的操作系统是 TinyOS 1.0，默认报文尺寸是 30B（虽然这是能够改变的）。为了执行加密和 MAC 计算，作者们以使用 RC4、RC5 和 Rijndael（AES）作为候选密码学算法进行试验。RC5 是以 5 轮次和 12 轮次实现的，它使用 AES 的一个标准版本（没有使用一个快速版本要求的 4KB 查找表）。作者们比较了它们的性能，并发现 RC5 使用较少内存（在代码尺寸和数据尺寸方面），并且发现算法执行也是高效的[17]。作者们发现 AES 是缓慢的，就代码尺寸方面，RC4 是高效的，并也具有最优性能。他们表明，计算 128bit 数据的平均时间，AES 是 102.4ms，RC5（5 轮次）是 5.4ms，RC5（12 轮次）是 12.4ms，RC4 是 1.299ms。注意，一个典型报文的尺寸是 240bit。他们也实现了 RSA，针对 64B 的数据，发现以 1024bitRSA 密钥解密的时延大约为 15s。这再次说明了在这个领域中使用公开密钥密码学方法的不现实性。

Carman 等人[27] 的研究焦点是在各种传感器硬件上对不同密码学算法进行性能比较。他们表明，在传感器中由于通信产生的能耗比由于计算的额外负担产生的能耗要高几个数量级。Anderson 和 Kuhn[34] 表明在传感器节点中构造防篡改能力，可能极大地增加它们的成本。另外，信任这样的节点也可能是有问题的。极低功率无线传感器项目具有这样的一个目标，即设计并制造满足如下条件的传感器系统，即它们能够以平均传输功率（在 0.01 ~ 10mW 的区间范围内）以高达 1 Mbit/s 的速度传输数据[58]。下一代传感器节点结合无线电模块，遵循新的 IEEE 802.15.4 标准，运行在 2.4GHz 频率下，带宽为 250kbit/s（IEEE 组织，IEEE 802.15.4 草案标准，http://grouper.ieee.org/groups/802/15/pub/TG4.html）。

11.4　小结

本章探讨了传感器网络中的安全问题，并描述了在参考文献中所提出的各种问题和相应的解决方案，深入讨论了在传感器网络中可能存在的不同攻击。之后还论述了数据加密和认证专题，并考察了这个领域中的最新进展。接下来给出了传感器网络中密钥管理的各种提案。路由、安全汇聚和实现是最后的三个专题，并以这个顺序进行了讲解。

参考文献

1. I. F. Akyildiz, W. Su, Y. Sankarasubramaniam, and E. Cayirci, Wireless sensor networks: A survey, *Comput. Networks* **38**:393–422 (March 2002).
2. C.-Y. Chong and S. Kumar, Sensor networks: Evolution, opportunities and challenges, *Proc. IEEE* **91**:1247–1256(Aug. 2003).
3. A. Perrig, R. Szewczyk, V. Wen, D. Culler, and J. D. Tygar, SPINS: Security protocols for sensor networks, *Proc. Mobile Computing and Networking, Conf.*, Rome, Italy, 2001.
4. C. Karlof and D. Wagner, Secure routing in wireless sensor networks: Attacks and countermeasures. *Proc. 1st Int. Workshop on Sensor Network Protocols and Applications (SNPA'03)*, May 2003.
5. S. Basagni, K. Herrin, E. Rosti, and D. Bruschi, *Secure pebblenets, Proc. MobiHoc*, 2001.
6. H. Chan, A. Perrig, and D. Song, Random key predistribution schemes for sensor networks, *Proc. IEEE Sympo. Security and Privacy (SP)*, May 11–14, 2003.
7. S. Zhu, S. Setia, and S. Jajodia, LEAP: Efficient security mechanisms for large-scale distributed sensor networks, *Proc. CCS'03*, Washington, DC, Oct. 27–31, 2003.
8. TinyPK project; available on the Web at `http://www.is.bbn.com/projects/lws-nest`, BBN Technologies.
9. Crossbow Co., MICA, MICA2 motes and sensors; available on the Web at `http://www.xbow.com`
10. H. Wang, D. Estrin, and L. Girod, Preprocessing in a tiered sensor network for habitat monitoring, *EURASIP JASP Special Issue on Sensor Networks* **4**: 392–401 (March 2003).
11. A. Mainwaring, J. Polastre, R. Szewczyk, D. Culler, and J. Anderson, Wireless sensor networks for habitat monitoring, *Proc. ACM WSNA 2002*, Sept. 2002.
12. F. Ye, H. Luo, J. Cheng, S. Lu, and L. Zhang, A two-tier data dissemination model for large-scale wireless sensor networks, *Proc. IEEE/ACM MobiCom 2002*, 2002.
13. B. Chen, K. Jamieson, H. Balakrishnan, and R. Morris, Span: An energy-efficient cooridination algorithm for topology maintenance in ad-hoc wireless networks, *Proc. IEEE/ACM MobiCom 2001*, 2001.
14. L. Eschenaueer and V. Gligor, A key-management scheme for distributed sensor networks, *Proc. ACM CCS 2002*, Nov. 2002.
15. A. Wood and J. Stankovic, Denial of service in sensor networks, *IEEE Comput.*, 54–62 (Oct. 2002).
16. J. Deng, R. Han, and S. Mishra, *INSENS: Intrusion-Tolerant Routing in Wireless Sensor Networks*, Technical Report CU-CS-939-02. Dept. Computer Science, Univ. Colorado, Nov. 2002.
17. J. Deng, R. Han, and S. Mishra, A performance evaluation of intrusion-tolerant routing in wireless sensor networks, *Proc. IEEE Int. Workshop on Information Processing in Sensor Networks (IPSN'03)*, April 2003, pp. 349–364.
18. J. Staddon, D. Balfanz, and G. Durfee, Efficient tracing of failed nodes in sensor networks, *Proc. WSNA 2002*, Atlanta, GA, 2002.
19. B. Deb, S. Bhatnagar, and B. Nath, Information assurance in sensor networks, *Proc. 2nd*

ACM Int. Conf. WSNA, Sept. 2003, pp. 160–168.

20. B. Deb, S. Bhatnagar, and B. Nath, ReInForM: Reliable information forwarding using multiple paths in sensor networks, *Proc. 28th IEEE Conf. Local Computer Networks* (LCN'03), Oct. 2003.
21. D. Ganesan, R. Govindan, S. Shenker, and D. Estrin, Highly resilient, energy-efficient multipath routing in wireless sensor networks, *Mobile Comput. Commun. Rev.*, **5**(4): 10–24 (2002).
22. D. Ganesan, B. Krishnamachari, A. Woo, D. Culler, D. Estrin, and S. Wicker, *Complex Behavior at Scale: An Experimental Study of Low-Power Wireless Sensor Networks*, Technical Report 02-0013, Computer Science Dept., UCLA, July 2002.
23. D. Liu and P. Ning, Location-based pairwise key establishment for relatively static sensor networks, *Proc. ACM Workshop on Security of Adhoc and Sensor Networks* (SASN 2003), Oct. 2003.
24. D. Liu and P. Ning, Establishing pairwise keys in distributed sensor networks, *Proc. ACM CCS*, 2003.
25. J. Hill, R. Szewczyk, A.Woo, S. Hollar, D. Culler, and K. Pister, System architecture directions for networked sensors, *Proc. Int. Conf. Architectural Support for Programming Languages and Operating Systems* (ASPLOS 2000), Cambridge, Nov. 2000.
26. D. Wheeler and R. Needham, TEA, a tiny encryption algorithm (1994); available on the Web at `http://www.ftp.cl.cam.ac.uk/ftp/papers/djw-rmn/djw-rmn-tea.html`.
27. D. W. Carman, P. S. Kruus, and B. J. Matt, *Constraints and Approaches for Distributed Sensor Network Security*, NAI Labs Technical Report 00-010, 2002.
28. W. Du, J. Deng, Y. Han, S. Chen, and P. Varshney, A key management scheme for wireless sensor networks using deployment knowledge, *Proc. IEEE InfoCom*, 2004.
29. W. Du, J. Deng, Y. Han, and P. Varshney, A pairwise key pre-distribution scheme for wireless sensor networks, *Proc. ACM CCS*, 2003.
30. A. B. Pryzdatek, D. Song, and A. Perrig, SIA: Secure information aggregation in sensor neworks, *Proc. ACM SenSys*, 2003.
31. F. Ye, H. Luo, S. Lu, and L. Zhang, Statistical en-route filtering of injected false data in sensor networks, *Proc. IEEE InfoCom*, 2004.
32. S. Zhu, S. Setia, S. Jajodia, and P. Ning, An interleaved hop-by-hop authentication scheme for filtering false data in sensor networks, *Proc. IEEE Symp. Security and Privacy*, 2004.
33. S. Tanachiwiwat, P. Dave, R. Bhindwale, and A. Helmy, Secure locations: Routing on trust and isolating compromised sensors in location-aware sensor networks, *Proc. ACM SenSys*, 2003.
34. R. Anderson and M. Kuhn, Tamper resistance — a cautionary note, *Proc. 2nd Usenix Workshop on Electronic Commerce*, Nov. 1996, pp. 1–11.
35. S. Slijepcevic, M. Potkonjak, V. Tsiatsis, S. Zimbeck, and M. Srivastava, On communication security in wireless ad-hoc sensor networks, *Proc. 11th IEEE Int. Workshop on Enabling Technologies: Infrastructure for Collaborative Enterprises*, June 2002, pp. 139–144.
36. ASH transceiver designer's guide, 2002; available on the Web at `http://`

www.rfm.com.

37. O. Kasten, Energy consumption; available on the Web at http://www.inf.ethz.ch/~kasten/research/bathtub/energy_consumption.html.
38. M. Stemm and R. H. Katz, Measuring and reducing energy consumption of network interfaces in hand-held devices, *IEICE Trans. Commun.* **E80-B**(8):1125–1131(Aug. 1997).
39. http://www.cs.berkeley.edu/~awoo/smartdust.
40. R. Canetti, D. Song, and D. Tygar, Efficient authentication and signing of multicast streams over lossy channels, *Proc. IEEE Security and Privacy Symp.*, May 2000.
41. E. J. Riedy and R. Szewczyk, Power and control in networked sensors; available on the Web at http://today.cs.berkeley.edu/tos/.
42. S. Zhu, S. Xu, S. Setia, and S. Jajodia, Establishing pairwise keys for secure communication in ad-hoc networks: A probabilistic approach, *Proc. 11th IEEE Int. Conf. Network Protocols* (*ICNP'03*), Nov. 2003.
43. C. Blundo, A. D. Santis, A. Herzberg, S. Kutten, U. Vaccaro, and M. Yung, Perfectly-secure key distribution for dynamic conferences, *Inform. Comput.* **146**(1):1–23(1998).
44. S. Kumar, T.-H. Lai, and J. Balogh (Ohio State Univ.), On k-Coverage in a mostly sleeping sensor network, *Proc. IEEE/ACM MobiCom*, 2004.
45. Crossbow, Power management and batteries, application notes, 2004; available on the Web at http://www.xbow.com/support/appnotes.htm, 2004.
46. S. Singh and C. S. Raghavendra, Pamas: Power aware multi-access protocol with signalling for ad-hoc networks, *ACM Comput. Commun. Rev.* **28**(3):5–26(July 1998).
47. N. Sastry, U. Shankar, and D. Wagner, Secure verification of location claims, *Proc. WISE'03*, San Diego, CA, Sept. 2003.
48. J. M. Kahn, R. H. Katz, and K. S. J. Pister, Mobile networking for smart dust, *Proc. ACM/IEEE MobiCom*, 1999, pp. 271–278.
49. A. Deshpande, S. Nath, P. B. Gibbons, and S. Seshan, Cache-and-query for wide area sensor databases, *Proc. SIGMOD 2003*, 2003
50. D. Estrin, R. Govindan, J. Heidemann, and S. Kumar, Next century challenges: Scalable coordination in sensor networks, *Proc. IEEE/ACM MobiCom 99*, Aug. 1999.
51. L. Hu and D. Evans, Secure aggregation for wireless networks, *Proc. Workshop on Security and Assurance in Ad-hoc Networks*, Jan. 2003.
52. C. Intanagonwiwat, D. Estrin, R. Govindan, and J. Heidemann, Impact of network density on data aggregation in wireless sensor networks, *Proc. Int. Conf. Distributed Computing Systems*, Nov. 2001.
53. S. R. Madden, M. J. Franklin, J. M. Hellerstein, and W. Hong, TAG: A Tiny Aggregation service for ad-hoc sensor networks, *Proc. OSDI*, Dec. 2002.
54. J. Hill, R. Szewczyk, A. Woo, S. Hollar, D. Culler, and K. Pister, System architecture directions for networked sensors, *Proc. ACM ASPLOS IX*, Nov. 2000.
55. J. Newsome, E. Shi, D. Song, and A. Perrig, The Sybil attack in sensor networks: Analysis and defenses, *Proc. IPSN'04*, April 2004.
56. J. R. Douceur, The Sybil attack, *Proc. IPTPS'02*, March 2002.
57. J. Agre, L. Clare, G. Pottie, and N. Romanov, Development Platform for self-organizing

wireless sensor networks, *Proc. SPIE AeroSense'99 Conf. Digital Wireless Communication*, Orlando, FL, April 1999.

58. http://www-mtl.mit.edu/~jimg/project_top.html.

59. J. Deng, R. Han, and S. Mishra, Intrusion tolerance and anti-traffic analysis strategies for wireless sensor networks, *2004 IEEE International Conf. Dependable Systems and Networks* (DSN2004), Florence, Italy, June 2004.

60. F. Anjum, D. Subhadrabandhu, S. Sarkar, and R. Shetty, On optimal placement of intrusion detection modules in sensor networks, *Broadnets*(Oct. 2004).

第Ⅲ部分　中间件、应用和新范例

在分布式系统中，中间件架起了操作系统和应用之间的桥梁，方便了分布式应用的开发。就内存和计算要求而言，传统的计算机网络相关的中间件，如CORBA、PVM、DCOM和GLOBUS通常是重载的。

如在第Ⅱ部分所描述的，无线传感器网络具有独特的特征，如小尺寸、有限的内存和处理能力、有限的电池寿命、低通信带宽和范围、能够或不能够相互通信的异构设备混合体。这些特征与节点移动性、节点故障和环境障碍物相耦合，导致频繁的拓扑变化和网络分隔。因此，重要的是为基于传感器的应用提供中间件支持。

传感器网络中间件的主要目的是支持基于传感器应用的开发、维护、部署和执行，并特别地在传感器网络控制、监控、管理、网络代理支持、数据查询、数据挖掘领域提供服务，以及提供应用特定的服务。

在第12章，Prabhu等人将给出为使用射频识别（RFID）技术的应用而设计的一种中间件架构。RFID中间件是位于RFID硬件（阅读器）和企业应用或常规中间件之间的一种特定软件。

他们首先介绍了RFID标签的不同类型，包括它们的特征。之后将给出在WINMEC、UCLA以.NET框架开发的一个多层中间件WinRFID架构，并讨论了一些主要模块。另外，将简短地讲解基于XML（可扩展标记语言）的Web服务，Web服务不仅可作为交换数据的一种便捷方式，而且可作为将一个RFID应用集成到现有应用的便捷方式。在没有误读、重复读或错读的情况下，收集/过滤/分类大量数据中的挑战也得以强调。为了添加领域特定的规则，在WinRFID中使用一个规则引擎来从低层中分析数据。

泛在计算的远景（Vision）关心大量不可见的或智能空间的生成和管理，其中许多设备在有线和无线环境中无缝地交互通信。为了突出这个方面，第13章将描述一个智能环境的设计，其中使用传感器和分布式智能体进行学习和预测。在第13章中，Das和Cook将给出一个支持传感器的环境模型，“MavHome”是这个模型的一个范例实现。

在MavHome环境模型中，智能体通过传感器感知家（Home）的状态，并通过设备控制器作用于环境，目的是最大化其居住者的舒适度，同时最小化运行家庭的成本。他们详细讨论这个目标是如何通过自动学习和预测得以满足的，给出智能环境模型的一个展示作为范例，并讨论一些实际情况。

在这样一个智能传感器网络环境中，信息必须快速地、安全地、高效地和代价不大地在任何地方、任何时间被管理和访问。实现泛在计算远景的一项关键技术是移动连网，它支持到传感器数据的安全访问。

在第14章中，Bao等人将讨论移动网络中的安全问题。虽然使用的范例网络是基于IPv6的，但这里讨论的移动网络中与安全相关的概念和问题，同样适用于自组织和传感器网络的情形。

他们将选择移动IPv6作为载体，给出在一个移动环境中安全问题的良好理解，并将特别讨论重定向攻击。他们将给出并分析三种不同协议：①返回路由协议；②根据密码学产生地址的协议；③家乡智能体（Home agent）代理协议。这些协议是为了防止重定向攻击而设计用来保障通信绑定更新的安全的。就安全、性能和扩展性方面而言，他们比较性地讨论了这三种协议。

一项应需商务实体是一个企业，它的商务过程（在公司实体上以及主要合作伙伴、供应商和顾客进行端到端集成）能够快速地对顾客需求、市场机遇或外部威胁做出反应。应需商务实体关注服务的集成，其集成的方式不像分布式计算以往时代的那种集成方式。就许多方面而言，它是许多连网技术演进的可实现结果，并与一些关键商务过程转换活动相结合。

第15章将从应需商务角度出发，讨论在如今全球泛在生态系统中，对无线自组织和传感器网络的客观需求。在这一章中，Fellenstein等人将给出应需商务的深度分析。他们将描述为了应对全球挑战，一项应需商务如何需要一个智能网络与快速响应属性相结合，如无线网络、移动网络和传感器网络等技术正在帮助商业对市场中计划的和非计划的情况更快速和更有效地做出响应。这里关注的焦点在于范围广泛的高级形式的问题，包括应需商务服务架构、应需商务运行环境、在一个泛在计算生态系统中的各种连网协议、商务建模以及安全问题，并以经济、文化和市场趋势的分析收尾。作者们也将讨论移动网络、无线网络和传感器网络的应需商务解决方案集成方面面临的挑战。

第 12 章　WinRFID：支持基于射频识别应用的中间件

B. S. PRABHU、XIAOYONG SU、HARISH RAMAMURTHY、CHI-CHENG CHU 和 RAJIT GADH
美国加州大学洛杉矶分校，无线因特网移动企业联盟（WINMEC）

12.1　简介

全球化和加速的创新周期迫使工业界在制造自动化、过程执行、工程实践和控制应用中采用新的技术改进措施。同时期望这些改进措施将灵活性注入到系统中，使系统能够实时地、快速地对环境改变和中断做出响应。使这种情形发生的主要方法是泛在信息流。

为了达到这个终极目标，工业界正在寻找一种新的范型，该范型能够为所涉及的协作方提供多数活动的实时可视性，支持快速决策和缩短处理时间。处于这项规划前沿的活动包括供应链管理、存货控制、财产管理和跟踪、盗窃和防伪预防、访问限制和安全以及危险材料管理。

许多移动无线技术已经成为这项转变的主要催化剂，同时也刺激了创新商务过程推进手段（如信息的速度、质量、时间线、适应性和深度）的研发。但是，在这些技术中，射频识别（RFID）已经吸引了来自工业界的大量关注，原因是它已经展示了在商务过程间增强活动效率的潜力，其方法是提供将惟一标识和相关信息贴到个体物件的一种方法，并使这些物件携带信息进行流动。当物件通过不同处理阶段时，这些信息可被利用，从而增加生产率、最小化错误、提高准确性并极大地降低劳动成本[27,39,68]。

RFID 通信时不要求视距访问；在不要求物理接触的情况下，能够识别多个标签，且贴在产品或寄存物上的标签能够度过苛刻环境，这些环境如极端温度、湿度和粗暴处理。通过克服其他手工数据收集方法的限制[59]，该项技术显著地提高了信息流的速度。在正确部署的情况下，通过提供各阶段活动的准确的、及时的可视性，一定能够使工业界将关注焦点放在活动的实时优化上，并做出正确的策略决策[33,34,55,56,66,69]。

但是，也存在与当前可用 RFID 技术相关联的一些主要缺点，这些缺点一定程度上妨碍了这项技术走向黄金时期。在由研究人员和工业界完成的一些最新工业试验和研究中，人们发现许多系统具有很多问题——它们或者失败或者提供错误的读数，在处理由标签产生的大量数据中存在问题，人们发现对于一些应用，这项技术是成本高昂的，且缺乏成熟的标准。由于多标签读取的冲突而负担过重，在金属基和液体基产品中，这项技术不能应用等问题[14,15,28,42,46]。

不仅如此，工业界对 RFID 技术也是非常关注的。因为人们期望它提供将无源对象在线和集成物理资产到整体 IT 基础设施中的方法，容易从这些物理对象上可用的信息中直接做出智能决策，因此增加了效率，降低了损失，提供了卓越的质量控制和其他优势[5,49]。

这种状况提供了一个少有的研究机遇，UCLA（美国加州大学洛杉矶分校）无线因特网移动企业联盟（WINMEC）主导下的在研工作项目试图提出一个 RFID 生态系统，其中通过使用远程、Windows 和 Web 服务技术以及基于框架的分布式中间件而构架一个新的通用范型，以缓和上述问题。

在开始讨论 RFID 应用的中间件之前，下面将首先介绍 RFID 技术的概念、中间件架构和企业级分布式系统。

12.1.1　射频识别系统

RFID 是一种自动化识别技术，能够用来为一个物件或物体提供电子身份。典型的 RFID 系统由应答器（标签）、阅读器、天线和主机（处理数据的计算机）组成，如图 12-1 所示。

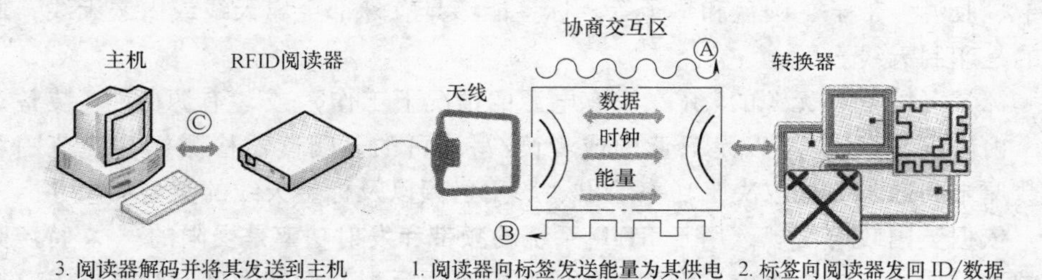

图 12-1　典型的 RFID 系统

RFID 的历史可回溯到第二次世界大战中适合飞机的“敌或友”长距离发射机应答器系统；接下来是 20 世纪 70 年代之前许多报道的科学研究工作；在 20 世纪 80 年代和 90 年代它们出现在商品应用中，如动物跟踪、车辆跟踪、工厂自动化和费用收取；最后，现在由于它主要在零售、食品和药品供应链以及安全和交易中便捷“现实挖掘”（Reality mining）的能力，这项技术处在应用爆炸的边缘[12,17,25,44]。

RFID 中的通信是通过无线电波进行的，其中从一个标签到一个阅读器或相反方向的信息是通过天线传递的。惟一标识或电子数据存储于 RFID 标签中，数据可能由序列号、安全码、产品码和其他物体特定的数据组成。使用一个 RFID 阅读器，在标签上的数据能够以无线方式读取，甚至在没有视距访问、甚至当打上标签的物体内嵌在封装内部或甚至当标签内嵌在一个物体本身内部的情况下都能读取。RFID 阅读器能够同时读取多个 RFID 标签[6,24,27,70]。工作在不同频率下的 RFID 技术目前是可用的，它们的选择主要取决于端应用的要求。

工业界对 RFID 表现出的强烈关注主要取决于下列特征，它们潜在地可能产生更优越的商务和工作流处理：

1）存储或归档数据的标签能力，其中数据能够在处理的各个阶段进行修改和更新；

2）以高速率数据收集的自动化，去除了手工扫描的需要；

3）准确的数据收集，并因此对于决策判定将产生由于错误数据导致的较少问题；

4）货物的较少处理，因此需要较少的人工劳动；

5）在阅读区多个被打上标签物件的同时识别。

为了更好地理解 RFID，进行标签类型和协议的讨论就是必需的。下面将简短地描述当前可购买到的标签和支持协议的显著特点。

12.1.1.1　RFID 标签的类型

RFID 标签以各种形状、尺寸（从小到铅笔尖或一粒大米，到大到一个 6in㊀的尺子）、能力和材料的形式出现。它们适用于各种形状的物体，如钥匙链、信用卡、胶囊、带子、圆盘和垫子等。标签能够具有外部金属天线或内嵌天线，最新的是印制天线。

标签可以是“无源的”（在没有电源的情况下工作）或“有源的”（装备有一个内嵌电源），也可以是只读的或者读/写均可的。阅读器检测标签的范围可从数厘米到数米，这取决于功率输出、所用射频以及标签天线的类型和尺寸。

依据英国政府法规，用于 RFID 系统的频带和发射功率是受限的[26]。特定频率的选择取决于应用要求，例如液体吸收、表面反射、标签密度、功率要求、标签的尺寸和位置、暴露的温度范围、数据传输速度和数据处理速率。甚至在相同类型的标签内，比如 EPC（欧洲专利公约）Class0 和 Class1，工作于一种特定阅读器的标签就可能产生与天线设计和标签尺寸中的变化相关的问题。这些因素中的一些因素是相互矛盾的，因此必须针对每种应用识别出一种优化组合[43]。表 12-1列出了当前使用的最流行 RFID 技术以及它们的典型特征，突出了标签技术最适合的应用范围。

㊀　1in = 0.0254m。——编辑注

表 12-1　当前 RFID 技术

频带	阅读范围	特　征	典型应用	RFID 协议
低（100～500kHz）	≤4～6in①	短到中距离的阅读范围 不太贵 低阅读速度 能够透过液体阅读	访问控制 动物识别 货物控制 车辆制动器	ISO/IEC 18000-2
高（10～15MHz）	≤8ft②	短到中距离的阅读范围 潜在（未来可能） 不太贵 中等阅读速度 能够透过液体阅读	访问控制 智能卡 物件跟踪 电子监视	ISO/IEC 18000-3 EPC HF Class 1 ISO/IEC 15693 ISO 14443（A/B） I-Code，Tag-It， Hitag，MiFare
超高（850～950MHz）	10～20ft②	长距离阅读范围 高阅读速度 降低的信号冲突几率 存在穿透液体和金属的问题	铁路资产监控 收费系统 供应链 物件跟踪	ISO 18000-6 EPC Class 0，Class 1
微波（2.4～5.8GHz）	<3ft②	中等距离阅读范围 可能发生信号冲突 非常高的数据率 存在穿透液体和金属的问题	铁路资产监控 收费系统 航空包裹跟踪	ISO/IEC 18000-4

① 1in = 0.0254m。
② 1ft = 0.3048m。

因为 RFID 受到工业界的欢迎，且这项技术是内部化的室内（In-house）处理，人们期望基础设施支持不同 RFID 技术，为大量商务处理提供最卓越的优势，方法是在商务或工作流处理的不同阶段利用不同 RFID 记述的合适特征，如读/写范围、数据率和干扰。

12.1.2　中间件技术

中间件是多学科的，人们试图用中间件合并来自不同领域的特征和知识，如分布式系统、网络，甚至嵌入式系统[18,21,41,61]。术语中间件是指位于物理层部件（硬件）、固件或操作系统（它们处理低层次系统调用和通信协议）和独立的高层甚至通常通过网络交互的分布式企业应用之间的软件层。层之间的边界不是非常明晰的，且随着软件演化，中间件的功能会成为操作系统、固件、应用框架和信息技术（IT）基础设施其他层的组成部分[8]。

但是，中间件部件是最近一代分布式系统的核心部分（新开发的应用和服务或涉及与现有应用和服务的集成）。一个典型中间件的剖析图如图 12-2 所示。架构的成功取决于不同层中的不同零部件如何良好地吻合在一起，或通过修改一

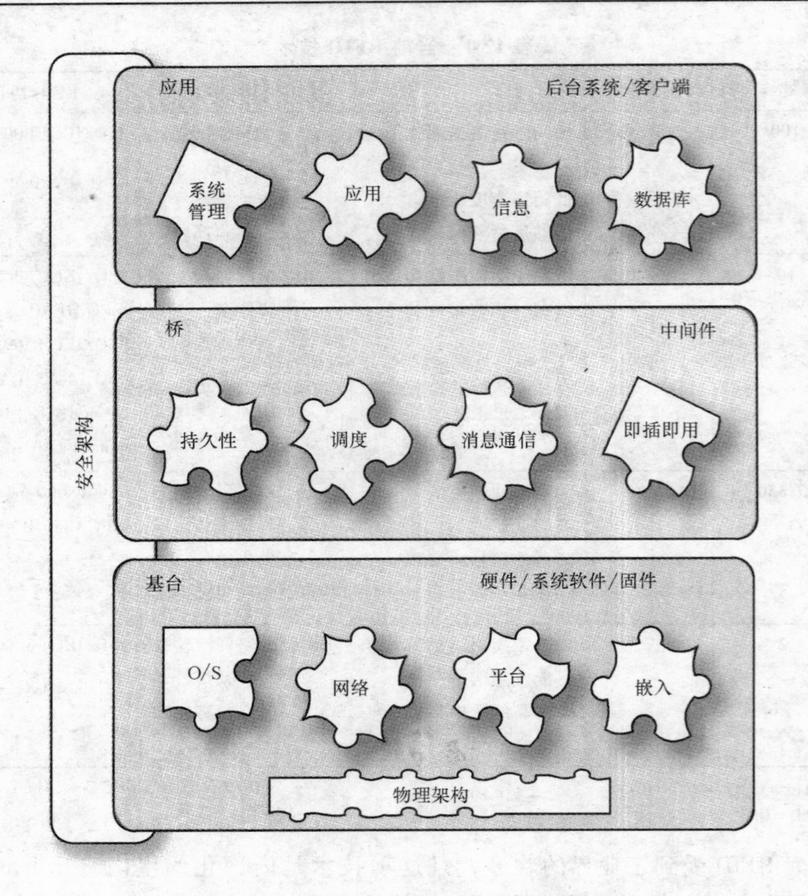

图 12-2　支持中间件的 IT 基础设施的剖析图

些模块使它们吻合在一起。

中间件系统一般支持异类应用程序、协作群件和其他联合工作流系统的交互。这些系统主要试图隐藏底层连网环境的复杂性，方法是通过使应用程序隔离于异构硬件、显式的协议处理、分布的数据存储、连网技术等，并提供服务质量保障、安全性、扩展性、泛在性以及应用性和系统的集成方便性[16,36,38,48,52,57]。

因此，在开发一个成功的中间件过程中，必须考虑许多方面。一些重要的考虑方面是网络、语言和操作系统独立性；架构互操作性（面向对象、客户端/服务器、推/拉，Web 服务）；不同模块和组件的即插即用操作；服务定位以及消息和数据路由；通过发布/定购机制的调度交易；容错和从故障恢复的机制；端应用的特定问题，例如事件、持久性和适配器[18,21,37,50]。

中间件功能广义地分为三个主要类别：应用特定的类别、信息交换类别以及管理和支持功能类别。图 12-3 给出了目前使用中的中间件系统的一种可接受分类[9,23,61]，这些分类中的每一类都针对企业 IT 基础设施的一种主要要求，但是随着基础设施的成熟，将必须集成其他种类的特征，且一个完全可工作的中间件将具有图 12-3 中所示许多分类的特征。在 12.3 节将看到这些特征中的一些特征如何与 RFID 中间件相关、它们如何集成以及它们向基础设施添加何种价值。

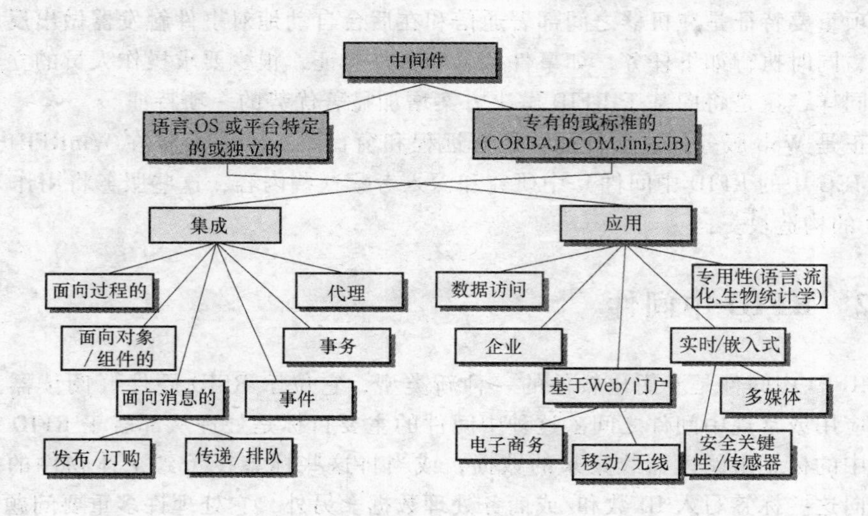

图 12-3　中间件分类

12.1.3　Web 服务

Web 服务是使用可扩展标记语言（XML）的中间件组件。Web 服务是可重用的组件，可由多个客户端同时访问，允许两个或多个 Web 应用相互通信，或可作为一种粘贴软件将新应用和/或服务与遗留应用拼凑起来。Web 服务是功能性的自包含单元，输出良好定义的和精确的接口以接收或产生消息。Web 服务采用一个目录服务或一个注册机构进行注册，并由用户发现[40,62]并使用。

Web 服务架构允许采用去中心化的计算模型，在不需要再造（reengineering）的情况下，使用现有因特网技术在分布域上（网络中的不同主机）可发生 Web 服务组件之间的交互，这是相比于较早期的组件模型而言的，这样的模型如 CORBA、DCOM 和 COM +，其中组件—属主关系一般驻留在单个信任域之中，如企业内部网中[35]。

正是这种去中心化部署选项能够在一个 RFID 基础设施中得到利用，其中企业价值链的不同参与方自由地可作为一个集成的无缝环境用来提供对数据的实时访问。去中心化模型也赋予这个架构在不中断现有基础架构的情况下，以个体方式维护、更新和添加 Web 服务的独特优势，在 RFID 网络中这会被证明是非常有价值的，原因是新的技术、协议和标准将被引入，而且架构也是非常动态的。

因此，期望 Web 服务将在如下方面扮演一个关键角色，即帮助 RFID 采用者将基于 RFID 的应用集成到现有企业应用之中，如物流、库房管理、货物管理以及供应链管理，并使关于被贴上标签物体的位置的最新数据（如果不是实时）以及发货事件和历史成为可能，使快速地做出决策成为可能。一个 Web 服务的另一项重要特征是在机器之间部署通信和在后台自动地对事件触发器做出反应的能力，同时执行如下任务，如事件日志和事件验证，很少要求操作人员的立刻介入。同样，这是将向基于 RFID 解决方案增加显著优势的一项特征。

正是 Web 服务的这项特征，还有远程和窗口服务，下面将在 WinRFID（在 WINMEC 中的 RFID 中间件）中研究和深入考察这些内容，这些服务将用作 WinRFID 的构造块。

12.2 RFID 中间件

RFID 中间件是专用化软件的一种新类型，它位于 RFID 硬件（阅读器）和企业应用或常规中间件之间。这种中间件的主要目标是处理从部署于 RFID 基础设施中的标签由阅读器收集来的数据，或当将这些标签授予到个体物件的指派时，向这些标签写入 ID 数和/或商务处理数据。另外，它处理许多重要问题，这些问题与避免数据重复、缓解错误和数据的正确表示有关。一些软件厂商正在开发 RFID 中间件，并使之作为可销售的，在服务的基础上提供给大型零售商（如 Wal-Mart 和 Target）的供应商，提供给美国国防部和制药公司，它们必须满足在 2005 年确定的最后期限，要求在货板和运货小车上贴上标签。这些厂商也为供应商实施先导性的和概念证明性的项目。

依据风险开发公司所作的最近研究报告，几乎所有实现 RFID 的公司都主要担心数据质量和数据同步。研究调查的许多回应者表明，因为他们的遗留系统不能处理产生的海量信息，所以他们在扩展 RFID 先导性项目时正在经历困难。另外，存在许多问题，如大量漏掉的标签产生大量假性否定，以及多次阅读相同标签的阅读器产生重复数据[60,64]。

在减少这些问题并最终解决这些问题的过程中，RFID 中间件将扮演一个重要角色。这是由 VDC 调查断言的，期望㊀在 2005 年 RFID 中间件市场将会增长 162%，从 2004 年的 1640 万美元增长到 2005 年的 4310 万美元。在 2007 年中间件将约占 RFID 系统收入的 3%，即 13500 万美元[51,60]。这表明，RFID 中间件在未来将是一种重要的软件套件。

所有这些问题将在描述中间件研究的相应内容中处理，目前正由 WINMEC 进

㊀ 以下数据是在 2004 年预测的，后来的情形证明发展趋势是增长的。——译者注

行这些中间件的研究。

12.2.1　RFID 的益处

部署 RFID 的优势将开始以阶段方式逐渐积累起来，这是由于各种执行法令的范围和所要求的遵循程度导致的。明确的投资回收（ROI）是仍然存在争议的，但明显的投资回收期望是以如下形式出现的，如劳动力减少、设施/设备生产率、整个供应链的处理改善、偷窃减少和降低的存货量以及其他优势。图 12-4 中的附表图解说明了各个阶段和相关联的时间线，期间许多企业活动将受益[1,2,13,19,20,22,32,45]。

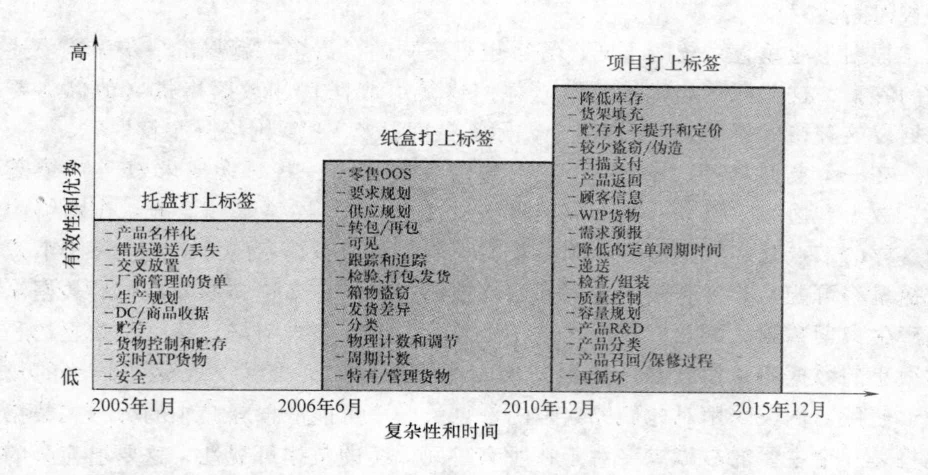

图 12-4　供应链活动间的 RFID 益处

良好的中间件解决方案将极大地受到这项技术采用率的影响。随着贴标签深入到物件层次，获得的收益将增加，同时估计这将对中间件的设计形成负担。这项研究工作中采用的设计表明，解决方案框架可随着采用困难程度的增加而得以演化。

所以，RFID 将无疑是一项非常具有颠覆性的技术，它具有极大改变许多商务实践的能力，这些商务实践会影响大量的工业垂直行业系统，其中一些系统将得到超乎寻常的益处。相比于单系统应用，中间件架构将是最适合的，因为仅有这样一个分布式架构将成功地封装技术间的差异和细微差别，并允许这个架构的动态特征得以成功实现。但是，如后面内容所述，还是存在许多挑战的。

12.2.2　采用 RFID 的挑战

人们将会在生活中的许多方面感知到在一个 IT 基础设施中引入 RFID 的影

响，但两个主要方面将体现在网络上以及由 RFID 系统产生的数据共享方面。提出的挑战将来自于将 RFID 基础设施与现有 IT 网络的集成点，以及潜在的商务过程转换（企业将必须考虑有经济收益地利用 RFID 的益处）[29,31]。

需求是从阅读器中逐步产生的，阅读器可部署于连接到边缘主机的各个地点上。边缘主机将筛选所有输入数据，过滤数据，并从数据中发现信息。边缘主机将信息中继到中间汇聚服务器，该服务器将顺次更新企业存储库，从中价值链上的伙伴能够将其用于做出决策。

考虑到这个场景，则可理解和设计数据基础设施将要求三个关键问题的解决：①系统将产生的数据量；②数据将产生的位置；③需要在哪里维护数据以及多长时间。

根据工业垂直系统的不同，答案也是不同的。许多问题将进一步影响上述需求的答案，这些问题如伙伴数量（他们将使用数据）和数据格式（他们将要求数据以这种格式提供）、规章法令、标签粒度以及 RFID 网络分布特性。

在一个典型 RFID 网络中，人们期望有数百（一些可能要求数千）个阅读器、数十台边缘主机和一些汇聚器将构成这个 RFID 网络基础设施。在网络中每个这样的节点处，数据将以不同格式和不同量驻留在任意的给定点。每个节点的数据量将可能是非常有限的，但是可以推测，来自许多这样的节点中的数据汇聚将产生大量数据。因此，这项挑战在于开发一个分布式网络，从大量独立的和非常微小的数据源采集数据。这也要求一个智能框架汇聚并交叉索引微小的数据源，使用户们仅采用对他们感兴趣的信息。由于可能的损耗微小的分布式数据源也将是一个主要的故障源，对于在所有时间无缝的数据可视性，这要求充分的数据冗余要构建于网络架构之中，或在故障之后实现一种恢复数据机制。

另外，因为技术本身是发展演化的，所以在今天开发的任何软件解决方案都将至多是一种权宜之计。人们正在引入新的技术，这些技术具有不同的 RF 物理特征和传输机理，支持不同频带、新的协议、新的标准，多协议支持，变化的政府法规等。因此，现在开发的任何软件解决方案都将必须随着 RFID 技术而发展演化，并应该以对部署的基础设施的最小中断可能而具备可扩展能力和适应能力。

12.3 节将描述正在 WINMEC 项目中开发和实现的架构、不同框架、数据层和集成策略，其目标是克服这些挑战中的一些挑战。

12.3 WINMEC 的 RFID 生态系统研究

WinRFID—RFID 中间件研究工作涉及开发新的算法和数据结构，探索采用新范型的可选项，这种范型即远程、窗口和 Web 服务，它已经用于大型分布式应用的情形之中，这些应用要求高度的自治性和灵活性。自治服务能够使在应用逻辑内部结合推理能力变得容易，可以认为对于大规模基于 RFID 的系统，这是一个理想特征，它要求不同商务处理和不同信息及数据可有效地利用互操作性，这是取得因特网之上的协作和协作商务伙伴的目标所需要的。

下面将讨论 WinRFID 架构和一些主要模块，重点突出其中有益于大型分布式 RFID 生态系统的技术特征，以及它如何缓解在 12.2.2 节中所描述的挑战。

12.3.1　WinRFID 的架构

WinRFID 是使用 .NET 框架开发的一个多层中间件，存在 5 个主要层次：第一层处理硬件—阅读器、标签和其他传感器；第二层抽象阅读器—标签协议；第三层是数据处理层，它处理由阅读器网络产生的数据流；第四层由数据和信息表示的 XML 框架组成；第五层处理按照端用户或不同企业应用要求的数据进行呈现。

这些层之间的数据、消息和信息的通信、管理、汇聚、格式化和定制是由支持服务和模块整理安排的，这些服务和模块如商务规则引擎、智能远程对象与协调器以及一些库。图 12-5 给出了 WinRFID 中间件的整体架构。

每层的功能特征和操作特征将在接下来的内容中描述。

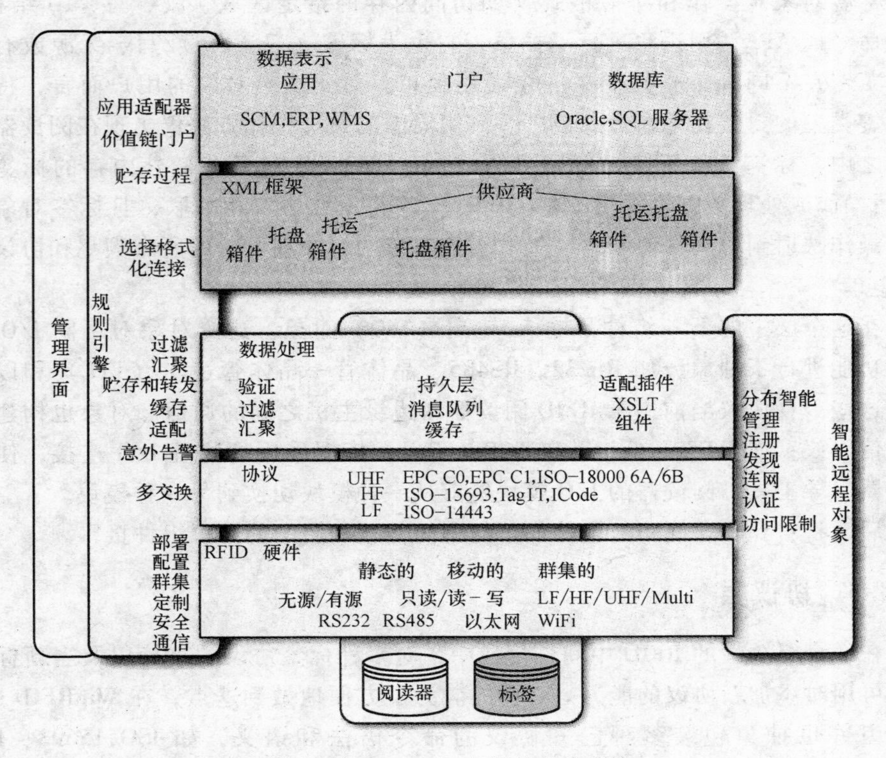

图 12-5　WinRFID 中间件整体架构

12.3.2 物理层：RFID 硬件

这一层处理 RFID 基础设施三个单元的抽象，即阅读器、标签和阅读器的 I/O模块。抽象是设计用来极大地方便如下任务的，即在面临引入新的 RFID 技术时，方便任意新的特定阅读器、标签或 I/O 类的派生，这些单元可扩展中间件的能力。

阅读器对象有助于管理、配置、位置指派、关联标签协议和安全以及用于命令引擎的接口或由厂商提供的专用 API/SDK。阅读器对象支持物理阅读器（可以是静态的、移动的、手持的或甚至阅读器群集的）的要求，并方便将它们集成到基础设施，它如何进行在目前不可知的。这项功能解决了阅读器的特殊要求，如阅读模式、支持大量天线以及与标签交互的命令结构，方法是提供与高层次方法的一个通用界面，来执行这些任务。阅读器对象也提供一个引导界面，在部署过程中和部署之后，用来管理和配置阅读器。当前运行在低、高和甚高频率的阅读器，无论是静态的还是移动的，都支持无源 RFID，目前已经实现了运行于 415MHz 和基于 802.11b RFID 的有源技术。

标签对象对操作和净荷格式（如访问内存的指定区域、读、写、ID 结构）以及命令或 API 调用语法进行了抽象，它也为标签（只读、读/写、无源或有源以及工作在不同频率）提供了一个通用接口。对于这个对象的用户而言，特定于标签类型的封装在个体命令或 API 调用周围的顶层操作方法仅出现在阅读器的情形之中。标签对象不仅针对读/写标签 ID，而且针对具有额外内存的标签的读/写操作或处理数据都提供支持。每种标签与一种协议相关联，且标签对象将标签操作映射到协议语法和语义上。当前支持的对标签可用的所有频率和协议见表 12-1。

在这个层中的下一组件是输入/输出（I/O）对象。这个对象对不同 I/O 协议的功能进行了抽象，如 RS232、RS485、晶体管—晶体管逻辑（TTL）和以太网，这些 I/O 协议当前用于 RFID 阅读器和边缘主机之间的通信。对象也构建支持通信协议，如 HTTP、Telnet 和 TCP。所以，依据采用的物理 I/O 连接，使用阅读器引导工具，阅读器的 I/O 模块能够从一种模块切换到另一种模块。

后面将看到在这层中的组件如何与中间件下一层中的协议组件接口。

12.3.3 协议层

在一个综合性的 RFID 中间件情形中，对多种标签协议的支持以及当新标签协议可用时添加新协议的能力是必要的。为了方便地做到这点，在 WinRFID 中，协议组件也抽象包装多种已知协议的命令语法和语义，如 ISO 15693、ISO 14443、ISO 18000-6 A/B、ICode、EPC Class 0、EPC Class 1、EPC Class 1 Gen. 2。

协议组件处理协议的具体细节，如基于字节的、（数据）块或甚至页的读和写，命令帧的结构和长度，标签内存空间的划分以及校验和。

这层的核心是协议引擎，它将依据如上所述的任何特定标准协议，解析并处理来自标签的原始数据。针对阅读器将与对象协商的标签，物理层对象或阅读器对象将阅读器必须向协议解析器对象订购通信用的协议类型。这是使用阅读器对象的配置引导工具完成的。

当阅读器使用选中的协议解析数据时，数据仍然是原始格式的，并将被传递到数据处理层进一步处理。

12.3.4 数据处理层

考虑到 RFID 技术的现状，在一个读取区域中的读和写操作主要受如下方面的影响，即标签密度、到阅读器天线的读/写距离、标签的方向、被打上标签的物件的材料以及标签之间的空间分辨率（标签相互之间的贴近程度）。

这些特征中的许多特征在读或写中都可能引入不一致性，如相同标签的多次读取、不能读一些标签或误读。解决这些问题，需要建立处理规则，这些规则将清除重复读并验证标签读取，且当存在高级记录（如高级发货通知）时，这层使记录与标签读取相一致。任何不一致将被处理为异常，且存在请求裁决的各种报警系统——电子邮件、消息或用户定义的触发器。

同时，由于商务处理要求，标签读取必须被智能地处理。如下需求在仓库管理、供应链管理和物流中是非常普遍的：来自一个特定供应商或厂商的货车和托板信息的合并、特定商品的信息、通过码头或仓库门的物件的数据、在特定时间帧中通过的物件、从特定阅读器或阅读器群集来的读数等。当来自一批托运货物的被打上标签的个体物件（货车或托板）以交错方式在一段时间上通过多个向内的门由不同传送媒体运送到达指定仓库或分发中心时，这项处理能力就是非常具有挑战性的，但中间件将必须保留所有接收和外出物件的清单，并使托运货物内容一致，且当查询时提供一个状态视图。在这种情形中，能够采用特定规则进行汇聚，并据此分类数据，使它们可用于各种格式，这将在后面讨论。在这层也要做出规定，即在用户可选指标的基础上，对活动作日志记录。

除了这些特征之外，存在一个数据持久性组件，它提供本地数据存储。这个组件是基于消息队列的。这种设计方便了来自中间件低层数据流的异步处理，并给予上述规则充足的时间对原始数据进行处理，并转换或将原始数据适配于上层或定购服务（即进行格式变换）。

定义这些要求并据此处理所需要的智能信息都是构建到本层之内的。这是通过一个可定制的商务规则引擎和框架的方式做到这点的，为的是添加定制数据适配插件。这些模块的特征以后将会讨论。

12.3.5 可扩展标记语言框架

来自物理层数据流的原始的清洗过（验证过和过滤过的）的标签数据，以各种方式格式化为基于可扩展标记语言（XML）的一种高层表示。按照定制插件，信息是经过过滤、清洗、汇聚和适配的，是能够添加到中间件服务的。目的是以遵从应用层决策判定的一种格式提供数据，如图 12-5 所示。

该层通过默认模板和标签库得以支持，在数据处理层使用这些模板和库从消息队列中提取原始数据。依据前述各种指标标准（特定供应商或厂商、特定产品等）所描述的规则或插件，收集来自队列的数据。来自框架的数据可发布到注册的连接器（connector），或者连接器可定购特定数据。数据要设计成便于在关键字段（如供应商、厂商、订单号和托运货物类型）基础上的集装箱搜索。建立数据源和连接器之间的正确连接是需要搜索指针的。

人们期望基于 XML 的表示促进企业应用的数据消耗需求，这些应用如仓库管理、供应链管理和企业资源规划。这是因为多数这样的系统具有输出基于 XML 数据的适配器，且在这些系统内部用来设计分析 XML 树模板的引导工具也是非常成熟的。

这个框架能够部署为内存中的一个数据库或一个纯 XML 数据库。

12.3.6 数据呈现层

这是应用层，它从 XML 框架获取数据，用于可视化和决策判定。当前，仅考虑了门户和数据库连接器，人们正试图将 XML 框架与 SharePoint 服务器连接以提供一个门户界面，这个门户的主要功能将是建立具有完全认证和访问控制的安全订阅者（如供应链中的一个价值链伙伴）账户，之后每个订阅者能够订阅他或她关注的信息。数据分发格式可以是由中间件提供的默认格式，或如 SharePoint 中，订阅者能够注册数据适配器插件作为 Web 部件。对于来自社团共享的其他订阅者，每个供应商也能够提供这些 Web 部件的访问权。所有这样的 Web 部件将通过一个库（library）来使用。

门户的其他功能是将 RFID 数据插入到图形可视部件用于呈现的目的。这将扩展以其他种类提供数据的能力，如表格和图形。利用这些部件中的每个部件，门户将允许订阅者做出决策，如重路由、重指派、计费和报警的触发事件。

另一个连接器是数据库连接器。当前，中间件可位于 SQL 服务器和 Oracle RDBMS 中。数据库可以一种异步方式以滴入（drop in）模式存在（具有最低优先级的一个进程，防止端主机发生死锁）。资源的优先级在处理低三层活动上是有所偏向的，如图 12-5 所示，在后台以低优先级满足高层应用。

12.3.7　WinRFID 的服务

使用基于 Windows 服务、Web 服务和远程对象的模块，中间件模块可部署为独立组件，该组件作为自包含的模块运行在分散的机器上。在无论有无一个用户界面的情况下，这些服务都运行在无人看管的状态，运行在它们自己的进程空间之内，并能在操作系统（OS）启动过程中启动。能够在因特网之上配置和管理这些服务，并能以测量模式（服务监视器应用）或事件模式（应用发送事件）进行设置。

下面将给出 WinRFID 主要服务一览表，这些服务将动态分布控制能力赋予中间件。

12.3.7.1　阅读器 Windows 服务

这项服务由 WinRFID 网络中的边缘主机驻留。这里使用 Windows 服务，原因是相比于 Web 服务，这种服务使用 TCP（传输控制协议）信道用于通信具有较好性能。它也为基于远程对象的阅读器协调器提供容器服务。

Windows 服务用于监视阅读器到边缘主机的物理连接和阅读器是否正常，是在预定间隔上进行监视的，它根据被允许的阅读器库认证阅读器。总之，它为其他应用提供了发现并与之交互的方法。在 OS 启动过程中，Windows 服务的远程激活特征在 RFID 网络（具有配备阅读器的大量边缘主机）中也是有用处的，原因是当在任何服务中断的情形中边缘主机可被远程启动，或系统需要重复位时启动这项服务。

12.3.7.2　基于远程对象的服务

这项服务构建于.NET 远程框架之上，它在边缘主机上作为物理地连接到边缘主机的管理协调器。这项服务允许协调器直接与应用或远程运行于其他机器上的服务进行交互。它提供如下功能，如激活和业务寿命支持，以及传递数据和消息的通信信道（TCP 或 HTTP）。它允许执行编码和解码数据及消息的格式器功能，以及内容在通信信道之上传输之前可对内容提供安全的功能。因此，这个框架的主要优势是，允许针对净荷安全定制的二进制编码，这降低了在网络上传输内容的尺寸，这是相比于基于 Web 服务解决方案中大块净荷而言的（因为其中内容和消息是以 XML 编码的）。

服务的这些功能被 WinRFID 的各种功能利用，如阅读器部署、配置和管理；它们也允许客户针对事件和数据定购不同格式器；支持联合功能，如读和写周期的管理，方法是使用连接到特定阅读器的多个天线、阅读器群集以及汇聚数据流，并提供来自边缘主机、门户或应用的数据订阅的插件套钩（hook）。这个概念如图 12-6 和图 12-7 所示。

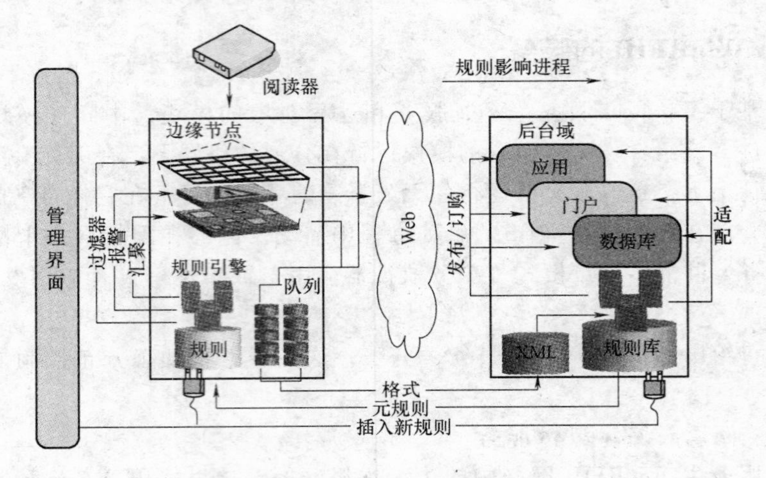

图 12-6　WinRFID 规则引擎架构

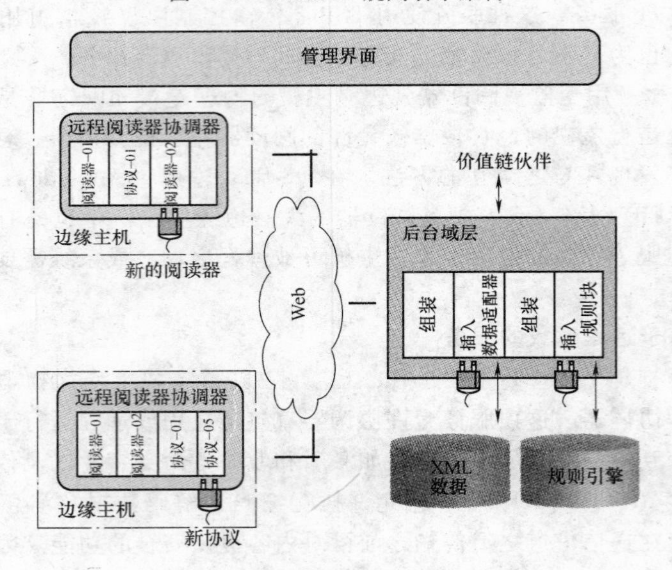

图 12-7　扩展 WinRFID 的插件概念

12.3.7.3　阅读器 Web 服务

Web 服务技术基于标准，使用基于 XML 的语言用于消息和数据传递。平台支持服务框架，基于通用描述、发现和集成（UDDI），提供订购、发现、交易和其他功能。它们为分布式系统提供平台、OS 和编程语言透明性。

在 WinRFID 中，阅读器 Web 服务在功能上等价于上面所描述的两项服务放在一起的功能。这项服务允许阅读器连接到支持标准 Web 服务框架的任何平台（UNIX、Linux 等，它们支持如 Java 编程环境）。简单对象访问协议（SOAP）用于净荷交易，服务请求和响应、Web 服务描述语言（WSDL）[63,67]用于服务描述、发现和查询响应。

当前，在 WinRFID 中，已经将移动阅读器集成连接到了 WIN CE/Pocket PC PDA 上，并在 802.11b 和蓝牙无线连接之上使用阅读器 Web 服务与阅读器交易。因为 PDA 在计算上是存在缺陷的，且不支持远程对象调用，在 WinRFID 中使用 Web 服务并从 PDA 中传出所有的密集处理。

12.3.8　规则引擎

规则引擎的基本原理是使用一组特定于问题域的逻辑规则解决一个问题。在要求处理快速变化的巨大数据集（如在 RFID 网络中）的求解中，它们是非常流行的。另一项主要优势是随着系统要求改变以及当系统要求改变时，甚至能够由端用户灵活地更新和修改规则，而不要求系统开发人员提供服务。

受到这些优势以及 RFID 技术的本质（来自多个源的大数据集）和状态（变化的标准、协议）的驱动，将一个紧密耦合的规则引擎设计到 WinRFID 的架构之中。这里作出的一种努力是将架构以一种灵活的方式设计，从而达到如下程度，即为甚至是端用户都能够采用“插件”的方式而结合它们自身的规则块而提供一种方法，这个概念将在后面描述。规则引擎的“推理引擎”是基于由 RuleML[10,11,65]定义的转发链（数据驱动）的。

按照设计，规则引擎影响 WinRFID 的大量进程和活动。如图 12-6 所示，许多进程都是由这些规则驱动的，如在边缘节点处的原始数据过滤、汇聚、异常处理和报警，以及进出企业应用的数据适配、发布或订购数据的选项，还有其他进程等。在 WinRFID 中使用规则系统的主要目的是从低层为高层转换数据和消息到可做出动作的信息，这些是基于由信息的用户感知到的商务或处理语义的。

这个模型采用不同规则集进行细化，同时人们正在针对准确性、可靠性、完整性和性能进行测试。

12.3.9　利用插件得到的扩展性

.NET 框架通过运行时（runtime）插件方便了向应用添加功能的操作。在 WinRFID 中采用这项特征，用于向远程对象服务添加新的阅读器模块，向系统库添加协议模块，以及在数据处理层添加数据适配插件，并能扩展在物理层添加其他传感器或自动 ID 技术。人们期望这项特征随着出现可用的阅读器、新协议和标准，以及当出现这些可用内容时，将以最小的再工程细化并增强 WinRFID。这项特征的主要益处是这些模块或组件（如它们在 .NET 中如此称谓）能够最小的或没有中断地添加到现有基础设施。作为 .NET 框架组件，图 12-7 图示了 WinRFID 插件的概念。

为使这项特征确实能工作，必须发现添加的组件，这可在运行时发生。这个发现过程可以多种方式得以实现，但这里采用两种方法。首先，使用 XML 配置文件，将使用的组件信息（它的名称、位置、激活方法）注册到注册库。这种方法用在添加新的阅读器、标签协议或商务规则中。这是当前（2005 年）在 WinRFID 中采用的方法。第二种方法采用反射（反射的解释能够在 Liberty 写的相关文章[47]和 MSDN[53]中找到），其中通过将插件存储在相对于应用目录的一个公开位置，使这种发现方法得以自动化。

在 WinRFID 中，插件框架允许外部价值链伙伴添加适配插件（将 XML 数据转换到要求的格式）、添加新的阅读器对象以及添加商务规则块。

采用 WinRFID 的这项特征，这里正研究仿真 EPC 网络，它具有网络每一模块的功能（savant 中间组件、命名、发现、信息）以及内嵌于 WinRFID 服务中的信任。考虑到这项实践的成功实施，将可能对 EPC 和非 EPC 技术一起运行以及利用它们的协同功能进行试验验证。

12.4 小结

WinRFID 是一种不感知 RFID 技术的中间件以及完全的分布式应用。架构的设计结合功能、系统、商务和处理知识，驻留于自包含的软件单元（不同服务提供各种独立的和互补的能力）。

就系统特定的特征而言，如可靠性、扩充性、扩展性以及使用的方便性，所得到的经验是令人鼓舞的。这之所以是可能的，是因为这个架构向端用户提供直接到位于网络边缘的基于远程一对象的阅读器协调器的访问，以及甚至在运行过程中定制架构的能力，采用的方法是注入新的过程规则、添加新的硬件以及支持新的协议和标准。以这里的观点而言，这项特征是非常重要的，其目的是在期望 RFID 技术的整个范围一致，并支持变数（可能发生的变化），还有不太费力地部署一个解决方案，该方案采用最优的 RFID 技术、满足各种企业垂直系统理想方案的需求。结论是在相当长的时间内，RFID 技术产品的出现和内在化将是一个过程，而不是目的。

从结合商务过程知识和语义的角度，可以确信基于规则的引擎将证明它的价值，因为它是非常灵活的，且有助于过程活动的语法和语义的贴切描述，能够与 RFID 数据相交融以协助快速做出决策。

在如下方面是成功的，即支持相当数量的可用阅读器一标签技术、协议和标准，并提供一个透明层次；企业采用这种方法，仅将焦点放在端应用上，就能够构建解决方案。这里的中间件已经部署在 WINMEC 的一个 RFID 测试床和许多实施试验上（http：//www. wireless. ucla. edu/rfid/ research/）。

在下一阶段，将添加对一个可重配置传感器平台的支持[54]（也可参见 http：//www. winmec. ucla. edu/rewins/）。可以相信，与各种传感器（温度、压力、化学、运动等）相结合，RFID 将为供应链、安全和物流等许多活动提供巨大的增值益处，使新的有效的商务模型成为可能，并数倍提高现有的实践收益。

参考文献

1. A. T. Kearney, *Meeting the Retail RFID Mandate*, Research analysis report, A. T. Kearney, Inc. Chicago, Nov. 2003 (a discussion of the issue facing CPG companies).
2. A. T. Kearney, *RFID/EPC: Managing the Transition (2004–2007)*, Research analysis report, A. T. Kearney, Inc., Chicago, Aug. 1, 2004.
3. G. Agha, Adaptive middleware, *Commun. ACM* **45**(6):30–32 (2002).
4. G. Agha, S. Frølund, W. Kim, R. Panwar, A. Patterson, and D. Sturman, Abstraction and modularity mechanisms for concurrent computing, *Parallel Distrib. Technol.* **1**(2):3–15 (1993).
5. AIMGlobal, *A Study of Data Carrier Issues for the Next Generation of Integrated AIDC Technology*, research study report, AIM, Inc., Warrendale, PA; available on the Web at http://www.aimglobal.org/technologies/rfid/resources/dcstudy/datacarrier_study.htm.
6. AIMGlobal, *Draft Paper on the Characteristics of RFID-Systems*, version 1.0, Aim Inc., Warrendale, PA, July 2000.
7. M. Astley, D. Sturman, and G. Agha, Customizable middleware for modular distributed software, *Commun. ACM* **44**(5):99–107 (2001).
8. A. C. P. Barbosa and F. A. M. Porto, Configurable data integration middleware system, *Proc. Int. Workshop Information Integration on the Web — Technologies and Applications (WiiW 2001)*, Rio de Janeiro, Brazil, April 9–11, 2001.
9. T. Bishop and R. Karne, A survey of middleware, *Proc. 18th Int. Conf. Computers and Their Applications*, Honolulu, March 26–28, 2003, pp. 254–258.
10. H. Boley, The Rule Markup Language: RDF-XML data model, XML schema hierarchy, and XSL transformations, *Web Knowledge Management and Decision Support at 14th Int. Conf. Applications of Prolog (INAP 2001)*, Tokyo, Oct. 20–22, 2001.
11. H. Boley, S. Tabet, and G. Wagner, Design rationale of RuleML: A markup language for semantic Web rules, *Proc. Int. Semantic Web Working Symp. (SWWS'01), Infrastructure and Applications for the Semantic Web*, Stanford, CA, July 30–Aug. 1, pp. 381–401.
12. G. Boone, Reality mining: Browsing reality with sensor networks, *Sensors* **21**:9 (Sept. 2004).
13. M. Boushka, L. Ginsburg, J. Haberstroh, T. Haffey, J. Richard, and J. Tobolski, *Auto-ID on the Move — The Value of Auto-ID Technology in Freight Transportation*, Research report, Accenture, Feb. 2003.
14. M. Brandel, Smart tags, high costs, *ComputerWorld* (Dec. 15, 2003); available on the Web at http://www.computerworld.com/softwaretopics/erp/story/0,10801,88130,00.html.
15. B. Brewin, RFID users differ on standards, *ComputerWorld* (Oct. 27, 2003); available

on the Web at http://www.computerworld.com/softwaretopics/erp/story/0,10801,86486,00.html.

16. C. Britton, Classifying middleware, *Business Integrator J.* 27–30 (Winter 2001).
17. M. W. Cardullo, Genesis of the versatile RFID tag, *RFID J.* (April 24, 2004); available on the Web at http://www.rfidjournal.com/article/articleview/392/1/2/.
18. H. S. Carvalho, A. L. Murphy, W. B. Heinzelma, and C. J. N. Coelho, Network-based distributed systems middleware, *Proc. Int. Middleware Conf.*, Rio de Janeiro, Brazil, June 16–20, 2003 pp. 13–20.
19. G. Chappell, D. Durdan, G. Gilbert, L. Ginsburg, J. Smith, and J. Tobolski, *Auto-ID on Delivery: The Value of Auto-ID Technology in the Retail Supply Chain*, Research report, Accenture, Feb. 2003.
20. G. Chappell, L. Ginsburg, P. Schmidt, J. Smith, and J. Tobolski, *Auto-ID on Demand: The Value of Auto-ID Technology in Consumer Packaged Goods Demand Planning*, Research report, Accenture, Feb. 2003.
21. A. Colyer, G. Blair, and A. Rashid, Managing complexity in middleware. *Proc. 2nd AOSD Workshop on Aspects, Components, and Patterns for Infrastructure Software (ACP4IS)*, Boston, 2003, pp. 21–26.
22. eForce, RFID Solution Lifecycle Management, presentation by eForce IT team, 2004; available on the Web at http://www.eforceglobal.com/ppt/eF RFID Assesment Overview.ppt.
23. W. Emmerich, Software engineering and middleware: A roadmap, *Proc. Conf. Futures of Software Engineering*, Limerick, Ireland, June 4–11, 2000, pp. 117–129.
24. G. Enciu, Applications of RFID in electromechanical systems, *Proc. Int. Symp. Electrical Engineering*, Valahia Univ. Targoviste, Romania, June 3–4, 2002.
25. J. Evilsizer, B. Patel, D. Robles, and M. Mintz, *Radio Frequency Identification (RFID)*, INFO3229 Business Data Communications Technical Briefs, Belk College of Business, Univ. N. Carolina, Charlotte, Spring 2004.
26. Federal Communications Commission (FCC), *Part 15 — Radio Frequency Devices*, The Office of Engineering and Technology, Federal Communications Commission, U.S. government report, Oct. 1, 2001.
27. K. Finkenzeller, *RFID Handbook: Fundamentals and Applications in Contactless Smart Cards and Identification*, 2nd ed., Wiley, Chichester, UK, 2003.
28. C. Floerkemeier and M. Lampe, *Issues with RFID Usage in Ubiquitous Computing Applications*, draft technical paper submitted for publication, Computer Science Dept., ETH Univ., Zurich, 2004; available on the Web at http://www.vs.inf.ethz.ch/publ/papers/RFIDIssues.pdf.
29. H. Fornicio, Middleware filters RFID data, *Managing Automation Mag.* **19:**2 (March. 2004); available on the Web at http://www.managingautomation.com/maonline/magazine/read.jspx?id=196620.
30. S. Frølund, *Coordinated Distributed Objects: An Actor-Based Approach to Synchronization*, MIT Press, Cambridge, MA, 1996.
31. Frontline, Confusion still common for RFID users, *Frontline Solutions* **5**:8 (Aug. 2004); available on the Web at http://www.frontlinetoday.com/frontline/

article/articleDetail.jsp?id=110305.

32. Frontline, RFID benefits will come in phases, *Frontline Solutions* **5**:9 (Sept. 2004); available on the Web at http://www.frontlinetoday.com/frontline/article/articleDetail.jsp?id=122209.
33. R. Gadh, The state of RFID: Heading toward a wireless Internet of artifacts, *Computerworld* (Aug. 11, 2004).
34. R. Gadh, Oct. 2004, RFID: Getting from mandates to a wireless Internet of artifacts, *Computerworld*, (Oct. 4, 2004); available on the Web at http://www.computerworld.com/mobiletopics/mobile/story/0,10801,96416,00.html.
35. J. Ganesh, S. Padmabhuni, and D. Moitra, Web services and multi-channel integration: A proposed framework, *Proc. IEEE Int. Conf. Web Services* (*ICWS'04*), San Diego, CA, June 6–9, 2004, pp. 70–79.
36. K. Geihs, Middleware challenges ahead, *IEEE Comput.* **34**(6):24–31 (2001).
37. G. Gimenez and K. H. Kim, A Windows CE implementation of a middleware architecture supporting time-triggered message–triggered objects, *Proc. 25th Annual Int. Computer Software and Applications Conf.* (*COMPSAC'01*), Chicago, Oct. 8–12, 2001, pp. 181–189.
38. C. Hartwich, *A Middleware Architecture for Transactional, Object-Oriented Applications*, PhD thesis, Fachbereich Mathematik u. Informatik, Freie Univ. Berlin, Nov. 2003.
39. IBM Wireless e-Business Group, *RFID in Business Processes, A Thought Leadership Technical Paper*, 2003; available on the Web at http://www.ibm.com/industries/wireless/doc/content/bin/SmartTagsInformationv.1.0.pdf.
40. D. Karastoyanova and A. Buchmann, Components, middleware and Web services, *Proc. IADIS Int. Conf. WWW/Internet* (*ICWI2003*), Algarve, Portugal, Nov. 5–8, 2003.
41. A. Kelkar and R. F. Gamble, Understanding the architectural characteristics behind middleware choices, in S. Rubin, ed., *Proc. 1st Int. Conf. Information Reuse and Integration*, Nov. 1999.
42. L. Kellam, P&G rethinks supply chain, *Optimize Mag.* **24** (Oct. 2003); available on the Web at http://www.optimizemag.com/printer/024/pr_supplychain.html.
43. C. Kern, RFID-technology — recent development and future requirements, *Proc. European Conf. Circuit Theory and Design* (*ECCTD '99*), Stresa, Italy, Aug. 29–Sept. 2, 1999.
44. J. Landt, *Shrouds of Time — the History of RFID*, an AIM publication, Oct. 2001; available on the Web at http://www.aimglobal.org/technologies/rfid/resources/shrouds_of_time.pdf.
45. Y. M. Lee, F. Cheng and Y. T. Leung, Exploring the impact of RFID on supply chain dynamics, *Proc. 2004 Winter Simulation Conf.* (*WSC'04*), Washington DC, Dec. 5–8, 2004, Vol. 2, pp. 90–97.
46. J. Lewis, *RFID: Small Package, Big Problem*, course paper: on information security and cryptography, Information Security Laboratory, Dept. Electrical Engineering and Computer Science, Oregon State Univ., Dec. 2003; available on the Web at http://islab.oregonstate.edu/koc/ece399/f03/final/lewis2.pdf.
47. J. Liberty, *Programming C#*, 3rd ed., O'Reilly Media, Inc., Sebastopol, CA, May

2003.

48. W. Lowe and M. L. Noga, A lightweight XML-based middleware architecture, *Proc. 20th IASTED Int. Conf. Applied Informatics* (*IASTED AI 2002*), Innsbruck, Austria, ACTA Press, Feb. 18–21, 2002, pp. 131–136.

49. D. McFarlane, *Auto-ID Based Control: An Overview*, White Paper, AUTO-ID Center, Feb. 2002.

50. S. van der Meer, *Middleware and Application Management Architecture*, PhD thesis, Electrotechnik und Informatik der Technischen Univ., Berlin, Sept. 2002.

51. E. Michielsen, RFID Middleware market competition heats up, *RFID Int. Newsl.* II(6) (March 15, 2004).

52. Middleware Domain Team, 2001, *A Middleware Framework for Delivering Business Solutions*, Middleware Architecture Report version 1.0, The COTS Enterprise Architecture Workgroup, The Council on Technology Services Commonwealth of Virginia. May 2001.

53. MSDN, *Reflection*; available on MSDN's .NET Framework Technology Samples Website: `http://msdn.microsoft.com/library/default.asp?url=/library/en-us/cpsamples/html/reflection.asp`.

54. H. Ramamurthy, B. S. Prabhu, and R. Gadh, in I. Niemegeers and S. Heemstra de Groot, eds., Reconfigurable wireless interface for networking sensors (ReWINS), *Proc. 9th Int. Conf. Personal Wireless Communications* (*IFIP TC6*) (*PWC 2004*) (*LNCS 3260 / 2004]*), Delft, The Netherlands, Sept. 21–23, 2004.

55. K. R. Sharp, A sense of the real world, *Supply Chain Syst. Mag.* **20**:9 (Sept. 2000).

56. K. R. Sharp, Channel tuning in the RFID market, *Supply Chain Syst. Mag.* **23**:5 (May 2003).

57. S. M. Sutton, Middleware selection, in W. Emmerich and S. Tai, eds., *Proc. 2nd Int. Workshop on Engineering Distributed Objects* (*EDO 00*), LNCS 1999/2001, Davis, CA, Nov. 2–3, 2000, pp. 2–7.

58. A. Tripathi, Challenges designing next-generation middleware systems, *Commun. ACM* **45**(6):39–42 (2002).

59. P. Välkkynen, I. Korhonen, J. Plomp, T. Tuomisto, L. Cluitmans, H. Ailisto, and H. Seppä, A user interaction paradigm for physical browsing and near-object control based on tags, *Proc. Physical Interaction* (*PI03*) *Workshop on Real World User Interfaces*, held during MobileHCI 2003, Udine, Italy, Sept. 8–11, 2003.

60. VDC — Venture Development Corporation, *Radio Frequency Identification* (*RFID*) *Middleware Solutions: Global Market Opportunity*, a market research report, Natick, MA, Aug. 2004.

61. S. Vinoski, Where is middleware? *IEEE Internet Comput.* **6**(2):83–85 (March–April 2002).

62. B. Violino, Linking RFID with Web services, *RFID J.* (Oct. 6, 2003); available on the Web at `http://www.globeranger.com/papers/Article%20%20RFID%20Journal%20RFID%20&%20Web%20Services.pdf`.

63. W3C, *Web Services Activity*, World Wide Web Consortium's Web Services Working Groups and Interest Groups Website: `http://www.w3.org/2002/ws/`.

64. J. Walker, T. Mendelsohn, and C. S. Overby, *Vendors Race to fill a New Void: RFID*

Middleware, TechStrategy Research brief, Forrester Research, Inc., Cambridge, MA, Jan. 26, 2004.

65. G. Wagner, How to design a general rule markup language, *Proc. Workshop XML Technologies for the Semantic Web* (*XSW 2002*), Institut fur Informatik, HU Berlin, March 24–25, 2002.
66. R. Want, K. P. Fishkin, A. Gujar, and B. L. Harrison, Bridging physical and virtual worlds with electronic tags, *Proc. ACM CHI'99, Conf. Human Factors in Computing Systems*, Pittsburgh, PA, May 15–20, 1999, pp. 370–377.
67. MS-WSDC, Microsoft's Web Services Developer Center, *Microsoft's .NET Web Services Portal*; available on the Web at `http://msdn.microsoft.com/webservices/`.
68. L. H. Zawada and P. O'Kelly, 2003, Assess RFID's transformational potential, *.NET Mag.* **3**:11 (Oct. 2003).
69. L. Zhekun, R. Gadh, and B. S. Prabhu, *A Study of RFID Smart Parts*, Technical Report UCLA-WINMEC-2003-202, Wireless Internet for the Mobile Enterprise Consortium, School of Engineering and Applied Science, Univ. California Los Angeles, 2003.
70. L. Zhekun, R. Gadh, and B. S. Prabhu, Applications of RFID technology and smart parts in manufacturing, *Proc. DETC'04: ASME 2004 Design Engineering Technical Conf. and Computers and Information in Engineering Conf.*, Salt Lake City, UT, Sept. 28–Oct. 2, 2004.

第13章 设计智能环境：基于学习和预测的一个范例

SAJAL K. DAS 和 DIANE COOK

美国德克萨斯大学阿灵顿分校计算机科学和工程系

13.1 简介

人们生活在一个日渐连通和自动化的社会之中，智能环境体现了这个趋势，它将计算机和其他设计联系到日常环境和常见任务上。虽然创建智能环境的期望已经存在了数十年，但自从20世纪90年代早期左右开始，关于这个多学科专题的研究才变得日渐升温。确实，如智能（便携）设备和仪器、无线移动通信、泛在计算、无线传感器连网、机器学习和决策判定、机器人、中间件和智能体技术以及人机界面等领域的巨大进步，已经使智能环境的梦想成为了现实。如图13-1所示，一个智能环境就是一个小世界，其中支持传感器的和连网的设备持续地和协作地工作，使居民的生活更加舒适。"灵智"或"智能"的一个定义是"自动地获取并应用知识的能力"，而"环境"指周围状况。因此将"智能环境"定义为能够获取并应用关于环境的知识，并适应其居民的环境，其目的是改善居民们在那个环境中的感受[8]。

从环境中得到的个体期望的体验类型随着考虑的个体和环境类型不同而不同。例如，人们可能期望环境确保其居民的安全，可能想降低维持环境的成本或额外负担，可能期望优化资源（如设施/能量账单或通信带宽）使用，或可能想将在环境中典型执行的任务自动化。对这种环境的期望随着该领域的历史而发生演化。人们[8]已经介绍了构建具有各种现有应用的智能环境所必要的技术、架构、算法和协议，本章将展示说明在这个领域中，无线移动和传感器网络扮演着一个重要角色。

反映智能环境日益受到关注的状况是，学术界和工业界的研究实验室都正在捡起这个课题，并以他们自身的独特倾向和市场偏好在创建环境。例如，乔治亚技术感知家庭[1,22]、科罗拉多大学波尔得分校的适用性住房[26]以及德克萨斯大学阿灵顿分校的MavHome智能家庭[10]，都使用传感器学习居民们的行为模型并

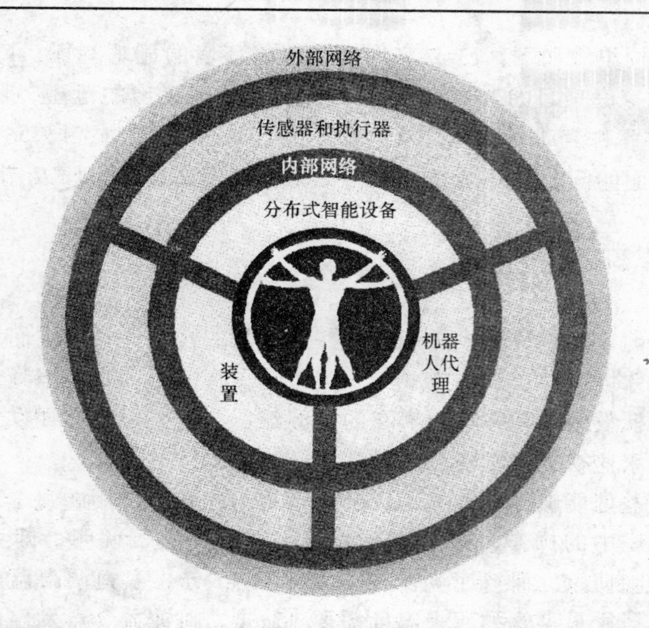

图 13-1　智能环境的原理视图

据此自动化相关活动。其他类型的智能环境，包括智能办公室、教室、幼儿园、桌子和汽车，已经由麻省理工学院（MIT）[4,33]、斯坦福大学[14]、加州大学洛杉矶分校（UCLA）[31,32]、法国的INRIA[23]以及Ambiente、Nissan和Intel公司设计成功。具有设备通信能力的连网家庭已经成为许多公司的研究焦点，如Philips、Cisco[6]、GTE、Sun、Ericsson和Microsoft[5]。还有其他团体将研究焦点放在帮助具有健康问题的个人的智能环境，这些项目包括Gloucester智能家庭[15]、Edinvar辅助交互居住房屋[13]、Intel前导性（proactive）健康项目[21]、MavHome中基于智能体的智能健康监控[11]和针对具有特殊需要个体的MALITDA智能住房[18]。容易看出，这样的环境是无线移动通信基础设施和传感器连网技术以及其他技术中杰出成就的结果。

本章将通过一个称为MavHome[10]的项目讲解研发智能环境中的研究经验，这个项目得到了美国国家科学基金的资助。特别地，将提出“学习和预测”作为在这样的环境中设计高效算法和智能协议的中心支配框架或范型。这个范型的基础落在信息理论之中，因为它管理居民移动性中的不确定性和他们日常生活中的活动。蕴涵的思路是构造居民的移动性智能（压缩的）字典和活动概要（或历史），从传感器进行数据收集，从这个信息中学习，之后预测未来移动性和动作行为。接下来预测帮助高效地自动化设备操作和管理资源，因此将优化智能环境的目标。

本章的结构组织如下：13.2 节将描述智能环境的显著特征；13.3 节将讲解 MavHome 智能家庭项目的架构细节；13.4 节将处理提出的范型，该范型具有居民（室内）位置和活动预测，以及自动化做出决策的能力；13.5 节将讨论 MavHome 实现方面的问题；13.6 节将重点处理实践考虑因素；13.7 节将小结本章。

13.2 智能环境的特征

智能环境的重要特征是，它们拥有一定程度的自治性，使它们自己可适应于变化的环境，并以一种自然的方式与人类通信。智能自动化能够降低居民要求的交互量，并降低设施消耗和其他潜在的能源浪费。这些能力也提供重要的功能特征，如针对健康监视和家庭安全、异常或不正常行为的检测。

自动化的益处能够影响在人们日常生活中与之相互作用的每个环境。如考虑在一个智能家庭中的操作，并在如下场景的帮助下进行说明，即为了最小化能耗，在整个夜晚使家庭保持凉爽。在早晨 6 点 45 分，家庭调高温度，因为它已经知道加热到居民最喜欢的醒来温度需要 15min。闹钟在 7 点发出闹铃，通知卧室灯打开、厨房中的咖啡机打开。居民（Bob）走入浴室并打开灯。家庭记录这个手动交互，在浴室显示屏上播放早间新闻，并打开淋浴器。当 Bob 正在刮胡须时，家庭感知到 Bob 超出他的理想体重 4lb[㊀]，并调整他的建议日常菜单，并在厨房中列出。当 Bob 洗漱完毕，浴室灯关闭，同时厨房灯和显示屏打开。在早餐过程中，Bob 请求看房机器人清洁房间。当 Bob 离开去工作时，家庭在他离开之后关紧所有的门，并起动草坪喷洒器（除非知道 30% 的下雨预测几率）。为了降低能量成本，房间将温度降低，直到 Bob 到家之前的 15min 才重新升高温度。当冰箱的牛奶和奶酪量不多时，家庭发出一个食品订单。当 Bob 到家时，他的食品订单已经到达，房间回到 Bob 的期望温度，且热水浴盆正在等待他。

这个场景重点突出了在一个智能环境（例如一个家庭）中的许多期望功能特征，下面将详细地研究这些特征中的一些特征[8]。

13.2.1 设备的远程控制

智能环境的最基本功能特征是远程地或自动地控制设备的能力。电力线控制系统已经存在了数十年，且能够容易地安装由 X10 提供的基本控制。通过将设备插入这样一个控制器，智能环境的居民能够以终日泡在电视机前的人使用一个遥控器相同的方式打开或关闭灯、咖啡机和其他设备（见图 13-2）。另外，计算机软件能够被用来编程排列设备活动的顺序并俘获由电力线控制器执行的设备事件。

㊀ 1lb = 0.45359237kg。——编辑注

如果具有这样的能力，居民就摆脱了物理接触设备的要求。残疾人能够在一定距离上控制设备，正如当一个人去工作时，意识到喷洒器仍然打开时，所做的行为一样（即远程关闭喷洒器）。当居民离开以后，自动化地开灯顺序能够给人这样的印象，即环境中有人存在，因此在几乎没有人类干预的情况下，由环境处理这些基本日常过程。

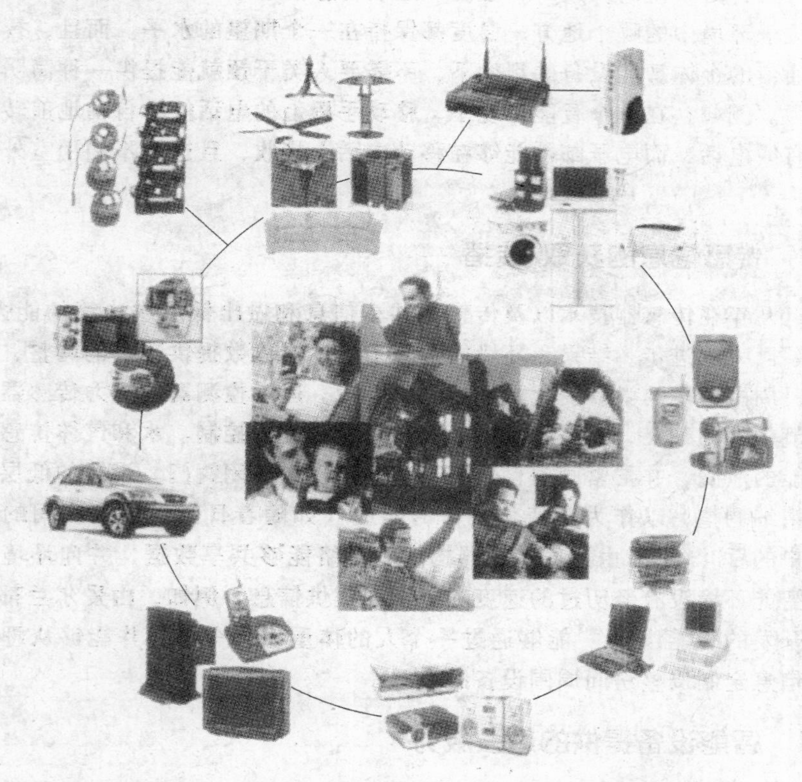

图 13-2　智能环境中的设备控制

13.2.2　设备通信

随着无线移动通信和中间件技术的成熟，智能环境设计人员和居民已经能够提高他们的生活标准和期望。特别地，设备能够使用这些技术相互通信，共享数据以构建环境和/或居民状态的更智能的模型，并通过因特网或无线通信基础设施从外部源检索信息。这允许对当前状态和需求进行更好的响应。

如前所述，这样的"连通的环境"已经成为许多工业界开发的智能家庭和办公室的焦点。具备这些能力，就能实现访问天气页面以确定预报，并请求草坪中的湿度传感器以确定喷洒器应该运行多长时间。设备能够从因特网访问信息，如菜单、运行手册或软件升级，并能够发出信息（如一个食品存储列表，这是从监控具有智能冰箱或垃圾桶的清单中产生的）。

激活一个设备也可能触发其他事件序列，如当闹钟响过之后，打开卧室广播、厨房咖啡机和浴室毛巾加热器。居民能够从设备之间的交互中受益，如当电话或门铃振铃时，使电视无声；温度和运动传感器能够与其他设备交互，确保无论居民位于环境中的哪个地方，温度都保持在一个期望的水平。而且，智能环境在相互通信的个体智能设备的帮助下，不需要人类干预就能提供一种简明的服务转发能力。例如，在一个智能环境中，移动手机上的电话能够自动地前转到一台附近的有线电话，而电子邮件能够在移动电话上接收，且这并不利用室外蜂窝网络。

13.2.3　传感信息的获取/传播

最近几年在传感器技术以及传感器共享信息和做出低层次决策的能力方面，人们有了巨大的进步。结果，环境能够基于传感器读数提供连续的调整，并能够针对居民周围环境的微妙变化更好地定制行为。运动检测器或压力传感器能够检测到环境中人的存在，并据此调整灯光、音乐或气候控制。水和气体传感器能够监控可能的泄漏，并拧紧阀门，由此当危险出现时关闭阀门。设备的低层次控制提供了精细调整，以作为对变化条件的响应（如随着日光量进入房间的改变而调整窗户的百叶窗）。由这些传感器构成的网络能够共享数据，并向环境以以前版本的智能环境没有经历过的速度和复杂度提供信息。例如，由爱尔兰都柏林三一学院开发的智能沙发[30]能够通过一个人的体重识别个体，并能够从理论上使用这个信息定制调整房间周围设备的设置。

13.2.4　智能设备提供的增强服务

智能环境通常配备有许多智能设备和仪器，它们提供变化的和不同的能力。这些设备连网并连接到智能传感器和外部世界，它们的影响甚至能够变得更加强大。这样的设备正成为许多制造商（包括 Electrolux、Whirlpool 公司）和一些新兴公司的关注焦点。

作为这种设备的例子，Frigidaire 和 Whirlpool 公司提供具有多种功能的智能冰箱，这些功能包括监控货单的 Web 摄像机、条形码扫描仪和连接因特网的交互屏幕。通过交互摄像机，在远离家庭的位置就能够观看安全警报或火警的位置，且远程护理工能够检查他们的病人或家庭的状态。Merloni 公司的 Margherita 2000 洗衣机是类似因特网控制的，使用传感器信息确定合适的循环时间。其他设备，如微波炉、咖啡机和电烤箱正快速地加入到这个集合中。

另外，作为对辅助性环境日益增长的兴趣的响应，人们已经设计专门化设备。AT&T 公司的小孩通信器（Kids Communicator）像一个仓鼠球，并配备有一个无线视频电话具有远程可操作性，可从任何位置监控环境。大量公司，包括 Friendly Robotics、Husqvarna、Technical Solutions 公司和佛罗里达大学的 Lawn Nibbler 已经开发出了机器人割草机以减轻这项耗时任务的负担。室内机器人真空清洁器包括 Roomba 和来自 Electrolux、Dyson 和日立公司的真空吸尘器正受到注意并得到使用。MIT 媒体实验室的研究人员正在深入研究新的专门设备，如烤箱手套，它能在整个过程中告知食物是否已经热好。来自许多公司如 Philips 公司的一项突破性研发是交互桌布，它为所有放置于桌面上可充电的物体提供没有电缆的电源。能够将这些设备的功能与以前研究的信息采集和远程控制能力结合的一个环境，将实现智能环境设计人员梦想达到的许多目标。

13.2.5 连网标准

智能环境将能够从任何地方和任何时间通过因特网控制它的所有各种连网设备（见图 13-3），如计算机、传感器、摄像机和其他设备。例如，当居民离开时，他仍然能够与他的不同环境联系以监控它们的状态和/或访问他的个人数据库。从这个观点来说，支持智能环境的所有硬件和软件都应该基于开放标准，而且为了对非专业人员的居民或消费者是用户友好的，它们应该是容易安装、配置和操作的。基于 IEEE 802.11 和 IEEE 802.15 的无线局域网以及蓝牙在 2.4GHz 或 5GHz 不需许可证的 ISM（工业、科学和医疗）无线频谱之下使用扩频技术和 Home RF（射频）技术，已经应用到智能环境的无线连网基础设施上。同时，以太网（IEEE802.3）、电话线连网联盟（PNA）和 X10 电力线连网已经作为智能

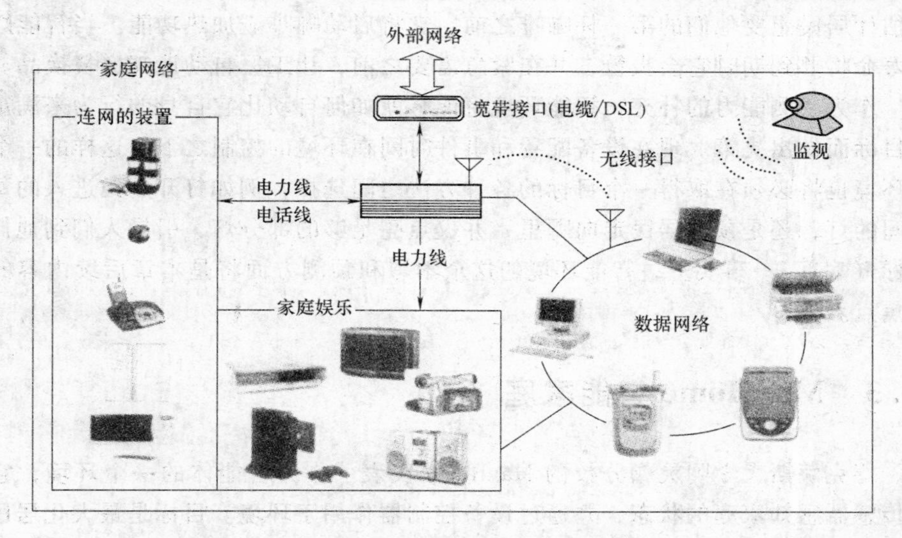

图 13-3　智能环境中的连网设备

环境有线连网技术出现在市场上。这些技术具有相应的优势和劣势，如X10电力线连网具有最广泛的可用性，但是相比于其他PNA和无线标准而言，它具有非常低的速度。人们已经在学术研究和工业研究领域开始这些技术的性能比较、共存能力和互操作性研究，同时使用上述标准实现了智能环境的原型。

13.2.6 预测决策的判决能力

到此为止所描述的智能环境的功能提供了满足智能环境目标的潜力，即改善环境居民的体验。但是这些能力的控制多在用户手中，仅在通过显式的远程操作或仔细的编程情况下，这些设备、传感器和控制器才能调整环境来满足居民的需要。完全的自动化和适应性依赖于软件自身学习或获取信息的能力，这允许软件提供与体验相关的性能。

满足这些指标标准的最新智能环境的特定功能，将预测和自动决策判定能力结合到控制范型之中。基于观测到的活动和已知功能，环境能够以良好准确度预测居民以及环境的上下文（移动性、活动等）。使用居民模式可为将来的交互行为而定制环境，也能构建模型。例如，一辆智能汽车能够收集有关驾驶员的信息，包括到工作地点、剧院、餐馆和商店偏好的典型时间和路线以及常去的加油站。将这个信息与通过居民家庭和办公室收集到的数据以及从因特网收集的关于电影时间、餐馆菜单和位置以及各家商店的促销活动的特定信息相结合，基于活动模式和偏好的学习到的模型，汽车就能够提出活动建议。

类似地，构建设备性能的一个模型可允许环境优化它的行为和性能。例如，一个智能厨房可能知道咖啡壶为了完全煮好一满壶咖啡需要10min时间，所以在它估计居民想要他们的第一杯咖啡之前，它将启动咖啡壶加热功能。当智能灯泡的寿命将要到期时它会报警，并在紧急需要之前，让工厂自动地邮递替换品。

作为预测能力的补充，智能环境将能够就如何自动化它自身的行为来满足特定目标而做出决策。现在设备配置和事件时间在环境的控制之下，这样的一个智能环境也将必须在取得一个目标的各种方法之间选择，例如打开居民进入的每个房间的灯，还是预测居民走向哪里，并仅点亮足够的部分灯，引导人们到他们的目标（房间）。事实上，智能环境的这个学习和预测方面将是本章后续内容的关注焦点。

13.3 MavHome智能家庭

德克萨斯大学阿灵顿分校的MavHome代表了作为智能体的一个环境，它通过传感器感知家庭的状态，并通过设备控制器作用于环境。目标是最大化居民的舒适度并最小化家庭的运行成本。为了取得这个目标，房屋必须能够推理、学习、预测并适应它的居民。

在 MavHome 中，将期望的智能家庭能力组织成一个基于智能体的软件架构，它无缝地连接组件，同时允许对任何支撑技术做出改进。图 13-4 给出了一个 MavHome 智能体的架构，它将技术和功能分隔成 4 个协作层：决策层为要执行的智能体选择动作；信息层收集信息并产生对做出决策有用的推理；通信层负责智能体之间的路由和共享信息；物理层包含环境硬件，其中包括设备、变换器和网络设备。MavHome 软件组件使用分布式进程间通信接口连接起来。

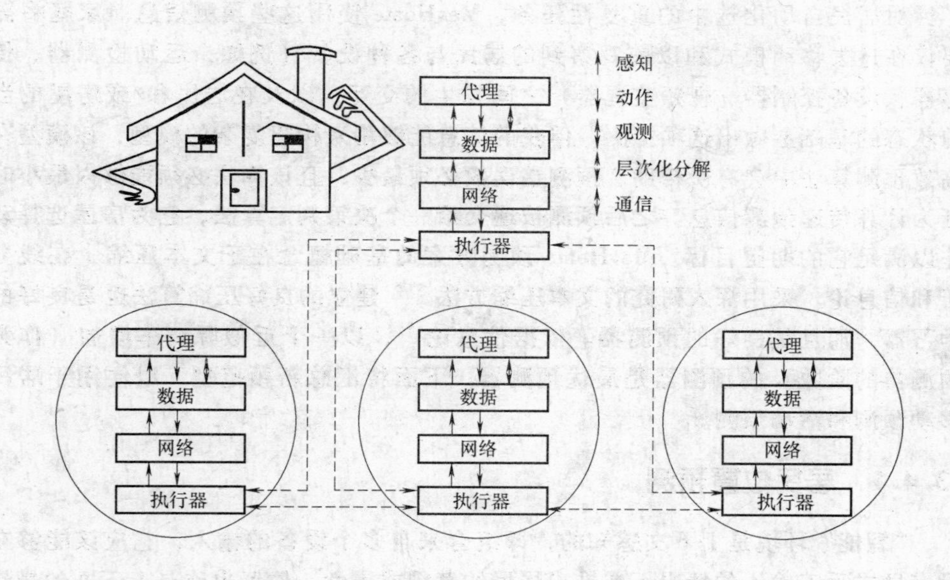

图 13-4　MavHome 智能体架构

因为控制一整套房屋是一个大规模的复杂学习和推理问题，所以将之分解为可重新配置的任务。因此，一个智能体的物理层可能表示层次结构中某处的另一个智能体，它能够执行由请求智能体选中的任务。

感知是一个自底向上的过程。传感器监测环境（如草坪湿度等级），如果有必要，将信息通过通信层传输到另一个智能体。数据库在信息层记录信息，据此更新它知道的概念和预测，并提醒决策层告知新数据的存在。在动作执行过程中，信息流自顶向下。决策层选择一个动作（如打开喷洒器），并将决策与信息层相关。更新数据库之后，通信层将动作信息路由到合适的效应器执行。如果效应器实际上是另一个智能体，则该智能体通过它的效应器将命令作为感知的信息进行接收，并确定执行期望动作的最优方法。专门化的接口智能体允许与用户、机器人和外部资源（如因特网）交互。智能体能够使用如图 13-4 所示的层次流而相互通信。在下面的讨论中，智能家庭将代表一个典型的智能环境。

13.4　通过学习和预测的自动化方法

为了最大化舒服度、最小化成本和适应居民需要，智能家庭必须依赖复杂工具进行智能信息构建，如学习、预测和做出自动化决策。这里将说明，学习和预测确实在确定家庭内部居民的下一动作和估计移动模式中扮演一个重要角色。为了针对居民自动化选中的重复性任务，MavHome 使用这些预测信息。家庭将需要仅在过去移动模式和以前观察到的居民与各种设备（例如，运动检测器、传感器、设备控制器、视频监视器）之间发生的交互，以及在居民和/或房屋的当前状态的基础上做出这项预测。俘获的信息能够用来构建复杂的模型，该模型在高效预测算法中会有所帮助。预测错误数必须最少，且该算法必须能够以最小时延为计算传递预测信息。之后预测被递交给一个决策判定算法，它为房屋选择动作以满足它的期望目标。MavHome 预测方案的基础概念在于文本压缩、在线分析和信息论。采用深入研究的文本压缩方法[9,35]建立的良好压缩算法也是良好的学习器，而且是良好的预测器。依据信息论[9]，以一个近似源熵率增加（作为预测器的阶数）的预测器是最优预测器。下面将汇总新颖范型，以便用于居民移动预测和活动预测。

13.4.1　居民位置预测

“智能”环境是上下文感知的，即组合来自多个设备的输入，它应该能够在没有显式手工输入的情况下递推出居民的意图或属性。位置也许是上下文的最常见范例，因此通过确定和预测人们的位置，准确地跟踪居民的移动，对于智能环境是至关重要的。在位置感知应用中，预测也有助于资源的优化分配和效应器的激活[12,25]。这里首先提出[2]用于无线蜂窝网络中位置预测的一个模型无关的算法，后面将它用于智能家庭中的室内位置跟踪和预测居民的未来位置[16,29]。这种方法是基于位置信息的符号表示的，它不是以绝对项目（item）指定的，而是相对于对应访问基础设施拓扑的（如传感器 id 或居民通过的区），因此这里的方法是通用的或技术/模型无关的。在概念层次，预测涉及一定形式的统计推理，其中使用居民过去的移动历史（概要）的一些样本，提供居民个体未来位置的智能估计，因此降低了与这个预测相关联的位置不确定性[12,28]。

假设居民的移动性具有重复模式，是能够学习到的，且假定居民的移动过程是随机的，可以证明如下结果[2,3]：在系统（在这种情形中是智能环境）和设备（检测居民的移动）之间交换的信息以小于随机移动过程的熵率（以 bit/s 表示）的量最优地跟踪移动性是不可能的。具体而言，给定居民位置的所有过去观测数值，以及未来位置的最优可能预测器，除非设备和系统交换位置信息，否则在位置中将总是存在某种程度的不确定性。这个交换发生所采用的实际方法是与这个限制无关的，重要的是交换要超过移动过程的熵率。因此，建立界限的一个关键问题是以一种适应性方式特征化移动过程（因此特征化它的熵率）。到此为止，在信息论的框架基础上，为蜂窝通信网络提出了一种称为 LeZi-update 的最优在线适应位置管理算法[2,3]。并不假定节点的标准移动模型，LeZi-update 学习节点移动历史［存储于一种 Lempel-Ziv（LZ）类型的压缩字典中[35]］，通过最小化熵而构建一个通用移动模型，并以高度的准确性预测未来位置。换句话说，LeZi-update 提供一种模型无关的解决方案，管理与节点移动相关的不确定性。这个框架是非常通用的，并可适用于其他上下文，如活动预测[17]、资源提供[12,28]和异常检测。

图 13-5a 给出了 MavHome 的一个典型楼层平面图布局，其中放置有运动（在大楼内）传感器以及居民的路线，将 MavHome 的覆盖区分成传感器区或扇区。当系统（环境）需要联系居民时，它将发起一个位置预测机制。为了控制位置不确定性，系统也依赖于由传感器采用的位置信息，它接下来能够帮助减少后续预测的搜索空间。如图 13-5b 所示，楼层平面图可表示为一个连通图 $G=(V, E)$，其中节点集合 $V=\{a, b, c, \cdots\}$ 表示区（传感器 id），边集合 E 表示一对区之间的邻居邻接关系。当从一个区移动到另一个区时，居民沿一条路线穿过一组传感器。例如，在平面图中从走廊（R）运动到餐厅（D），可表示为传感器集合 $\{j, l\}$ 或 $\{j, k\}$。

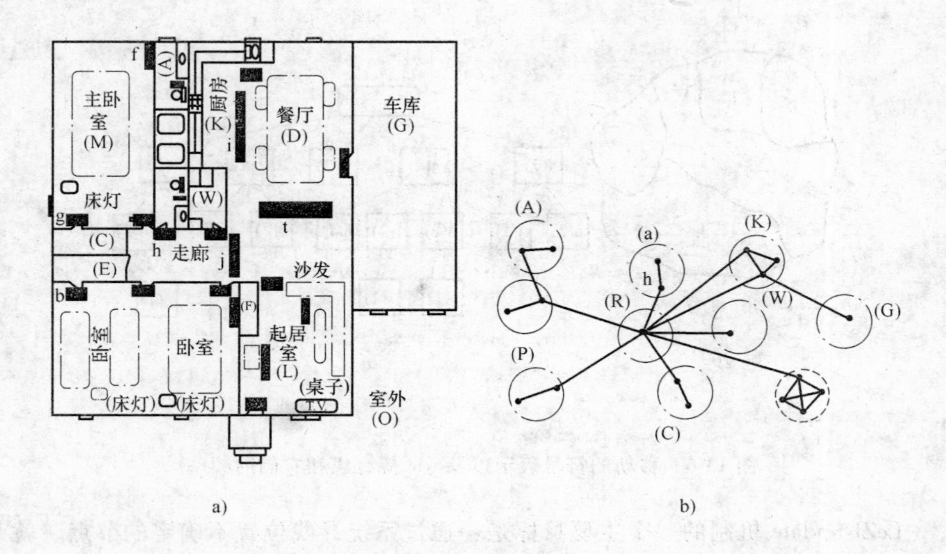

图 13-5　MavHome 架构的典型楼层平面图与表示传感器区连通性的图

LeZi-update 框架使用一个符号空间（symbolic space），将智能环境的检测区表示为一个字母符号，因此俘获的居民移动历史数据为一个符号串。因此，虽然在得到精确位置坐标中地理位置数据经常是有用的，但符号信息去除了频繁转换坐标的负担，并能够在不同网络间取得通用性[25,28]。符号表示的能力也帮助人们层次化地将室内连通的基础设施抽象为不同粒度等级。在这个形式化中的策略是，每个节点具有一些移动模式，这能够以在线方式学习到。本质上来说，假定节点路线是固有且可压缩的，且这允许应用通用的数据压缩算法[35]（这些算法作出非常基本的和广义的假定），但针对静态遍历的随机过程而言即是最小化源熵[27]。

在 LeZi-update 中，符号（传感器 id）是以块方式处理的，并保留符号的整个序列，直到最后以一种压缩（编码）形式报告更新。例如，参见图 13-6a 中移动路线的抽象表示，令 ajllojhhaajlloojaajlloojaajll…是任意时刻居民的移动历史。这个符号串可作为不同子串（或短语）进行分析，即 a，j，l，lo，o，jh，h，aa，jl，loo，ja，aj，ll，oo，jaa，jll 等。如图 13-6b 所示，这样一个符号式的上下文模型，基于可变长度到固定长度的编码，能够高效地存储于以一个 trie 树实现的字典之中。本质上来说，移动作为编码器，而系统作为一个解码器，每个符号的频率（针对每个短语的每个后缀的每个前缀）加 1。通过积累越来越大的上下文，从传统的位置更新切换到路线更新，人们可影响系统范型。对于具有 n 个符号的静态各态遍历源，这个框架取得渐近最优效果。改进的更新开销受限于 $\Omega(\log_2 n - \log_2\log_2 n)$。

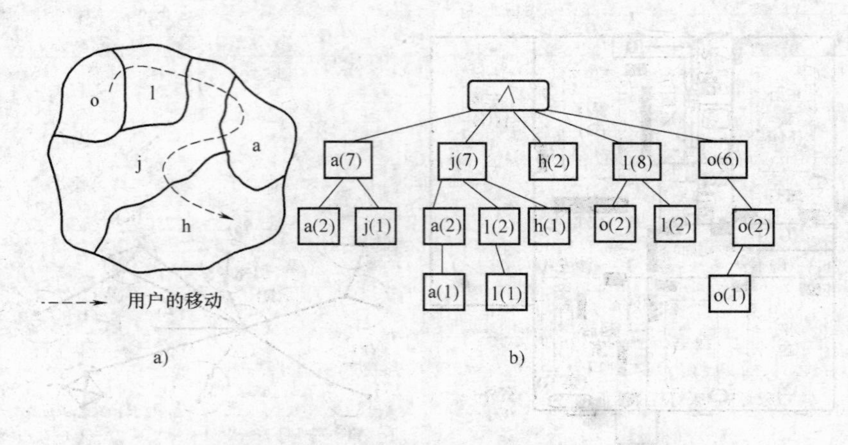

图 13-6 移动的符号表示以及 trie 持有区和它们的频率

LeZi-update 机制的一个主要目标是：通过系统寻找位置不确定的节点，就节点移动概要而言，为预测过程赋予充足的信息。在 trie 树中的每个节点保留由更新机制提供的在当前上下文中的相关频率。因此，假定 jll 是最新的更新消息，则有用的上下文是它的前缀，即 jl、j 和 Λ（空符号）。在这个上下文中带有频率的所有可预测路由（分析过的短语）见表 13-1。遵循部分匹配预测（PPM）[7] 的混合技术，概率计算从 trie 树的叶节点开始（最高层），离开走向较低层，直到到达根时才停止计算。依据不充分推理原则[27]，每个短语的概率是依据它们在特定短语中的相对发生次数而分布于各符号（区）之间的。在这个上下文中累加从所有可能短语中出现的概率，并将所有这些概率求和，计算得到每个区（符号）的总的驻留概率。现在，以这些驻留概率的降序轮询各区，确定最优预测顺序。

所以总体而言，将信息论的方法应用到位置预测，这使为了维护准确位置信息而交换的最少信息得以量化，提供了特征化移动性的一种在线方法，另外赋予了一个最优预测序列[12]。通过学习过程，这种方法可用来构建一个较高阶移动模型，因此就不用假定一个有限模型，所以将熵最小化并产生最优性能。

表 13-1　短语及其在上下文 jl、j 和 Λ 处的频率

jl	j	Λ		
l|jl (1)	a|j (1)	a (2)	aa (2)	aj (1)
Λ|jl (1)	aa|j (1)	j (2)	ja (1)	jaa (1)
	l|j (1)	jl (1)	jh (1)	l (4)
	ll|j (1)	lo (1)	loo (1)	ll (2)
	h|j (1)	o (4)	oo (2)	h (2)
	Λ|j (2)	Λ (1)		

虽然基本的 LeZi-update 算法仅用来从过去移动模式预测当前位置，但这种方法也可扩展预测[29] 在智能家庭中居民的可能未来路线（或轨迹），也可用于异构环境[24]。路由预测利用信息论中的渐近均分性质，该性质断言，对于一个随机过程 X，具有熵 $H(X)$，以概率 1 观测到的长度为 n 的不同路径数为 $2^{H(X)}$。换句话说，对于充分大的 n，概率变量的大部分仅集中于路线的一个小子集（称为典型集合），它包括居民的最可能路线，并俘获呈现大长度序列的平均性质。据此，该算法简单地预测可能路径的一个相对小的集合（用户将几乎确定接下来要走的路径之一）。之后，智能家庭环境能够依据这个信息行动，方法是以一种最小的、高效的方式（而不是打开房屋中的所有灯）激活资源（如打开走廊中的灯，走廊构成一条或多条这样的路线）。试验表明，在一个典型的智能家庭环境中，这里的预测框架能够节省的能量（电能）高达 70%[29]。预测的准确性高达 86%，仅有 11% 的路线构成典型集合。

13.4.2　居民动作预测

智能家庭居民典型地将与各种设备交互，这是她或他的日常活动组成部分。这些交互可看作事件的一个序列，具有再次发生的某种内在模式。同样，这种重复性引导人们得出结论：就移动性而言，序列可建模为一个静态随机过程。居民动作预测的步骤如下：首先挖掘数据，以识别动作序列（它们是足够有规律的和可重复的，可产生预测），之后使用一个序列匹配方法来预测在这些序列之一中的下一个动作。

为了挖掘数据，以窗口方式单遍移动扫描居民动作的历史，在窗口内寻找值得注意的序列。使用最小描述长度原则[27]评估每个序列，该原则偏向于满足如下条件的序列：一旦以模式定义的一个指针替换所发现模式的每个实例而压缩序列，则可最小化序列的描述长度。一个周期性因子（天、周或月）可帮助压缩数据，并因此增加一个模式的价值。动作序列首先采用挖掘过的序列过滤，如果挖掘算法认为一个序列是显著的，那么在这个序列窗口中就可针对事件作出预测。针对两个可选的预测算法可使用这个算法作为一个过滤器，结果准确性平均增加50%。这个过滤器确保 MavHome 将不会试图自动化异常和高度可变的活动[19,20]。

如上所述，活动预测算法将输入字符串（交互历史）分解为代表短语的子串。因为算法使用的前缀性质，被分解过的子串能够高效地维持在一个 trie 树中，并带有频率信息。为了执行预测，该算法计算每个符号（动作）在分析过的序列中出现的概率，并以最高概率预测下一个动作。为了取得最优预测，当确定概率估计时，预测器必须使用所有可能阶的模型（短语尺寸）。为了做到这点，结合使用来自预测器 PPM 族的技术，它产生不同阶的加权 Markov 模型。这种混合策略向更高阶模型分配更大的权重，保持做出最有价值决策的建议能力。

在范例智能家庭数据的运行试验中，这种方法的预测准确性对于没有变差的完美重复数据而言是100%收敛的，对于包含变差和异常的数据而言收敛于86%的准确性[17]。

13.4.3　自动化地做出决策

如前所述，MavHome 的目标是支持家庭自动化的基本功能，为的是最大化居民的舒适度并最小化家庭的运行成本。这里假定舒适度是与家庭的手动交互数量和能量使用的运行成本的一个函数。

因为目标是这两个因素的组合，盲目地自动化居民所有的动作极可能不是期望的解决方案。例如，在早上，一名居民在打开起居室中的百叶窗之前，也许先打开过道中的灯。另一方面，MavHome可能在居民离开卧室之前先打开起居室中的百叶窗，因此缓解了打开过道中灯的需要。类似地，在离开房屋之后关闭空调并在返回之前打开空调将是比到家之后将空调开到最大（为了以最快速度降温）更加能量高效的[29]。

为了取得它的目标，MavHome使用增强的学习技术来获取一个优化的决策策略。在这个框架中，智能体自动地从潜在延迟的正向强化刺激处学到信息，而不是从一名教师处学到信息，这降低了家庭居民监控或编程系统的要求。为了学习一个策略，智能体探索随时间变化它的动作效果，并使用这个经验形成控制策略，该策略优化期望的未来强化刺激。

MavHome基于一个状态空间 $S=\{s_i\}$ 学习策略，状态空间由家庭中设备的状态、下一个事件的预测以及下一时间单元上的期望能量利用量组成。刺激函数 r 将要求的用户交互量、房屋的能耗以及量化家庭性能的其他参数考虑在内。这个刺激函数能够调整到居民的特定偏好，因此提供了定制家庭性能的一种简单方法。可使用 Q 学习[34]近似一个最优动作策略，方法是估计在时间 t 状态 s_t 中执行动作 a_t 的预测值 $Q(s_t, a_t)$。每个动作之后，功用值更新为 $Q(s_t, a_t) \leftarrow \alpha[r_{t+1}+\gamma\max_{a\in A}Q(s_{t+1}, a)-Q(s_t, a_t)]$。在学习之后，优化动作 a_t 可确定为 $a_t=\arg\max_{a\in A}Q(s_t, a)$。

13.5 MavHome实现

德克萨斯大学阿灵顿分校的MavHome智能家庭项目，依据学生们与环境中设备的交互，持续收集学生们的活动数据。商用X10控制器使多数设备自动化，由此使居民的动作自动化。使用一组传感器跟踪学生们的移动性。

使用ResiSim 3D仿真器，可以从智能环境构造一个图形模型。这个模型允许一名访问者在远程位置监控或改变MavHome中设备的状态，如图13-7和图13-8所示。图13-7中左侧栏中的图像显示放置于整个环境的Web摄像机，仿真器可视化界面示于右侧。在底部右侧“信息”窗口中标明了最近手动或由MavHome操作过的设备。图13-8显示一旦Darin进入环境就点亮通道（上部左侧）中的灯，Ryan桌子上的台灯（底部左侧）打开，以助于他工作。更新过的台灯状态由ResiSim模型中的黄色圆圈显示（右侧）。模型也将标明传感器的状态，图13-9中的轨道标明存在由运动传感器俘获活动的两个区域。

MavHome的实况展示在2004年秋天进行，在前些周，针对一名项目参与者（“MavHome Bob”）收集了活动数据。动作包括：早晨在走向他的桌子的路线上打开灯，观看计算机上的实况新闻，喝咖啡和看电视休息一下，在一天结束时在

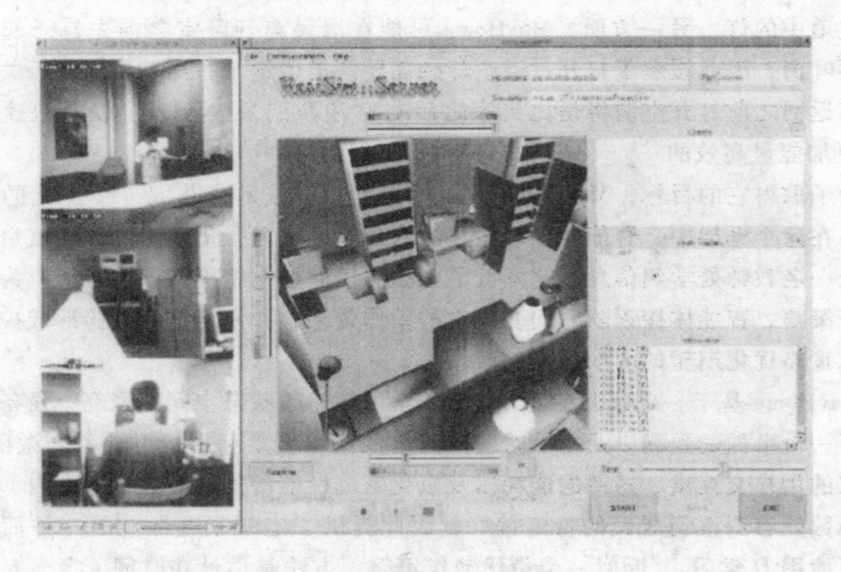

图 13-7　Web 摄像机视图［MavHome 环境（左）和 ResiSim 可视化界面（右）］

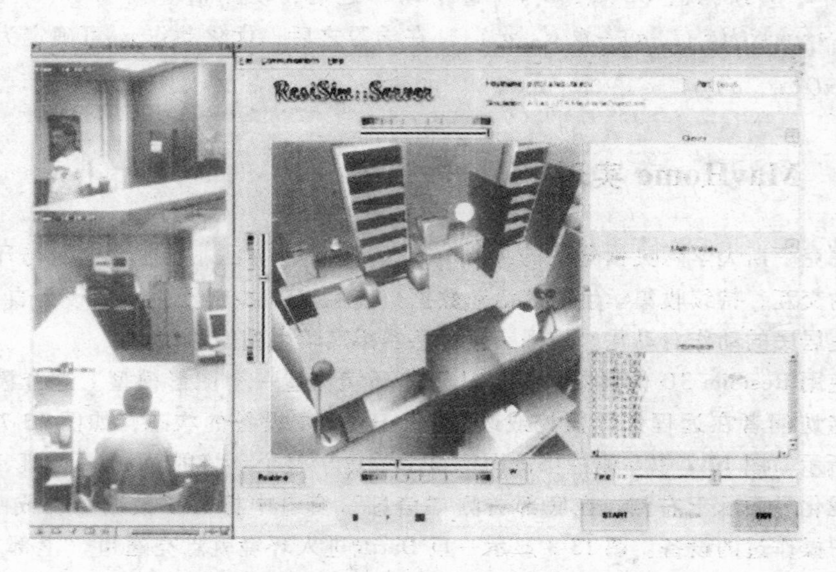

图 13-8　桌灯（底部左侧）打开之后的 ResiSim 更新

走出的路上关闭设备。在实况展示中虽然存在大约 50 名人员（他们启动环境中的运动传感器）的情况，但 MavHome 都正确地预测并自动化人们的每个活动。图 13-10 反映了当 MavHome Bob 移动通过环境时的运动情况，点亮的灯反映了他的典型活动。

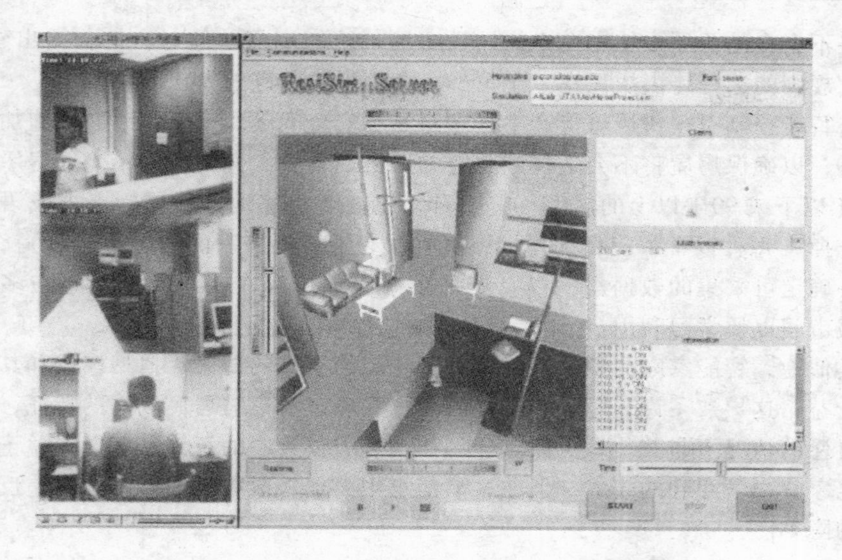

图 13-9　ResiSim 以绿色轨道标明激活的运动传感器

图 13-10　MavHome 中 Bob 的运动情况（Bob 的位置由虚线框标示）

13.6　实践

智能家庭的功能特征如何容易地集成到新的或已有的家庭中？在 MavHome 实现中描述的软件由商用 X10 控制器、一台计算机、各种传感器和一个无线网络组成。在许多情形中，1000 美元以下的资金可将一个简单实现集成到一座现有房屋之内。如果引入机器人或定制设备，则成本会增加。

到智能家庭的计算机接口必须是非常简单的。设备的手工控制能够覆盖家庭决策，且提供的其他接口可包括语音控制。除了启动或重启软件，不要求与计算机交互。在这里的试验中，软件在数周内适应用户的活动，但训练时间将依据居民动作的复杂性和家庭中人员的数量而变化。虽然要求最少的专家知识，但取决于居民的需要，各种交互还是可能存在的。用户当然能够改变活动自动化的阈值，虽然这不是必要的，原因是由房屋选择活动的手工复位构成负向激励，最终房屋将不会自动化那些特定命令。居民也可请求家庭简单地对自动化提出建议，自动化规则的选择将由居民在一个情形一个情形的基础上做出。

将智能控制引入房屋可能产生许多隐私和安全问题。安全约束必须施加到每种设备，以确保房屋将不会选择威胁它的居民的动作。例如，将不允许房屋选择在50℉以下或90℉以上的温度。整个自动化能够快速地采用鼠标点击或语音命令禁止掉（每种设备都能在计算机控制或没有计算机控制的情况下运行）。居民也需要确定可采集的数据类型以及哪种数据（如果存在）可传播用于在多个家庭或城市间以便学习利用。

类似地，智能家庭典型地从收集关于它们的居民的健康、典型模式和其他特征中受益，这导致了许多隐私和安全问题。仅应该收集被居民允许的特征，并仅当在自愿的情况下与其他站点共享。例如，邻居位置中的智能家庭可受益于在一个较老家庭中学习到的模式，但在共享信息中必须采取审慎的态度，不违反家庭居民的隐私。

13.7 小结

本章展示说明了在一个智能家庭环境中基于学习和预测的系统范例的有效性。高效预测算法提供对如下方面有用的信息，即环境中设备和任务的未来位置和活动、自动化活动、优化设计和控制方法，并识别异常。这些技术降低维护一个家庭的工作负担，降低能量使用，并为年老人和残疾人员带来特殊的益处。在未来，这些能力将一般化为一个混合环境族，包括智能办公室、智能道路、智能医院、智能汽车和智能飞机场，通过混合环境，用户可能在日常生活中感受到自动化的益处。另一项研究挑战是如何在相同词典中特征化多名居民（如居住于相同家庭之中）的移动和活动概要，并预测或触发事件，以便在个体居民的要求发生冲突的条件之下满足房屋的共同目标。

致谢

这项研究得到了美国国家科学基金项目的资助，项目号为 IIS-0121297 和 IIS-0326505。

参考文献

1. G. D. Abowd, Classroom 2000: An experiment with the instrumentation of a living educational environment, *IBM Syst. J.* (special issue on human–computer interaction: a focus on pervasive computing) 38(4), pp. 508–530, 1999.

2. A. Bhattacharya and S. K. Das, LeZi-Update: An information-theoretic approach to track mobile users in PCS networks, *Proc. ACM Int. Conf. Mobile Comput. Networking (MobiCom)*, Aug. 1999, pp. 1–12.
3. A. Bhattacharya and S. K. Das, LeZi-Update: An information-theoretic approach for personal mobility tracking in PCS networks, *Wireless Networks* **8**(2–3):121–135 (March–May 2002).
4. A. Bobick, S. Intille, J. Davis, F. Baird, C. Pinhanez, L. Campbell, Y. Ivanov, A. Schutte, and A. Wilson, The KidsRoom: A perceptually-based interactive and immersive story environment, *Presence* **8**(4):369–393 (Aug. 1999).
5. B. Brumitt, J. Kumm, B. Meyers, and S. Shafer, Ubiquitous computing and the role of geometry, *IEEE Pers. Commun.* **7**(5):41–43 (Aug. 2000).
6. Cisco, `http://www.cisco.com/warp/public//3/uk/ihome.`
7. J. G. Cleary and I. H. Witten, Data compression using adaptive coding and partial string matching, *IEEE Trans. Commun.* **32**(4):396–402 (April 1984).
8. D. J. Cook and S. K. Das, *Smart Environments: Technology, Protocols, and Applications*, Wiley, 2005, Chapter 1.
9. T. M. Cover and J. A. Thomas, *Elements of Information Theory*, Wiley, 1991.
10. S. K. Das, D. J. Cook, A. Bhattacharya, E. O. Heierman, and T.-Y. Lin, The role of prediction algorithms in the MavHome smart home architecture, *IEEE Wireless Commun.* **9**(6):77–84 (Dec. 2002).
11. S. K. Das and D. J. Cook, Agent based health monitoring in smart homes, *Proc. Int. Conf. Smart Homes and Health Telematics (ICOST)*, Singapore, Sept. 2004 (keynote talk).
12. S. K. Das and C. Rose, Coping with uncertainty in wireless mobile networks, *Proc. IEEE Personal, Indoor and Mobile Radio Communications, Conf.*, Barcelona, Spain, Sept. 2004 (invited paper).
13. Edinvar, `http://www.stakes.fi/tidecong/732bonne.html.`
14. A. Fox, B. Johanson, P. Hanrahan, and T. Winograd, Integrating information appliances into an interactive space, *IEEE Comput. Graph. Appl.* **20**(3):54–65 (2000).
15. Gloucester, `http://www.dementua-voice.org.uk/Projects_Gloucester-Project.html.`
16. K. Gopalratnam and D. J. Cook, Online sequential prediction via incremental parsing: The active LeZi algorithm, *IEEE Intelligent Syst.* (in press).
17. K. Gopalratnam and D. J. Cook, Active LeZi: An incremental parsing algorithm for sequential prediction, *Int. J. Artificial Intelligence Tools* **14**(1–2) (2004).
18. S. Helal, B. Winkler, C. Lee, Y. Kaddoura, L. Ran, C. Giralo, S. Kuchibholta, and W. Mann, Enabling location-aware pervasive computing applications for the elderly, *Proc. IEEE Int. Conf. Pervasive Computing and Communications (PerCom'03)*, March 2003, pp. 531–538.
19. E. Heierman, M. Youngblood, and D. J. Cook, Mining temporal sequences to discover interesting patterns, *Proc. KDD Workshop on Mining Temporal and Sequential Data*, 2004.
20. E. Heierman and D. J. Cook, Improving home automation by discovering regularly occurring device usage patterns, *Proc. Int. Conf. Data Mining*, 2003.

21. Intel, http://www.intel.com/research/prohealth.
22. C. Kidd, R. J. Orr, G. D. Abowd, D. Atkeson, I. Essa, B. MacIntyre, E. D. Mynatt, T. E. Starner, and W. Newstetters, The aware home: A living laboratory for ubiquitous computing, *Proc. 2nd Int. Workshop on Cooperative Buildings*, 1999.
23. C. Le Gal, J. Martin, A. Lux, and J. L. Crowley, Smart office: Design of an intelligent environment, *IEEE Intelligent Syst.* **16**(4) (July–Aug. 2001).
24. A. Misra, A. Roy, and S. K. Das, An information theoretic framework for optimal location tracking in multi-system 4G wireless networks, *Proc. IEEE InfoCom*, March 2004.
25. A. Misra and S. K. Das, Location estimation (determination and prediction) techniques in smart environments, in D. J. Cook and S. K. Das, eds., *Smart Environments*, Wiley, 2005, Chapter 8, pp. 193–228.
26. M. Mozer, The neural network house: An environment that adapts to its inhabitants, *Proc. AAAI Spring Symp. Intelligent Environments*, 1998.
27. J. Rissanen, *Stochastic Complexity in Statistical Inquiry*, World Scientific Publishers, 1989.
28. A. Roy, S. K. Das, and A. Misra, Exploiting information theory for adaptive mobility and resource management in future wireless cellular networks, *IEEE Wireless Commun.* **11**(4):59–64 (Aug. 2004).
29. A. Roy, S. K. Das Bhaumik, A. Bhattacharya, K. Basu, D. J. Cook, and S. K. Das, Location aware resource management in smart homes, *Proc. IEEE Int. Conf. Pervasive Computing and Communications* (*PerCom'03*), March 2003, pp. 481–488.
30. Smart sofa, http://www.dsg.cs.tcd.ie/?category_id=350.
31. M. B. Srivastava, R. Muntz, and M. Potkonjak, Smart kindergarten: Sensor-based wireless networks for smart developmental problem-solving environments, *Proc. 7th ACM Int. Conf. Mobile Computing and Networking* (*MobiCom'01*), 2001.
32. P. Steurer and M. B. Srivastava, System design of smart table, *Proc. 1st IEEE Int. Conf. Pervasive Computing and Communications* (*PerCom'03*), March 2003.
33. M. C. Torrance, Advances in human-computer interaction: The intelligent room, *Working Notes of the CHI 95 Research Symp.*, 1995.
34. C. J. Watkins, *Learning from Delayed Rewards*, PhD thesis, Cambridge Univ., 1989.
35. J. Ziv and A. Lempel, Compression of individual sequences via variable rate coding, *IEEE Trans. Inform. Theory* **24**(5):530–536 (Sept. 1978).

第 14 章　在移动网络中增强安全性所面临的挑战和解决方案

ROBERT H. DENG
新加坡管理大学信息系统学院
FENG BAO、YING QIU 和 JIANYING ZHOU
新加坡信息通信研究院

14.1　简介

泛在计算的远景是关于大量不可见数字空间或智能空间的创建和管理，其中许多设备在有线和无线环境中无缝地交互通信，在任何地方、任何时间能够快速地、安全地、高效地和少付出地管理并访问信息。实现泛在计算远景的一项关键技术是移动连网。

在移动连网中，当用户从一个子网漫游到另一个子网时，通信和计算活动是不中断的。相反，所有需要的重新连接是无缝地发生的。在如今的因特网中，互联网协议（IP）路由依赖于一个良好有序的层次结构。依据通过掩码一些低位，可从目的 IP 地址派生子网前缀，路由器从源到目的地传递报文。因此，一个 IP 地址典型地携带着这样的信息，该信息指定 IP 节点到因特网的连接点。IP 路由层次结构依赖于固定连接到一个子网的节点以及在较大网络之间不会移动的子网。如果从一个子网拔下一个节点，并重新连接到另一个子网，该节点将丢失它的旧 IP 地址，并得到一个新地址。无论何时当他/她的计算机更换到因特网的连接点时，如果用户乐意退出和登录，那么这就不是一个问题。事实上，这种现象已被称作“路障”场景，而不是移动连网[1]。从一个用户的观点来看，真正的移动性转换为不管在网络间运动均可达的能力，以及在这样的运动中维持现有通信的能力。确信任何时间、任何地点访问因特网将帮助人们从台式机的绑定联系中解放出来。考虑一下蜂窝电话如何给予人们开展他们工作的新的自由度。在人们的口袋中携带整个计算环境不仅具有扩展灵活性的潜力，而且从根本上改变现有的工作标准。无论走到哪里，当移动时具有可用的因特网将给予人们构建新的计算环境的工具。

但是，在任何移动连网技术中都固有地存在风险。这些风险中的一些风险类似于固定网络中的那些风险，一些风险由于低层无线连接使之更加恶化，一些风险是全新的。如果移动网络要在商业世界中获得成功，它们的安全方面自然是最重要的。为了防止危及安全网络操作的攻击，这是设计安全解决方案的一个客观需要。

有两个相关的安全服务，即相互身份认证和网络接入控制，在移动和无线环境中是特别显著的：

1）相互身份认证。一个网络需要确保它正在与一个惟一的移动节点通信是安全的，否则就存在如下危险，即伪造的节点将能够欺骗性地得到一个等级的服务，而不需要为此服务付费。为了防止如 Mishra 和 Arbaugh[2] 所描述的中间人攻击出现，向移动节点提供网络的认证也是必要的。

2）接入控制。仅有被授权的移动节点能够取得到网络的接入。低层无线接入网络的无线电波是开放地暴露给入侵者的，使之逻辑上等价于将一个以太网端口放置于停车场的场景。

移动解决方案由支持漫游（它提供“总是在线”的全球可达性）和支持流量重定向（它提供已有会话的连续性）。漫游和流量重定向为一个黑客发起各种攻击引入了新的通道，特别是所谓的重定向攻击，它将用户的流量重定向到攻击者选中的位置[1]。缺乏安全基础设施意味着没有中心权威，当需要关于网络中其他参与方做出信任决策或不能容易地实现记账时，就可能需要引用这样的中心权威。移动连网中的临时关系在基于直接相互关系而构建信任方面不能提供任何帮助，并为节点欺骗提供额外的动机。

IETF 的移动 IP（MIP）规范支持移动连网，其方法是允许一个移动节点可被两个 IP 地址寻址，即一个家乡地址和一个“转交”地址。前者是在其家乡子网上其子网前缀之内分配给移动节点的一个 IP 地址，后者是当访问一个外地子网时由移动节点获取的一个临时地址。MIP 中的双地址机制在不考虑移动节点当前连接点的情况下路由到该节点，离开其家乡子网的移动节点的运动对传输和高层协议而言是透明的。MIP version 4（MIPv4）由 Perkins[3] 写成规范，MIP version 6（MIPv6）的最新规范由 IETF 移动 IP 工作组发布[4]。在 MIPv4 和 MIPv6 中如何防止重定向攻击已经被证明技术上是非常难实现的。这里认为对 MIP 安全性问题的一般性理解，特别是重定向攻击，将使读者获得移动连网中安全挑战的一个良好正确评价。

本章的剩余部分将专门讨论 MIP 问题。为了保持简洁的讲解且不失一般性，将讨论的焦点放在 MIPv6 上。14.2 节将简洁地综述 MIPv6 中的操作并详细介绍重定向攻击的类型；14.3 节将介绍密码学中的一些基本概念和术语，这些将在后面的内容中经常使用；14.4 节将详细回顾安全绑定更新的三种技术，即返回路由（RR）协议[4,6]、以密码学方式产生地址（CGA）协议[7,8]和家乡智能体代理（HAP）[9]协议；14.5节将就安全性、性能和扩展性方面比较上述三种协议，并通过指出可能的未来研究方向结束本章。

14.2　MIPv6中的操作重定向攻击

14.2.1　MIPv6操作

在MIPv6[4]中，每个移动节点具有一个家乡地址（HoA），这是在其家乡子网内部指派给一个移动节点的地址。移动节点总是可用它的家乡地址寻址的，不管它目前连接到它的家乡子网还是离开家乡的情况都能做到这点。当一个移动节点在家乡时，寻址到其家乡地址的报文使用与常规IPv6路由机制相同的方式进行路由，就好像节点不是移动的情况一样。因为一个移动节点的家乡地址的子网前缀是其家乡子网的子网前缀，寻址到这个节点的报文将路由到它的家乡子网。

当移动节点离开家乡并连接到某个外地子网（见图14-1）时，除了它的家乡地址之外，它也可使用一个或多个转交地址（CoA）寻址。转交地址是当移动节点访问一条特定外地链路时与之关联的一个IP地址。移动节点转交地址的子网前缀是节点访问的外地子网的子网前缀。移动节点典型地通过无状态[10]或有状态（如DHCPv6[11]）地址自动配置取得它的CoA。当在外地子网时，移动节点通过向家乡代理发送一条家乡绑定更新消息而向其家乡代理注册它的CoA，即

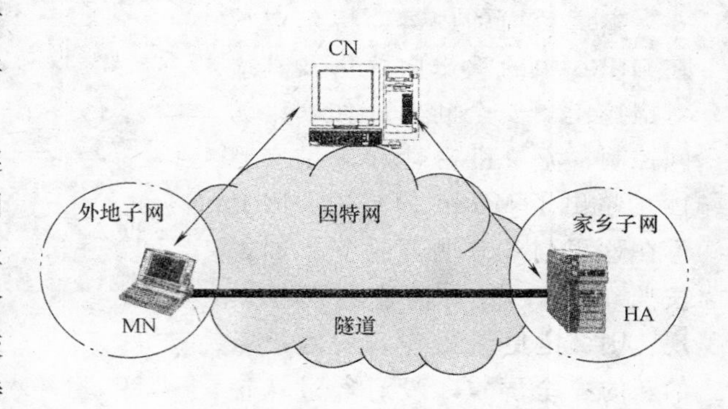

图14-1　MIPv6中的基本操作

$$BU_{HA} = \{CoA, HAA, HoA|LT, \cdots\}$$

式中，CoA和HAA（家乡代理的IP地址）是消息的源和目的地地址。家乡绑定更新消息在家乡代理处为移动节点创建HoA和CoA之间的一个关联，之后家乡代理使用代理邻居在家乡子网上发现截获寻址到移动节点HoA的任何IPv6报文，并将每条截获的报文通过隧道发送到移动节点的CoA[4]。为了以隧道方式传送截获的报文，家乡代理使用IPv6封装格式封装这些报文，外层IPv6头寻址到移动节点的CoA。

通过向通信节点发送通信绑定更新消息，移动节点可在任意时间发起与通信

节点的路由优化操作，即

$$BU_{CN} = \{CoA, CNA, HoA | LT, \cdots\}$$

式中，CNA 是通信节点的 IP 地址，在这条消息中用作目的地地址。通信绑定更新消息允许通信节点动态地学习和缓存移动节点的当前 CoA。当向移动节点发送一条报文时，通信节点检查它的缓存绑定来寻找该报文目的地地址的一个表项。如果找到这个目的地地址的一个缓存绑定，该节点就使用一个 IPv6 路由头[12]以这个绑定中标明的 CoA 方式将报文路由到移动节点。相反，如果通信节点没有用于这个目的地地址的缓存绑定，则该节点正常地发送这条报文（即没有路由头地发送到移动节点的家乡地址），该报文后续地被移动节点的家乡代理截获并通过隧道发送到这个节点（如上所述）。因此，路由优化允许一个通信节点与移动节点直接通信，避免了通过移动节点的家乡代理的流量传递。

14.2.2　重定向攻击

本章后面的内容，将焦点放在 MIPv6 中的重定向攻击及其应对措施上。安全问题（如网络访问控制、流量机密性和流量完整性）超出了 MIPv6 的范围，因此不在这里讨论。明显地是，如果按照 14.2.1 节中描述的那样实现，则绑定更新操作将引入严重的新的安全弱点。没有经过认证的绑定更新容易遇到所谓的重定向攻击，具体而言，即通过绑定消息的伪造、重放和修改，恶意行为将来自通信节点的流量重定向到入侵者选中的位置。这里将重定向攻击分为两类：会话劫持和恶意移动节点洪泛，如图 14-2 所示。

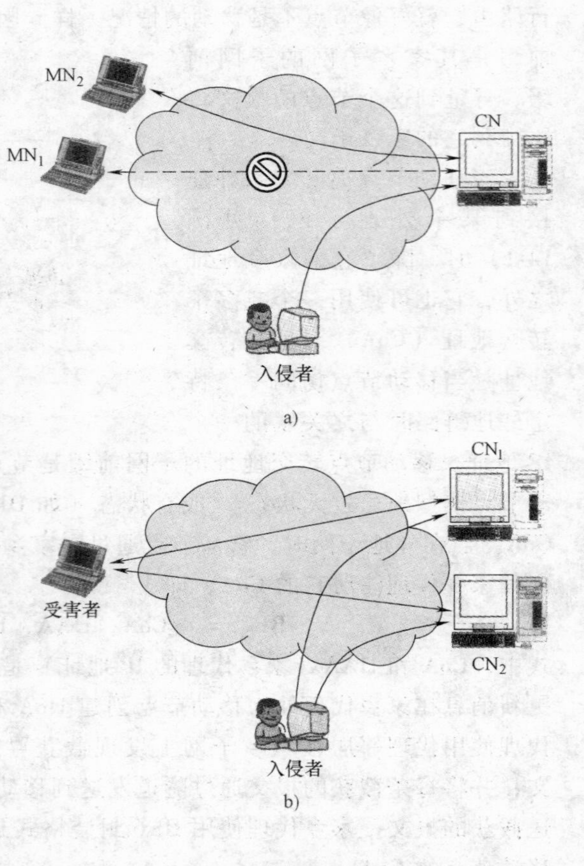

图 14-2　重定向攻击
a）会话劫持　b）恶意移动节点洪泛

1. 会话劫持

在如图 14-2a 所示的会话劫持重定向攻击中，假定一个移动节点 MN_1 正与一个通信节点 CN 通信。入侵者向 CN 发送一条伪造的绑定更新消息（或重放一条陈旧的绑定更新消息），声称 MN_1 已经移动到属于一个节点 MN_2 的一个新的转交地址。如果 CN 接受这条伪造的绑定更新，它将所有发往 MN_1 的报文都重定向到 MN_2。这种攻击允许入侵者劫持 MN_1 和 CN 之间正在使用的连接或开始与 CN 的新连接，伪装成 MN_1。因为入侵者试图重定向其他节点的流量，所以这是一种“外来者”攻击。这样的一种攻击可能导致信息泄漏、冒充移动节点 MN_1 或 MN_2 的洪泛。这种攻击的后果是严重的，因为 MN_1、MN_2、CN 和入侵者可以是因特网上任何地方的任何节点。入侵者需要知道的所有知识是 MN_1 和 CN 的 IP 地址。因为在一个移动节点家乡地址和一个静态 IP 地址之间没有结构性的差异，所以能够针对静态因特网节点实施的攻击也能攻击移动节点。这种攻击的威胁导致 IETF 暂停 MIPv6 进程，直到找到认证绑定更新的一种解决方案才可能继续进行。普遍认为，没有安全的绑定更新协议的 MIPv6 部署可能导致整个因特网的崩溃[6]。

2．恶意移动节点洪泛

在图 14-2b 图示恶意移动节点的洪泛攻击中，入侵者，即一个恶意移动节点，向其通信节点 CN_1 和 CN_2 发送有效的绑定更新消息，声称它已经移动到受害者的位置。这里受害者可能是一个节点或一个网络。例如，入侵者可向视频流服务器发起请求，通过重定向来自视频服务器的流量到受害者而洪泛冲击受害者节点或网络。这是一种“知情者”攻击，因为恶意移动节点是一个合法移动节点且其动作是“合法的”绑定更新操作。这种攻击的后果也是严重的，因为它能够被任意节点用来洪泛攻击任意受害节点。它为黑客提供了一种实施 DoS 或 DDoS 攻击的方便且功能强大的工具。

可以注意到，除了攻击目标为通信节点外，这些攻击对移动节点的家乡代理实施相同程度的攻击。具体而言，通过向一个移动节点的家乡代理发送伪造的或恶意的绑定更新，入侵者能够将本来发到移动节点的流量重定向到入侵者选择的一个位置。

14.3　密码学原语操作

在讨论重定向攻击的应对措施之前，首先回顾一下本章后面会用到的下列密码学原语：

1．单向散列函数

一个散列函数以一个变长输入串作为输入，并将之转换为一个固定长度的输出串，该输出串称为散列值。单向散列函数表示为 h（），它是以一个方向运算的散列函数。从一个前像（preimage）m 计算散列值 h（m）是容易的，但是要寻找一个前像，使其散列后等于一个特定的散列值，在计算上是不可行的。广泛使用的单向散列函数的范例是 MD5[13] 和 SHA[14]。

2. 密钥伪随机函数

密钥伪随机函数表示为 prf（k，m），接受一个私密密钥 k 和一条消息 m，并产生一个伪随机输出。对于不知道私密密钥 k 的任何人而言，将之从一个真正随机序列中区分开来在计算上是不可行的。这项功能经常使用一个密钥单向散列函数[15]实现，并用于消息认证码的生成和密码学密钥的派生。

3. 数字签名方案

数字签名方案是一个密码学工具，用于产生不可抵赖的证据，认证一个签名信息及其来源的完整性。在数字签名方案中，实体 X 具有公开密钥 P_X 和私密密钥 S_X。为了数字化签名一条消息 m，X 使用一个签名生成函数在 m 上计算签名 $s=\sigma$（S_X，m）。需要验证 m 真实性的任意实体，首先得到 X 公开密钥 P_X 的一个认证拷贝，之后使用验证函数 v（P_X，m，s）检查签名 s 的有效性。基于签名的有效性，该函数给出一个是/否的输出。众所周知的数字签名方案的范例是 RSA[16] 和 DSS[17]。

4. 公开密钥证书

公开密钥证书是一个数据结构，由证书权威（CA）数字化地签署，用于识别一个实体（如一个用户、一个 IP 地址、一台服务器和一台路由器），并将该实体与一个公开密钥关联。实体 X 的公开密钥证书表示为 $\mathrm{Cert}_X=\{X, P_X, \mathrm{VI}, \mathrm{SIG}_{\mathrm{CA}}\}$，其中 P_X 是 X 的公开密钥，VI 是证书的有效期，$\mathrm{SIG}_{\mathrm{CA}}$ 是 CA 在 $\{X, P_X, \mathrm{VI}\}$ 上的签名。这个证书证实实体 X 是与公开密钥 P_X 相关的那个实体。

14.4　用于认证绑定更新消息的协议

明显地，在 14.2.2 节给出的重定向攻击的应对措施是认证绑定更新消息。IETF[2] 假定移动节点和家乡代理是相互知道的，因此在它们之间有提前建立的安全关联。一个安全关联是两个实体共享的一个数据记录，包括双方同意的密码学算法和参数（如私密密钥）。MIPv6 规范[4] 规定使用 IPsec 的封装安全净荷（ESP）[18] 在一个移动节点及其家乡代理之间建立一条安全隧道。安全隧道保护从移动节点向其家乡代理发送的家乡绑定更新以及所有这两个实体之间交换的其他消息。因此，认证家乡绑定更新消息（即从一个移动节点到其家乡代理的绑定更新消息）是直接的。

下面将讨论焦点放在保护通信绑定更新消息上，即从一个移动节点到其通信节点的绑定更新消息。在移动 IP 中，这早就是一个挑战性的问题，并得到了相当多的关注。预期 MIPv6 将在全球基础之上用于属于不同管理域的节点之间，因此真正可行和真实的是，假定在一个移动节点和一个随机通信节点之间没有提前建立的安全关联。针对认证通信绑定更新消息，下面给出三个代表性的协议：返回路由（RR）协议、以密码学方式生成地址（CGA）的协议和家乡智能体代理（HAP）协议。对于每种协议，我们首先描述它的操作，之后再讨论它的安全性和性能。

14.4.1 返回路由协议

1．协议操作

在IETF的返回路由（RR）协议[4]中，通信节点CN持有一个私密密钥 k_{CN}，并定期（如每数分钟）产生一个随机数。针对CN与之处于通信中的所有移动节点，CN使用相同的密钥 k_{CN} 和随机数，所以当一个新的移动节点联系它时，它不需要产生并存储新的随机数。当产生新的随机数时，它必须与新的随机数索引相关联，如 j。CN保持 N_j 的当前值和以前随机值（N_{j-1}，N_{j-2}）等的一个小集合。丢弃较陈旧的值，且将使用陈旧值的消息作为重放而被拒绝。在RR协议中交换的消息如图14-3所示，其中HoTI（家乡测试初始）和CoTI（转交测试初始）消息由一个移动节点MN同时发送到CN，HoT（家乡测试）和CoT（转交测试）是来自CN的应答。所有RR协议消息作为IPv6报文中的IPv6“移动头”发送。在协议消息的表示中，将使用前两个字段分别表示源IP地址和目的IP地址，并将使用CNA表示通信节点CN的IP地址。

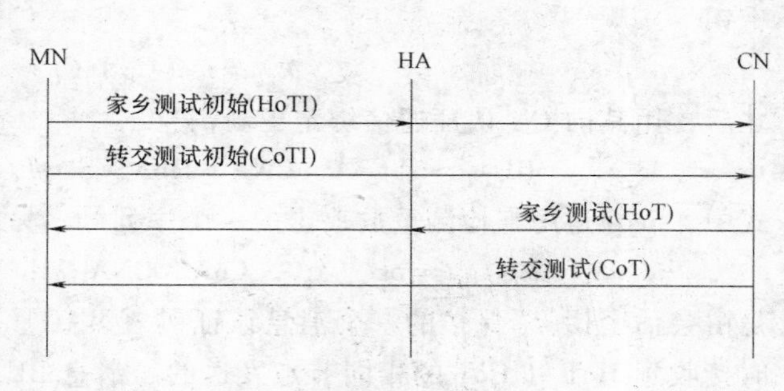

图14-3　返回路由协议

当MN拟执行路由优化时，它发送

$$\text{HoTI} = \{\text{HoA}, \text{CNA}, r_H\}$$

和

$$\text{CoTI} = \{\text{CoA}, \text{CNA}, r_C\}$$

到CN，其中 r_H 和 r_C 是用来将响应匹配请求的随机数，HoTI将MN的家乡地址HoA告知CN。它以反向隧道通过家乡代理HA，而CoTI通知MN的转交地址CoA，并直接发送到CN。

当CN接收到HoTI后，它将HoTI的源IP地址作为输入，并生成一个家乡cookie，即

$$C_H = \text{prf}(k_{CN}, \text{HoA} \mid N_j \mid 0)$$

并应答MN为

$$HoT = \{CNA, HoA, r_H, C_H, j\}$$

式中，| 表示串链接；伪随机函数内部最后的 0 是单个八进制位的零，用于相互区分家乡 cookie 和转交 cookie。

携带的索引 j 允许 CN 后来高效地寻找随机数 N_j，它用于生成 cookie C_H。类似地，当 CN 接收 CoTI 时，它以 CoTI 的 IP 地址作为输入，并生成一个转交 cookie，即

$$C_C = prf(k_{CN}, CoA | N_i | 1)$$

并发送

$$CoT = \{CNA, CoA, r_C, C_C, i\}$$

到 MN，其中伪随机函数内部最后的 1 是单个八进数 0×01。注意，HoT 是通过 MN 的家乡代理 HA 发送的，而 CoT 是直接传递到 MN 的。

当 MN 接收到 HoT 和 CoT 时，它将这两个 cookie 一起散列，形成一个会话密钥

$$k_{BU} = h(C_H | C_C)$$

之后，用其向 CN 认证通信绑定更新消息

$$BU_{CN} = \{CoA, CNA, HoA, Seq\#, i, j, MAC_{BU}\}$$

式中，Seq#是用来检测重放攻击的一个序列号；另外

$$MAC_{BU} = prf(k_{BU}, CoA | CNA | HoA | Seq\# | i | j)$$

是由会话密钥 k_{BU} 保护的一个消息认证码（MAC）。MAC_{BU} 用来确保 BU_{CN} 是由同时接收到 HoT 和 CoT 的相同节点发送的。消息 BU_{CN} 包含 j 和 i，所以 CN 知道使用哪些随机值 N_j 和 N_i 来首先重新计算 C_H 和 C_C，之后再计算会话密钥 k_{BU}。注意，直到 CN 接收 BU_{CN} 并验证 MAC_{BU} 之前，CN 都是无状态的。如果 MAC_{BU} 被验证为是正确的，则 CN 会以一条绑定确认消息回答，即

$$BA = \{CNA, CoA, HoA, Seq\#, MAC_{BA}\}$$

式中，Seq#是从 BU_{CN} 消息中复制的；另外

$$MAC_{BA} = prf(k_{BU}, CNA | CoA | HoA | Seq\#)$$

是使用 k_{BU} 生成的一个 MAC，用来认证 BA 消息。之后 CN 为移动节点 MN 创建一条绑定缓存表项，绑定缓存表项将 HoA 与 CoA 绑定，这允许未来到 MN 的报文直接发送到 CoA。通信节点使用由 RR 协议生成的密钥，建立的绑定时长受限于 420s 的最大时长[4]。

在 CN 处绑定缓存的一个样例实现如图 14-4 所示，其中 HoA 用作为一条要发送报文的目的地址搜索缓存的一个索引，序列号 Seq#由 CN 用来顺序化绑定更新，

MN的表项:HoA,CoA,Seq# 其他移动节点的表项	$k_{CN}, N_j, N_{j-1}, N_{j-2}$

图 14-4　在 CN 处 RR 协议中的绑定缓存实现

并由 MN 用来将一条返回绑定确认与一条绑定更新匹配。由 MN 发送的每条绑定更新必须使用比相同 HoA 发送的前一个绑定更新中 Seq#大（对 2^{16} 取模）的一个 Seq#。但是，这不是要求（因为对于每个发送或接收的新绑定更新）序列号严格增加 1[4]。注意，会话密钥 k_{BU} 不在缓存表项中保留。当 CN 接收到一条绑定更新消息时，基于消息中的随机数索引 i 和 j，它使用 k_{BU} 和最新的随机数值的列表，比如 $\{N_j, N_{j-1}, N_{j-2}\}$。重新计算会话密钥，之后使用新计算出的会话密钥验证 BU_{CN}。

移动节点 MN 针对由它发送的每条绑定更新消息（其寿命还没有过期）维护绑定更新列表。针对通信节点 CN，绑定更新列表由 CN 的 IP 地址、MN 的家乡地址 HoA 和转交地址 CoA、绑定的剩余寿命、在前一个发送到 CN 的绑定更新中序列号的最大值以及会话密钥 k_{BU} 组成。

2. 讨论

在 RR 协议中，交换的两个 cookie 验证一个移动节点 MN 在其地址处是存活的，即分别在其家乡地址 HoA 和转交地址 CoA 至少都能够传输和接收流量。最终的绑定更新是以会话密钥 k_{BU} 密码学方式保护的，该密钥是通过散列两个 cookie C_H 和 C_C 的串链接得到的。明显地，RR 协议保护绑定更新不受如下入侵者的攻击：该入侵者不能同时监视 HA-CN 路径和 MN-CN 路径。

IETF MIPv6 文档[4,5]声称，设计 RR 协议的动机是在不产生严重的新的安全问题情况下，具有对移动 IP 的足够支持。在引入 IP 移动性之前，针对已经存在的攻击实施保护不是移动 IP 工作组的目标。该协议不能对抗能够监视 CN-HA 路径的入侵者。论据是，这样的入侵者在任何情形中当 MN 在其家乡位置时都能够发起一个针对 MN 的主动攻击。但是，RR 协议的设计原则，具体而言，即对抗能够监视 CN-MN 路径但不能监视 CN-HA 路径的入侵者，是存在瑕疵的，原因是它违背了安全中众所周知的“最脆弱链路”的原则。毕竟，人们没有理由假定一名入侵者将监视一条链路而不是另一条链路，特别当入侵者知道对于加快其攻击而言，监视一条给定链路特别有效的情况下，更不能做出这样的假定。虽然在静态 IPv6 中当一个节点处于家乡时，入侵者实际上能够发起主动攻击，但在下面将说明，在 MIPv6 中发起重定向攻击比起在静态 IPv6 中要容易得多。

首先，考虑图 14-2a 所示的会话劫持攻击。在没有移动性的静态 IPv6 中（等价于在 MIPv6 中移动节点 MN 在其家乡子网），为了成功地发起攻击，入侵者必须一直在 CN-HA 路径上。为了将目的为 MN 的 CN 流量重定向到一个恶意节点，入侵者极可能必须获得沿 CN-HA 路径上一台路由器或交换机的控制。而且，在接管来自 MN 的会话之后，如果恶意节点在伪装是 MN 的同时继续与 CN 会话，那么恶意节点和路由器需要在整个会话中协作（即需要路由器的配合）。例如，路由器以隧道方式将 CN 的流量传输到恶意节点以及将相反方向的流量传输到 CN。

在 MIPv6 的情形中，攻破 RR 协议以发起一个会话劫持攻击所付出的代价可能相当少。假定在图 14-2a 中 MN_1 和 CN 正在进行一个通信会话，且入侵者想将 CN 的流量重定向到它的协作者 MN_2。入侵者监视 CN-HA 路径以得到 HoT，抽取家乡 cookie C_H，并将之发送到 MN_2。接收到 C_H 之后，MN_2 向 CN 发送一个 CoTI，CN 将以一个转交 cookie C_C 做出应答。MN_2 简单地散列两个 cookie 以得到一个有效会话密钥，并使用这个密钥代表 MN_1 向 CN 发送一条绑定更新消息。绑定更新将被 CN 接受，之后 CN 将其流量定向发送到 MN_2。

另一个相关的攻击是当一个移动节点 MN 快速地从一个转交地址 CoA 移动到另一个 CoA′时发生的。因为无论何时 MN 移动到一个新位置时，它都要运行 RR 协议，则一名入侵者能够截获当前 RR 会话中的转交 cookie 和下一个 RR 会话中的家乡 cookie，散列这两个 cookie，并向通信节点发送 CoA 为当前会话中的数值的一条绑定更新消息。通信节点将发送它的流量到 CoA。因此，移动到 CoA′的 MN 将不会接收到来自通信节点的数据。注意，在这种攻击中，入侵者并不必“同时”截获两个 cookie。

RR 协议也容易遭到“流量置换（traffic permutation）”攻击。考虑图 14-5，其中一个通信节点为许多移动客户端提供在线服务。入侵者可简单地窃听 RR 协议上的消息，在通信节点和因特网的边界上收集 cookie。之后入侵者散列随机对的 cookie 以形成会话密钥，并向通信节点发送绑定更新消息。这样一个被伪造的绑定更新消息将被通信节点接受的概率为 1/4，这将导致将流量重定向到随机选择的移动客户端，并最终使通信节点的服务崩溃。

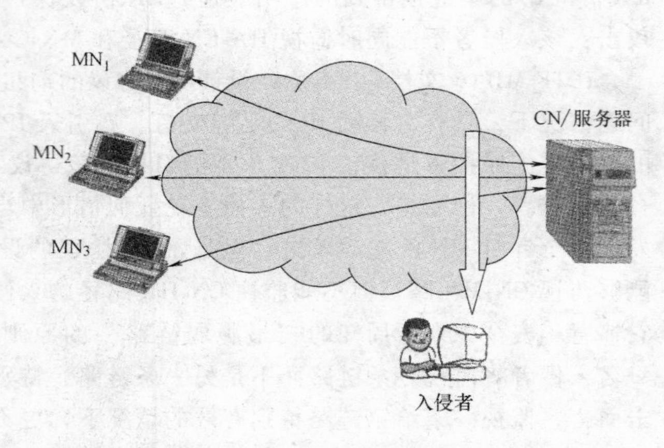

图 14-5　入侵者攻击一个在线服务器

前面列出的攻击源于 RR 消息中 HoA 和 CoA 的解耦（即分离）。在原始 RR 协议中，家乡 cookie $C_H = \text{prf}(k_{CN}, \text{HoA} \mid N_j \mid 0)$ 和转交 cookie $C_C = \text{prf}(k_{CN}, \text{CoA} \mid N_j \mid 1)$ 是在没有任何声明关系的情况下传递的。只要索引 i 和 j 仍然有效，任何成对的家乡 cookie C_H 和转交 cookie C_C 都能生成一个有效的会话密钥 k_{BU}。

但是，通过修改 RR 协议，即分别在生成家乡 cookie 和转交 cookie 中都包括

CoA 和 HoA，就能够防止这些攻击。在下面改进的 RR 协议中，HoA 和 CoA 是绑定在一起的：移动节点 MN 发送 HoTI = {HoA，CNA，CoA，r_H} 和 CoTI = {CoA，CNA，HoA，r_C} 到一个通信节点 CN，该节点以家乡 cookie C_H = prf（k_{CN}，HoA | N_j | CoA | 0）和转交 cookie C_C = prf（k_{CN}，CoA | N_i | HoA | 1）应答。

接下来，考虑如图 14-2b 所示的恶意移动节点的洪泛攻击。在没有移动性的静态 IPv6 中，也许洪泛攻击的最好范例是 DDoS，其中众多被攻破的系统攻击单个目标。在 MIPv6 中，存在许多方式可发起恶意移动节点洪泛攻击受害者（它可能是一个节点或一个网络）的情形。例如，恶意节点启动与通信节点的一些流量密集的会话，并移动到受害者的网络或受害者网络和外部世界之间的边界。之后，它运行 RR 协议，通过向通信节点们发送绑定更新消息而将来自通信节点们的流量重定向到受害者的网络。恶意移动节点不需要任何特殊软件或连网技能就能发起这种攻击。

最后，IETF MIPv6 规范限制 RR 授权绑定的寿命最大为 420s[4]。这将具有性能方面的含义。想象一下，在一个移动节点和通信节点之间具有一个时间敏感的会话，其中移动节点必须每 420s 或更短时间执行一次 RR 协议。如果由于家乡代理、家乡子网或 CN-HA 路径的拥塞或故障 RR 协议不能实时地执行，则通信质量将遭受损失。

14.4.2　以密码学方式生成地址协议

一个 IPv6 地址由 128bit 组成，并被分成两部分：一个子网前缀和一个接口标识符。与一条家乡链路关联的所有移动节点的家乡地址共享相同的家乡链路子网前缀，并由它们的惟一接口标识符加以区分。CGA 协议[7,8] 为一个移动节点生成一个 IPv6 家乡地址，其中接口标识符部分是从移动节点公开密钥的单向散列生成的。移动节点使用对应的私密密钥签署通信绑定消息。

1. 协议操作

在一个数字签名方案中，每个移动节点 MN 具有一个公开/私密密钥对 P_{MN} 和 S_{MN}。MN 的家乡地址由 HoA = {HL | II} 给定，其中 HL 是 $n$bit 家乡链路子网前缀，II 是（128 − n）bit 接口标识符。II 字段是通过取散列函数输出 h（P_{MN}）的最左（128 − n）bit 得到的。从 MN 到一个通信节点 CN 的一条绑定更新消息给定如下：

$$BU = \{CN,\ CoA,\ HoA,\ Seq\#,\ P_{MN},\ 128-n,\ SIG_{MN}\}$$

式中

$$SIG_{MN} = \sigma(S_{MN},\ CoA \mid CN \mid HoA \mid Seq\# \mid P_{MN} \mid 128-n)$$

是使用 MN 的私密密钥 S_{MN} 生成的数字签名。接收到 BU 时，通信节点 CN 计算

h（P_{MN}），将 h（P_{MN}）的最左（$128-n$）bit 与 HoA 中最右（$128-n$）bitII 相比较，并使用公开密钥 P_{MN} 验证签名。如果散列值匹配 II 的值，且如果签名验证是正确的，则 CN 接受绑定更新消息。

2．讨论

这里散列函数 h（）作为从一个公开密钥值到一个接口标识符的“一到一”映射，它将一个公开密钥值与一个接口标识符绑定。因为在给定公开密钥的情况下，找到私密密钥或伪造一个数字签名在计算上是困难的，所以 h（P_{MN}）与 HoA 中 II 的一个匹配以及关于 BU 签名的正确验证证明了 BU 是由其接口标识符为 II 的移动节点产生的，且该节点知道私密密钥 S_{MN}。这仅能确信一个通信节点是从 BU 得到的，结果在 II 中的位数（$128-n$）足够大的情况下，该协议就能够提供对抗会话劫持攻击的良好保护。如果（$128-n$）是小的，则入侵者就能随机地生成公开密钥和私密密钥对，散列公开密钥，并寻找到一个目标节点的 II 的一个匹配。一旦找到匹配，入侵者就能够伪装目标节点，并伪造绑定更新。这种蛮力攻击的计算复杂性在 o（2^{128-n}）的量级上。一种聪明的方法[7]有效地去除了散列长度（$128-n$）bit 的限制，其方法是人工地增加生成一个新 CGA 地址的开销和蛮力攻击的开销，同时保持基于 CGA 认证开销为常数。感兴趣的读者可参考 Aura[8]的文章了解技术细节。

另一方面，因为这个协议没有提供使用特定 HoA 认证 MN 的证据，所以就不能防止恶意移动节点的洪泛攻击。实际上，入侵者可简单地生成一个公开/私密密钥对，散列公开密钥以形成一个家乡地址，签名包含一个受害者地址为 CoA 的一条绑定更新消息，并将其发送到通信节点。通信节点将接受绑定更新，并启动发送流量，从而洪泛冲击受害者节点。

与 RR 协议相比较，CGA 协议在计算上是密集的，因为每条绑定更新消息要求移动节点生成一个数字签名，且通信节点执行数字签名的验证。

14.4.3 家乡智能体代理协议

为了提供强安全性和良好扩展性，HAP 协议[9]采用公开密钥加密系统。使用公开密钥加密，在协议中有两个重要的设计考虑因素。第一个考虑因素是性能，因为公开密钥加密系统操作是计算上密集的。预测具有受约束计算能力的便携设备（如 PDA 和蜂窝电话）将占移动设备数量的绝大部分或至少相当大的部分，至关重要的是使移动设备中公开密钥加密系统操作条数保持到绝对最少的程度。第二项考虑因素是用来安全地将一个主体的名字与其公开密钥绑定的机制，因为它们对整体系统架构和操作具有显著影响。这样一个绑定典型地使用由一个被信任的证书权威（或简写为 CA）发行的公开密钥证书取得。最小程度的一个公开密钥证书由主体名字、它的公开密钥、有效时间区间和如上所述数据项的

CA 的数字签名组成。在 MIPv6 环境中，移动节点可被签发一个公开密钥证书，并以其家乡地址作为主体名字。但是，使用以 IP 地址为主体名字的公开密钥证书在实践中是不提倡的，它有以下 3 个原因：

1）IP 地址经常是采用 DNS（Directory Name Service，目录名字服务）查找得到的，而 DNS 不能提供将名字映射到 IP 地址的一种安全方式。

2）IP 地址容易发生重新编址的情况，当服务提供商改变和当配置改变时都可能发生，因此 IP 地址不像其他主体名字一样永久（如域名）[19]。

3）IP 地址租赁给一个接口固定长度的时间。当 IP 地址的租赁时间过期后，地址与接口的关联变得不再有效，且该地址可能被重新指派给因特网中其他地方的另一个接口。保持短的 IP 地址租赁时间也许有各种原因，如出于隐私保护的原因。对于作为客户端设备运行的设备而言，Narten 和 Draves[20] 建议周期性地改变这些设备的 IP 地址，以防止窃听者和其他信息收集器将长时间段上客户们的似乎不相关的活动关联起来。

因此，在实践中，以一种一致的和及时的方式跟踪 IP 地址和所有设备的接口之间的正确关联，对于 CA 们而言是非常困难的，更不用提为它们签发和取消公开密钥证书了。但是，家乡链路的子网前缀是非常容易跟踪和可管理的，原因是：①正常情况下，一个家乡子网前缀是比一个移动节点的家乡地址更加永久的；②家乡链路的数量是显著地小于移动节点数量的；③子网前缀是由系统管理人员管理的，相比于哪个 IP 地址与哪个个体移动节点相关联而言，他们能够更加高效地跟踪前缀的改变。受到这些观察的影响，HAP 协议设计拥有下列功能特征：

1）在 MN 和 CN 之间执行单向认证密钥交换，其中 MN 向 CN 认证自己，且交换的会话密钥用于保障从 MN 到 CN 的绑定更新消息的安全。

2）采用公开密钥加密系统，对于对抗任何功能强大的敌对方都是安全的，这种功能强大的敌对方能够发起被动的（如在多个点窃听）和主动的（如中间人）攻击。

3）它是容易管理的和可扩展的。不签发包含家乡地址作为个体移动节点的主体名称的公开密钥证书，但签发包含家乡子网前缀作为家乡链路的主体名字的公开密钥证书。

4）在移动节点上不执行公开密钥密码学操作。MIPv6 假定移动节点和通信节点信任家乡代理，且移动节点及其家乡代理之间的通信采用提前建立的安全关联得以保护。在协议中，家乡代理作为移动节点的可信任安全代理。它们验证移动节点家乡地址的合法性，促进移动节点到通信节点的认证，并为它们建立私密会话密钥。

1. 系统建立

在一个数字签名方案中，家乡子网与公开/私密密钥对 P_H 和 S_H 相关联。私密密钥 S_H 由家乡链路中的一个家乡代理 HA 保管，HA 可能位于一个具体防篡改硬件的以密码学方式处理的设备内部。家乡子网从证书权威 CA 处得到公开密钥证书，即

$$\mathrm{Cert}_H = \{HS, P_H, VI, SIG_{CA}\}$$

式中，HS 是家乡子网前缀；VI 是证书的有效时长；SIG_{CA} 是在 HS、P_H 和 VI 上 CA 的签名。

该协议也使用 Diffie-Hellman 密钥交换算法得到协议各方之间的一个共同的秘密值。令 p 和 g 是公开 Diffie-Hellman 参数，其中 p 是一个大素数，g 是乘法族 $Z_p{}^*$ 的一个产生器。为了保持表示上的简洁性，将 $g^X \bmod p$ 简写为 g^X。因为实时地生成大素数会是非常耗时的，所以假定 p 和 g 的值是所有关联各方提前协商的或内置于 Cert_H 中的。

2. 协议操作

如在 RR 协议中一样，HAP 中所有的协议消息都是在 IPv6"移动头"内部携带的，这允许协议消息在任何现有 IPv6 报文之上传送。在一个移动节点 MN、它的家乡代理 HA 及其通信节点 CN 间交换的协议消息如图 14-6 所示。在协议中，HA 的存在以及执行的操作对 MN 和 CN 都是透明的。就 MN 而言，它向 CN 发送消息 REQ 并从中接收 REP。类似地，从 CN 的角度来说，它从 MN 接收 COOKIE0、EXCH0 和 CONFIRM，并向 MN 发送 COOKIE1 和 EXCH1。

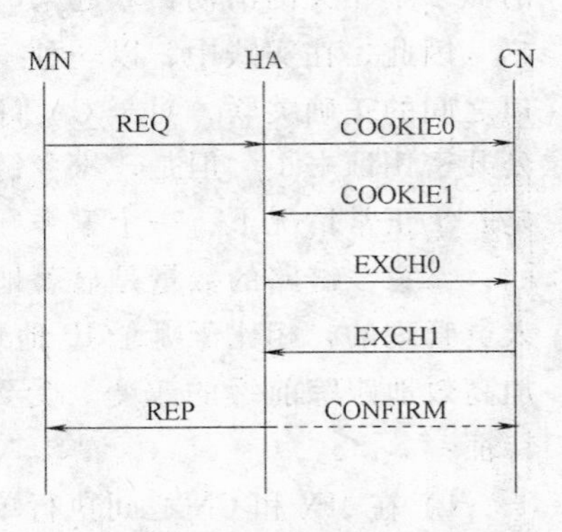

图 14-6 建议协议中的消息交换

在密钥交换过程中 cookie 的使用是对抗一名入侵者的弱防护形式，其中该入侵者可产生一系列的请求报文，每个报文都具有一个不同的伪造源 IP 地址，并将它们发送到一个协议参与方。对于每条请求，协议参与方将在执行计算上昂贵的公开密钥密码学操作之前，首先验证 cookie。欲了解有关 cookie 生成和验证的细节，请参见 Karn 和 Simpson[21] 的报告。

如以前一样，一条协议消息中的前两个字段分别是源 IP 地址和目的 IP 地址。当 MN 拟启动与 CN 的路由优化操作时，它通过保留隧道向 CN 发送

$$REQ = \{HoA, CNA, n_0\}$$

式中，n_0 是一个随机值，用来匹配应答消息 REP；CNA 是通信节点 CN 的 IP 地址。消息 REQ 是通过 IPsec 保护的安全隧道发送到 MN 的家乡子网的。仅当使用动态安全关联建立时，IPsec 提供重放保护。这并不总是可能的，在某些场合下，手工分配密钥也许是首选的方法。出于这个理由，包括 n_0 以对付消息重放。到

达家乡链路时，HA 使用 IPv6 “邻居发现” 截获 REQ[4,22]。HA 不会将 REQ 转发到 CN；相反，它创建一个 cookie C_0，并向 CN 发送

$$\text{COOKIE0} = \{\text{HoA, CNA}, C_0\}$$

在应答中，CN 生成一个随机 n_1 和一个 cookie C_1，并向 MN 发送

$$\text{COOKIE1} = \{\text{CNA, HoA}, C_0, C_1, n_1\}$$

注意，在 COOKIE1 中的目的地地址是 MN 的家乡地址 HoA。结果，这条消息传递到 MN 的家乡子网，并由 HA 使用 IPv6 邻居发现得以截获。接收到 COOKIE1 之后，HA 检查 C_0 的有效性，生成一个随机 n_2 和一个 Diffie-Hellman 秘密值 $X<p$，使用家乡链路私密密钥 S_H 计算 Diffie-Hellman 公开值 g^X 和它的签名

$$\text{SIG}_H = \sigma(S_H, \text{HoA} \mid \text{CNA} \mid g^X \mid n_1 \mid n_2 \mid \text{TS})$$

式中，TS 是时戳。

在消息交换的过程中，接收者不必检查这个时戳。一旦发生一个恶意移动节点洪泛攻击时，将用 TS 来跟踪肇事者。以后将进一步说明这个问题。最后，HA 向 CN 应答

$$\text{EXCH0} = \{\text{HoA}, \text{CNA}, C_0, C_1, n_1, n_2, g^X, \text{TS}, \text{SIG}_H, \text{Cert}_H\}$$

式中，$\text{Cert}_H = \{\text{HS}, P_H, \text{VI}, \text{SIG}_{CA}\}$ 和以前定义的一样，它是家乡子网的公开密钥证书。

注意，在签名 SIG_H 中包括 n_1 和 n_2 的值，分别是为了对抗陈旧签名的重放攻击，以及抵抗对签名方案的选择消息攻击。

当 CN 接收 EXCH0 时，它验证 cookie、家乡链路的公开密钥证书 Cert_H、签名，也许更重要的是，检查内嵌于 Cert_H 和 HoA 中家乡子网前缀字符串的相等性。如果所有的验证和检查都是正确的，则 CN 就能确信 MN 的家乡地址 HoA 是经其家乡子网授权的，且 Diffie-Hellman 公开值 g^X 是新近由 MN 的家乡子网生成的。接下来 CN 生成它的 Diffie-Hellman 秘密值 $y<p$，之后计算它的 Diffie-Hellman 公开值 g^Y、Diffie-Hellman 密钥 $k_{DH} = (g^X)^Y$、一个会话密钥

$$k_{BU} = \text{prf}(k_{DH}, n_1 \mid n_2)$$

和一个 MAC

$$\text{MAC}_1 = \text{prf}(k_{BU}, g^Y \mid \text{EXCH0})$$

并发送

$$\text{EXCH1} = \{\text{CNA}, \text{HoA}, C_0, C_1, g^Y, \text{MAC}_1\}$$

到 MN。同样，这条消息由 HA 截获，HA 首先验证 cookie，计算 Diffie-Hellman 密钥 $k_{DH} = (g^Y)^X$ 和会话密钥 $k_{BU} = \text{prf}(k_{DH}, n_1 \mid n_2)$。之后 HA 计算

$$\text{MAC}_2 = \text{prf}(k_{BU}, \text{EXCH1})$$

并发送

$$\text{CONFIRM} = \{\text{HoA}, \text{CNA}, \text{MAC}_2\}$$

到 CN。CN 检查 MAC_2 的有效性，如果有效，则 CN 为 HoA 创建一条缓存表项和会话密钥 k_{BU}，会话密钥将用来认证来自 MN 的绑定更新消息。

在验证 MAC_1 之后，HA 也通过安全 IPsec ESP 保护的隧道发送

$$REP = \{CNA, HoA, n_0, k_{BU}\}$$

到 MN。接收到 REP 之后，MN 检查 n_0 是它在 REQ 中发出的相同的一个数。如果是这样，那么 MN 继续向 CN 发送如 RR 协议一样使用 k_{BU} 保护的绑定更新消息。应该指出的是，CONFIRM 消息用作向 CN 确认密钥，因此是可选的。

3. 讨论

有些人存在的一个错误观念是因特网上基于公开密钥密码学的安全方案需要存在一个全局公开密钥基础设施（PKI）。这个错误观念的一个鲜活反例是安全套接字层（SSL）[19]的广泛部署。在 SSL 协议中，支持 SSL 的 Web 服务器向 SSL 感知的浏览器认证，在每条 SSL 连接上证明它的身份。这个身份证明是实施的如下：服务器通过使用一个公开/私密密钥对，其中公开密钥是采用一个 CA 签发的 X.509 公开密钥证书验证的。在 SSL 架构下，Web 服务器认证可能是执行的惟一验证，一些情形中需要的可能就是这种方式的验证。这对那些应用是可行的，其中用户需要确保目标 Web 服务器的身份，如当从一个在线商人处下一个订单时的情况。SSL 信任模型构建于所谓的分段 PKI 基础之上，如图 14-7 所示，其中多个独立的 CA 直接向 Web 服务器签发公开密钥证书。CA 的公开密钥内嵌于流行的 Web 浏览器中。在本书撰写之时，89 个 CA 公开密钥内嵌于 Microsoft 公司的 Internet Explorer Version 6 之中，58 个 CA 公开密钥内嵌于 Netscape 公司的 7.1 版本浏览器之中。在分段 PKI 中，就 CA 公开密钥有效性的信任落在浏览器软件的开发商以及软件的完整性之上。

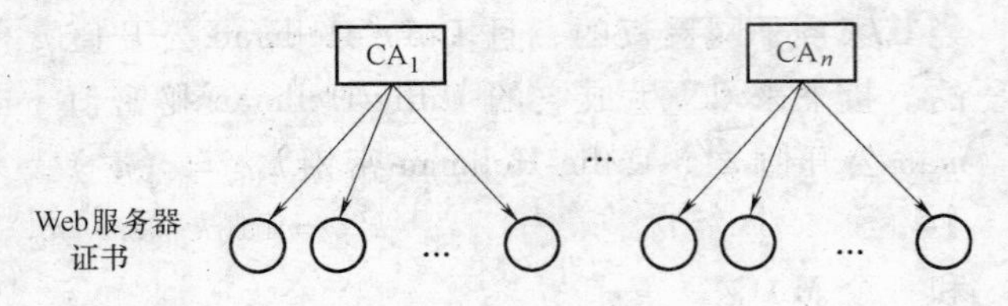

图 14-7　用于 SSL 中的分段 PKI 模型

HAP 协议的信任模型和设计原则遵循 SSL 的信任模型和设计原则。在 HAP 中，一个 CN 等价于一个 Web 浏览器，一个 HA 等价于一个 Web 服务器。CA 直接向 HA 签发公开密钥证书。HAP 向 CN 执行一个 MN|HoA 强单向认证，并向 CN 提供确信它与 MN 共享一个私密会话密钥。这里，最重要的消息是 EXCH0。回顾一下，在接收到 EXCH0 之后，CN 检查包含于 $Cert_H$ 和 HoA 中家乡子网前缀的相等性。在检测中间人攻击中，这种检查是至关重要的。签名 $SIG_H = S_H(HoA|CNA|g^X|n_1|n_2|TS)$ 服务于两个目的：①证明 Diffie-Hellman 值 g^X 来自于代表 MN 的家乡代理 HA；②验证 HoA 在 HA（或等价于家乡链路）的管辖之下，并是其移动节点 MN 的合法家乡地址。这向 CN 认证了 MN 的 HoA。

因为协议的一次成功完成允许 CN 认证 MN 的 HoA，且也允许这两个节点为了保障绑定更新的安全而建立一个秘密会话密钥，所以这个协议防止如图 14-2a 所示的会话劫持攻击。正像其他协议一样，这个协议不能完全防止恶意移动节点的洪泛攻击。但是，如果一个通信节点被指控轰击了一项网络服务或站点，那么它可提供签名 $SIG_H = \sigma(S_H, HoA \mid CNA \mid g^X \mid n_1 \mid n_2 \mid TS)$，并将矛头指向家乡代理 HA。HA 后续地能够确定具有一个家乡地址 HoA 的移动节点 MN，并在由 TS 指定的时间执行一个绑定更新。

在 HAP 协议中，不要求移动节点执行任何公开密钥密码学操作，但要求通信节点执行这些操作。如果一个通信节点是一台服务器机器，那么公开密钥密码学操作就不是一个大问题。但是，一个通信节点也可能是具有有限计算能力和电池寿命的移动节点。在这种情形中，假定由通信节点执行公开密钥操作可卸载它的移动代理，这个场景如图 14-8 所示，其中 HA_{MN} 和 HA_{CN} 分别是 MN 和 CN 的家乡代理。因为在 MIPv6 中假定一个移动节点与其家乡代理具有一个提前建立的安全关联，所以在协议中使 HA_{MN} 和 HA_{CN} 分别代表 MN 和 CN 执行公开密钥密码学操作，在逻辑上就是合理的。同样，因为实体的对称排列，所以在 MN 和 CN 之间执行一个双向认证密钥交换，并建立会话密钥以确保两个方向的绑定更新消息的安全就是可能的。

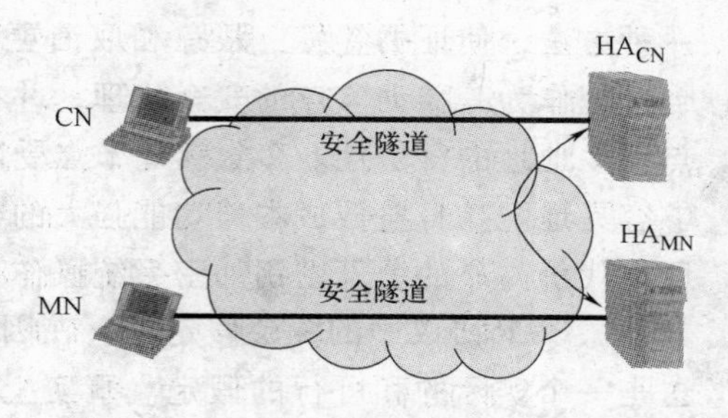

图 14-8　CN 为一个移动节点的场景

最后，因为 HAP 协议使用强加密系统，故由协议建立的秘密会话密钥 k_{BU} 可以长时间使用。这是与 RR 协议不同的，其中 RR 协议至少每 420s 必须执行一次，即使移动节点停留在相同的外地位置时也如此。

14.5　小结和未来方向

当移动节点改变它们在因特网中的连接点时，移动 IP 允许移动节点具有无缝的通信，这已经为在不远的将来大规模的部署做好了准备。但是，将移动性引入到 IP 也带来了新的安全问题和攻击，包括重定向攻击，这也许会成为最受关注的理由。

本章首先将重定向攻击分为两类：①会话劫持攻击，其中一名入侵者劫持一个移动节点和一个通信节点之间的现存会话，并将通信节点的流量重定向到一个恶意位置；②恶意移动节点的洪泛攻击，其中一个恶意的移动节点与通信节点建立通信会话，之后将来自通信节点的流量重定向以洪泛冲击一个受害节点或网络。

本章还给出并分析了三种非常不同的协议，它们是为了防止重定向攻击、保障通信绑定更新而设计的。RR 协议和 CGA 协议的主要优势是，它们不假定存在一个因特网广域公开密钥基础设施（PKI），但是它们仅提供对抗重定向攻击的有限安全保护。

HAP 协议利用数字签名方案和 Diffie-Hellman 密钥交换算法，其中不针对每个移动节点签发公开密钥证书，而是依据家乡子网前缀针对家乡子网签发。这样一种方法，使证书签发、跟踪和取消更加实际并具备可管理性。在 HAP 中，家乡代理作为其移动节点的安全代理，并在协议执行过程中向通信节点验证移动节点家乡地址的合法性。多数移动节点受限于处理能力和电池寿命，且家乡代理能够容易地配备日益低成本但功能强大的密码学处理硬件加速器，该协议设计为将所有代价高昂的公开密钥加密系统操作从移动节点卸载到它们的家乡代理提供了方便。HAP 协议中的深层假定是，在因特网中存在分段的证书权威或分段 PKI，这是一个实际的和可行的假定。事实上，HAP 遵循处于极其成功的 SSL 协议背后的相同信任模型。

从长远来看，可以认为 MIPv6 的安全和真正的全球范围运行要求互联网范围 PKI 的存在（基础设施型服务集合，支持基于公开密钥数字签名和加密的广域范围使用）。虽然存在几项 PKI 标准研究以及在市场上存在许多 PKI 商品，但都认为互联网范围 PKI 的部署是一项复杂的和崭新的事业。Ren 等人[23]为移动 IPv6 提出了一种 PKI，该 PKI 采用一种三层层次结构的信任管理框架。但是，未来研究要求从安全、管理、运行和性能角度研究框架的可行性。

在移动连网社团中开始受到日益关注的另一个问题是位置隐私问题。在 MIPv6 中，移动节点从一个网络漫游到另一个网络。位置感知应用和服务可利用这样的位置信息向用户提供更好的服务，但是相同的位置信息也能够由恶意个体或组织用来跟踪用户们的移动，并在违背用户利益的情况下加以利用。如何在用户友好服务和用户隐私之间作出权衡仍然是一个开放的研究问题。

参考文献

1. C. E. Perkins, Mobile networking through Mobile IP, http://www.computer.org/internet/v2n1/perkins.htm.
2. A. Mishra and W. A. Arbaugh, *An Initial Security Analysis of the IEEE 802.1X Standard*, Technical Report CS-TR-4328, UMIACS-TR-2002-10, Univ. Maryland, Feb. 2002.
3. C. Perkins, *IP Mobility Support*, IETF RFC 2002, Oct. 1996.
4. D. Johnson, C. Perkins, and J. Arkko, *Mobility Support in IPv6*, IETF RFC 3775, June 2004.
5. Mankin et al., Threat models introduced by mobile Ipv6 and requirements for security in

mobile Ipv6, IETF `draft-ietf-mipv6-scrty-reqts-02.txt`, May 2001.

6. T. Aura, Mobile IPv6 security, *Proc. 10th Int. Workshop on Security Protocols*, LNCS 2467, Cambridge, UK, April 2002.
7. G. O'Shea and M. Roe, Child-proof authentication for MIPv6 (CAM), *Comput. Commun. Rev.* (April 2001).
8. T. Aura, Cryptographically generated addresses (CGA), *Proc. 6th Information Security Conf.*, LNCS 2851, Bristol, UK, 2003.
9. R. Deng, J. Zhou, and F. Bao, Defending against redirect attacks in mobile IP, *Proc. 9th ACM Conf. Computer and Communications Security*, Nov. 2002, pp. 59–67.
10. S. Thomas and T. Narten, *IPv6 Stateless Address Autoconfiguration*, IETF RFC 2462, Dec. 1998.
11. J. Bound et al., *Dynamic Host Configuration Protocol for IPv6 (DHCPv6)*, IETF RFC 3315, July 2003.
12. S. Deering and R. Hinden, *Internet Protocol, Version 6 (IPv6) Specifications*, IETF RFC 2460, December 1998.
13. R. Rivest, *The MD5 Message Digest Algorithms*, IETF RFC 1321, April 1992.
14. NIST, *Secure Hash Standard*, NIST FIPS PUB 180, May 1993.
15. H. Krawczyk, M. Bellare, and R. Canetti, *HMAC: Keyed-Hashing for Messaging Authentication*, IETF RFC 2104, Feb. 1997.
16. R. Rivest, A. Shamir, and L. Adleman, A method for obtaining digital signatures and public-key cryptosystems, *Commun. ACM*. **21**: 120–126 (Feb. 1978).
17. NIST, *Digital Signature Standard*, NIST FIPS PUB 186, May 1994.
18. S. Kent and R. Atkinson, *IP Encapsulating Security Payload (ESP)*, IETF RFC 2406, Nov. 1998.
19. E. Rescorla, *SSL and TLS: Designing and Building Secure Systems*, Addison-Wesley, 2001.
20. T. Narten and R. Draves, *Privacy Extensions for Stateless Address Autoconfiguration in IPv6*, IETF RFC 3041, Jan. 2001.
21. P. Karn and W. Simpson, *Photuris: Session-Key Management Protocol*, IETF RFC 2522, 1999.
22. T. Narten, E. Nordmark, and W. Simpson, *Neighbor Discovery for IP Version 6 (IPv6)*, IETF RFC 2461, Dec. 1998.
23. K. Ren, W. Lou, K. Zeng, F. Bao, J. Zhou, and R. H. Deng, Routing optimization security in mobile IPv6, *Computer Networks Journal* (accepted for publication).

第15章 应需商务：全球泛在生态系统面临的网络挑战

CRAIG FELLENSTEIN、JOSHY JOSEPH、DONGWOOK LIM 和 J. CANDICE D' ORSAY

美国康涅狄格州 Brook field IBM 公司全球服务、网络服务（NS）组织

15.1 简介

本章将给出涉及在全球泛在生态系统中应需商务网络挑战的最重要部分和得到的结论。

下面考虑这样的事实，即自20世纪90年代后期以来，移动、无线和传感器网络的技术领域已经实现了指数性的全球增长；自20世纪90年代中期以来泛在设备出现了相同的增长。同样考虑如下事实，即在许多国家WLAN已经成为一种常见家庭应用。无线网络的这些类型看来似乎正在成为将宽带（如DSL、有线电缆、卫星以及附属设施）网络接入方式带入世界上都市、郊区、半农村地区和农村地区的惟一解决方案。

可管理宽带接入的这种概念在许多工业公司中也正在规划和进一步研究，如汽车产业（如本田、现代和福特品牌）。汽车公司提供网络接入系统，如运行表盘因特网接入、通话导航系统、电子邮件和消息系统以及生命/安全监控系统（这里仅仅列出一些而已）。几乎世界范围内的所有纵向型的工业公司都受到了本章中将给出的讨论的影响。

如今已经不存在这样的宽带可管理的服务提供商（策略是涵盖所有的宽带市场和纵向型工业部门）。本章中的解决方案将跨越所有工业产业以及这些产业中的公司。一个称为视觉传媒技术公司（Vision Media Technologies，Inc）[㊀]的公司介入到美国部落（American Tribal Nations）市场，同时已经有了部署许多这样一些高级设备类型和网络服务解决方案的战略性规划；他们对商务的看法是，为经济增长和转型提供载体。

㊀ 欲了解 Vision Media Technologies，Inc. 的更多信息，请参见该公司的网站——http：//www. vmtl. com。

本章中讨论的主题几乎可应用于所有类型的文化事业。因特网商务和个人消费者解决方案的活动在世界范围内继续吸引并打破每个人的预期，甚至在电子商务现象据称在已经过去的情况下也是如此。这种持续的因特网创新浪潮涉及媒体和内容的高级形式以及网络服务传递机制的创新类型，这是端用户所看到的和体验到的，而且这些相同的高级内容媒体经常是许多应用所要求的，将在本章各种类型的范例中援引这些内容媒体。

这种内容的服务也是许多国家经济团体的主要动力。在国家内部，它能够影响经济增长模型并作为提高额外关键的节能和提升能力的促进剂。全球经济的本质转变，最主要地是以独立的方法进入到全球商务市场的。

现在人们正在目睹公共因特网接入点的出现，例如 WiFi 热点区：如汉莎航空、星巴克咖啡以及 Borders book 书店和音乐商店。这些企业都建立有无线因特网环境，为其顾客群在日常的基础上用于商务或个人用途。

这个大规模分布式的因特网使无线因特网服务提供商和其他商务企业能够分发高级可管理的服务，这些服务的范例是无线广域网络和宽带无线网络服务。这些服务可被商业无线服务的相同消费者用作承载服务，允许他们定购更多的服务，例如电子邮件、消息通信、高级媒体、约会和许多其他类型的 3G 应用。能够从任何地方、在任何时间在任何类型的泛在计算设备上访问和利用这些服务。

另外，传感器网络将逐步成为多种人类事业间极具创新性应用的主要手段。传感器网络的应用范围广泛，从生物医学到战场监视以及许多其他文化和栖息地。重点关注的高级领域，如龙卷风活动监视、地震预测和地震爆发活动监视，以及安全的高级形式，即跟踪屋内运动，其中物理安全是至关重要的。这些仅是一些创新性的应用领域，它们存在许多已经开始进行探索的更有机遇的领域。事实上，人们甚至发现传感器网络的主题已经嵌入到流行的科幻（至少它过去是）书籍之中。这种方式的一个极好范例是由 Michael Creighton 撰写的名为 Prey（被猎者）的书籍[1]。Creighton 的这本书以某种程度上令人震惊的方式描述纳米机器人技术和传感器网络。

将在本章中讨论的专题和主题的焦点是非常及时的，特别当这个材料应用于直到 2007～2010 年左右开发应需商务策略之时。本章将给出无线移动和传感器网络的全面论述，这种方法与应需商务解决方案的方法不同。本章传递的信息是容易理解的，重点将放在如下问题上：范围包括高级形式的应需商务服务架构、应需商务运行环境、泛在计算生态系统中的各种连网协议、商务模型和安全问题，最后以经济、文化和市场趋势的分析而结束本章。

15.2 应需商务

下面讨论应需商务⊖，这是世界正在演变发展到的一种运行状态，涉及全球的所有产业部门。当讲解一些非常令人感兴趣的应需商务专题时，将以极其深入的细节探讨这个发展演变过程，也将讨论一些应需商务解决方案集成移动、无线和传感器网络方面面临的挑战。

下面看一下术语“应需商务”的含义（见图15-1)。应需商务都是关于服务集成的，它以不像分布式计算过去所采取的方式进行集成。应需商务是（以许多方式）许多连网技术演进发展的可实现结果，涉及一些主要的商务过程转变活动。

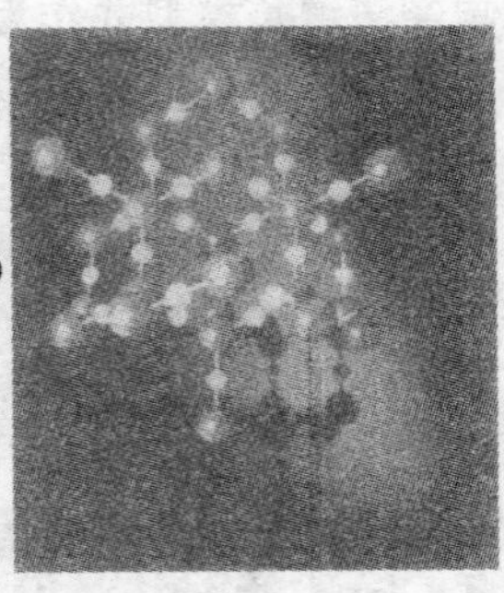

图15-1 成为一个应需商务的含义

在给出成为一个应需商务含义清晰解释的情况下，现在稍稍深入挖掘一下部署这种环境将需要什么。首先，人们必须建立一个应需商务运行环境。

15.2.1 应需商务运行环境

以一种模块化的、递增的方式，应需商务运行环境定义了要想构建一个应需商务，客户们使用的一组集成和基础设施的管理能力。应需商务运行环境给出了商务需要和IT能力之间的联系，采取的方式通过允许如下条件才能做到：

1）商务仍然将焦点放在核心商务需求上；

2）人类、过程和信息成为完全集成的；

3）信息技术（IT）快速地感知商务要求的变化并对其做出反应；

4）基础设施设计为绝对匹配商务设计；

5）基于标准的、模块化的、为改变而构建的应用是能够更加感知网络的，且网络是能够更加感知应用的。

所有这些真正意味着什么？它意味着大型企业和小型商务现在都一样能够更加容易地管理能力、安全和可用性(以应需方式进行)。这些商务能够(第一

⊖ 参见IBM公司相关资料。应需商务的相关解释可在网页http：//www-306. ibm. com/e-business/on-demand/us/index. html中得到。

次）对市场中计划的和非计划的情形更加快速地和更加有效地做出反应。

公司现在能够更加有效地集成和管理大型分布式环境，包括无线、直接用户线（DSL）[㊀]、有线电缆、卫星和附属设施公司的解决方法。方案开发的这些组合性方法已经并将继续揭示通信的许多领域上令人难以置信的创新和技术。应需商务运行环境将其自身良好地适应于所有这些高级类型的通信系统解决方案。

当在全线商务上增加收入流的同时，降低成本是关键。降低资金和运营开销，同时增加收入和利润［例如一些全球电信公司（电信网络运营商）］，对于服务提供商产业存在全球范围的压力。因此，需要考虑为什么能够将一个信用卡大小的设备插入到笔记本电脑，并在大约60s内成为一个无线的端用户。但是，目前仍然需要32个人大约8个月的时间才能安装一套“计费系统”，该系统在系统集成的成本中要花费大约2100万美元。

成为一个应需商务企业包括降低成本并再次应用商务领域中增加效率的技术，这些技术是计划的应需商务转变路线图的组成部分。与最好伙伴的协作和集成成为了转变的一项目标。现在全世界正在关注这点，它是一种长期以来早该存在的范型，并可非常简单地通过应需商务解决方案和服务得以完成。

将自身定位于未来需要；要提前看3～5年。接受这个事实，即应需商务运营的术语不是短命的技术行话（或学术试验）术语的一个例子，事实上它是作为更快速的网络和计算设施的更复杂形式（如自愈系统、自服务系统、传感器网络解决方案、计量式计费）的结果而带来的现实。这是随着这种新的演进发展而识别出的一种转变，它涉及针对应需商务运营的密切关注。这不是一次革命，它仅是一次简单的演进，所有世界范围的产业都以一种方式或另一种方式面临着这个应需商务转变的挑战，这些企业如何进入这个转变过程完全在于应需商务的紧迫度。如图15-2所示的进入范型是基于优先级的范型。

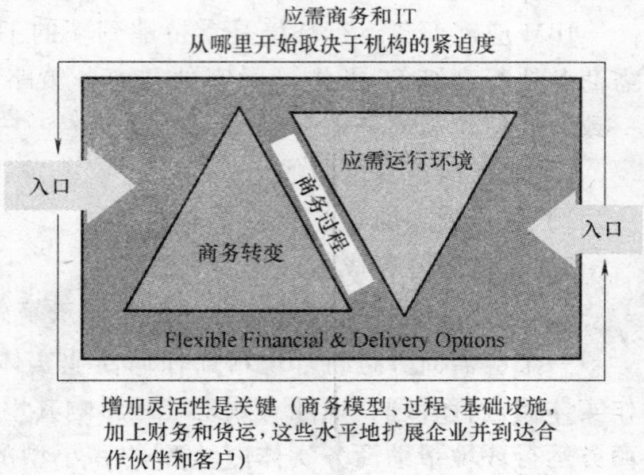

应需商务和IT
从哪里开始取决于机构的紧迫度

入口
商务转变
商务过程
应需运行环境
入口
Flexible Financial & Delivery Options

增加灵活性是关键（商务模型、过程、基础设施，加上财务和货运，这些水平地扩展企业并到达合作伙伴和客户）

图15-2　商务开始采用应需商务模型转变路线图的进入点

通过回顾整个历史，能够观察到一种模式，这是一种演进模式，开始于计算中的传统概念，之后突然地由因特网得以推进，

㊀ 原书此处似有误，应为数字用户线。——译者注

现在正循环返回到某些非常传统的思路上（虽然比曾经使之焕然一新的时候远较复杂和功能强大）。例如，网格计算[2]是具有某些比过去的分布式计算概念远较功能强大和复杂的分布式计算。传感器网络提供许多新类型的全球化解决方案，且作为这些实现的结果，一些影响将被全球网络所注意到。自20世纪90年代早期以来，Web服务从不存在的状态演进到快速的、丰富的复杂状态。

可以确信的惟一事物是，应需商务、高级解决方案和改变自身，都比第一次出现在人们眼前时而更加普遍地存在于人们身边。下面看看如图15-3所示的这种计算范型的转变过程。

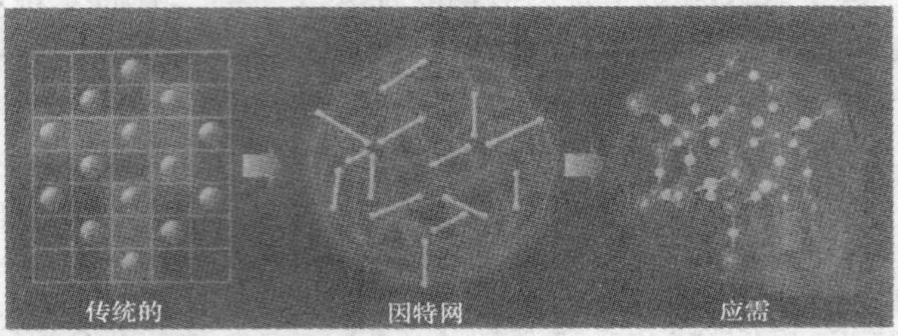

正在出现的应需商务模型

传统的　因特网　应需

结构化的、计算、数据处理、事务

开放标准、连接性、灵活性、简单性

模块化的设施容易定义和操作动态定义和运行

图15-3　走向应需商务模型的转变各阶段

IBM应需商务运行环境是支持端到端的IT基础架构和能力集，允许一项应需商务执行高级IT操作（紧密地与商务策略相一致）。这些操作与商务策略相一致，并使应需商务能够：

1）对市场更具反应能力；

2）焦点放在商务的核心竞争力上；

3）受益于各种成本结构的多态性；

4）对外部威胁具有恢复力（即能够承受外部威胁）。

一个应需商务运行环境帮助任何商业实体容易地将它的IT操作作为一个协作实体而进行管理，以及有效地处理影响其增长和繁荣的机遇和挫折。一个应需商务运行环境帮助商务实体（大型的和小型的）准备好以便利用可实现财务利益的机遇。

一个应需商务运行环境解放了现有IT基础架构内部的价值，可应用于解决商务问题。它是一个集成平台，基于开放标准，支持商务应用和过程的快速部署与集成。与允许基础设施真正的虚拟化和自动化的一个环境相结合，它能够支持释放IT能力（以应需方式进行支持）。

实施应需商务的典型演进发展过程也要求得到总是解决关键要求的能力的一种方法，这是通过遵循一个路线图完成的，该路线图由成为一个应需商务实体的模块化的递增步骤组成的。它构建于现有能力之上，应需解决方案产品支持任何公司演进成为一个应需商务实体。应需商务运行环境体现两个基本概念：商务灵活性和IT简单性。图15-4以更多的细节图解说明了这个区别。

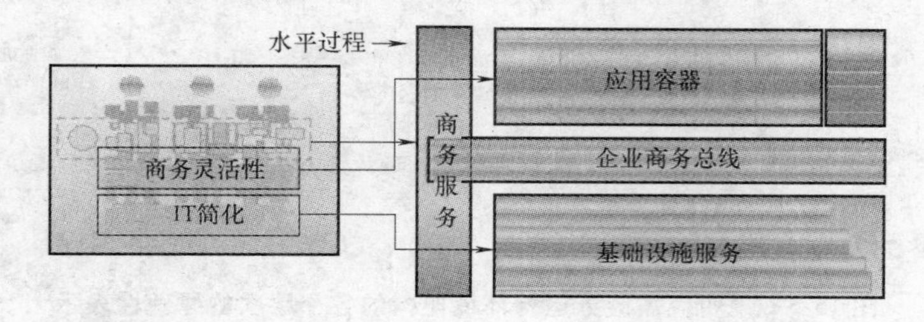

图15-4　各种应需商务运行环境特征的原理性表示

第一个概念是增加商务灵活性，通过设计可用来加快集成初始建议实现的能力做到这点。以一种允许组织机构变得对其市场、顾客和竞争者的动态性更具灵活性和反应性的方式，将人员、过程和信息联系在一起的能力是至关重要的。为了紧密地将伙伴、供应商和顾客集成到商务过程中，随着价值链的扩展，这变得日渐重要起来。

第二个概念是IT简单性，创建一个基础设施，提供、部署和管理这项设施是更加容易的。这是通过创建一个网络中所有可用资源的单个统一的逻辑视图以及到这些资源的访问而完成的。许多组织机构已经对于实践中资源的过度供应变得心安理得，即为了处理几乎每个系统都要经历的偶然的突发变化，而购买过多的容量。通过迁移到可处理动态资源提供的一项基础设施，而去除过度提供网络的现实做法是非常重要的，这个虚拟化的基础设施将极大地降低组织机构的资金和运行开支。图15-5在考虑这些类型的环境下，分解了所考虑的领域。下面的讨论描述了应需商务运行环境架构。

应需商务运行环境是基于面向服务架构（SOA）概念的，这个架构将每个应用或资源看作实现特定的、可识别（商务）功能集的一项服务。除了商务功能外，在一个应需环境中的服务也实现管理接口，参与环境的更广泛配置、运行和监控。一个面向服务架构的概念模型可应用到商务功能和物理基础架构的虚拟化，这种基于接口的集成是通过开放标准和Web服务得到的。

通过交换结构化的信息（消息或文档），服务之间可相互通信。它们的能力

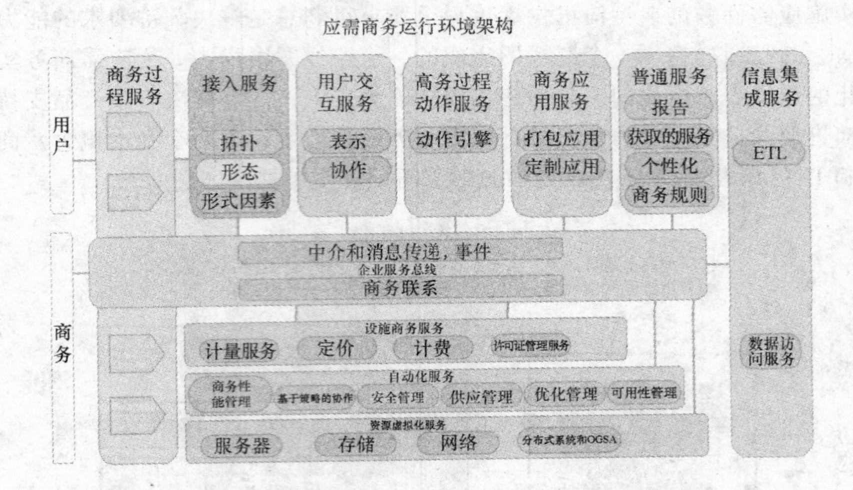

图 15-5　说明应需商务运行环境架构的各个层次的原理性表示

是通过如下手段定义的：声明它们能够产生或消耗的消息的接口，声明要求或提供的服务质量的策略注释，声明在服务交互中必须遵守的行为约束的动作注释。实际实现是隐藏于一项服务的请求者的，因此通过允许新的和现有应用快速地组合到新的上下文中，面向服务架构是取得应用集成的一种方便的方式。现有应用通过服务接口“适应”到服务声明，并将消息转换到现有应用上的操作。

如图 15-5 所示，服务之间的交互信息要经过企业服务总线（ESB），该总线提供一个基础设施能力的集合，由支持面向服务的中间件技术实现。在异构性环境中凭借合适的服务等级和可管理程度，ESB 可支持基于服务、消息及事件的信息交互。但是，应该指出，所有交互是不需要网络通信和 XML 消息的。

注意在图 15-5 中“模态”的指代关系，这是将探索研究的一项重要能力，如将看到的，这些通信模态在全球泛在网络中引入几项当前面临的挑战。这种模态引入复杂的机器通信能力，以便有效地处理人—机交互的多样性。如今这些交互的范例是在从语音通信到数据通信中广泛应用的，横贯多种类的泛在设备和个人配置。

不同模态的范例包括键盘、触摸屏、手写和语音识别以及音频/视频流化（见图 15-6）。之后这种输入和输出被改变以适应需要的设备和消费者进行通信，

什么是多模态?

■ 它指组合多种人机交互模式的能力。
个人喜好、社会环境以及设备和网络能力决定了所选择的模式。

▶ 输入的例子包括键盘、触摸屏、手写和语音识别。类似的，输出也是多样的，包括视觉输出或文本到语音的转换输出。

图 15-6　多模态的定义和范例

即端到端通信可能源于一台笔记本电脑并终止于一台蜂窝电话（如SMS消息通信）。结合视觉显示、文本到语音通信、语音到文本通信、触摸屏以及设备和连网人类交互的其他形式，就完成了这种多模态、泛在计算环境。

多个模态支持组合多种人机交互模式的能力，即个人喜好总是被考虑的，还有社会和文化状况。因为具有这样变化的使用场景，泛在设备和应需网络能力动态地确定通信传输和传递的选择模式。

当考虑这些类型的泛在环境的全球网络挑战时，所有的这些讨论真正意味着什么呢？这最终意味着来自于所有全球连网服务提供商的网络必须持续不断地包括新的和更加有效的能力，以获得在它们的网络域内部应用和设备的更多“知识”。足够令人感兴趣的是依据Webster字典，“智能”这个词部分地定义为“获取和应用知识的能力”。这理解起来是相当直接的，但是对于在所有成功地部署分发这些类型的应需商务全球网络的产业公司而言，这仍然继续是一个具有挑战性的和多少还在演进发展的过程。

一项著名的成就是“服务集成”层已经看来落在企业服务总线（ESB）之上。ESB提供一个基础设施能力集合，它是由支持面向服务的中间件技术实现的。在一个异构环境中凭借合适的服务等级和可管理能力，ESB可支持基于服务、消息和事件的交互通信。

这项服务集成融合将继续随着时间的推移而更好地（通过一系列的全球的、产业界的应需商务创业实体）定义自己，并因此成为产业间一个更加可行的、功能丰富的企业服务总线。这种服务集成融合活动将在所有产业和企业间继续强调和增强开放标准的重要性。同样重要的考虑是，这不是简单的一个商务问题。如图15-7所示，正是一般消费者在共同驱动着对网络的许多最具挑战性的需求。特定计算设备主导了许多服务集成融合点，达到了一个巨大规模。

如今投身于这个产业的一项令人惊奇的益处是，具有强烈学习欲望的那些人将观察到技术的融合。例如，这里的蜂窝电话现在是一个因特网浏览器，笔记本电脑现在是一个蜂窝电话，腰带计算器现在是一台计算机和一部蜂窝电话，眼镜现在包含一个非常小的因特网屏幕，使得能够容易地观看。技术创新通过网络的几个维度正在融合。

至今仍然无法知道，这些伟大的新的人机能力何时以及到哪里才终止。到2010年，当驾驶中汽车注意到人类的眼睛开始表现疲劳时，能够向人类讲话吗？如果是这样的话，当驱车跨越乡村时，汽车的男性或女性语音将刺激人类，通过询问人类是否乐意播放一个“指出那首歌曲”的游戏，或是否我乐意将电子邮件读给人类听，使得能够口头对选中的邮件做出响应吗？今天，当迷路时，它自动地导航已绕过道路位置并找到回家的路，并在口头命令“家”时才这样做。当我需要在餐馆时，它找到去餐馆的路，甚至当在一个陌生城市且没有纸版

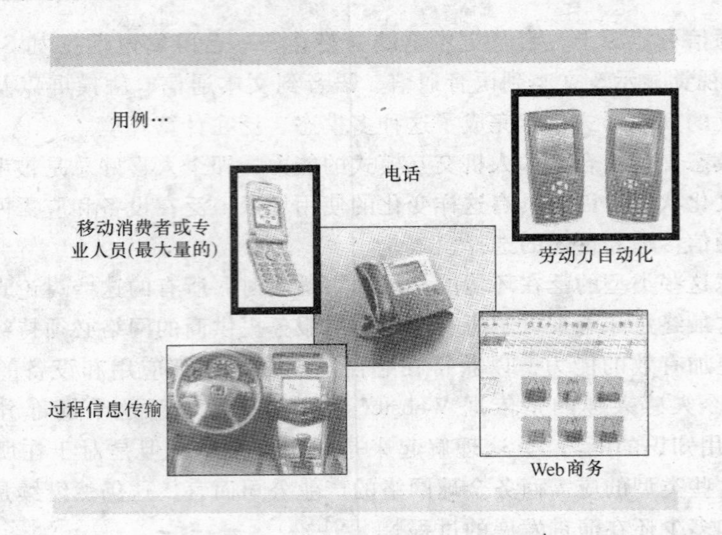

图 15-7　多模态访问的各种类型

（硬拷贝）地图时也能做到这点。

这里最小的公共特性是简单的（网络及其数据传递），对于这些类型的应需解决方案而言，这些创新性的解决方案将一直继续是具有挑战性的。另外，这个最小公共特性将总是处在这种应需商务“演进”的核心。事实上，如图 15-8 所示，随着技术接口变得更简单和更加普遍，端用户群将成规模增长。这是这个应需商务演进的一个现象或自然组成吗？可以认为它是后者。无论是哪种方式，都必须对网络和数据传输给予密切关注。网络经常是被忽略的，仅在偶然的情况下意识到它们是过量提供或提供不足的。更简单的接口仅意味着在基础设施内部要管理更加复杂的情况。

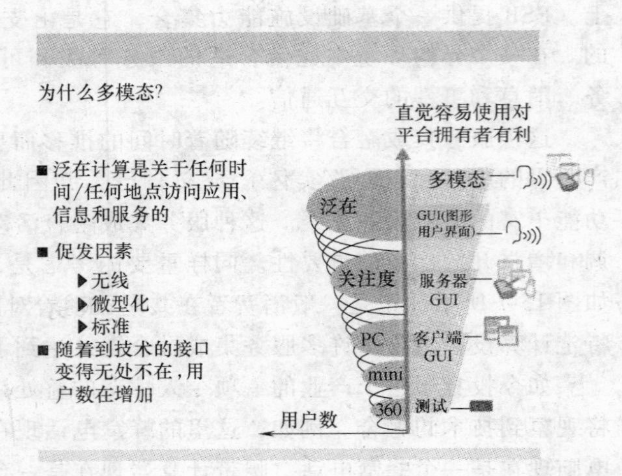

图 15-8　自 IBM 360 时代以来泛在趋势的时间轴线

也许正如图 15-8 所隐含的，在电信承载商（电信公司）的消费者求助于笔记本电脑或台式计算机交流一条消息之前，这些消费者使用他们的蜂窝电话来交流一条消息，则这些电信承载商将会具有很大商机。在这个领域，来自全球的电信公司正在做出巨大跨越。电信公司，如韩国的 SK 电信或韩国电信、信任信息通信和信任印度移动（Reliance Infocomm and Reliance India Mobile）、中国电信或日本的 NTT DoCoMo 仅是这个多模态空间的一些世界级公司。

这里的一条重要消息是蜂窝电话非常可能成为未来的计算机。移动性是重要的，并最终将占主导地位。如今技术的转换完全是由消费者引导的，且消费者正要求设备无关的移动能力。随着蜂窝电话能力的增加，并为大众所采纳，更好地管理和存储个人内容的能力和需要将会增加。消费者们也正开始要求通信技术与家庭娱乐系统间的互操作性，虽然多数情况下这仍然处在它的婴儿期。直到技术是真正的即插即用之时，在这个领域中的普遍采用可能是不会完全发生的。在这里开放标准扮演了一个重要角色，且是这个领域中当前诸多进展的基础。移动性将包括家庭、工作、汽车和蜂窝电话，且消费者们将要求互操作和内容的无缝传输，简单地是因为他们具备这样做的能力。

也许都可能看到或经历到的，计算机和 PDA 以及蜂窝电话（见图 15-9）技术自 2002 年左右以来，已经出现了相互交叉融合的现象。但是，先将此看作一个新的待议事项，现在将它看作企业操作和基于消费者的、可管理的宽带服务的一个个人移动门户。宽带由获得因特网或电信连接的几类方法组成，包括 DSL、有线电缆、无线、卫星和未来的附属设施接入方法。

图 15-9　流行的多模态门户的两个范例（个人数字助理（PDA）和蜂窝电话）

这个新的待议事项仍然为承载商和服务提供商在帮助个人和职业方面更好地管理日常生活提供了巨大的机遇，其中采用选择使用的设备。现在这种情形可帮助解决职业增长和个人生活方式的需要，影响文化和生活方式的许多方面。

虽然这些范例对一些人而言并不新颖，但在世界范围的泛在网络中仍然是一个挑战。随着人们继续努力并应对这样的每个挑战，就将继续改善人们的日常生活，这要归功于这些卓越的生态系统方法、应需商务运行环境以及全球泛在网络。进一步扩展这个范例，将这种网络需求与现在任何人都能几乎免费地打长途电话的事实相结合，其中利用的是语音和因特网协议应用（如 Skype[㊀]）。这种类

㊀ 欲了解“Skype”（这是一个免费的 VoIP 电信因特网电话工具）的更多信息，请参见网站 http://www.skype.com。

型的功能典型地称为 VoIP。这些挑战在未来将不会变得更简单。

不同的默认情形总是基于消费者设备或商务设备的，且将总会存在独立的市场部门。例如，一般而言，一名家庭主妇被称为家庭类型服务所关注的消费者，而一名居家办公或移动电信工作人员可能寻求不同类型的服务。足够令人奇怪的是，这两种人却经常是同一个人，仅仅在一个工作日的不同时间区段（作为不同类型服务的消费者）工作。无论在哪种情形中，社会群体或人们都能够利用这样的多种方法，且在一些情形中，服务将最优地支持涉及家庭的那些活动，而在其他情形中专门的服务将支撑全球商务团体间典型需要的那些活动。最后，不要忘记，在 1995 年是不能做到这点的，因为当时仅有一些人具有这种类型的远见。

基于多模态使用模式的内容改变和变换，是在这些类型的泛在领域中需要的关键能力。为什么企业应该投资于此？呼叫中心和其他数据服务现在对于顾客们已经是可用的了，不仅通过一个更加无处不在的设备，而且具有更方便的支持语音的界面［而不是简单的一个图形用户界面（GUI)］。

为什么承载商应该投资于此？他们的商务模型源自于简单的一个语音/数据信道，使个人和专业人员可连接到一个门户（如 MSN 或 Yahoo!）这种方式增强了商务模型。Microsoft 公司正试图将承载商看作仅仅是一个管道，而其他产业公司将许多形式的承载商看作服务提供商以及一个管道。

就这方面而言，世界范围内应需商务策略正日渐蓬勃发展。人们正注意到 AT&T 无线、Bell 移动、DoCoMo、中国电信、法国电信、KDDI、SingTel、Nextel、Orange、Sprint PCS、Swisscom、Reliance Infocomm 和 T-Mobile 公司具有多种商务方案开发计划、主要情况介绍以及丰富的服务和销售战略。这些类型的门户活动正在全球范围内引起人们广泛的兴趣。IBM 公司继续帮助许多顾客和商务伙伴转换他们的企业，为的是成为一种应需商务实体。

下面将探讨还没有涉及的另一个概念，它在服务集成领域扮演一个主要角色。这在产业界被称作“管理者的管理者”的研究工作，它涉及单个企业以及需要管理功能和服务的多个管理者。图 15-10 从系统的角度给出了这种类型活动中涉及的复杂性。

如图 15-10 所示，在应需商务操作中的基本内容涉及连网伙伴的大量协作和集成，传递分发看起来是单个应需商务解决方案的服务。这种方法意味着所有伙伴能够遵守并提供应需商务功能。

下面将更加深入地考察泛在计算中的一些元素，它们在将应需商务解决方案交付到消费者的过程中扮演一个极其重要的角色。在下面的讨论中，将探索泛在服务的一个世界范围的范例。

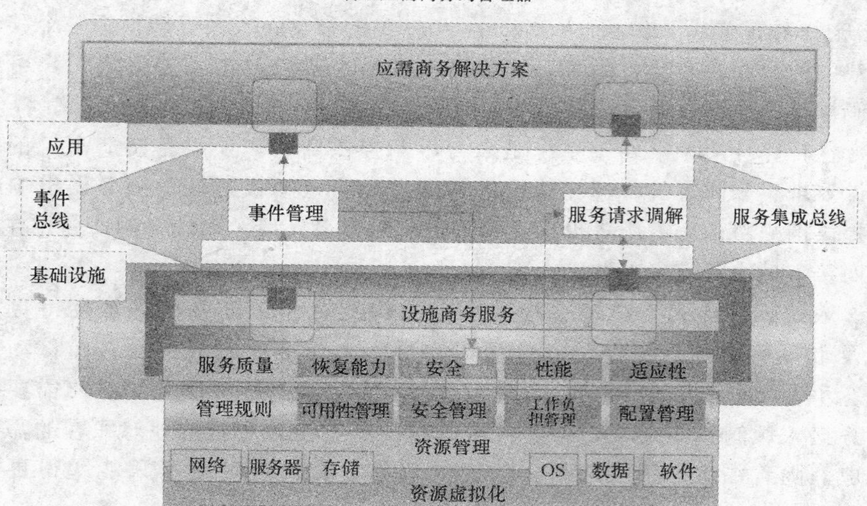

图 15-10　在应需商务运行环境内部各种等级操作的原理性表示（在这个层次，连网伙伴之间的协作和集成是主要目标）

15.2.2　端系统和泛在计算生态系统

如在前面多模态门户和蜂窝电话的范例中所讨论的，由于服务内容的演进和高级功能的要求，采用不同嵌入技术的移动设备变得更加复杂。正是“用户体验”和“用户感知”产生了新的服务和商务模型。从基于文本的 SMS 开始，移动用户开始要求更加丰富的内容服务，强烈呼吁服务提供商“应需”创建更新的移动服务。

例如，在韩国，流行的单音乐专辑首次通过移动服务发行，为服务提供商和音乐出版商产生一个新的商务模型。虽然围绕 MP3 音乐下载服务就版权问题存在有争议的案件，但移动服务已经成为音乐服务的一个新的渠道。通过下载音乐文件（不管是 MP3 格式还是服务提供商专有格式），在服务提供商和音乐出版商之间可分享收入，而空中时间（airtime）收费则由服务提供商单独占有。

利用人机接口（HMI）高级技术的新的移动服务已经推荐给客户。通过移动手机从无线电抓取音乐旋律的音乐搜索服务是最近由 KTF 推出的一种新的服务模型，KTF 是韩国的一个服务提供商。

将移动手机上的数字小键盘的典型 HMI 扩展到条形码序列号，能够找到在移动广告中表现为移动游戏形式的一种新的商务模型[㊀]。现在人们能够在移动手

㊀　韩国专利 0376762，注册号 2000-0066102，注册日期 2003 年 3 月 6 日。

机中喂养网络宠物，方法是输入一个真的猫食产品条形码，之后它能够转换为"网络宠物看管游戏"（也称为 Damagochi）中的猫食，或甚至转换为一个移动冒险游戏中的全新游戏项。而且，在移动手机上增强的 HMI（如摄像头）可扫描条形码标签，而不是通过小键盘输入所有数字。

泛在计算环境中端到端系统是来自服务提供商（以及设备制造商）的基本要求，要求感知顾客的快速变换需求并做出反应（以发起新的服务做出响应）。服务提供商想将他们的服务平台无缝地扩展到设备环境，而设备制造商想在服务提供商接入域中具有影响并接入其中。

嵌入式软件构成客户域中移动平台的构造块。随着 Java 内容变得更加流行以及 Java 平台被服务提供商接受作为事实上标准的服务平台，在移动环境中的竞争者间就存在走向"平台领导者"[3]的持续竞赛。服务提供商需要在几个服务接入域间良好定义一个服务提供商生态系统，并智能地对顾客的需求做出响应。随着在生态系统这部分的发展成熟，看来这种竞赛只能变得更加惨烈。

Java 虚拟机（JVM）是驻留于移动设备中的一个软件平台，作为运行时（runtime）环境运行各种应用。JVM 位于称为硬件抽象层（HAL）或移植层的接口之上，通过操作系统与移动设备的硬件芯片组通信，之后芯片组控制硬件的本身功能（内存、屏幕等），而在顶部运行 Java 应用。IBM 公司作为全球最大的 Java 支持者，以独立的 Java 授权方式向设备制造商提供包括 JVM 在内的全套产品级嵌入式解决方案。通过"移植伙伴计划"，IBM 公司与世界上领先的嵌入式技术解决方案提供商联合向移动设备制造商提供 IBM Java 技术。

15.3 面向服务架构

15.3.1 面向服务的原则

面向服务架构（SOA）以组件上的抽象集合引入了松散耦合架构的概念。对于客户消费而言，这些耦合的粒度是足够大的，并在网络上以良好定义的策略按照组件主导的方式被访问。

在 SOA 中，资源是作为独立服务提供给网络中的其他参与方的，这些服务以一种标准化的方式被访问。相比于传统系统架构，它为资源提供更灵活的耦合。这个服务提供的概念如图 15-11 所示。SOA 是一个架构性的哲学方法，而不是一个架构性的（单个）蓝图。

图 15-11 说明了 SOA 的原则和行为，它们由支持这种哲学理念的程序进行实现。下面将讨论当应用跨越多个服务提供商域时，这是如何关联在一起的。

服务提供和面向服务架构

- 在服务提供商和消费者/请求者之间基于能力的匹配
- 请求关于交互端点的丰富元信息
- 焦点在接口、行为和策略定义上，如WSDL、BPEL和WS策略

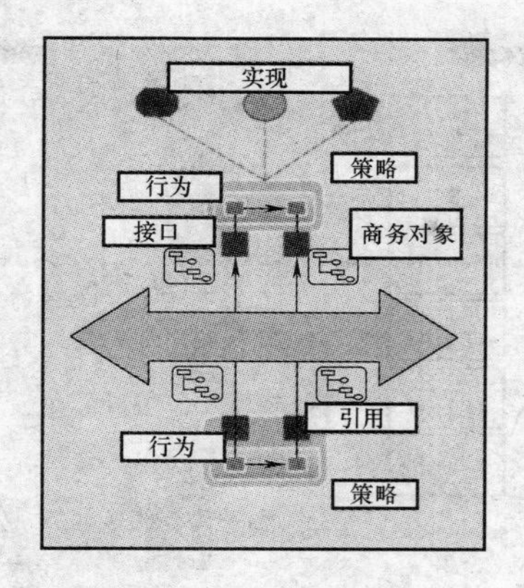

图 15-11　服务提供概念的原理性表示以及一个服务解决方案中架构的简单范例

15.3.2　服务访问域

前面已经讨论了管理者的管理者、企业服务总线，并且论述了需要复杂的中间件（包括服务提供商和许多独立系统之间工作流管理的机制）。当考虑“服务访问域”的主题时，下面将从概念上看看这里的目的是什么。

在这个上下文中，现在服务将与服务提供商相关。图 15-12 描绘出一个“轮辐形”（即星形）基础设施环境的概念，图示说明为了与独立系统通信（出于将信息传递回到 SP 的某种表现形式的功能的惟一原因），左侧的服务提供商（SP）是如何穿过并跨越一种轮辐形方法进行通信的，以及管理一个服务解决方案中涉及的许多管理者的过程。

也要注意图 15-12 中的小的、堆叠的立方体，它们标着 1 ~ 6 和 A ~ E，这些表示接口或设施的一个编程语言集合（如 XML），它们是作为域之间的连接管道存在的。注意在私有和公共设施结构中标出的程序化的、可重用的“设施”要求，这些设施感知智能应需商务网络并对其应用感知作出响应。这些概念镜像反映设施计算中的一些概念。这里谈到的所有这些内容，这些专题都超出了本章的内容，可形成关于这个专题的单独的一本专著。

就多个应需商务企业间服务集成能力而言，这种战略性的设施结构是非常令人感兴趣的。在图 15-12 中，不管连网协议为何，结构的两侧［服务提供商（SP1 ~ SPn）和系统（e-Sys1 ~ e-Sys3）］现在能够相互通信。通过这个公共—私有结构，服务提供商、应需网络和应需商务应用从本质上正变得相互更具感知能力（即应用感知）。同样牵涉在这个服务提供商接口解决方案中的设计要素是复杂的中间件，它具有应需商务应用的网络感知要求。

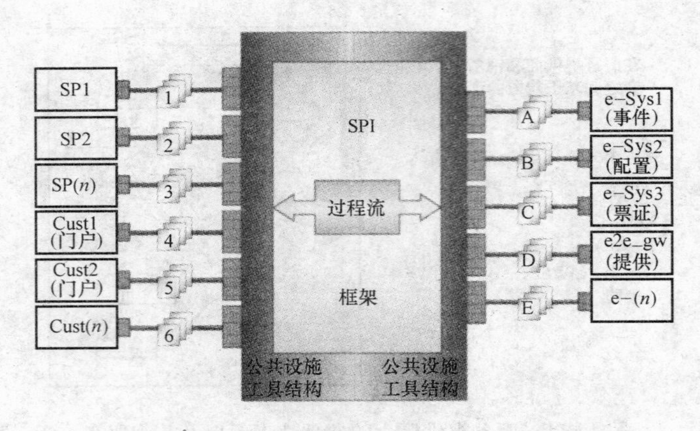

图 15-12 服务提供商接口“总线”框架概念的原理性表示

所以，下面将讨论服务。在这个阶段真正考虑的是什么种类的“服务”？存在宽广范围的服务，将在后面说明。同样，也存在仍需要创建的许多设施工具，虽然如今已经存在许多设施工具。这些服务中的一些服务能够最好地描述为小型设施服务，如“计量性的计费”、“应需带宽”或“事件相关”。任何设施工具的概念是可简单应用的，它简单地是一个典型设施工具公司提供的那些产品。设施像大楼中的灯一样，仅依据它们打开的时间产生成本。类似地，计量性的计费提供高级服务的访问和使用，仅当消耗那些服务时才为之付费。应需带宽简单地是在面对不可预期的（或预期的）需要、额外的网络传输能力和额外的应用服务器能力时提供服务的行为（所有这些都能提供，但仅当需要时才提供）。将这些类型的设施服务看作多种类的小型智能体，可通过多种软件解决组件方法支撑服务。实际上，这种类型的软件服务绑定将软件实现为一项服务（SaaS）。

全球产业界刚刚知道生态系统 SaaS 部分中引起人们强烈兴趣的因素，但是重要的是要理解，在所有这种讨论的深层内容是在世界各地多个实例中实现的一个特定框架，这个框架是基于开放标准的。

SaaS 提供商的关注焦点在于从他们的服务分发模式中得到额外的成本益处，其中留住客户是他们的主要关注点。通过从任何服务开发的开始阶段就考虑服务要求，他们是能够做到这点的，方法是构建高度可扩展的无状态架构以最小化成本并最大化利用。SaaS 帮助客户快速地实现应需商务应用环境。作为一个范例，访问可作为一项可变价格网络服务分发的商务功能，在不需要人们关注激活那项商务功能必要的方法的情况下，能够访问这项服务。之后，托管服务的提供商自然地就可通过成为 SaaS 提供商的可信和可靠的环境而提供增值服务。

SaaS 正在利用 Web 服务的当前全球标准和正在出现的全球标准，因而允许客户更容易地产生需求并利用应需商务功能（作为一项软件服务而分发）。新的全球标准已经为多种类的客户要求所驱动。这些标准允许创建新的应需商务服务，通过使用过去的技术和开发方法，这是不可能的。为了了解在他们的产品和服务提供中需要什么，服务提供商需要将关注焦点放在与他们的客户一起工作方面，才能得到他们所需要了解的需求。这种协作和融合的重要性是如此之大，以致于他们也能够在这种正在出现的全球空间中将自身建立为一个应需商务服务提供商。

极可能在不久的将来，越来越多的公司将在他们需要软件时才租用该软件，或通过 SaaS 解决方法分发的方式获得软件，而不是购买软件。例如，一家公司可能选择租用传感器和需要的软件，以便利用在一个更广泛的网络上由这些传感器带来的优势。这就引入了在应需商务运行环境中集成一种新的、得到改进的方法。产生的风险和服务质量现在称为面向服务的问题，它的目标是软件服务的独立提供商。下面的讨论中将探索研究缓解风险的这个概念。

图 15-13 图示提供了成为生态系统中一个应需商务实体的一种面向服务方法（人们已经开始探讨研究这项内容）。服务等级协议（SLA）和服务质量（QoS）都成为了非常重要的目标，针对任何应需商务实体，任何服务提供商都必须保证并维护这两个目标。下面在这个上下文中进一步探讨“面向服务”的含义。

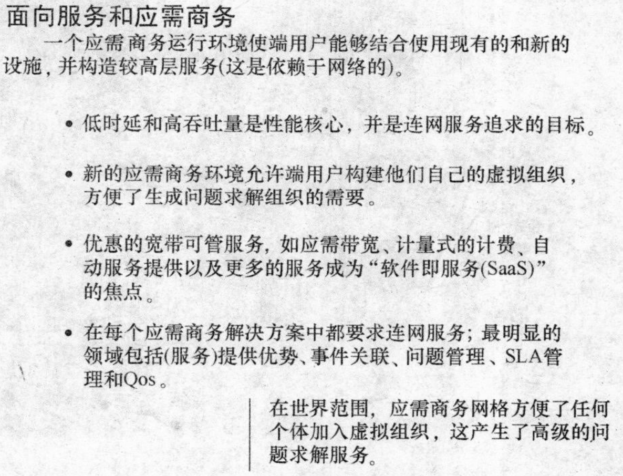

面向服务和应需商务

一个应需商务运行环境使端用户能够结合使用现有的和新的设施，并构造较高层服务(这是依赖于网络的)。

- 低时延和高吞吐量是性能核心，并是连网服务追求的目标。
- 新的应需商务环境允许端用户构建他们自己的虚拟组织，方便了生成问题求解组织的需要。
- 优惠的宽带可管服务，如应需带宽、计量式的计费、自动服务提供以及更多的服务成为“软件即服务(SaaS)”的焦点。
- 在每个应需商务解决方案中都要求连网服务；最明显的领域包括(服务)提供优势、事件关联、问题管理、SLA管理和Qos。

在世界范围，应需商务网格方便了任何个体加入虚拟组织，这产生了高级的问题求解服务。

图 15-13 设施计算中的一些关键因素

围绕网络存在许多隐含的假设。同样，当考虑这些类型的应需商务服务时，特别地当人们考虑这些服务实际上如何传输和分发时，网络是最小的公共特性部分。在下面的讨论中，将就这些服务域揭示在泛在生态系统中是非常重要的一些具体内容，并介绍运行和商务支撑系统方面的内容。

15.3.3 服务域

服务域领域明显地具有几个维度上的复杂性，包括工具和服务分发功能的一个复杂阵列，如在运行方面依据预先确定的 SLA 影响如何服务于分发和维护。所有 SLA 对消费者和服务提供商都是重要的（对消费者是重要的），原因是依据某个等级的高可用性，对特定信息存在明显的需求；对服务提供商是重要的，原因是他们拥有负责提供这个信息的责任（何时以及哪里需要这个信息）。

在相关产业内，特别对电信和有线电缆公司而言，存在降低运行开支（OpEx）和资金开支（CapEx）的需要。有助于推进这项努力的一个主要焦点是将注意力集中在一个企业的OSS/BSS层。OSS/BSS（见图15-14）是已经为全球产业界采用的缩略语，代表在工业和企业解决方案中的运行支撑系统和商务支撑系统。这个领域中最著名的研究存在于电信领域之中，即电信管理联盟（TMF）[⊖]。TMF专著于一种大胆的战略，它将共享降低OpEx和CapEx共同目标的全球电信公司团结在一起。

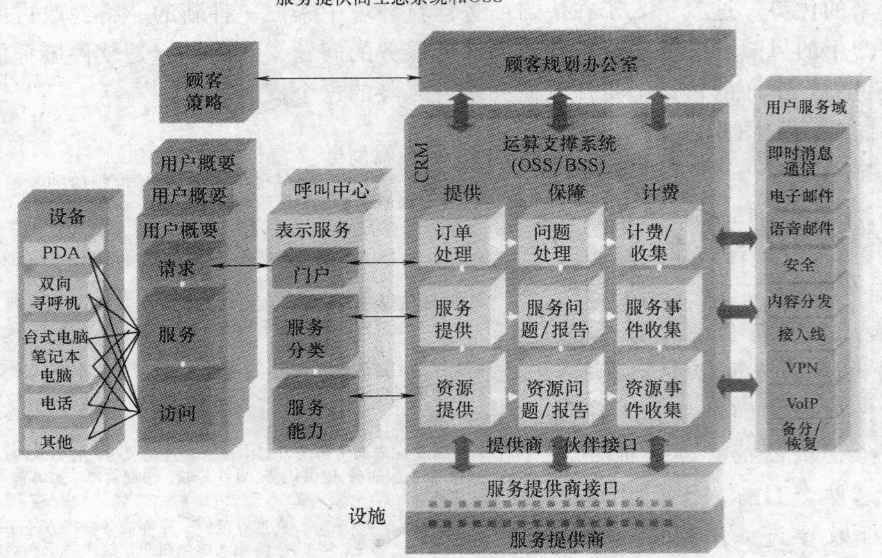

图15-14　服务提供商生态系统的概念［其关注焦点是面向运行支撑系统（OSS）的］

图15-14显示了在一个服务提供商生态系统中OSS/BSS模型的各种维度。考虑到全球产业及其商务企业领域，OSS/BSS连网挑战是巨大的。之后这项挑战由每个企业所采取的战略得以解决，目标是提供这些类型的服务以及用于分发的他们选中的基础设施。如果再次观察图15-14（从左到右），可以注意到，从使用各种泛在设备的服务消费者（最左侧）开始，消费者能够请求并接收创建的内容（最右侧）（通过承载商或企业（中心）发送做到这点）。事实上，这可能是泛在应需商务服务的一个生态系统，它向一个包含各种文化的、全球的消费者群

⊖　欲了解关于TMF的更多信息，请参见http://www.tmforum.org。

体提供服务。注意图15-14底部的设施接口，也许表明存在许多应需商务关系（如前面已经讨论过的，通过某种形式的设施结构进行协作）。

几个服务提供商公司具有解决这种整体类型的泛在协作系统的非常具有创新性的解决方案。事实上，IBM公司已经帮助许多顾客取得了运行的这种高级状态，而人们也正在帮助他们成为一个应需商务实体。在整个全球市场中，许多企业不知道这是一项转变活动。最大的问题是，在这项转变事业中处于什么位置？你能看到它，并且已经开始自身的转变旅程了吗？或者，需要一个伙伴的帮助，特别而言，它是已经顺利地踏上这个旅程的伙伴吗？

为了得到一个泛在协作生态系统，需要如图15-15所示的应需商务可管网络服务。

应需商务的可管网络服务

其焦点放在丰富的、新颖的运行和商务支撑系统上。

- 在一个面向服务网络计算应用的上下文中，关注焦点不在各种协议层次上，而在到网格传输服务的接口上。
- 网络传输服务必须包括具有开放标准解决方案模式的应需商务，同时支持广泛范围的新的OSS/BSS市场开发的初创公司。
- 通信协议正变得更加集成，可工作于解决方案模式和开放标准。

人们能够在10s内插入一个信用卡大小的适配器并连接到一个网络上，但安装一个“计费系统”需要6个月和数百万美元。

图15-15　描述运行和商务支撑系统重要性因素的列表

当考虑必须降低成本的事实时，同时试图提高客户满意水平时，OSS/BSS领域是研究控制的主要焦点。

15.4　一般问题

当涉及任意泛在生态系统间的服务集成时，一般问题都会是复杂的。事实上，这将可能总是事实。通过引入这种泛在生态系统，人们已经改变了文化、全球商务场所甚至个人生活。想象一下，一个人每周遇到使用这些设备的人数是多少。同样，有多少这样的设备利用本章中讨论过的一些概念？下面以考察一些更引人注目的问题开始讨论，这些问题可促使进一步的思考。

15.4.1 网络分层和标准化

几项非常关键的考虑正影响着局域、城域、区域和全球网络。图 15-16 描述了网络层内部的一些这样的非常重要的考虑因素，其中包括已经开始讨论的许多设备传递通信数据、语音和信息。

网络层4～7
新设备引入网络挑战。

- 网络层4～7的中间设备，如防火墙、入侵检测、SSL加速器、流量整形设备和负载均衡设备在一些网格中引入；连网方面的挑战。
- 对层4～7增加了安全性、移动性、Gbit评价测量的重要性。
- 网络层4～7的远景展望有力地说明了自20世纪90年代以来IP网络的爆炸式增长。

为了访问所选择的QoS和服务行为，服务提供商接口将必须发现并通知“中间设备”。

图 15-16 有关层 4 ~ 7 领域的清晰列表（包括许多新类型的技术挑战）

在一开始，为什么恰好这是真正重要的也许并不明显。事实上，在世界范围内，网络结构的这个特别层次是极其重要的，特别当引入传感器网络设备时更是如此。

如今，已经看到支持因特网的烤面包器，在烘烤好的一片面包上有一个天气标志（作为那天天气的一个指示器）。当刷牙时，有这样的牙刷，它记录牙齿的视频图像，之后将这个图像传输给牙医，使牙医能够与人们讨论图像中的任何问题。具有这样一种墙壁，非常微小的传感器网络无线设备内嵌于绘画中，并就那个设施内部的空间和运动的各种信息进行传输。将传感器设备投射到龙卷风中可研究未知的天气现象。许多这样的高级解决方案依赖于层 4 ~ 7 的网络结构用于通信传输。

层 4 ~ 7 交换指因特网流量的内容感知的智能网络交换。层 4 ~ 7 交换机知道链路和关于计算通信会话的重要网络信息。层 4 ~ 7 也知道关于应用层的特定信息，如什么类型的用户或设备正请求将内容发送到泛在设备。这可能是一台笔记本电脑、一台手持设备、一名频繁的电子商务购物人或一名网站首次访问者，这里仅列出一些端用户个人特征。层 4 ~ 7 也处理用户正请求的内容类型，如一个可执行脚本、静态内容、缓存的内容、动态内容、流化 Web 广播视频、音频流、视频流、购物车比价都是内容的范例。这个列表是冗长的，这里仅列出其中一些而已。

通过这些层传递的所有这种信息，要求创新的和复杂的交换机制，涉及提供流量管理、负载均衡、应用重定向、带宽管理的应用交换机，传感器和执行器，以及网状网（mesh）设备，还有到服务器群（farm）、数据中心和其他厂商网络的高性能安全服务。层4～7给出了一个错综复杂的环境。

通过如今任何泛在生态系统层4～7路由的海量信息确实使网络面临挑战，但是网络的标准化以及运行于网络内部的产品和语言的标准化将有效地加快促进成本有效服务集成的发生。标准化有助于增强和推动了解层4～7挑战的产业公司的发展。对于这些勇于进取的企业竞争者来说，他们将很快实现（或继续受益于）可获得利润的网络和规章制度方面的改革。这已经并将继续使全球竞争的电信产业（应需商务服务提供商）投入到他们自身的应需商务转变过程的长期增长刺激之中。

电信标准常常是网络和产品层中系统要求、特征、接口或协议的规范。在这些层中的标准一般而言遵从和/或通过一个“标准化”的过程进行开发。由于许多应需商务方面的原因，标准是至关重要的，包括下面的原因：

1）标准是在一个现实环境中重复模式的数年仔细分析之后演化发展而来的。

2）标准为新技术和应需商务服务的采用提供最核心的框架和基础。

3）一个应需商务实体运行于多厂商网络之中，并必须要求其他实体维持遵从某种形式的全球标准（为了试图支持人们对CapEx中可实现的成本降低的更广泛期望）。

4）标准是规章制度改革的基础和长期增长的刺激因素，并是世界许多地方竞争性电信环境变得更加高效和面向服务的一种激励措施。

与已经讨论过的网络互连相比而言，标准也是在网络内部运营成本节省的主要基础。全球服务提供商日渐依赖于与标准的吻合度，甚至由他们自身选择服务/设备提供商时也是如此。这允许他们更好地架构并部署有更多利润的多厂商应需商务网络，而同时降低CapEx和OpEx，并增加利润。

15.4.2　无线安全

下面的讨论将围绕无线通信领域的安全挑战。安全能够提供（或破坏）最具创新性的无线解决方案，并因此必须在早期阶段给予密切关注。假定无线网络中总是被保障安全的，但这是不够的，特别当在公共无线热点区中传输时尤其如此。

虽然如今无线环境正在提供更加有效的防卫机制，并提供访问的更加高度安全的方法，但这还不是自鸣得意的时候。在这些领域中要密切倾听并关注服务提供商的意见，他们对于这个专题非常热心，并勤勉地工作以便关闭安全漏洞。

图15-17描述了关于无线安全这个主题的许多非常有益的文章。安全专题超出了本章的范围，但是这个专题具有足够的优势，引出并指出了发生于2004年末和2005年初的一些非常具备挑战性的网络状况。

无线网络和安全
2600黑客组织批露无线安全漏洞

"WEP：不是针对我的"
2600杂志(2003～2004年间的冬天)

☑无线路由器"admin"功能暴露的安全问题

"Mc Wireless 暴露的安全问题"
2600杂志(2003年夏季到秋季)

☑针对一个美国无线全职销售员的IBM 4Q03的职业攻击

"我们停止了相当长时间，一个SSID说'Linksys'，我记得默认配置，所以我检查登记'加入'，DHCP给我一个IP，我浏览到192 .168. 1. 1，一个对话框弹出，我敲入'admin'作为口令，2s之后…"0x20 Cowboy(最大的黑客)说。

图 15-17 识别出无线环境的防卫"黑客"现实的快照

图 15-17 的整个重点都是针对读者要意识到任何和所有连网的安全问题，特别当规划部署无线基础网络时尤其要意识到这些问题。要记录发展战略、规划和发现，同时密切关注任何可识别的安全风险，之后与每个其他提供商联盟（必要的情况下），以合适的方式同意接受并管理这些风险。

不管保障无线网络安全有多少问题，无线网络应用的数量仍在继续增长。最近在产品跟踪目录中已经出现了新的进展（从将芯片放置于仓库封装上到缝制到衣服产品标签中的微型电路）。图 15-18 列出了在无线通信标准领域中的一些主要的安全进展，对于许多类型的无线解决方案而言，它们是极其重要的。

WiFi安全
对无线通信而言，网络安全是首要问题。

当前，所有802.11a、802.11b和802.11g设备支持WEP(有线等价隐私性)加密，它具有缺陷并且这项缺陷是利用了良好定义的文档的结果。

最终目标是802.11i，这是安全改进的一个鲁棒集合。人们正在走向802.11i。

WiFi联盟已经要求WPA(无线保真保护访问)改正了WEP的所有问题。这是802.11i的一个子集，并允许与2003年制造的多数802.11a和802.11b设备的完全后向兼容。

标准不会走在无线或任何安全风险的仔细检查需要的前面。

图 15-18 在无线通信中认识人们关注的"802. *xx*"协议

传感器网络和执行器是值得重点讨论的，这些设备和高级无线概念向一个应需商务生态系统的网络中存在的挑战引入了另一个维度。

15.4.3　传感器网络

自从20世纪90年代以来，自组织无线网络就已经存在于人们的生活之中。但是，这个专题的关键点是最近这种类型网络传感器及其执行器的先验性的存在（存在了很长时间），还有将它们的无缝服务集成和通信嵌入到一个高度动态的和可配置的网络服务环境之中。它涉及许多无线服务集成设计要点、多种类的开放标准以及由多种类计算设备利用的不同类别的层4～7通信。很快，所有这些将根深蒂固地作为人们日常生活的一个不可分割部分。这极可能成为不久的将来许多人见证的发展现状。

世界处在另一个不可知的、演进的技术步骤的边缘。考虑智能微尘，"智能微尘"颗粒是传感器网络设备，它们是非常微小的无线微机电传感器（MEMS）。这些智能微尘颗粒设备能够检测从光到振动的所有现象。它们能够嵌入绘画并应用到墙壁，使它们成为"智能"墙壁而起作用。如果存在一个合理的条件，MEMS甚至能够布设在大气中。

作为硅芯片技术和新制造工艺最近R&D突破的结果，这些智能尘土"微粒"将最终具有一粒沙子的大小（或更小）。每个颗粒将能够包含微小传感器、微小计算电路、双向无线网络通信技术以及（当然）一个远程供电电路。这些微粒将采集大量数据，运行复杂计算，之后将那些信息通信传递到另一个微小设备颗粒，在微粒之间使用的是双向频带无线通信（距离大于1000ft）。

那就意味着，研究考察传感器网络和使所有这项研究值得深入的是研究人员间正在增强的一种感觉，即这些技术将最终对社会具有巨大影响。这也帮助解释了为什么在1998年左右美国国防高级研究项目署（DARPA）就开始资助在加州大学伯克利分校这方面的研究工作。但是，构建具备安全性和能量高效的传感器网络仍然不是一项成熟的技术（见图15-19）。

网状网络[4]经常是分布式的网络，一般仅允许将数据传递到一个节点的最近邻居们。这些网络中的节点一般来说是相同的，所以网状网也称为P2P网络。网状网可能是在一个地理区域（如在一个城市内）上分布的大规模无线传感器网络。如今发现这种网络的典型应用是用于人员或车辆的安全监视系统、

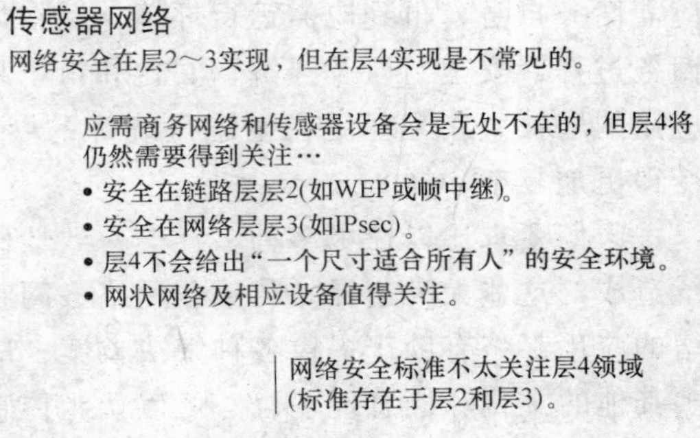

传感器网络

网络安全在层2～3实现，但在层4实现是不常见的。

应需商务网络和传感器设备会是无处不在的，但层4将仍然需要得到关注…

- 安全在链路层层2(如WEP或帧中继)。
- 安全在网络层层3(如IPsec)。
- 层4不会给出"一个尺寸适合所有人"的安全环境。
- 网状网络及相应设备值得关注。

网络安全标准不太关注层4领域(标准存在于层2和层3)。

图15-19　传感器网络技术面临的一些挑战

城市范围的应急响应和流量管理系统。

在这些类型的环境中，常见的网状结构总是反映网络的通信拓扑，网络节点的实际地理分布未必是一个常见的网状结构。因为一般而言，在节点之间存在多条路由路径，所以对于容忍个体节点或链路的故障情形，这些网状网是足够鲁棒的。

网状网络的优势可以描述为“自形成”和“自愈”的功能。在“自形成”中，每个网状网节点自动地寻找其他节点以形成并优化网络，之后运行节点的每种计算算法。甚至当所有节点都是相同的并具有相同的计算和传输能力时，也能够将某些网状网节点设计为“网状网组领头”，之后它执行额外的领头功能从而形成一个网状网络。如果一个组领头突然失效了，那么另一个节点将继承并接管组领头的这些职责，以实时方式恢复治愈不能工作的网络，这就是“自愈”。

网状网络的一项优势是甚至当所有节点都相同并具有相同的计算和传输功能时，某些网状网节点也能被指派为“网状网组领头”，之后该领头执行额外的领头功能。如果一个组领头突然不能用了，那么另一个节点将继承并接管这些组领头职责。

刚刚探讨的所有进展将在世界范围内以难以置信的速率继续增长。有趣的是，应该观察韩国和日本社会如何将如此之多的高级技术集成到他们的日常生活之中，并且也注意一下如印度和越南这样的国家自20世纪中期左右如何转变他们的技术能力。当这些设备和服务的新应用在这些国家开发并以全球规模分发之时，这些国家的政府中的转变也多少反映了这种技术进步。当继续作为一个支持因特网的全球文化而演进时，传感器网络、网状网络、执行器以及其他设备和服务都将继续扮演极其重要的角色。

15.5 小结

本章，讨论了如下问题，这些问题的范围从应需商务服务架构的高级形式到应需商务自身，再到应需运行环境，泛在计算生态环境的各种连网协议，自动化商务过程，安全，以及经济、文化和市场趋势的分析。随着全球连接和泛在设备应用的增长，在全球泛在生态系统中的网络挑战变得更加复杂（正如连网服务变得更加复杂一样）。

人们要求比以往更多种多样的一致性研究努力，克服由不连接的全球生态系统造成的这些人为边界。传感器网络、网状网络、互连接的服务提供商和智能网络的应用都将有助于提供各种解决方案，应用范围从生物医药到战场监视以及许多其他的文化和栖息地场合。可以认为传感器网络以及网状网和网格计算网络的应用将是重要的未来趋势和方向。

可以预测，一个全球泛在生态系统将成为人们日常生活每项活动的常见方式，甚至比如今的更甚。总之，这将解决全球经济问题，同时将克服世界范围的“数字分割”现状[8]。

转换为一个应需商务实体包括在商务领域中降低成本并再次应用技术，它们可增加效率，且是一项规划好的应需商务转换路线图的组成部分。与最好伙伴的协作和集成成为了目标。为了满足全球挑战，应需商务实体需要具备快速反应属性的智能网络。

这里描述的生态系统包括一个激动人心的技术演进、开放标准和基于服务的集成，现在已经成为新的全球经济体未来互连系统、网络、移动设备和传感器的关键促进因素。

致谢

感谢 Ashley Gillespie 女士（康涅狄格州纽敦）和 Jessica Hu 女士（康涅狄格州新米尔福德），感谢她们为本章提供的卓越的编辑方面的支持。

参考文献

1. M. Creighton, *Prey*, November 2002; available on the Web at http://www.amazon.com/exec/obidos/tg/detail/-/0066214122/104-62832973430359?v=glance.
2. J. Joseph and C. Fellenstein, *Grid Computing*, December 2003; available on the Web at http://www.amazon.com/exec/obidos/search-handle-url/index=books&field-author=Joseph%2C%20Joshy/002-3731803-5787221.
3. A. Gawer and M. Cusumano, *Platform Leadership*, Harvard Business School Press, Boston, April 2002.
4. Mesh networks; available on the Web at http://www.meshnetworks.com/.
5. Project MESA; available on the Web at http://www.projectmesa.org.
6. J. Joseph, M. Ernest, and C. Fellenstein, Evolution of grid computing architecture and grid adoption models, *IBM Systems Journal*, Vol. 43, No. 4, 2004; available on the Web at http://www.research.ibm.com/journal/sj/434/joseph.html.
7. C. Fellenstein, *On Demand Computing: Technologies and Strategies*, August 2004; available on the Web at http://www.amazon.com/exec/obidos/tg/detail/-/0131440241/qid=1100708937/sr=1-3/ref=sr_1_3/104-62832973430359?v=glance&s=books.
8. *Digital Divide*; available on the Web at http://www.pbs.org/digitaldivide/.